双原子分子能级结构及其研究方法

任维义 著

科学出版社
北京

内 容 简 介

本书主要介绍双原子分子能级结构涉及的数理基础、基本理论、基本研究思想和研究方法，并用这些理论、思想和方法研究双原子分子的势能函数、振转能谱、离解能和相关的热力学函数。全书共分 7 章：第 1~3 章介绍双原子分子的一些基本理论、内部运动的物理规律和势能函数研究方法；第 4 章介绍研究双原子分子振动能谱和离解能的理论方法；第 5、6 章介绍研究双原子分子振动能谱和离解能的新方法及其应用；第 7 章介绍双原子分子振-转能级、离解能和热力学函数关系及其宏观热力学性质的研究方法。

本书可供原子与分子物理及其相关领域的研究人员参考，也可作为原子与分子物理和相关专业高年级本科生和研究生的教材或参考书。

图书在版编目(CIP)数据

双原子分子能级结构及其研究方法 / 任维义著. —北京：科学出版社，2022.2（2023.2 重印）

ISBN 978-7-03-069163-7

Ⅰ. ①双… Ⅱ. ①任… Ⅲ. ①双原子分子-分子能级-研究方法 Ⅳ. ①O561.2

中国版本图书馆 CIP 数据核字（2021）第 111418 号

责任编辑：孟 锐 / 责任校对：彭 映
责任印制：罗 科 / 封面设计：墨创文化

科学出版社 出版
北京东黄城根北街16号
邮政编码：100717
http://www.sciencep.com

成都锦瑞印刷有限责任公司印刷
科学出版社发行 各地新华书店经销

*

2022 年 2 月第 一 版 开本：787×1092 1/16
2023 年 2 月第二次印刷 印张：17 1/2
字数：415 000

定价：138.00 元

序

《双原子分子能级结构及其研究方法》是任维义教授十多年教学实践和科研成果的结晶。本书通俗易懂地介绍了物理专业大学生初学量子力学时所必须掌握的一些基础知识，然后重点介绍了双原子分子的振动能级结构及其近期研究进展。物理专业的大学生和需要学习量子力学的非物理专业研究生由此出发，可以根据需要较深入地学习量子力学的其他重要内容。仅就学习或研究双原子分子的能级结构，尤其是分子势能和振动能级结构而言，该书不失为一部较为系统的著作。

该书适当地结合物理问题介绍了学习量子力学所需要的重要物理概念和数学基础，为量子力学的入门学习做了必要的铺垫。作者在全书中注重循序渐进，较自然地体现了学习的渐进性，在一定程度上有利于初学者克服学习量子力学的困难。在介绍“双原子分子的能级结构”和相关研究进展时，作者给出较丰富的参考文献，以便于感兴趣的读者进行深入的学习或研究；作者也通过系列表格列出大量双核电子态体系的最新振动光谱常数、振动完全能谱和分子离解能的数值，给读者较完整的数值参考，为使用这些数据的人提供了极大的方便。

此著作可作为相关课程的教材或教学参考书，也适用于自学者学习。

是为序。

孙卫国

2020 年 10 月于成都 川大花园

前　言

世界是物质的，物质是运动的，运动是有规律的，规律是能被人认识和应用的。我们的世界是物质的世界，所有物体都是由原子构成的，这些原子是一些小小的粒子，它们永远不停地运动着，当彼此略微离开时便相互吸引，而过于接近时又相互排斥，只要稍加琢磨，就会从这些小小的粒子中获取有关世界的信息，人们要认识整个世界，首先必须认识原子。然而，在现实生产实践或在生活环境中接触的物体，极少是孤立的原子，往往是由原子结合而成的分子或分子集团，或者是原子有规则地结成的晶体，为了能够更好地认识世界，我们还必须认识分子。

原子、分子是微观世界的主要层次，绝大多数宏观物质的性质决定于原子、分子的组成和结构，原子分子结构是原子分子物理学的基本问题。研究内容主要是能级结构和各种粒子辐射（包括电子、原子、离子、光子）与原子分子的相互作用。研究的理论手段主要是量子力学，实验手段主要是光谱实验、碰撞实验和现代数值计算方法。随着现代科技的发展，还有一些其他重要的研究方法，特别是原子分子的操纵、控制和识别等新的重要手段。

现代原子分子物理学的主要任务是研究原子的内部组成和结构(特别是能级结构)、原子如何构成分子、分子的结构和能级、原子分子动力学以及原子分子结构与物质性质的关系问题，当然也与其他科学交叉相关，也会发展一些新的研究方向。

分子是物质保持其化学性质的最小单元，实验观测到的分子光谱具有非常复杂的结构，说明了分子内部运动和能级结构的复杂性。双原子分子微观结构（特别是能级结构）与光谱性质的研究是原子分子物理学科的基本内容之一,也是认识复杂结构分子或进行材料研究的基础。在现代社会中，材料、能源和信息技术是现代文明的重要支柱，其中材料是一切技术发展的物质基础，国民经济各个领域中所涉及的物质材料都是由原子或分子构成的。材料科学主要是研究材料的成分、原子或分子结构、微观及宏观组织以及加工制造工艺和性能之间的关系，材料科学的重要发展方向是定量化、微观化和可控化，实现这“三化”所涉及的相关基础就是现代原子分子物理的研究能力与在原子和分子水平上合成和设计新材料的能力，这方面理论和技术的发展将会形成新的高科技领域，这将意味着按照材料所需要的性能，能得心应手地使用原子或分子设计材料，按照人们的意志安排一个个原子和分子将有可能成为现实，这种现实的重要基础之一就是用原子分子物理学的理论方法，深刻描述微观粒子运动、深入研究原子与分子结构、性质、相互作用及其运动规律。

长期以来，人们在原子和分子结构理论方面做了大量的研究工作，积累了大量数据基础，国内外也出版了一些关于原子和分子结构理论的专著和教材，具有代表性的著作有：

D. R. Hartree 的《原子结构的计算》（1957）；J. C. Slater 的《原子结构的量子理论》（1960）；E. U. Condon 和 Halis Odabasi 的 《原子结构》（1980）；R. D. Cowan 的《原子结构与原子光谱》（1982）；郑乐民和徐庚武的《原子结构与原子光谱》（1988）；C. F. Fischer 的《原子结构的计算方法》（1997）；朱正和和俞华根的《分子结构与分子势能函数》（1997）；江元生的《分子结构理论》（英文版）（1999）；徐克尊的《高等原子分子物理学》（2000）；吴国祯的《分子振动的混沌理论》(2003)、《分子高激发振动——非线性和混沌的理论》(2008)；黄时中的《原子结构理论》（2005）；郑雨军的《分子结构及其代数方法》（2013）等。

本书是在这些专著和有关学术论文的基础上，结合作者近十多年来的教学实践以及从事双原子分子结构理论研究的科研工作经验和科研成果编写而成，其特点如下：①介绍双原子分子结构理论的基本概念，建立双原子分子结构理论的物理基础。②阐述现代双原子分子结构的基本理论、基本研究思想和计算方法，展示这一领域里近期发展起来的新的研究思想和计算方法，这些新的研究思想和计算方法大多是作者在这些年发表在国际、国内期刊上的近三十篇论文的总结，也凝结了导师孙卫国教授先进的科研创新思想和理念，同时也集中体现了孙卫国课题组的程延松、冯灏、刘国跃、马晓光、候世林等博士的集体智慧。该总结并非简单的翻译，而是着重在物理思想上的概括与提升。③在表述上采用大量严密的数学推理过程和简洁清晰的论述和论证方法，使书中各部分的内容构成一个较为完整、严密、统一的理论体系，同时使得这些内容便于硕士生、高年级本科生和科技工作者阅读和参考。

由于人们对原子分子结构和性质的研究方法和能力的不断发展，原子、分子将不再是仅靠想象的或被统计计算的东西，而是在一定程度上能抓得住、移得动，可受操纵控制的东西，原子分子结构理论作为关于物质结构的基本理论，在物理学、化学、空间物理、材料科学和现代生命科学等分支学科的研究与发展中有着广泛的应用前景。本书可以用作高等院校原子与分子物理、化学物理、物理化学、材料物理等专业的硕士研究生“原子结构理论” “分子结构理论”课程的教学参考书，也可用作物理、化学、材料科学等专业的研究生教材或者高年级本科生的选修课教材，还可供有关科技工作者阅读参考。

在本书的写作过程中，得到了孙卫国教授、杨向东教授、朱正和教授、郑雨军教授、蒋刚教授、陶才德教授的热情鼓励和支持；感谢罗志全教授、蒋青权教授、曾体贤教授、雷洁红教授、陈太红教授、吴卫东研究员、王锋教授、樊群超教授等给予的帮助；同时，感谢西华师范大学科研处对本书出版的资助。

由于作者学识的限制，书中疏漏之处在所难免，敬请读者批评指正。

任维义

2020 年 6 月于南充　西华师范大学

目　　录

第 1 章　量子力学基础 1

1.1　量子力学的数学基础 1

1.1.1　算符及其运算法则 1

1.1.2　线性算符 2

1.1.3　本征函数和本征值 3

1.1.4　自轭算符 4

1.1.5　正交归一化集合 6

1.1.6　展开公式 9

1.1.7　线性空间 10

1.1.8　线性变换 16

1.1.9　矩阵 23

1.2　薛定谔方程（非相对论方程） 25

1.2.1　简单推导的思维过程 25

1.2.2　ψ 的物理意义 28

1.2.3　力学量的平均值 30

1.2.4　爱伦费思特(Ehrenfest)定理 31

1.2.5　测不准关系 33

1.3　微观粒子运动的分立谱 34

1.3.1　双粒子运动 34

1.3.2　双原子分子 37

1.3.3　角动量 53

1.4　微扰理论 55

1.4.1　不含时间的微扰 55

1.4.2　含时间的微扰 62

参考文献 66

第 2 章　双原子分子内部运动的物理描述 67

2.1　概述 67

2.2　分子内部运动的哈密顿算符 69

2.3　多原子分子坐标系 70

2.3.1　静力学模型下的分子坐标系 70

2.3.2　动力学模型下的分子坐标系 71

2.4 双原子分子的分子坐标系······73
2.5 分子系统的角动量······75
2.6 分子系统轨道角动量与自旋角动量的耦合······80
参考文献······82
第 3 章 双原子分子的能级结构······83
3.1 理论基础······83
3.1.1 玻恩-奥本海默(Born-Oppenheimer)近似······83
3.1.2 分子内部运动的薛定谔(Schrödinger)绘景······84
3.2 双原子分子势能函数······87
3.2.1 双原子分子势能函数的研究意义······87
3.2.2 双原子分子势能函数与势能曲线······87
3.2.3 研究双原子分子势能函数的几种重要方法······89
3.2.4 研究双原子分子势能函数的新方法(ECM 方法)······94
3.3 双原子分子运动及其能级结构······96
3.3.1 双原子分子的内能、能级结构及光谱特征······96
3.3.2 双原子分子的转动与振动······98
3.3.3 双原子分子轨道理论······108
3.3.4 双原子分子电子态的能级结构······119
附录 A 非刚性转子转动项表达式······127
附录 B 计算微扰 $\hat{H}'=aq^3+bq^4$ 中 q^3 与 q^4 的矩阵元······127
参考文献······130
第 4 章 研究双原子分子振动能谱和离解能的理论方法······133
4.1 双原子分子振动能谱和离解能研究的进展······133
4.1.1 双原子分子振动能谱的研究进展······133
4.1.2 双原子分子离解能的研究进展······136
4.2 研究双原子分子振动能级和离解能的物理机制······139
4.2.1 双原子分子电子状态的构造原理和离解极限描述······139
4.2.2 分子电子状态的构造原理······142
4.2.3 部分双原子分子的离解极限分析······144
4.2.4 双原子分子的振动能级和离解物理机制······145
4.3 研究双原子分子振动能谱和离解能的一些重要方法······155
4.3.1 研究振动能谱的理论方法······155
4.3.2 研究振动能谱的实验方法······156
4.3.3 研究离解能的理论方法······157
4.3.4 研究离解能的实验方法······161
参考文献······163

第 5 章　研究双原子分子振动能谱和离解能的新方法 169
5.1　双原子分子振转能量的新表达式 169
5.2　代数方法(AM)和代数能量方法(AEM) 177
5.3　计算精确分子离解能新解析公式的建立 179
5.4　本章小结 182
参考文献 183
第 6 章　新理论方法对部分双原子分子体系的应用 185
6.1　代数方法(AM)和代数能量方法(AEM)对同核双原子分子的应用 185
6.2　代数能量方法(AEM)对异核双原子分子的应用 217
6.3　新解析公式对同核双原子分子的应用 225
6.4　本章小结 233
参考文献 235
第 7 章　双原子分子振-转能级、离解能和热力学函数关系的研究 238
7.1　研究意义 238
7.2　研究进展 239
7.3　研究体系(气体或固体)宏观热力学性质的基本思路 241
7.4　系综理论和热力学 242
7.5　理想气体热力学函数的统计表达式 245
7.6　双原子分子高激发振动能级及其宏观热力学性质的研究方法 247
7.6.1　引言 247
7.6.2　双原子分子平动配分函数 249
7.6.3　双原子分子电子运动配分函数 249
7.6.4　双原子分子振动配分函数 250
7.6.5　双原子分子转动配分函数 250
7.6.6　双原子分子配分函数和热力学函数精确计算公式的研究 251
7.6.7　双原子分子配分函数和离解能 D_0 的关系式研究 254
7.7　新方法对部分双原子分子体系的应用 255
7.7.1　N_2 和 CO 气体热力学性质的研究 255
7.7.2　固态氢化锂(LiH)分子内部运动热力学性质的研究 258
7.7.3　氮分子(N_2)振动对氮气系统热力学性质影响的研究 261
参考文献 266

第 1 章　量子力学基础

1.1　量子力学的数学基础

自然界的现象、实验的结果，经过研究、思考、归纳总结，最后必须用最简单的语言加以抽象概括，而所说的最简单的语言就是数学工具，即通常用数学语言来表达运动规律。在经典力学的发展过程中，由于描述宏观物体运动规律，以及推导这些规律因果关系的需要，出现了微积分学。牛顿力学的发展创立了微积分学，它的发展推动了牛顿力学向更高、更完善、更抽象的阶段发展。经过拉格朗日(Lagrange)和哈密顿(Hamilton)的努力，把牛顿力学发展成了分析力学，即后来的经典力学。

在量子力学之前，海森堡(Heisenberg)的矩阵力学客观上为量子力学做了数学准备。当时就已经有了算符数学，后来德布罗意(de Broglie)和薛定谔(Schrödinger)提出波动力学，再经过狄拉克(Dirac)的总结和抽象，形成了量子力学。在此过程中，算符数学就迅速地发展起来了。量子力学的规律必须用算符数学来描述，正如牛顿力学的规律必须用微积分学来描述一样，于是算符数学就成了量子力学的数学基础。

1.1.1　算符及其运算法则

一种数学运算就是把算符 F 作用到一个函数 $U(x,y,z,t)$ 上，得到一个新的函数 $V(x,y,z,t)$ 的过程。例如：$F=x$，则 $xU=V$；或 $F=\frac{\partial}{\partial x}$，则 $\frac{\partial}{\partial x}U=V$。

1. 单位算符、零算符和逆算符

单位算符：算符 I 作用到函数 u 上，得到一个新的函数，而这个新的函数仍然是原先的函数 u。这个算符就叫作单位算符，即 $Iu=u$。

零算符：算符 0 作用到函数 u 上，其结果是零。这个算符就叫作零算符，即 $0u=0$。

逆算符：算符 G^{-1} 与另一个算符 G 相乘得到的新算符是一个单位算符 I，则算符 G^{-1} 就是算符 G 的逆算符，两者之间的关系为：$G^{-1}G=I=GG^{-1}$。

2. 算符的加法

算符 F 加上算符 G 然后作用到函数 u 上，等于先分别作用到函数 u 上，然后再相加。

即 $(F+G)u=Fu+Gu$ 。算符的加法是可以交换的，即 $(F+G)u=(G+F)u=Gu+Fu=Fu+Gu$ 。算符的加法满足分配律，即 $(F+G)(u_1+u_2)=(G+F)u_1+(F+G)u_2=Fu_1+Gu_1+Fu_2+Gu_2$ 。

3. 算符的乘法

算符 F 乘上算符 G 作用到函数 u 上，等于算符 G 作用到函数 u 上，然后算符 F 再作用上去，即：$FG(u)=F(Gu)$ 。算符的乘法满足分配律，即：$(F+G)(F-G)=F(F-G)+G(F-G)=F^2-FG+GF-G^2$ 。但一般来说是不满足交换律，即：$FG\neq GF$ 。

如果 $FG=GF$ ，称 F 和 G 是两个可对易的算符；如果 $FG=-GF$ ，称 F 和 G 是两个反对易的算符。

例如：

$$F=\frac{\mathrm{d}}{\mathrm{d}x}，\quad G=x \quad \Rightarrow \quad FG=\frac{\mathrm{d}}{\mathrm{d}x}x；\quad GF=x\frac{\mathrm{d}}{\mathrm{d}x}$$

并且

$$\left(\frac{\mathrm{d}}{\mathrm{d}x}x\right)u=\frac{\mathrm{d}}{\mathrm{d}x}(xu)=u+x\frac{\mathrm{d}u}{\mathrm{d}x} \tag{1.1-1}$$

$$\left(x\frac{\mathrm{d}}{\mathrm{d}x}\right)u=x\left(\frac{\mathrm{d}u}{\mathrm{d}x}\right)=x\frac{\mathrm{d}u}{\mathrm{d}x} \tag{1.1-2}$$

比较式(1.1-1)和式(1.1-2)，得 $\frac{\mathrm{d}}{\mathrm{d}x}x\neq x\frac{\mathrm{d}}{\mathrm{d}x}$ ，式(1.1-1)减去式(1.1-2)，得

$$\left(\frac{\mathrm{d}}{\mathrm{d}x}x\right)u-\left(x\frac{\mathrm{d}}{\mathrm{d}x}\right)u=\left(\frac{\mathrm{d}}{\mathrm{d}x}x-x\frac{\mathrm{d}}{\mathrm{d}x}\right)u=u \tag{1.1-3}$$

从式(1.1-3)看出，$\frac{\mathrm{d}}{\mathrm{d}x}x-x\frac{\mathrm{d}}{\mathrm{d}x}=1=I$ ，所以 $\frac{\mathrm{d}}{\mathrm{d}x}x-x\frac{\mathrm{d}}{\mathrm{d}x}$ 是一个单位算符。

有些特殊算符是可以交换的，如：$F=C$ ，$G=\frac{\mathrm{d}}{\mathrm{d}x}$ ，这里 C 是常数，所以：

$$\left(C\frac{\mathrm{d}}{\mathrm{d}x}\right)u=C\left(\frac{\mathrm{d}u}{\mathrm{d}x}\right)；\quad \left(\frac{\mathrm{d}}{\mathrm{d}x}C\right)u=\frac{\mathrm{d}}{\mathrm{d}x}(Cu)=C\frac{\mathrm{d}u}{\mathrm{d}x}\Rightarrow\left(C\frac{\mathrm{d}}{\mathrm{d}x}\right)=\left(\frac{\mathrm{d}}{\mathrm{d}x}C\right)$$

又如：$\frac{\partial}{\partial x}$ 和 $\frac{\partial}{\partial y}$ 也是可以交换的，即 $\frac{\partial}{\partial x}\frac{\partial}{\partial y}=\frac{\partial}{\partial y}\frac{\partial}{\partial x}$ ，先对 x 求偏导和先对 y 求偏导，其结果一样。由于算符乘法的不可交换性，在乘法中应注意前乘和后乘的问题。

1.1.2 线性算符

量子力学中用到的算符都是线性算符，在运算中满足线性关系的算符，它们必须同时满足以下两个条件：

(1) $F(u_1+u_2)=Fu_1+Fu_2$ 。

(2) $F(cu)=cFu$ 。

例如：$x(u_1+u_2)=xu_1+xu_2$，$x(cu)=cxu$，则 x 是线性算符。$\frac{\mathrm{d}}{\mathrm{d}x}(u_1+u_2)=\frac{\mathrm{d}u_1}{\mathrm{d}x}+\frac{\mathrm{d}u_x}{\mathrm{d}x}$，$\frac{\mathrm{d}}{\mathrm{d}x}(cu)=c\frac{\mathrm{d}u}{\mathrm{d}x}$，则 $\frac{\mathrm{d}}{\mathrm{d}x}$ 也是线性算符。

推论：

(1)线性算符 F 加上线性算符 G，则 $F+G$ 也是线性算符。

因为：

$$
\begin{aligned}
(F+G)(u_1+u_2) &= F(u_1+u_2)+G(u_1+u_2) \\
&= Fu_1+Fu_2+Gu_1+Gu_2 \\
&= (F+G)u_1+(F+G)u_2 \\
(F+G)cu &= Fcu+Gcu \\
&= c(F+G)u
\end{aligned}
$$

所以 $F+G$ 是线性算符。

(2)若 F 和 G 都是线性算符，则 FG 也是线性算符。

因为：

$$
\begin{aligned}
FG(u_1+u_2) &= F\left[G(u_1+u_2)\right] \\
&= F(Gu_1+Gu_2) \\
&= F(Gu_1)+F(Gu_2) \\
&= (FG)u_1+(FG)u_2
\end{aligned}
$$

$$(FG)cu=F[G(cu)]=F[c(Gu)]=c[F(Gu)]=c(FG)u$$

所以 FG 也是线性算符。

1.1.3　本征函数和本征值

算符 F 作用在函数 u 上的结果等于一个常数 λ 乘以该函数 u，即

$$Fu=\lambda u \tag{1.1-4}$$

满足式(1.1-4)的函数 u 就是算符 F 的本征函数，而 λ 就是算符 F 的本征函数 u 的本征值。

或者说：u 是属于算符 F 的本征值 λ 的本征函数。

本征函数和本征值都是与算符密切相关的。本征函数是属于某个本征值的。一个本征值可以有几个本征函数。如：$Fu=\lambda u$；$Fu'=\lambda u'$。同一个算符可以有几个不同的本征函数和不同的本征值。如：$Fu_1=\lambda_1 u_1$；$Fu_2=\lambda_2 u_2$；$Fu_3=\lambda_3 u_3$。

本征值可以是不连续的，称之为不连续谱或离散谱。把本征值与所要求的物理量联系起来。例：求算符 $\frac{\mathrm{d}^2}{\mathrm{d}x^2}$ 在 $-\infty<x<+\infty$ 区间的本征函数和本征值，应满足单值、连续、有限和平方可积的条件。对这个问题就是解微分方程：

$$\frac{\mathrm{d}^2u}{\mathrm{d}x^2}=\lambda u \tag{1.1-5}$$

当 $\lambda>0$ 时，$u=A\mathrm{e}^{\sqrt{\lambda}x}+B\mathrm{e}^{-\sqrt{\lambda}x}$ 是式(1.1-5)的解。当 $x=+\infty$ 时，要求 u 是有限的，则 A 必须是零。当 $x=-\infty$ 时，要求 u 是有限的，则 B 必须是零。如果 A 和 B 都是零，则 u 也是

零。但u必须有非零解，所以u就不是该算符的本征函数。就是说，当$\lambda>0$时，该算符没有本征函数。

当$\lambda=0$时，$u=Ax+B$是式(1.1-5)的解。当$x=+\infty$时，要求u是有限的，则A必须是零。于是$u=B$。而B是常数，任何常数的二次微商总是零，则u就不能满足非零解。故在$\lambda\geqslant 0$区间都没有本征函数。

当$\lambda<0$时，

$$u=A\mathrm{e}^{\mathrm{i}\sqrt{-\lambda x}}+B\mathrm{e}^{-\mathrm{i}\sqrt{\lambda x}} \tag{1.1-6}$$

式(1.1-6)就是式(1.1-5)的解。这个解是可以满足单值、连续、有限的条件的。这个算符的本征值就落在$-\infty<\lambda<0$区间，式(1.1-6)就是该算符的本征函数。

1.1.4 自轭算符

1. 定义

算符F若满足条件：$\int_T V^* Fu\,\mathrm{d}\tau=\int_T (FV)^* u\,\mathrm{d}\tau$，其中$u$、$V$为某种“特性”的任意两个函数，则算符$F$为自轭算符。

2. 推论

(1) 自轭算符之和仍为自轭算符(一定是有限个自轭算符)。F和G都是自轭算符，则$(F+G)$一定也是自轭算符。因为：

$$\begin{aligned}\int_T V^*(F+G)u\,\mathrm{d}\tau&=\int_T V^*[(Fu+Gu)]\mathrm{d}\tau\\&=\int_T V^*Fu\,\mathrm{d}\tau+\int_T V^*Gu\,\mathrm{d}\tau\\&=\int_T (FV)^*u\,\mathrm{d}\tau+\int_T (GV)^*u\,\mathrm{d}\tau\\&=\int_T (FV+GV)^*u\,\mathrm{d}\tau+\int_T [(F+G)V]^*u\,\mathrm{d}\tau\end{aligned}$$

(2) 满足交换律的自轭算符之积仍为自轭算符。F和G都是自轭算符，且$GF=FG$，则GF或FG一定也是自轭算符。因为：

$$\begin{aligned}\int_T V^*(FG)u\,\mathrm{d}\tau&=\int_T V^*(FGu)\mathrm{d}\tau=\int_T (FV)^*Gu\,\mathrm{d}\tau\\&=\int_T [G(FV)]^*u\,\mathrm{d}\tau=\int_T (GFV)^*u\,\mathrm{d}\tau\\&=\int_T (FGV)^*u\,\mathrm{d}\tau\end{aligned}$$

例如：①$\dfrac{1}{\mathrm{i}}\dfrac{\partial}{\partial x}$是自轭算符。

因为$\iiint\limits_{\infty} V^*\dfrac{1}{\mathrm{i}}\dfrac{\partial}{\partial x}u\,\mathrm{d}x\mathrm{d}y\mathrm{d}z=\dfrac{1}{\mathrm{i}}\iint\limits_{\infty} V^*u\Big|_{-\infty}^{+\infty}\mathrm{d}y\mathrm{d}z-\dfrac{1}{\mathrm{i}}\iiint\limits_{\infty}\dfrac{\partial V^*}{\partial x}u\,\mathrm{d}x\mathrm{d}y\mathrm{d}z$，要求$u$、$V$平方可

积，则 $\frac{1}{\mathrm{i}}\iint_{\infty} V^* u\int_{-\infty}^{+\infty}\mathrm{d}y\mathrm{d}z=0$，所以 $\iiint_{\infty} V^*\frac{1}{\mathrm{i}}\frac{\partial}{\partial x}u\mathrm{d}x\mathrm{d}y\mathrm{d}z=-\frac{1}{\mathrm{i}}\iiint_{\infty}\frac{\partial V^*}{\partial x}u\mathrm{d}x\mathrm{d}y\mathrm{d}z$ $=\iiint_{\infty}\left(\frac{1}{\mathrm{i}}\frac{\partial V}{\partial x}\right)^* u\mathrm{d}x\mathrm{d}y\mathrm{d}z$，又因为 x 是自轭算符，x^n 也是自轭算符，所以 $\frac{1}{\mathrm{i}}\frac{\partial}{\partial x}$ 是自轭算符，$-\frac{\partial^2}{\partial x^2}$ 也是自轭算符。

②哈密顿(Hamilton) 算符 H 也是自轭算符。

因为 $H=\frac{h^2}{8\pi^2 m}\left[\frac{\partial^2}{\partial x^2}+\frac{\partial^2}{\partial y^2}+\frac{\partial^2}{\partial z^2}\right]+V(x,y,z,t)$，由于 x、y、z、t 是势能的函数，它们是连续的，可以用一个多项式来逼近它，又因为 x、y、z、t 都是自轭算符，所以 $V(x,y,z,t)$ 也是自轭算符，则哈密顿(Hamilton)算符 H 也是自轭算符。

3. 相关定理

(1)自轭算符的本征值必须是实数。

F 是自轭算符，$Fu=\lambda u$，λ 是实数（$\lambda=\lambda^*$）。因为：

左端
$$\int u^* Fu\,\mathrm{d}\tau=\int (Fu)^* u\,\mathrm{d}\tau=\int(\lambda u)^* u\,\mathrm{d}\tau=\lambda^*\int u^* u\,\mathrm{d}\tau$$

右端
$$\int u^*\lambda u\,\mathrm{d}\tau=\lambda^*\int u^* u\,\mathrm{d}\tau$$

所以 $\lambda=\lambda^*$。

(2)对于自轭算符，属于不同本征值的本征函数必定相互正交。

满足 $\int u^* u\,\mathrm{d}\tau=0$ 这个条件，则 u_1 和 u_2 为两个相互正交函数。

设：$Fu_1=\lambda_1 u_1$，$Fu_2=\lambda_2 u_2$，且 $\lambda_1\neq\lambda_2$，则 $\int u_1^* u_2\,\mathrm{d}\tau=0$。因为：

$$u_2^* Fu_1=u_2^*\lambda_1 u_1=\lambda_1 u_2^* u_1$$

$$\begin{aligned}\lambda_1\int u_2^* u_1\,\mathrm{d}\tau&=\int u_2^* Fu_1\,\mathrm{d}\tau=\int (Fu_2)^* u_1\,\mathrm{d}\tau\\&=\int(\lambda_2 u_2)^* u_1\,\mathrm{d}\tau=\lambda_2\int u_2^* u_1\,\mathrm{d}\tau\end{aligned}$$

即

$$(\lambda_1-\lambda_2)\int u_2^* u_1\,\mathrm{d}\tau=0$$

因为 $\lambda_1\neq\lambda_2$，所以 $\int u_2^* u_1\,\mathrm{d}\tau=0$。

由此证明：属于不同本征值的本征函数算符必须是自轭的，否则就不能正交。

(3)自轭算符的本征函数可以化成正交归一化集合。

对于集合 $\{u_1,u_2,u_3,\cdots,u_i,\cdots,u_j,\cdots\}$，有

正交：
$$\int u_i^* u_j\,\mathrm{d}\tau=0,\quad i\neq j$$

归一：
$$\int u_i^* u_j\,\mathrm{d}\tau=1,\quad i=j=1,2,3,\cdots$$

只要平方可积，就可以归一化。

1.1.5 正交归一化集合

1. 线性无关和线性相关

对某一具有几个函数的集合$\{u_1,u_2,u_3,\cdots,u_i,\cdots,u_n\}$，除$c_1=c_2=c_3=\cdots=c_n=0$外，不再有其他数值能使$c_1u_1+c_2u_2+c_3u_3+\cdots+c_nu_n=0$成立，则这一集合的$n$个函数称之为线性无关。即$n$个函数中，任何一个函数$u_i$都不能表示成其余诸函数的线性组合，否则就是线性相关。例如：

$$u_1=x+1,\quad u_2=2x+1,\quad u_3=\frac{1}{3}(4x+3)$$

则

$$u_3=\frac{1}{3}(2u_1+u_2),\quad 2u_1+u_2-3u_3=0$$

也就是：$c_1=2, c_2=1, c_3=-3$。因此，u_1、u_2、u_3是线性相关的。

对于一个二阶微分方程，必须只能有两个线性无关的特解，而其他任何解都可以表示成这两个线性无关的特解线性组合的通解。例如：$\dfrac{\mathrm{d}^2y}{\mathrm{d}x^2}=-y$这个微分方程的两个特解是：$y_1=\cos x$和$y_2=\sin x$。除了$c_1=c_2=c_3=0$外，再也找不到一组常数能满足$c_1\cos x+c_2\sin x$，因此，$\cos x$和$\sin x$是线性无关的。这个微分方程的通解是

$$y=A\cos x+B\sin x \tag{1.1-7}$$

或

$$y=C\mathrm{e}^{\mathrm{i}r}+D\mathrm{e}^{-\mathrm{i}r} \tag{1.1-8}$$

通过欧拉(Euler)公式可将式(1.1-8)还原为式(1.1-7)，即

$$\begin{aligned}y&=C\mathrm{e}^{\mathrm{i}r}+D\mathrm{e}^{-\mathrm{i}r}=C(\cos x+\mathrm{i}\sin x)+D(\cos x-\mathrm{i}\sin x)\\&=(C+D)\cos x+(C-D)\mathrm{i}\sin x\\&=A\cos x+B\sin x\end{aligned}$$

两点说明：

(1)一个微分方程或算符方程的基本解，必须是线性无关的。基本解的数目是一定的，而其余的解都可以表示成这些基本解的线性组合(通解)。

(2)找线性无关的基本解，可以采取不同的描述方式，正如在空间选择坐标一样，可以选择不同形式的基向量，目的就是使问题容易求解。

推论：

(1)正交函数之间一定是线性无关的。

设：$c_1u_1+c_2u_2+c_3u_3=0$，两边乘以u_1^*对$\mathrm{d}\tau$积分，得

$$\int u_1^*c_1u_1\,\mathrm{d}\tau+\int u_1^*c_2u_2\,\mathrm{d}\tau+\int u_1^*c_3u_3\,\mathrm{d}\tau=0$$

根据正交的定义：

$$\int u_1^*u_2\,\mathrm{d}\tau=0,\quad \int u_1^*u_3\,\mathrm{d}\tau=0$$

因此，

$$c_1\int u_1^* u_1 \,\mathrm{d}\tau = 0$$

因为：

$$\int u_1^* u_1 \,\mathrm{d}\tau > 0$$

所以 $c_1 = 0$ 。

同理： $c_2 = 0$ ， $c_3 = 0$ 。

(2) 总可以从函数集合 u_1、 u_2、 u_3、…、 u_n 中挑选出线性无关的函数。

2. 正交化方法(Schmidt 法)

若 υ_1、 υ_2、 υ_3、…、 υ_n 为 n 个线性无关的函数，可以把它们组成 n 个正交的函数。令

$$u_1 = \upsilon_1,\ u_2 = c_{21}u_1 + \upsilon_2$$

要使 u_1 与 u_2 正交，则 $\int u_1^* u_2 d\tau = 0$ ，即

$$\int u_1^* u_2 \,\mathrm{d}\tau = \int u_1^* \upsilon_2 \,\mathrm{d}\tau + c_{21}\int u_1^* u_2 \,\mathrm{d}\tau = 0$$

因为：

$$\int u_1^* u_1 \mathrm{d}\tau \neq 0$$

所以

$$c_{21} = \frac{-\int u_1^* \upsilon_2 \mathrm{d}\tau}{\int u_1^* u_1 \mathrm{d}\tau}$$

为使 u_3 与 u_1、 u_2 正交，令

$$u_3 = c_{31}u_1 + c_{32}u_2 + \upsilon_3 \tag{1.1-9}$$

要使 u_3 与 u_1 正交，则 $\int u_1^* u_3 \,\mathrm{d}\tau = 0$ ，即

$$\int u_1^* u_3 \,\mathrm{d}\tau = 0 = c_{31}\int u_1^* u_1 \,\mathrm{d}\tau + c_{32}\int u_1^* u_2 \,\mathrm{d}\tau + \int u_1^* \upsilon_3 \,\mathrm{d}\tau \Rightarrow c_{31} = -\frac{\int u_1^* \upsilon_3 \,\mathrm{d}\tau}{\int u_1^* u_1 \,\mathrm{d}\tau}$$

要使 u_3 与 u_2 正交，则 $\int u_2^* u_3 \,\mathrm{d}\tau = 0$ ，即

$$\int u_2^* u_3 \,\mathrm{d}\tau = 0 = c_{32}\int u_2^* u_2 \,\mathrm{d}\tau + \int u_2^* \upsilon_3 \,\mathrm{d}\tau \Rightarrow c_{32} = -\frac{\int u_2^* \upsilon_3 \,\mathrm{d}\tau}{\int u_2^* u_2 \,\mathrm{d}\tau}$$

以此类推，就可以找出：

$$u_n = c_{n1}u_1 + c_{n2}u_2 + c_{n3}u_3 + \cdots + c_{n(n-1)}u_{n-1} + \upsilon_n \tag{1.1-10}$$

使 u_n 与 u_1、 u_2、 u_3、…、 u_{n-1}、 u_n 彼此正交，而 u_2 则是 υ_1 ， υ_2 的线性组合， u_n 是 υ_1、 υ_2、 υ_3、…、 υ_{n-1}、 υ_n 的线性组合，这就是说，可以把一组互不正交的基向量，转变成一组相互正交的另一组基向量，而原来的一组基函数就是新的一组基函数的线性组合。

3. 归一化方法

设：$\int u_1'^* u_1' \mathrm{d}\tau = c_1 \neq 1$；$\int u_2'^* u_2' \mathrm{d}\tau = c_2 \neq 1$；…

因为u_1'、u_2'、u_3'、…、u_n'是一组平方可积的函数，c_1、c_2、c_3、…、c_n都是正实数。令

$$u_1 = u_1' c_1^{-1/2}，\quad u_2 = u_2' c_2^{-1/2}，\cdots$$

则

$$\int u_1^* u_1 \mathrm{d}\tau = \frac{1}{c_1}\int u_1'^* u_1' \mathrm{d}\tau = 1$$

两点说明：

(1) 在量子力学中，由于状态函数的统计概念，当状态函数u乘以常数c得到一个新的函数cu时，则cu仍然代表函数u所表示的那个状态。

(2) 原来函数u_1'与u_2'彼此正交，各自乘上一个常数得Au_1'和Bu_2'仍然彼此正交。

4. 正交归一化完整集合

正交集合：$\int u_i^* u_j \mathrm{d}\tau = \delta_{ij}$，当$i \neq j$时，$\delta_{ij} = 0$，($i, j = 1, 2, 3, \cdots$)。

归一集合：$\int u_i^* u_j \mathrm{d}\tau = \delta_{ij}$，当$i = j$时，$\delta_{ij} = 1$，($i, j = 1, 2, 3, \cdots$)。

满足以上两个条件的则为“正交归一化集合”。除满足以上两个条件外，再也找不出另一个函数υ能使$\int \upsilon^* u_i \mathrm{d}\tau = 0$ ($i = 1, 2, 3, \cdots$)，则为“正交归一化完整集合”。

例如：$\frac{1}{\sqrt{2\pi}}, \frac{1}{\sqrt{\pi}}\cos\pi x, \frac{1}{\sqrt{\pi}}\cos 2\pi x, \cdots, \frac{1}{\sqrt{\pi}}\sin\pi x, \frac{1}{\sqrt{\pi}}\sin 2\pi x, \cdots$，在 $0 \to 2\pi$ (或$-\pi \to +\pi$)区间，这一函数是正交归一完整的集合，也就是傅里叶级数的展开。

推论：给出任意一组函数($\upsilon_1, \upsilon_2, \upsilon_3, \cdots$)，可以组成一组正交归一化的函数($u_1, u_2, u_3, \cdots$)集合。如果原来的一组函数是完整的，则最后组成的一组函数就是“正交归一化完整集合”。

现在来证明自扼算符的第三条定理：

自轭线性算符的本征函数可以组成“正交归一化集合”(完不完整在数学上没有严格的证明方法，但在量子力学中就认为它是完整的)。

证明：

$$F\upsilon_1^{(1)} = \lambda_1 \upsilon_1^{(1)} \qquad F\upsilon_2^{(1)} = \lambda_1 \upsilon_2^{(1)}， \qquad F\upsilon_3^{(1)} = \lambda_1 \upsilon_3^{(1)}$$

$$F\upsilon_1^{(2)} = \lambda_2 \upsilon_1^{(2)}$$

$$F\upsilon_1^{(3)} = \lambda_3 \upsilon_1^{(3)} \qquad F\upsilon_2^{(3)} = \lambda_3 \upsilon_2^{(3)}$$

$$\vdots$$

$c_1\upsilon_1^{(1)} + c_2\upsilon_2^{(1)} + c_3\upsilon_3^{(1)}$ 所组成的函数仍然是算符F属于本征值λ_1的本征函数。

$$\begin{aligned} F(c_1\upsilon_1^{(1)} + c_2\upsilon_2^{(1)} + c_3\upsilon_3^{(1)}) &= c_1 F\upsilon_1^{(1)} + c_2 F\upsilon_2^{(1)} + c_3 F\upsilon_3^{(1)} \\ &= c_1\lambda_1\upsilon_1^{(1)} + c_2\lambda_1\upsilon_2^{(1)} + c_3\lambda_1\upsilon_3^{(1)} \\ &= \lambda_1(c_1\upsilon_1^{(1)} + c_2\upsilon_2^{(1)} + c_3\upsilon_3^{(1)}) \end{aligned}$$

由此证明：属于同一个算符的同一个本征值的本征函数的线性组合，仍然是这个算符所属本征值的本征函数。

对于 λ_1 有三个线性无关的本征函数，称为三度简并的本征函数。

对于 λ_2 只有一个本征函数，这是一个非简并的本征函数。

对于 λ_3 有两个本征函数，称为二度简并的本征函数。

$\upsilon_1^{(1)}$、$\upsilon_1^{(2)}$、$\upsilon_1^{(3)}$ 未必正交，但可以经过 Schmidt 正交法做成 $u_1'^{(1)}$、$u_2'^{(1)}$、$u_3'^{(1)}$ 相互正交仍属于 λ_1 的本征函数，然后再归一化为 $u_1^{(1)}$、$u_2^{(1)}$、$u_3^{(1)}$，因此，$u_1^{(1)}$、$u_2^{(1)}$、$u_3^{(1)}$ 就是自轭算符 F 的本征值 λ_1 的正交归一的本征函数。$u_2^{(1)}$ 是 λ_2 的归一的本征函数，$u_1^{(3)}$、$u_2^{(3)}$ 则是 λ_3 的正交归一的本征函数，那么 $u_1^{(1)}$、$u_2^{(1)}$、$u_3^{(1)}$、$u_1^{(2)}$、$u_1^{(3)}$、$u_2^{(3)}$ 是一组正交归一线性无关的本征函数集合。

1.1.6　展开公式

$(u_1,u_2,u_3,\cdots)$ 是在 $u\in F$ 域中的完整的正交归一化集合。若因数 ϕ 也在 F 域中，则 ϕ 一定是 u_i 的线性组合，这就是展开定义。即

$$\phi=\sum c_i u_i \mathrm{P} \tag{1.1-11}$$

注意，ϕ 和 u_i 的独立变量必须相同，且满足相同的边界条件。

式(1.1-11)的两边同乘以 u_k^* 并对 $\mathrm{d}\tau$ 积分，得

$$\int u_k^*\phi\,\mathrm{d}\tau=\int u_k^*\sum c_i u_i\,\mathrm{d}\tau$$

函数 u_i 只能在无穷级数一直收敛的情况下，求和号才可以提到积分号外边，则

$$\int u_k^*\sum_{i=1}^{\infty}c_i u_i\,\mathrm{d}\tau=\sum_{i=1}^{\infty}c_i\int u_k^* u_i\,\mathrm{d}\tau=\sum_{i=1}^{\infty}c_i\delta_{ik}=c_i=\int u_k^*\phi\,\mathrm{d}\tau$$

对于正交归一化集合，所有的 c_i 都可以求出来。

例如：一组函数 $\left\{\frac{1}{\sqrt{2\pi}},\ \frac{1}{\sqrt{\pi}}\cos\pi x,\ \frac{1}{\sqrt{\pi}}\cos 2\pi x,\ \cdots,\ \frac{1}{\sqrt{\pi}}\sin\pi x,\ \frac{1}{\sqrt{\pi}}\sin 2\pi x,\ \cdots\right\}$

在定义域 $0\to 2\pi$（或 $-\pi\to+\pi$）区间是完整的正交归一化集合，其特征是连续的、周期性的。

令

$$\phi(x)=a_0\frac{1}{\sqrt{2\pi}}+\sum_i a_i\frac{1}{\sqrt{\pi}}\cos ix+\sum_i b_i\frac{1}{\sqrt{\pi}}\sin ix \tag{1.1-12}$$

$$\int_{-\pi}^{\pi}\frac{1}{\sqrt{2\pi}}\phi(x)\,\mathrm{d}x=a_0\int_{-\pi}^{\pi}\frac{1}{\sqrt{2\pi}}\cdot\frac{1}{\sqrt{2\pi}}\mathrm{d}x+\sum_i a_i\int_{-\pi}^{\pi}\frac{1}{\sqrt{2\pi}}\cdot\frac{1}{\sqrt{\pi}}\cos ix\,\mathrm{d}x$$
$$+\sum_i b_i\int_{-\pi}^{\pi}\frac{1}{\sqrt{2\pi}}\cdot\frac{1}{\sqrt{\pi}}\sin ix\,\mathrm{d}x=a_0$$

$$a_0=\int_{-\pi}^{\pi}\frac{1}{\sqrt{2\pi}}\phi(x)\,\mathrm{d}x\ ;\quad a_k=\int_{-\pi}^{\pi}\frac{1}{\sqrt{\pi}}\cos kx\phi(x)\,\mathrm{d}x\ ;\quad b_k=\int_{-\pi}^{\pi}\frac{1}{\sqrt{\pi}}\sin kx\phi(x)\,\mathrm{d}x$$

讨论两种特殊情况：

(1) $\phi(x)$ 是偶函数：则 $\phi(x)=\phi(-x)$；令 $x=-y$，则

$$
\begin{aligned}
b_k &= \int_{-\pi}^{\pi}\frac{1}{\sqrt{\pi}}\sin kx\phi(x)\,\mathrm{d}x = \int_{-\pi}^{0}\frac{1}{\sqrt{\pi}}\sin kx\phi(x)\,\mathrm{d}x + \int_{0}^{\pi}\frac{1}{\sqrt{\pi}}\sin kx\phi(x)\,\mathrm{d}x \\
&= -\int_{-\pi}^{0}\frac{1}{\sqrt{\pi}}\sin k(-y)\phi(-y)\,\mathrm{d}y + \int_{0}^{\pi}\frac{1}{\sqrt{\pi}}\sin kx\phi(x)\,\mathrm{d}x \\
&\quad -\int_{0}^{\pi}\frac{1}{\sqrt{\pi}}\sin kx\phi(x)\,\mathrm{d}x + \int_{0}^{\pi}\frac{1}{\sqrt{\pi}}\sin kx\phi(x)\,\mathrm{d}x = 0
\end{aligned}
$$

因为 $\sin kx$ 是奇函数，奇函数×偶函数=奇函数，所以 $b_k=0$。

(2) $\phi(x)$ 是奇函数：$\phi(x)=-\phi(-x)$，则 $a_0=0$，$a_k=0$。

例如：$c_n \mathrm{e}^{-x^2/2} H_n(x)$；$n=0,1,2,3,\cdots$ $(-\infty<x<+\infty)$

$A_n P_n(x)$；$n=0,1,2,3,\cdots$ $(-1<x<+1)$

如果定义 u_i 就是波函数 ψ_i，则可由展开公式得出一个很重要的结论：量子力学中任意状态 $\phi(x)$，都可以用对某种力学量有一定值的状态函数 $\psi_i(x)$ 的叠加来表示，即

$$
\phi(x)=\sum_i c_i\psi_i(x) \tag{1.1-13}
$$

其中，$\psi_i(x)$ 是某一算符具有一定本征值的本征函数，而 $\phi(x)$ 是这些本征函数的积分。

1.1.7 线性空间

线性空间是三维几何向量空间和 n 维向量空间进一步推广而抽象出来的一个代数结构。

为了研究一般线性方程组的解的理论，需要把三维向量推广为 n 维向量，定义 n 维向量的加法和数量乘法运算，讨论 n 维向量空间中的向量关于线性运算的相关性，阐明线性方程组的解的理论。

1. 定义

若：$\boldsymbol{x}\in R$，$\boldsymbol{y}\in R$ 且满足：①$(\boldsymbol{x}+\boldsymbol{y})\in R$；②$\lambda\boldsymbol{x}\in R$（$\lambda$ 为常数），则 $\boldsymbol{x}$ 为线性空间。

举三个例子来说明：

(1) R 代表三维空间，$\boldsymbol{x}$、$\boldsymbol{y}$、$\boldsymbol{z}$ 代表三维空间矢量。则 $\boldsymbol{x}+\boldsymbol{y}$ 代表矢量的加法，$\lambda\boldsymbol{x}$ 代表矢量 $\boldsymbol{x}$ 拉长了 λ 倍。

(2) 在区间$[a, b]$上的所有连续函数 $f(\boldsymbol{x})\in R$，$\phi(x)\in R$，…；且$[f(x)+\phi(x)]\in R$，$\lambda f(x)\in R$，这些函数的加法、乘法都满足矢量的加、乘方法，则 R 是线性空间 $f(x),\phi(x)$ 等就是 R 空间的元素或矢量。

(3) 一个 n 行 n 列的复数矩阵 $\tilde{\boldsymbol{A}}(a_{ik})\in R$，$a_{ik}$ 可以是复数。

$$
\tilde{\boldsymbol{A}}=\begin{bmatrix} a_{11} & a_{12} & \cdots & a_{1n} \\ a_{21} & a_{22} & \cdots & a_{2n} \\ \vdots & \vdots & & \vdots \\ a_{n1} & a_{n2} & \cdots & a_{nn} \end{bmatrix}
$$

它的加、乘方法满足矢量的加、乘方法，则 R 是线性空间。如矩阵 $\tilde{\boldsymbol{B}}(b_{ik})\in R$，则

$$\tilde{\boldsymbol{A}}+\tilde{\boldsymbol{B}}=(a_{ik}+b_{ik}),\quad \lambda\tilde{\boldsymbol{A}}=(\lambda a_{ik})$$

2. 运算法则

1) 加法

(a) 加法满足交换律：$\boldsymbol{x}+\boldsymbol{y}=\boldsymbol{y}+\boldsymbol{x}$。

(b) 加法满足结合律：$(\boldsymbol{x}+\boldsymbol{y})+\boldsymbol{z}=\boldsymbol{x}+(\boldsymbol{y}+\boldsymbol{z})$。

(c) 加法要求存在零矢量：$\boldsymbol{x}+0=\boldsymbol{x}$。

(d) 加法要求存在逆矢量(包括函数、元素)：$\boldsymbol{x}+(-\boldsymbol{x})=0$。

2) 数字与矢量的乘法

(a) 满足结合律：$\alpha\cdot(\beta\boldsymbol{x})=(\alpha\beta)\cdot\boldsymbol{x}$。

(b) 要求存在单位矢量：$1\cdot\boldsymbol{x}=\boldsymbol{x}$。

(c) 加法和乘法满足分配律：$(\alpha+\beta)\boldsymbol{x}=\alpha\boldsymbol{x}+\beta\boldsymbol{x}$；$\alpha(\boldsymbol{x}+\boldsymbol{y})=\alpha\boldsymbol{x}+\alpha\boldsymbol{y}$。

3. 线性相关与线性无关

(1) 定义：对于式 $\alpha\boldsymbol{x}+\beta\boldsymbol{y}+\gamma\boldsymbol{z}+\cdots+\theta\boldsymbol{w}=0$ 中，$\alpha,\beta,\gamma,\cdots,\theta$ 至少有一个不等于零，则 $\boldsymbol{x}$，$\boldsymbol{y}$，$\boldsymbol{z}$，…，$\boldsymbol{w}$ 为线性相关，否则为线性无关。

(2) 定理：如果是线性相关(假定 $\alpha\neq 0$)，则

$$\boldsymbol{x}=-\frac{\beta}{\alpha}\boldsymbol{y}-\frac{\gamma}{\alpha}\boldsymbol{z}-\cdots-\frac{\theta}{\alpha}\boldsymbol{w}=C_1\boldsymbol{y}+C_2\boldsymbol{z}+\cdots+C_n\boldsymbol{w}$$

就是说，其中的一个矢量可以写成其他矢量的线性组合。

4. 线性空间的维数

(1) 定义：在 R 空间中有 n 个，且只能有 n 个(不能比 n 个更多)线性无关的矢量存在，则 R 称为 n 维线性空间。维数就是代表在空间中最大限度的线性无关的基矢量数。

(2) 定理：量子力学中的力学量是由无穷多维空间中的线性变换所组成，可以用无穷多行、无穷多列的矩阵来变换表象。

5. 基矢量

(1) 定义：在 R_n (n 维)的线性空间中，有 $\boldsymbol{e}_1$，$\boldsymbol{e}_2$，$\boldsymbol{e}_3$，…，$\boldsymbol{e}_n$ 共 n 个线性无关的矢量，则在 R_n 空间中的任意一个矢量 $\boldsymbol{x}$，都可以表示成这 n 个线性无关的矢量的线性组合：

$$\boldsymbol{x}=\xi_1\boldsymbol{e}_1+\xi_2\boldsymbol{e}_2+\xi_3\boldsymbol{e}_3+\cdots+\xi_n\boldsymbol{e}_n$$

则 $\boldsymbol{e}_1$，$\boldsymbol{e}_2$，$\boldsymbol{e}_3$，…，$\boldsymbol{e}_n$ 称为基矢量，而 $\xi_1,\xi_2,\xi_3,\cdots,\xi_n$ 的有序排列就是矢量 $\boldsymbol{x}$ 的坐标。

(2) 运算。

(a) 加法：

设

$$\boldsymbol{x}(\xi_1,\xi_2,\xi_3,\cdots,\xi_n) \quad , \qquad \boldsymbol{x} = \sum_{i=1}^{n}\xi_i \boldsymbol{e_i}$$

$$\boldsymbol{y}(\eta_1,\eta_2,\eta_3,\cdots,\eta_n) \quad , \qquad \boldsymbol{y} = \sum_{i=1}^{n}\eta_i \boldsymbol{e_i}$$

则

$$\begin{aligned}\boldsymbol{x}+\boldsymbol{y} &= \sum_{i=1}^{n}\xi_i \boldsymbol{e_i}+\sum_{i=1}^{n}\eta_i \boldsymbol{e_i} = (\xi_1 \boldsymbol{e}_1+\xi_2 \boldsymbol{e}_2+\xi_3 \boldsymbol{e}_3+\cdots+\xi_n \boldsymbol{e_n})+(\eta_1 \boldsymbol{e}_1+\eta_2 \boldsymbol{e}_2+\eta_3 \boldsymbol{e}_3+\cdots+\eta_n \boldsymbol{e_n})\\ &=(\xi_1+\eta_1)\boldsymbol{e}_1+(\xi_2+\eta_2)\boldsymbol{e}_2+(\xi_3+\eta_3)\boldsymbol{e}_3+\cdots+(\xi_n+\eta_n)\boldsymbol{e_n}\end{aligned}$$

(b)乘法(数字乘矢量)：

$$\begin{aligned}\lambda\boldsymbol{x} &= \lambda\sum_{i=1}^{n}\xi_i \boldsymbol{e}_i = \lambda(\xi_1 \boldsymbol{e}_1+\xi_2 \boldsymbol{e}_2+\xi_3 \boldsymbol{e}_3+\cdots+\xi_n \boldsymbol{e}_n)\\ &= \lambda\xi_1 \boldsymbol{e}_1+\lambda\xi_2 \boldsymbol{e}_2+\lambda\xi_3 \boldsymbol{e}_3+\cdots+\lambda\xi_n \boldsymbol{e}_n\end{aligned}$$

则 λx 的坐标为：$\lambda\xi_1,\lambda\xi_2,\lambda\xi_3,\cdots,\lambda\xi_n$。

6. 基矢量的变换

选定一套基矢量后，任意一个矢量的坐标就定了，它的表示方法也就是唯一的了。例如：

选定一套基矢量 $\boldsymbol{e}_1, \boldsymbol{e}_2, \boldsymbol{e}_3, \cdots, \boldsymbol{e_n}$，则 $\boldsymbol{x} = \sum_{i=1}^{n}\xi_i \boldsymbol{e_i}$ ；

若另选一套基矢量 $\boldsymbol{e}_1',\boldsymbol{e}_2',\boldsymbol{e}_3',\cdots,\boldsymbol{e}_n'$，则 $\boldsymbol{x}=\sum_{i=1}^{n}\xi_i'\boldsymbol{e}_i'$。

要想知道新坐标与旧坐标的关系，必先要知道新基矢量与旧基矢量的关系。既然是 n 维的线性空间，则只能有 n 个线性无关的基矢量。因此，新的基矢量一定可以表示成旧基矢量的线性组合：

$$\begin{aligned}\boldsymbol{e}_1' &= a_{11}\boldsymbol{e}_1+a_{12}\boldsymbol{e}_2+a_{13}\boldsymbol{e}_3+\cdots+a_{1n}\boldsymbol{e}_n\\ \boldsymbol{e}_2' &= a_{21}\boldsymbol{e}_1+a_{22}\boldsymbol{e}_2+a_{23}\boldsymbol{e}_3+\cdots+a_{2n}\boldsymbol{e}_n\\ \boldsymbol{e}_3' &= a_{31}\boldsymbol{e}_1+a_{32}\boldsymbol{e}_2+a_{33}\boldsymbol{e}_3+\cdots+a_{3n}\boldsymbol{e}_n\\ &\vdots\\ \boldsymbol{e}_n' &= a_{n1}\boldsymbol{e}_{n1}+a_{n2}\boldsymbol{e}_{n2}+a_{n3}\boldsymbol{e}_{n3}+\cdots+a_{nn}\boldsymbol{e}_{nn}\end{aligned}$$

则其系数可组成一个 n 行 n 列的矩阵 $\tilde{\boldsymbol{A}}$：

$$\tilde{\boldsymbol{A}} = \begin{bmatrix} a_{11} & a_{12} & \cdots & a_{1n}\\ a_{21} & a_{22} & \cdots & a_{2n}\\ \vdots & \vdots & & \vdots\\ a_{n1} & a_{n2} & \cdots & a_{nn}\end{bmatrix}$$

$$\sum_{i=1}^{n}\xi_i\boldsymbol{e}_i = \boldsymbol{x} = \sum_{k=1}^{n}\xi_k'\boldsymbol{e}_k' = \sum_{k=1}^{n}\xi_k'\sum_{i=1}^{n}a_{ik}\,\boldsymbol{e_i} = \sum_{i=1}^{n}(\sum_{k=1}^{n}a_{ik}\xi_k')\,\boldsymbol{e_i}$$

即

$$\sum_{i=1}^{n}[\xi_i-\sum_{k=1}^{n}a_{ik}\xi'_k]\,\boldsymbol{e_i}=0$$

因为$\boldsymbol{e_i}\neq 0$，所以$\xi_i-\sum_{k=1}^{n}a_{ik}\xi'_k=0\Rightarrow \xi_i=\sum_{k=1}^{n}a_{ik}\xi'_k$。

用矩阵来表示：

$$\begin{bmatrix}\xi_1\\ \xi_2\\ \vdots\\ \xi_n\end{bmatrix}=\begin{bmatrix}a_{11} & a_{12} & \cdots & a_{1n}\\ a_{21} & a_{22} & \cdots & a_{2n}\\ \vdots & \vdots & & \vdots\\ a_{n1} & a_{n2} & \cdots & a_{nn}\end{bmatrix}\begin{bmatrix}\xi'_1\\ \xi'_2\\ \vdots\\ \xi'_n\end{bmatrix}=\begin{bmatrix}\sum_i a_{1i}\xi'_i\\ \sum_i a_{2i}\xi'_i\\ \vdots\\ \sum_i a_{ni}\xi'_i\end{bmatrix}$$

即

$$\begin{cases}\xi_1=\sum_i a_{1i}\xi'_i\\ \xi_2=\sum_i a_{2i}\xi'_i\\ \quad\vdots\\ \xi_n=\sum_i a_{ni}\xi'_i\end{cases}$$

$$\boldsymbol{x}=(\boldsymbol{e}_1\boldsymbol{e}_2\boldsymbol{e}_3\cdots\boldsymbol{e}_n)\begin{bmatrix}\xi_1\\ \xi_2\\ \vdots\\ \xi_n\end{bmatrix}=\xi_1\boldsymbol{e}_1+\xi_2\boldsymbol{e}_2+\xi_3\boldsymbol{e}_3+\cdots+\xi_n\boldsymbol{e}_n$$

$$=(\boldsymbol{e}'_1\boldsymbol{e}'_2\boldsymbol{e}'_3\cdots\boldsymbol{e}'_n)\begin{bmatrix}\xi'_1\\ \xi'_2\\ \vdots\\ \xi'_n\end{bmatrix}=\xi'_1\boldsymbol{e}'_1+\xi'_2\boldsymbol{e}'_2+\xi'_3\boldsymbol{e}'_3+\cdots+\xi'_n\boldsymbol{e}'_n$$

新基矢量$(\boldsymbol{e}'_1\boldsymbol{e}'_2\boldsymbol{e}'_3\cdots\boldsymbol{e}'_n)$与旧基矢量$(\boldsymbol{e}_1\boldsymbol{e}_2\boldsymbol{e}_3\cdots\boldsymbol{e}_n)$之间的关系是

$$(\boldsymbol{e}'_1\boldsymbol{e}'_2\boldsymbol{e}'_3\cdots\boldsymbol{e}'_n)=(\boldsymbol{e}_1\boldsymbol{e}_2\boldsymbol{e}_3\cdots\boldsymbol{e}_n)\begin{bmatrix}a_{11} & a_{12} & \cdots & a_{1n}\\ a_{21} & a_{22} & \cdots & a_{2n}\\ \vdots & \vdots & & \vdots\\ a_{n1} & a_{n2} & \cdots & a_{nn}\end{bmatrix}$$

$$=(\sum_i a_{i1}\,\boldsymbol{e_i},\ \sum_i a_{i2}\,\boldsymbol{e}_i,\ \sum_i a_{i3}\,\boldsymbol{e}_i,\ \cdots,\sum_i a_{in}\,\boldsymbol{e_i})$$

则$\boldsymbol{e}'_1=\sum_{i=1}^{n}a_{i1}\,\boldsymbol{e_i}$；$\boldsymbol{e}'_2=\sum_i a_{i2}\,\boldsymbol{e_i}$；$\boldsymbol{e}'_3=\sum_i a_{i3}\,\boldsymbol{e}_i$；…；$\boldsymbol{e}'_n=\sum_i a_{in}\,\boldsymbol{e_i}$

$$x=(\boldsymbol{e}_1'\boldsymbol{e}_2'\boldsymbol{e}_3'\cdots\boldsymbol{e}_n')\begin{bmatrix}\xi_1'\\ \xi_2'\\ \vdots\\ \xi_n'\end{bmatrix}=(\boldsymbol{e}_1\boldsymbol{e}_2\boldsymbol{e}_3\cdots\boldsymbol{e}_n)\tilde{\boldsymbol{A}}\begin{bmatrix}\xi_1'\\ \xi_2'\\ \vdots\\ \xi_n'\end{bmatrix}=(\boldsymbol{e}_1\boldsymbol{e}_2\boldsymbol{e}_3\cdots\boldsymbol{e}_n)\begin{bmatrix}\xi_1\\ \xi_2\\ \vdots\\ \xi_n\end{bmatrix}$$

新旧两套坐标之间的关系是

$$\begin{bmatrix}\xi_1\\ \xi_2\\ \vdots\\ \xi_n\end{bmatrix}=\tilde{\boldsymbol{A}}\begin{bmatrix}\xi_1'\\ \xi_2'\\ \vdots\\ \xi_n'\end{bmatrix}$$

7. 内积

(1) 定义：矢量 $\boldsymbol{a}(a_1,a_2,a_3)$ 和矢量 $\boldsymbol{b}(b_1,b_2,b_3)$ 的内积为

$$(\boldsymbol{a},\ \boldsymbol{b})=(a_1b_1^*+a_2b_2^*+a_3b_3^*)$$

(2) 运算法则。

(a) $(\boldsymbol{a},\boldsymbol{b})=(\boldsymbol{b},\boldsymbol{a})^*$ 或 $(\boldsymbol{b},\boldsymbol{a})=(\boldsymbol{a},\boldsymbol{b})^*$。

(b) $(\lambda\boldsymbol{b},\boldsymbol{a})=(\boldsymbol{a},\lambda\boldsymbol{b})^*$。

推论：$(\lambda\boldsymbol{b},\boldsymbol{a})=(\boldsymbol{a},\lambda\boldsymbol{b})^*=[\lambda(\boldsymbol{a},\boldsymbol{b})]^*=\lambda^*(\boldsymbol{a},\boldsymbol{b})^*=\lambda^*(\boldsymbol{b},\boldsymbol{a})$。

(c) $(\boldsymbol{b},\boldsymbol{a}_1+\boldsymbol{a}_2)=(\boldsymbol{b},\boldsymbol{a}_1)+(\boldsymbol{b},\boldsymbol{a}_2)$。

推论：$(\boldsymbol{b}_1+\boldsymbol{b}_2,\boldsymbol{a}_2)=(\boldsymbol{a},\boldsymbol{b}_1+\boldsymbol{b}_2)^*=[(\boldsymbol{a},\boldsymbol{b}_1)+(\boldsymbol{a},\boldsymbol{b}_2)]^*=(\boldsymbol{a},\boldsymbol{b}_1)^*+(\boldsymbol{a},\boldsymbol{b}_2)^*=(\boldsymbol{b}_1,\boldsymbol{a})+(\boldsymbol{b}_2,\boldsymbol{a})$。

(d) $(\boldsymbol{a},\boldsymbol{a})\geqslant 0$ （$(\boldsymbol{a},\boldsymbol{a})=0$ 的条件是 $\boldsymbol{a}=0$）。

(3) 欧氏(Eular)空间：一个空间是线性的，这个空间的基矢量内积也就定义了。欧氏空间是线性空间，它分实效域和复数域，它的维数是有限的，而在量子力学中讨论的是无限维的欧氏空间，如果无限维是可数的(有理数)，称 Helb 空间，在量子力学中还会遇到不可数的(实数)空间。

(4) $R_n(\boldsymbol{e}_1\boldsymbol{e}_2\boldsymbol{e}_3\cdots\boldsymbol{e}_n)$ 是线性空间，当给定了 $(\boldsymbol{e}_i,\boldsymbol{e}_j)$，该空间的内积数目就确定了。当 $j=i$ 时，就给出 n 个内积；当 $j\neq i$ 时，就给出 $C_2^n=\dfrac{n(n-1)}{2}$ 个内积，总共有 $n+\dfrac{n(n-1)}{2}=\dfrac{n(n+1)}{2}$ 个。对于 $x=\sum\limits_{i=1}^{n}\xi_i\boldsymbol{e}_i$； $y=\sum\limits_{j=1}^{n}\eta_j\boldsymbol{e}_j$，则

$$(y,x)=(\sum_j\eta_j\boldsymbol{e}_j,\sum_i\xi_i\boldsymbol{e}_i)=\sum_{ij}(\eta_j\boldsymbol{e}_j,\xi_i\boldsymbol{e}_i)=\sum_{ij}\eta_j^*\xi_i(\boldsymbol{e}_j,\boldsymbol{e}_i)$$

8. 正交归一化矢量

(1) 定义：(x,x) 定义为矢量 $\boldsymbol{x}$ 长度的平方，当 $(x,x)=1$ 时，$\boldsymbol{x}$ 被视为单位矢量，或称为归一化矢量，即 $\int\psi_i^*\psi_i\,\mathrm{d}\tau=1$。当 $(\boldsymbol{y},\boldsymbol{x})=0$，则 $\boldsymbol{x}$ 与 $\boldsymbol{y}$ 相正交，即 $\int\psi_i^*\psi_i\,\mathrm{d}\tau=0$。

(2) 定理：

(a)一组正交矢量必然是线性无关的。对于 $\boldsymbol{x}_1,\boldsymbol{x}_2,\boldsymbol{x}_3,\cdots,\boldsymbol{x}_n$，当 $i\neq j$ 时，$(\boldsymbol{x}_i,\boldsymbol{x}_j)=0$。

(b)给定 $\boldsymbol{x}_1,\boldsymbol{x}_2,\boldsymbol{x}_3,\cdots,\boldsymbol{x}_n$ 是一组 n 个线性无关的矢量，必定可以从它们的线性组合中造出 n 个正交归一化的矢量。

(c) $(\boldsymbol{e}_1\boldsymbol{e}_2\boldsymbol{e}_3\cdots\boldsymbol{e}_n)$ 是 R_n 空间的基矢量，且 $(\boldsymbol{e}_i,\boldsymbol{e}_j)=\delta_{ij}$、$\boldsymbol{x}=\sum_i\xi_i\boldsymbol{e}_i$、$\boldsymbol{y}=\sum_j\eta_j\boldsymbol{e}_j$，则

$$(\boldsymbol{x},\boldsymbol{y})=(\sum_i\xi_i\boldsymbol{e}_i,\sum_j\eta_j\boldsymbol{e}_j)=\sum_i\xi_i^*\sum_j\eta_j(\boldsymbol{e}_i,\boldsymbol{e}_j)=\sum_i\xi_i^*\sum_j\eta_j\delta_{ij}=\sum_i\xi_i^*\eta_i$$

9. 正交归一化矢量之间的变换

定义矩阵 $\tilde{\boldsymbol{A}}=\begin{bmatrix}a_{11} & a_{12} & \cdots & a_{1n}\\ a_{21} & a_{22} & \cdots & a_{2n}\\ \vdots & \vdots & & \vdots\\ a_{n1} & a_{n2} & \cdots & a_{nn}\end{bmatrix}$

转置矩阵 $\tilde{\boldsymbol{A}}'=\begin{bmatrix}a_{11} & a_{21} & \cdots & a_{n1}\\ a_{12} & a_{22} & \cdots & a_{n2}\\ \vdots & \vdots & & \vdots\\ a_{1n} & a_{2n} & \cdots & a_{nn}\end{bmatrix}$

共轭矩阵 $\tilde{\boldsymbol{A}}^*=\begin{bmatrix}a_{11}^* & a_{12}^* & \cdots & a_{1n}^*\\ a_{21}^* & a_{22}^* & \cdots & a_{2n}^*\\ \vdots & \vdots & & \vdots\\ a_{n1}^* & a_{n2}^* & \cdots & a_{nn}^*\end{bmatrix}$

厄米矩阵 $\tilde{\boldsymbol{A}}^+=\begin{bmatrix}a_{11}^* & a_{21}^* & \cdots & a_{n1}^*\\ a_{12}^* & a_{22}^* & \cdots & a_{n2}^*\\ \vdots & \vdots & & \vdots\\ a_{1n}^* & a_{2n}^* & \cdots & a_{nn}^*\end{bmatrix}$

厄米矩阵就是转置共轭矩阵。

若 $\tilde{\boldsymbol{A}}$ 是幺正矩阵，则

$$\sum_l a_{li}^*a_{li}=\delta_{ij}\qquad (i,j=1,2,3,\cdots,n)$$

$$\tilde{\boldsymbol{A}}^+\tilde{\boldsymbol{A}}=\begin{bmatrix}a_{11}^* & a_{21}^* & \cdots & a_{n1}^*\\ a_{12}^* & a_{22}^* & \cdots & a_{n2}^*\\ \vdots & \vdots & & \vdots\\ a_{1n}^* & a_{2n}^* & \cdots & a_{nn}^*\end{bmatrix}\begin{bmatrix}a_{11} & a_{12} & \cdots & a_{1n}\\ a_{21} & a_{22} & \cdots & a_{2n}\\ \vdots & \vdots & & \vdots\\ a_{n1} & a_{n2} & \cdots & a_{nn}\end{bmatrix}=\begin{bmatrix}1 & 0 & \cdots & 0\\ 0 & 1 & \cdots & 0\\ \vdots & \vdots & & \vdots\\ 0 & 0 & \cdots & 1\end{bmatrix}=1$$

设有一正交归一化基矢量 $(\boldsymbol{e}_1\boldsymbol{e}_2\boldsymbol{e}_3\cdots\boldsymbol{e}_n)$，将其变换为另一正交归一化基矢量 $(\boldsymbol{e}_1'\boldsymbol{e}_2'\boldsymbol{e}_3'\cdots\boldsymbol{e}_n')$，从正交归一化矢量定理得知：

$$\boldsymbol{e}_k'=\sum_{i=1}^n a_{ik}\,\boldsymbol{e}_i\qquad (k=1,2,3,\cdots,n)$$

用矩阵表示：

$$(\boldsymbol{e}_1'\boldsymbol{e}_2'\boldsymbol{e}_3'\cdots\boldsymbol{e}_n') = (\boldsymbol{e}_1\boldsymbol{e}_2\boldsymbol{e}_3\cdots\boldsymbol{e}_n)\ \tilde{\boldsymbol{A}}$$

$$\delta_{ij} = (\boldsymbol{e}_i'\boldsymbol{e}_j')\ (\sum_l a_{li}\,\boldsymbol{e}_l, \sum_m a_{mj}\,\boldsymbol{e}_m) = (\sum_l a_{li}^* \sum_m a_{mj})\delta_{lm} = \sum_l a_{li}^* a_{lj} = \delta_{ij}$$

式中，a_{li} 是 $\tilde{\boldsymbol{A}}$ 矩阵中的第 i 列矢量，a_{lj} 是 $\tilde{\boldsymbol{A}}$ 矩阵中的第 j 列矢量。由 $\sum_l a_{li}^* a_{lj} = \delta_{ij}$ 可知，$\tilde{\boldsymbol{A}}$ 矩阵是幺正矩阵，所以，正交归一化的基矢量之间的变换是幺正变换。幺正矩阵通常用 $\tilde{\boldsymbol{U}}$ 表示。

若

$$x = \sum_i \xi_i \boldsymbol{e}_i' = \sum_i \xi_i' \boldsymbol{e}_i'$$

则

$$\begin{bmatrix} \xi_1 \\ \xi_2 \\ \vdots \\ \xi_n \end{bmatrix} = \tilde{\boldsymbol{U}} \begin{bmatrix} \xi_1' \\ \xi_2' \\ \vdots \\ \xi_n' \end{bmatrix}$$

1.1.8 线性变换

1. 定义

在 R_n 空间中，有矢量 $\boldsymbol{x}_1, \boldsymbol{x}_2, \boldsymbol{x}_3, \cdots, \boldsymbol{x}_n$，且有一个 $\boldsymbol{x}$ 矢量就有一个对应的 $\boldsymbol{y}$ 矢量，$\boldsymbol{y} = \tilde{\boldsymbol{A}}\boldsymbol{x}$ 线性变换必须满足以下两个条件：

(1) $\tilde{\boldsymbol{A}}(\boldsymbol{x}_1 + \boldsymbol{x}_2) = \tilde{\boldsymbol{A}}\boldsymbol{x}_1 + \tilde{\boldsymbol{A}}\boldsymbol{x}_2$。

(2) $\tilde{\boldsymbol{A}}(\lambda\boldsymbol{x}) = \lambda\tilde{\boldsymbol{A}}\boldsymbol{x}$。

2. 线性变换的矩阵表示

$$R_n:\ \boldsymbol{e}_1\ \boldsymbol{e}_2\ \boldsymbol{e}_3 \cdots\ \boldsymbol{e}_n,\quad \boldsymbol{x} = \xi_1\boldsymbol{e}_1 + \xi_2\boldsymbol{e}_2 + \xi_3\boldsymbol{e}_3 + \cdots + \xi_n\boldsymbol{e}_n$$

$$\tilde{\boldsymbol{A}}\boldsymbol{x} = \tilde{\boldsymbol{A}}\sum_i \xi_i\boldsymbol{e}_i = \sum_i \tilde{\boldsymbol{A}}(\xi_i\boldsymbol{e}_i) = \sum_i (\xi_i\tilde{\boldsymbol{A}}\boldsymbol{e}_i) = \xi_1\tilde{\boldsymbol{A}}\boldsymbol{e}_1 + \xi_2\tilde{\boldsymbol{A}}\boldsymbol{e}_2 + \xi_3\tilde{\boldsymbol{A}}\boldsymbol{e}_3 + \cdots + \xi_n\ \tilde{\boldsymbol{A}}\boldsymbol{e}_n$$

令

$$\tilde{\boldsymbol{A}}\boldsymbol{e}_1 = \boldsymbol{g}_1;\quad \tilde{\boldsymbol{A}}\boldsymbol{e}_2 = \boldsymbol{g}_2;\quad \ldots;\quad \tilde{\boldsymbol{A}}\,\boldsymbol{e}_n = \boldsymbol{g}_n,\quad (k = 1, 2, 3, \cdots, n)$$

则

$$\tilde{\boldsymbol{A}}\boldsymbol{x} = \xi_1\boldsymbol{g}_1 + \xi_2\boldsymbol{g}_2 + \xi_3\boldsymbol{g}_3 + \cdots + \xi_n\boldsymbol{g}_n$$

$\tilde{\boldsymbol{A}}$ 是一个变换矩阵。

$$\tilde{\boldsymbol{A}}\,\boldsymbol{e}_k = \boldsymbol{g}_k = \sum_{i=1}^{n} a_{ik}\,\boldsymbol{e}_i \qquad (k = 1, 2, 3, \cdots, n)$$

把 a_{ik} 排列成一个矩阵 $\tilde{\boldsymbol{A}}=\begin{bmatrix} a_{11} & a_{12} & \cdots & a_{1n} \\ a_{21} & a_{22} & \cdots & a_{2n} \\ \vdots & \vdots & & \vdots \\ a_{n1} & a_{n2} & \cdots & a_{nn} \end{bmatrix}$，把 $\tilde{\boldsymbol{A}}$ 作用到 $\boldsymbol{e}_k$ 上得到一个新的矢量 $\boldsymbol{g}_k$，其坐标就是 $\tilde{\boldsymbol{A}}$ 矩阵的第 k 个元素。

当 $\boldsymbol{y}=\tilde{\boldsymbol{A}}\boldsymbol{x}$ 时，设

$$\boldsymbol{x}=\sum_i \xi_i \boldsymbol{e}_i；\quad \boldsymbol{y}=\sum_j \eta_j \boldsymbol{e}_j$$

则

$$\sum_j \eta_j \boldsymbol{e}_j=\tilde{\boldsymbol{A}}\sum_i \xi_i \boldsymbol{e}_i=\sum_i \xi_i \tilde{\boldsymbol{A}}\boldsymbol{e}_i=\sum_i \xi_i \boldsymbol{g}_i$$

$$(\boldsymbol{g}_1\boldsymbol{g}_2\boldsymbol{g}_3\cdots\boldsymbol{g}_n)\begin{bmatrix} \xi_1 \\ \xi_2 \\ \vdots \\ \xi_n \end{bmatrix}=(\boldsymbol{e}_1\boldsymbol{e}_2\boldsymbol{e}_3\cdots\boldsymbol{e}_n)\begin{bmatrix} \eta_1 \\ \eta_2 \\ \vdots \\ \eta_n \end{bmatrix}$$

因为

$$(\boldsymbol{g}_1\boldsymbol{g}_2\boldsymbol{g}_3\cdots\boldsymbol{g}_n)=(\boldsymbol{e}_1\boldsymbol{e}_2\boldsymbol{e}_3\cdots\boldsymbol{e}_n)\tilde{\boldsymbol{A}}，\quad (\boldsymbol{e}_1\boldsymbol{e}_2\boldsymbol{e}_3\cdots\boldsymbol{e}_n)\begin{bmatrix} \eta_1 \\ \eta_2 \\ \vdots \\ \eta_n \end{bmatrix}=(\boldsymbol{e}_1\boldsymbol{e}_2\boldsymbol{e}_3\cdots\boldsymbol{e}_n)\,\tilde{\boldsymbol{A}}\begin{bmatrix} \xi_1 \\ \xi_2 \\ \vdots \\ \xi_n \end{bmatrix}$$

所以

$$\begin{bmatrix} \eta_1 \\ \eta_2 \\ \vdots \\ \eta_n \end{bmatrix}=\tilde{\boldsymbol{A}}\begin{bmatrix} \xi_1 \\ \xi_2 \\ \vdots \\ \xi_n \end{bmatrix}$$

只要选定基矢量后就可得到一个 $\tilde{\boldsymbol{A}}$ 矩阵。

一个力学量算符 F 作用到状态函数 $\varPsi$ 上去，得到一个新的状态函数 $\varPhi$，则 $F\varPsi=\varPhi$，选定一套基函数 ψ_i，则 $\varPsi=\sum\limits_i c_i\psi_i$，其坐标就是 c_i。

当算符 F 作用到状态函数 $\varPsi$ 上，得到一个新的状态函数 $\varPhi$，其坐标为 d_i。

$$\begin{bmatrix} d_1 \\ d_2 \\ \vdots \\ d_n \end{bmatrix}=\begin{bmatrix} F_{11} & F_{12} & \cdots & F_{1n} \\ F_{21} & F_{22} & \cdots & F_{2n} \\ \vdots & \vdots & & \vdots \\ F_{n1} & F_{n2} & \cdots & F_{nn} \end{bmatrix}\begin{bmatrix} c_1 \\ c_2 \\ \vdots \\ c_n \end{bmatrix}$$

如果基矢量是 $(1,t,t^2,\cdots,t^{n-1})$，力学量算符是微商 $\dfrac{\mathrm{d}}{\mathrm{d}t}$，则变换矩阵 $\tilde{\boldsymbol{A}}$ 为

$$\tilde{A}=\begin{bmatrix}0&1&0&\cdots&0\\0&0&2&\cdots&0\\0&0&0&\cdots&0\\\vdots&\vdots&\vdots&&n-1\\0&0&0&\cdots&0\end{bmatrix}$$

3. 线性变换之积

设 $\tilde{\boldsymbol{C}}=\tilde{\boldsymbol{A}}\tilde{\boldsymbol{B}}$，则

$$\tilde{\boldsymbol{C}}\boldsymbol{x}=\tilde{\boldsymbol{A}}\tilde{\boldsymbol{B}}\boldsymbol{x}=\tilde{\boldsymbol{A}}(\tilde{\boldsymbol{B}}\boldsymbol{x}),\quad \tilde{\boldsymbol{C}}\,\boldsymbol{e}_k=\tilde{\boldsymbol{A}}\,(\tilde{\boldsymbol{B}}\,\boldsymbol{e}_k)$$

$$(c_{ik})=(a_{ik})+(b_{ik})=(\sum_j a_{ij}b_{jk})$$

$$\sum_i c_{ik}\,\boldsymbol{e}_i=\tilde{\boldsymbol{A}}\sum_i b_{jk}\,\boldsymbol{e}_j=\sum_j b_{jk}\,\tilde{\boldsymbol{A}}\,\boldsymbol{e}_j=\sum_j b_{jk}\sum_i a_{ij}\,\boldsymbol{e}_i=\sum_i(\sum_j a_{ij}b_{jk})\,\boldsymbol{e}_i$$

$$c_{ik}=(\sum_j a_{ij}b_{jk})$$

$$\begin{bmatrix}c_{11}&c_{12}&\cdots&c_{1n}\\c_{21}&c_{22}&\cdots&c_{2n}\\\vdots&\vdots&&\vdots\\c_{n1}&c_{n2}&\cdots&c_{nn}\end{bmatrix}=\begin{bmatrix}a_{11}&a_{12}&\cdots&a_{1n}\\a_{21}&a_{22}&\cdots&a_{2n}\\\vdots&\vdots&&\vdots\\a_{n1}&a_{n2}&\cdots&a_{nn}\end{bmatrix}\begin{bmatrix}b_{11}&b_{12}&\cdots&b_{1n}\\b_{21}&b_{22}&\cdots&b_{2n}\\\vdots&\vdots&&\vdots\\b_{n1}&b_{n2}&\cdots&b_{nn}\end{bmatrix}$$

$$=\begin{bmatrix}\sum_j a_{1j}b_{j1}&\sum_j a_{1j}b_{j2}&\cdots&\sum_j a_{1j}b_{jn}\\\sum_j a_{2j}b_{j1}&\sum_j a_{2j}b_{j2}&\cdots&\sum_j a_{2j}b_{jn}\\\vdots&\vdots&&\vdots\\\sum_j a_{nj}b_{j1}&\sum_j a_{nj}b_{j2}&\cdots&\sum_j a_{nj}b_{jn}\end{bmatrix}$$

矩阵相乘是前矩阵对应元素的行乘上后矩阵对应元素的列之和。

4. 逆变换

线性变换：

$$\tilde{\boldsymbol{A}},\quad \tilde{\boldsymbol{A}}\boldsymbol{x}=\boldsymbol{y}$$

逆变换：

$$\tilde{\boldsymbol{B}},\quad \tilde{\boldsymbol{B}}\boldsymbol{x}=\boldsymbol{x}$$

则

$$\tilde{\boldsymbol{B}}(\tilde{\boldsymbol{A}}\boldsymbol{x})=\tilde{\boldsymbol{B}}\boldsymbol{y}=\boldsymbol{x}$$

所以：

$\tilde{\boldsymbol{B}}\tilde{\boldsymbol{A}}=\tilde{\boldsymbol{I}}$， $(\tilde{\boldsymbol{B}}\tilde{\boldsymbol{A}})\boldsymbol{x}=\tilde{\boldsymbol{I}}\boldsymbol{x}$， $\tilde{\boldsymbol{B}}=\tilde{\boldsymbol{A}}^{-1}$， $\tilde{\boldsymbol{A}}^{-1}\tilde{\boldsymbol{A}}=\tilde{\boldsymbol{I}}$， $\tilde{\boldsymbol{A}}(\tilde{\boldsymbol{B}}\boldsymbol{y})=\tilde{\boldsymbol{A}}\boldsymbol{x}=\boldsymbol{y}=(\tilde{\boldsymbol{A}}\tilde{\boldsymbol{B}})\boldsymbol{y}=\tilde{\boldsymbol{I}}\boldsymbol{y}$， $\tilde{\boldsymbol{A}}\tilde{\boldsymbol{B}}=\tilde{\boldsymbol{I}}$。

所以，$\tilde{\boldsymbol{B}}$ 是 $\tilde{\boldsymbol{A}}$ 的逆变换矩阵，$\tilde{\boldsymbol{A}}$ 也是 $\tilde{\boldsymbol{B}}$ 的逆变换矩阵，$\tilde{\boldsymbol{A}}$、$\tilde{\boldsymbol{B}}$ 互为逆变换矩阵。

$$\tilde{\boldsymbol{A}}=(a_{ik});\quad \tilde{\boldsymbol{B}}=(b_{ik});\quad \boldsymbol{x}:\ (\xi_1\xi_2\xi_3\cdots\xi_n);\quad \boldsymbol{y}:\ (\eta_1\eta_2\eta_3\cdots\eta_n)$$

$$\boldsymbol{y}=\tilde{\boldsymbol{A}}\boldsymbol{x} \Rightarrow \begin{bmatrix}\eta_1\\ \eta_2\\ \vdots\\ \eta_n\end{bmatrix}=(a_{ik})\begin{bmatrix}\xi_1\\ \xi_2\\ \vdots\\ \xi_n\end{bmatrix} \Rightarrow \begin{cases}\eta_1=a_{11}\xi_1+a_{12}\xi_2+a_{13}\xi_3+\cdots+a_{1n}\xi_n\\ \eta_2=a_{21}\xi_1+a_{22}\xi_2+a_{23}\xi_3+\cdots+a_{2n}\xi_n\\ \vdots\\ \eta_n=a_{n1}\xi_1+a_{n2}\xi_2+a_{n3}\xi_3+\cdots+a_{nn}\xi_n\end{cases}$$

$$\boldsymbol{x}=\tilde{\boldsymbol{B}}\boldsymbol{y} \Rightarrow \begin{bmatrix}\xi_1\\ \xi_2\\ \vdots\\ \xi_n\end{bmatrix}=(b_{ik})\begin{bmatrix}\eta_1\\ \eta_2\\ \vdots\\ \eta_n\end{bmatrix} \Rightarrow \begin{cases}\xi_1=b_{11}\eta_1+b_{12}\eta_2+b_{13}\eta_3+\cdots+b_{1n}\eta_n\\ \xi_2=b_{21}\eta_1+b_{22}\eta_2+a_{23}\eta_3+\cdots+b_{2n}\eta_n\\ \vdots\\ \xi_n=b_{n1}\eta_1+b_{n2}\eta_2+b_{n3}\eta_3+\cdots+b_{nn}\eta_n\end{cases}$$

有了矩阵 $\tilde{\boldsymbol{A}}$ 如何求矩阵 $\tilde{\boldsymbol{B}}$，实际上就是解上述的一组联立方程，由这一组联立方程的系数组成的行列式 $|\tilde{\boldsymbol{A}}|\neq 0$。

$$\xi_1=\frac{\begin{bmatrix}\eta_{11} & a_{12} & \cdots & a_{1n}\\ \eta_{21} & a_{22} & \cdots & a_{2n}\\ \vdots & \vdots & & \vdots\\ \eta_{n1} & a_{n2} & \cdots & a_{nn}\end{bmatrix}}{\begin{bmatrix}a_{11} & a_{12} & \cdots & a_{1n}\\ a_{21} & a_{22} & \cdots & a_{2n}\\ \vdots & \vdots & & \vdots\\ a_{n1} & a_{n2} & \cdots & a_{nn}\end{bmatrix}}=\frac{1}{|\tilde{\boldsymbol{A}}|}[\tilde{\boldsymbol{A}}_{11}\eta_1-\tilde{\boldsymbol{A}}_{21}\eta_2+\tilde{\boldsymbol{A}}_{31}\eta_3-\cdots+\tilde{\boldsymbol{A}}_{n1}\eta_n]$$

分子用 Laplace 展开，式中的子行列式为

$$\tilde{\boldsymbol{A}}_{11}=\begin{vmatrix}a_{22} & a_{23} & \cdots & a_{2n}\\ a_{32} & a_{33} & \cdots & a_{3n}\\ \vdots & \vdots & & \vdots\\ a_{n2} & a_{n3} & \cdots & a_{nn}\end{vmatrix};$$

$$\tilde{\boldsymbol{A}}_{21}=\begin{vmatrix}a_{12} & a_{13} & \cdots & a_{1n}\\ a_{32} & a_{33} & \cdots & a_{3n}\\ \vdots & \vdots & & \vdots\\ a_{n2} & a_{n3} & \cdots & a_{nn}\end{vmatrix};$$

$$\tilde{\boldsymbol{A}}_{n1}=\begin{vmatrix}a_{12} & a_{13} & \cdots & a_{1n}\\ a_{22} & a_{23} & \cdots & a_{2n}\\ \vdots & \vdots & & \vdots\\ a_{(n-1)2} & a_{n(n-1)3} & \cdots & a_{(n-1)n}\end{vmatrix};$$

$$\tilde{\boldsymbol{A}}_{ik}=(-1)^{i+k}\begin{vmatrix} \\ \cdots \\ \\ \end{vmatrix}$$

令

$$b_{11}=\frac{\tilde{A}_{11}}{|\tilde{A}|}\;;\quad b_{12}=\frac{\tilde{A}_{21}}{|\tilde{A}|}\;;\quad \cdots\;;\quad b_{1n}=\frac{\tilde{A}_{n1}}{|\tilde{A}|}$$

当$|\tilde{A}|\neq 0$时，即设$\tilde{A}=(a_{ik})$，有逆变换 $\tilde{A}^{-1}=\left(\dfrac{\tilde{A}_{ik}}{|\tilde{A}|}\right)$。

若有两个矢量都对应于同一个矢量则没有逆变换。如：$\tilde{A}x_1=y$；$\tilde{A}x_2=y$，则没有逆变换。$|\tilde{A}|\neq 0$的意义是：在$\tilde{A}\,e_k=\sum\limits_k a_{ik}\,e_k=g_k$中，$g_k$不是线性无关的一套基矢量，从$R_n\to R_k$空间，当$k<n$时，则不能有逆变换，因为$g_k$就是$\tilde{A}$矩阵中的第$k$列的列矢量，当$\tilde{A}$矩阵中的$n$个列矢量是线性相关的，则其中至少有一个列矢量可以表示成其他各列矢量的线性组合，变成行列式之后，这个行列式一定等于零。

5. 矩阵表象随基矢量的变化

选$(e_1\,e_2\,e_3\cdots e_n)$为基矢量，$y$：$(\eta_1\,\eta_2\,\eta_3\cdots\eta_n)$；$x$：$(\xi_1\,\xi_2\,\xi_3\cdots\xi_n)$

当以$(e_1'\,e_2'\,e_3'\cdots e_n')$为基矢量时，$y$：$(\eta_1'\,\eta_2'\,\eta_3'\cdots\eta_n')$；$x$：$(\xi_1'\,\xi_2'\,\xi_3'\cdots\xi_n')$

$$(e_1'\,e_2'\,e_3'\cdots e_n')=(e_1\,e_2\,e_3\cdots e_n)\tilde{C}\;;\quad e_k'=\sum_i c_{ik}\,e_i$$

$$\begin{bmatrix}\eta_1\\ \eta_2\\ \vdots\\ \eta_n\end{bmatrix}=\tilde{A}\begin{bmatrix}\xi_1\\ \xi_2\\ \vdots\\ \xi_n\end{bmatrix}\quad;\quad\begin{bmatrix}\eta_1'\\ \eta_2'\\ \vdots\\ \eta_n'\end{bmatrix}=\tilde{B}\begin{bmatrix}\xi_1'\\ \xi_2'\\ \vdots\\ \xi_n'\end{bmatrix}$$

其中，$\tilde{A}$是旧基矢量中的线性变换矩阵，$\tilde{B}$是新基矢量中的线性变换矩阵，$\tilde{C}$是新基矢量与旧基矢量之间的变换矩阵。

对x：

$$\begin{bmatrix}\xi_1\\ \xi_2\\ \vdots\\ \xi_n\end{bmatrix}=\tilde{C}\begin{bmatrix}\xi_1'\\ \xi_2'\\ \vdots\\ \xi_n'\end{bmatrix}$$

对y：

$$\begin{bmatrix}\eta_1\\ \eta_2\\ \vdots\\ \eta_n\end{bmatrix}=\tilde{C}\begin{bmatrix}\eta_1'\\ \eta_2'\\ \vdots\\ \eta_n'\end{bmatrix}$$

结合前面的关系式有

$$\tilde{C}\begin{bmatrix}\eta_1'\\\eta_2'\\\vdots\\\eta_n'\end{bmatrix}=\tilde{A}\tilde{C}\begin{bmatrix}\xi_1'\\\xi_2'\\\vdots\\\xi_n'\end{bmatrix}$$

两边左乘 $\tilde{C}^{-1}$，则 $\begin{bmatrix}\eta_1'\\\eta_2'\\\vdots\\\eta_n'\end{bmatrix}=\tilde{C}^{-1}\tilde{A}\tilde{C}\begin{bmatrix}\xi_1'\\\xi_2'\\\vdots\\\xi_n'\end{bmatrix}$，与上式比较得

$$\tilde{B}=\tilde{C}^{-1}\tilde{A}\tilde{C}$$

这就是说：当基矢量变化时，线性变换要按照上述关系式变换。

如果新旧两套基矢量都是正交归一化的，则其线性变换应该是幺正变换：

$$\tilde{U}^{+}=\tilde{U}^{-1}，\quad \tilde{U}^{+}=(\tilde{U}')^{*}；\ \tilde{U}^{+}\tilde{U}=\tilde{I}=\tilde{U}^{-1}\tilde{U}=\tilde{U}\tilde{U}^{-1}=\tilde{U}\tilde{U}^{+}$$

$$\begin{bmatrix}u_{11}&u_{12}&\cdots&u_{1n}\\u_{21}&u_{22}&\cdots&u_{2n}\\\vdots&\vdots&&\vdots\\u_{n1}&u_{n2}&\cdots&u_{nn}\end{bmatrix}\begin{bmatrix}u_{11}^{*}&u_{12}^{*}&\cdots&u_{1n}^{*}\\u_{21}^{*}&u_{22}^{*}&\cdots&u_{2n}^{*}\\\vdots&\vdots&&\vdots\\u_{n1}^{*}&u_{n2}^{*}&\cdots&u_{nn}^{*}\end{bmatrix}=I$$

所以

$$\sum_j u_{ij}u_{jk}^{*}=\delta_{ik}$$

由此说明，幺正矩阵的行矢量和列矢量都是正交归一化的。

$$(\boldsymbol{e}_1'\ \boldsymbol{e}_2'\ \boldsymbol{e}_3'\cdots\boldsymbol{e}_n')=(\boldsymbol{e}_1\ \boldsymbol{e}_2\ \boldsymbol{e}_3\cdots\boldsymbol{e}_n)\tilde{U}\ ；\quad (\boldsymbol{e}_1'\ \boldsymbol{e}_2'\ \boldsymbol{e}_3'\cdots\boldsymbol{e}_n')\tilde{U}^{+}=(\boldsymbol{e}_1\ \boldsymbol{e}_2\ \boldsymbol{e}_3\cdots\boldsymbol{e}_n)$$

因此，若新旧两套基矢量都是正交归一化的，则 $\tilde{B}=U^{-1}\tilde{A}\tilde{U}=\tilde{U}^{+}\tilde{A}\tilde{U}$。

6. 本征值与本征矢量

$\boldsymbol{x},\boldsymbol{y},\cdots,\in R_n$；线性变换：$T$；$T\boldsymbol{x}=\lambda\boldsymbol{x}$，则 $\boldsymbol{x}$ 称为本征矢量，λ 就是本征值。

$$(a_{ik})\begin{bmatrix}\xi_1\\\xi_2\\\vdots\\\xi_n\end{bmatrix}=\lambda\begin{bmatrix}\xi_1\\\xi_2\\\vdots\\\xi_n\end{bmatrix}\Rightarrow\left.\begin{array}{c}a_{11}\xi_1+a_{12}\xi_2+a_{13}\xi_3+\cdots+a_{1n}\xi_n=\lambda\xi_1\\a_{21}\xi_1+a_{22}\xi_2+a_{23}\xi_3+\cdots+a_{2n}\xi_n=\lambda\xi_2\\\vdots\\a_{n1}\xi_1+a_{n2}\xi_2+a_{n3}\xi_3+\cdots+a_{nn}\xi_n=\lambda\xi_n\end{array}\right\}$$

$$\Rightarrow\left.\begin{array}{c}(a_{11}-\lambda)\xi_1+a_{12}\xi_2+a_{13}\xi_3+\cdots+a_{1n}\xi_n=0\\a_{21}\xi_1+(a_{22}-\lambda)\xi_2+a_{23}\xi_3+\cdots+a_{2n}\xi_n=0\\\vdots\\a_{n1}\xi_1+a_{n2}\xi_2+a_{n3}\xi_3+\cdots+(a_{nn}-\lambda)\xi_n=0\end{array}\right\}$$

这是一组齐次线性代数联立方程。零矢量也是本征矢量，因此，$\xi_1=\xi_2=\cdots=\xi_n=0$ 是它的解，但不是我们所要求的。要使得这一组齐次线性代数联立方程有非零解，则它们的系数行列式必须等于零。

$$\begin{vmatrix} a_{11}-\lambda & a_{12} & \cdots & a_{1n} \\ a_{21} & a_{22}-\lambda & \cdots & a_{2n} \\ \vdots & \vdots & & \vdots \\ a_{n1} & a_{n2} & \cdots & a_{nn}-\lambda \end{vmatrix} = 0$$

这个行列式的展开，就是λ^n的多项式，这个多项式称为本征多项式，解这个多项式就能得到n个根：$\lambda_1, \lambda_2, \lambda_3, \cdots, \lambda_n$，可能有重根，代回式子去，就可以把本征矢量解出来。

$$\begin{vmatrix} a_{11}-\lambda & a_{12} & \cdots & a_{1n} \\ a_{21} & a_{22}-\lambda & \cdots & a_{2n} \\ \vdots & \vdots & & \vdots \\ a_{n1} & a_{n2} & \cdots & a_{nn}-\lambda \end{vmatrix} \begin{bmatrix} \xi_1 \\ \xi_2 \\ \vdots \\ \xi_n \end{bmatrix} = \begin{bmatrix} 0 \\ 0 \\ \vdots \\ 0 \end{bmatrix}$$

结论：

(1) 本征值λ与基矢量的选择无关。因为以($\boldsymbol{e}_1\ \boldsymbol{e}_2\ \boldsymbol{e}_3 \cdots \boldsymbol{e}_n$)为基矢量，解行列式$\left|\tilde{\boldsymbol{A}}-\lambda\tilde{\boldsymbol{I}}\right|=0$得到$n$个根：$\lambda_1, \lambda_2, \lambda_3, \cdots, \lambda_n$。若换成以($\boldsymbol{e}_1'\ \boldsymbol{e}_2'\ \boldsymbol{e}_3' \cdots \boldsymbol{e}_n'$)为基矢量时，解行列式$\left|\tilde{\boldsymbol{A}}-\lambda\tilde{\boldsymbol{I}}\right|=0$，则得到的$n$个根与前面得到的$n$个根是相同的。

(2) 若矩阵$\tilde{\boldsymbol{T}}$的本征值为$\lambda_1, \lambda_2, \lambda_3, \cdots, \lambda_n$，它们所对应的本征矢量为$\boldsymbol{t}_1, \boldsymbol{t}_2, \boldsymbol{t}_3, \cdots, \boldsymbol{t}_n$（这$n$个矢量有可能是线性相关的），当它们是线性无关时，则可以选择它们为基矢量，在这一组基矢量中，$\tilde{\boldsymbol{T}}$是对角矩阵，对角线上的元素相等，则该矩阵为常数矩阵，具有($\lambda\tilde{\boldsymbol{I}}$)的形式，且对角线上的元素就是它们的本征值(幺正矩阵或厄密矩阵都能满足这个条件)。

在n维的线性空间R_n中，有n个线性无关的本征矢量，它们组成一个矩阵，经过相似变换($\tilde{\boldsymbol{X}}^{-1}\tilde{\boldsymbol{A}}\tilde{\boldsymbol{X}}$)，即可使原来的矩阵$\tilde{\boldsymbol{A}}$对角化，其对角线上的元素就是本征值。

对于$\tilde{\boldsymbol{A}}\tilde{\boldsymbol{X}}=\lambda\tilde{\boldsymbol{X}}$有

$$\tilde{\boldsymbol{A}}\begin{bmatrix} x_{11} \\ x_{21} \\ \vdots \\ x_{n1} \end{bmatrix} = \lambda_1 \begin{bmatrix} x_{11} \\ x_{21} \\ \vdots \\ x_{n1} \end{bmatrix};\quad \tilde{\boldsymbol{A}}\begin{bmatrix} x_{12} \\ x_{22} \\ \vdots \\ x_{n2} \end{bmatrix} = \lambda_2 \begin{bmatrix} x_{12} \\ x_{22} \\ \vdots \\ x_{n2} \end{bmatrix};\quad \cdots;\quad \tilde{\boldsymbol{A}}\begin{bmatrix} x_{1n} \\ x_{2n} \\ \vdots \\ x_{nn} \end{bmatrix} = \lambda_n \begin{bmatrix} x_{1n} \\ x_{2n} \\ \vdots \\ x_{nn} \end{bmatrix}$$

把它们合并成一个矩阵方程：

$$\begin{bmatrix} x_{11} & x_{12} & \cdots & x_{1n} \\ x_{21} & x_{22} & \cdots & x_{2n} \\ \vdots & \vdots & & \vdots \\ x_{n1} & x_{n2} & \cdots & x_{nn} \end{bmatrix} = \begin{bmatrix} x_{11} & x_{12} & \cdots & x_{1n} \\ x_{21} & x_{22} & \cdots & x_{2n} \\ \vdots & \vdots & & \vdots \\ x_{n1} & x_{n2} & \cdots & x_{nn} \end{bmatrix} \begin{bmatrix} \lambda_1 & 0 & \cdots & 0 \\ 0 & \lambda_2 & \cdots & 0 \\ \vdots & \vdots & & \vdots \\ 0 & 0 & \cdots & \lambda_n \end{bmatrix};\quad \tilde{\boldsymbol{A}}\tilde{\boldsymbol{X}}=\tilde{\boldsymbol{X}}\tilde{\boldsymbol{\Lambda}}$$

当$\left|\tilde{\boldsymbol{A}}\right|\neq 0$时，就有$n$个线性无关的本征矢量组成一个$\tilde{\boldsymbol{X}}^{-1}$的矩阵存在，将上式两边左乘$\boldsymbol{X}^{-1}$矩阵，可得 $\tilde{\boldsymbol{X}}^{-1}\tilde{\boldsymbol{A}}\tilde{\boldsymbol{X}}=\tilde{\boldsymbol{\Lambda}}$。

选定基矢量为($\boldsymbol{e}_1\ \boldsymbol{e}_2\ \boldsymbol{e}_3 \cdots \boldsymbol{e}_n$)时，$\tilde{\boldsymbol{A}}$是变换矩阵；当选($\boldsymbol{x}_1\ \boldsymbol{x}_2\ \boldsymbol{x}_3 \cdots \boldsymbol{x}_n$)为基矢量时，变换矩阵是$\tilde{\boldsymbol{\Lambda}}$，于是$\tilde{\boldsymbol{X}}$矩阵就成为新旧基矢量之间的变换矩阵，即

$$(\boldsymbol{x}_1\ \boldsymbol{x}_2\ \boldsymbol{x}_3 \cdots \boldsymbol{x}_n) = (\boldsymbol{e}_1\ \boldsymbol{e}_2\ \boldsymbol{e}_3 \cdots \boldsymbol{e}_n)\tilde{\boldsymbol{X}}$$

则$\tilde{\boldsymbol{X}}^{-1}\tilde{\boldsymbol{A}}\tilde{\boldsymbol{X}}=\tilde{\boldsymbol{\Lambda}}$这种变换称为相似变换。

1.1.9　矩阵

1. 与矩阵 $\tilde{\boldsymbol{A}}=(a_{ik})$ 有关的矩阵

(1) 共轭矩阵。$\tilde{\boldsymbol{A}}=(a_{ik})$，$\tilde{\boldsymbol{A}}^*=(a_{ik}^*)$，则 $\tilde{\boldsymbol{A}}^*$ 是 $\tilde{\boldsymbol{A}}$ 的共轭矩阵，且有

$$(\tilde{\boldsymbol{A}}\tilde{\boldsymbol{B}})^*=\tilde{\boldsymbol{A}}^*\tilde{\boldsymbol{B}}^* \qquad (\tilde{\boldsymbol{A}}+\tilde{\boldsymbol{B}})^*=\tilde{\boldsymbol{A}}^*+\tilde{\boldsymbol{B}}^*$$

(2) 转置矩阵。$\tilde{\boldsymbol{A}}=(a_{ik})$，$\tilde{\mathbf{A}}'=(a_{ki})$，则 $\tilde{\mathbf{A}}'$ 是 $\tilde{\mathbf{A}}$ 的转置矩阵，且有

$$(\tilde{\boldsymbol{A}}+\tilde{\boldsymbol{B}})'=\tilde{\boldsymbol{A}}'+\tilde{\boldsymbol{B}}'\text{；}\ (\tilde{\boldsymbol{A}}\tilde{\boldsymbol{B}})'=\tilde{\boldsymbol{B}}'\tilde{\boldsymbol{A}}'\text{；}$$

$$(\tilde{\boldsymbol{A}}\tilde{\boldsymbol{B}}\tilde{\boldsymbol{C}})'=\tilde{\boldsymbol{C}}'\tilde{\boldsymbol{B}}'\tilde{\boldsymbol{A}}'\text{；}\ (\tilde{\boldsymbol{A}}\tilde{\boldsymbol{B}}\tilde{\boldsymbol{C}}\tilde{\boldsymbol{D}})'=\tilde{\boldsymbol{D}}'\tilde{\boldsymbol{C}}'\tilde{\boldsymbol{B}}'\tilde{\boldsymbol{A}}'$$

(3) 共轭转置矩阵。$\tilde{\boldsymbol{A}}^+=(\tilde{\boldsymbol{A}}^*)'=(\tilde{\boldsymbol{A}}')^*=\tilde{\boldsymbol{A}}^{*'}$，且有

$$(\tilde{\boldsymbol{A}}+\tilde{\boldsymbol{B}})^+=\tilde{\boldsymbol{A}}^++\tilde{\boldsymbol{B}}^+\text{；}$$

$$(\tilde{\boldsymbol{A}}\tilde{\boldsymbol{B}})^+=[(\tilde{\boldsymbol{A}}\tilde{\boldsymbol{B}})^*]'=[\tilde{\boldsymbol{A}}^*\tilde{\boldsymbol{B}}^*]'=\tilde{\boldsymbol{B}}^{*'}\tilde{\boldsymbol{A}}^{*'}=\tilde{\boldsymbol{B}}^+\tilde{\boldsymbol{A}}^+\text{；}$$

$$(y,\tilde{\boldsymbol{A}}x)=(\tilde{\boldsymbol{A}}^+y,x)$$

(4) 逆矩阵。$\tilde{\boldsymbol{A}}^{-1}$ 是 $\tilde{\boldsymbol{A}}$ 的逆矩阵，且有

$$(\tilde{\boldsymbol{A}}\tilde{\boldsymbol{B}})^{-1}=\tilde{\boldsymbol{B}}^{-1}\tilde{\boldsymbol{A}}^{-1}\quad\text{；}\quad(\tilde{\boldsymbol{A}}\tilde{\boldsymbol{B}})^{-1}(\tilde{\boldsymbol{A}}\tilde{\boldsymbol{B}})=\tilde{\boldsymbol{I}}$$

2. 几种类型的重要矩阵

(1) 实数矩阵：$\tilde{\boldsymbol{A}}^*=\tilde{\boldsymbol{A}}$。

(2) 对称矩阵：$\tilde{\boldsymbol{A}}'=\tilde{\boldsymbol{A}}$。

(3) 厄米矩阵：$\tilde{\boldsymbol{A}}^+=\tilde{\boldsymbol{A}}$，即对称实矩阵，用 $\tilde{\boldsymbol{H}}^+=\tilde{\boldsymbol{H}}$ 表示，$(y,\tilde{\boldsymbol{H}}x)=(\tilde{\boldsymbol{H}}^+y,x)=(\tilde{\boldsymbol{H}}y,\boldsymbol{x})$。

①厄米矩阵的本征值是实数：$\lambda=\lambda^*$。

②对于厄米矩阵，属于不同本征值的本征函数相互正交。

③厄米矩阵可以用幺正矩阵使其对角化，且对角线上的元素就是其本征值。任何一个厄米矩阵，总是可以用幺正矩阵经过相似变换后使其对角化。证明如下：

设 $\tilde{\boldsymbol{H}}$ 的一个本征值 λ_1，它的归一化本征矢量为 $\begin{bmatrix}u_{11}\\u_{21}\\\vdots\\u_{n1}\end{bmatrix}$，再凑上 $n-1$ 个矢量与 $(u_{11}u_{21}\cdots u_{n1})$ 组成一个正交归一化的矩阵 $\tilde{\boldsymbol{U}}_1$，则

$$\tilde{\boldsymbol{U}}_1^{-1}\tilde{\boldsymbol{H}}\tilde{\boldsymbol{U}}_1=\begin{bmatrix}\lambda_1&0&\cdots&0\\0&\lambda_2&\cdots&0\\\vdots&\vdots&&\vdots\\0&0&\cdots&\lambda_n\end{bmatrix}\text{；}\quad(\tilde{\boldsymbol{U}}_1^{-1})_{ij}=(\tilde{\boldsymbol{U}}_1^+)_{ij}=\tilde{\boldsymbol{u}}_{ji}^*\text{；}\quad\tilde{\boldsymbol{H}}_{jk}=\tilde{\boldsymbol{h}}_{jk}$$

$$\tilde{\boldsymbol{U}}_1^{-1}\boldsymbol{H}\tilde{\boldsymbol{U}}_1=\sum_{ji}(\tilde{\boldsymbol{U}}_1^{-1})_{ij}(\tilde{\boldsymbol{H}}_{jk})(\tilde{\boldsymbol{U}}_1)_{k1}=\sum_{jk}\tilde{\boldsymbol{u}}_{ji}^*\tilde{\boldsymbol{h}}_{jk}\tilde{\boldsymbol{u}}_{k1}=\lambda_1\sum_j\tilde{\boldsymbol{u}}_{ji}^*\tilde{\boldsymbol{u}}_{j1}=\lambda_1\delta_{i1}$$

$$\tilde{\boldsymbol{H}}\begin{bmatrix}\tilde{\boldsymbol{u}}_{11}\\ \tilde{\boldsymbol{u}}_{21}\\ \vdots\\ \tilde{\boldsymbol{u}}_{n1}\end{bmatrix}=\lambda_1\begin{bmatrix}\tilde{\boldsymbol{u}}_{11}\\ \tilde{\boldsymbol{u}}_{21}\\ \vdots\\ \tilde{\boldsymbol{u}}_{n1}\end{bmatrix},\quad \sum_k \tilde{\boldsymbol{h}}_{jk}\tilde{\boldsymbol{u}}_{k1}=\lambda_1\tilde{\boldsymbol{u}}_{j1}$$

因为厄米矩阵的 $\tilde{\boldsymbol{a}}_{ij}=\tilde{\boldsymbol{a}}_{ji}^*$，所以矩阵中的第一行的第一列等于 λ_1，第二列至第 n 列的元素皆为零，并且可以保证第一列的第二至第 n 行的元素皆为零$(0=0^*)$，任何幺正矩阵相乘，仍为幺正矩阵。同理，可得出：

$$\bar{\tilde{\boldsymbol{U}}}_2^{-1}\tilde{\boldsymbol{H}}_1\bar{\tilde{\boldsymbol{U}}}_2=\begin{bmatrix}\lambda_2 & 0 & \cdots & 0\\ 0 & & & \\ \vdots & & \tilde{\boldsymbol{H}}_2 & \\ 0 & & & \end{bmatrix}$$

定义

$$\tilde{\boldsymbol{U}}_2=\begin{bmatrix}1 & 0 & \cdots & 0\\ 0 & & & \\ \vdots & & \bar{\tilde{\boldsymbol{U}}}_2 & \\ 0 & & & \end{bmatrix}$$

则

$$\tilde{\boldsymbol{U}}_2^{-1}\tilde{\boldsymbol{U}}_1^{-1}\tilde{\boldsymbol{H}}\tilde{\boldsymbol{U}}_1\tilde{\boldsymbol{U}}_2=\tilde{\boldsymbol{U}}_2^{-1}\begin{bmatrix}\lambda_1 & 0 & \cdots & 0\\ 0 & & & \\ \vdots & & \tilde{\boldsymbol{H}}_1 & \\ 0 & & & \end{bmatrix}\tilde{\boldsymbol{U}}_2$$

$$=\begin{bmatrix}1 & 0 & \cdots & 0\\ 0 & & & \\ \vdots & & \bar{\tilde{\boldsymbol{U}}}_2^{-1} & \\ 0 & & & \end{bmatrix}\begin{bmatrix}1 & 0 & \cdots & 0\\ 0 & & & \\ \vdots & & \tilde{\boldsymbol{H}}_1 & \\ 0 & & & \end{bmatrix}\begin{bmatrix}1 & 0 & \cdots & 0\\ 0 & & & \\ \vdots & & \bar{\tilde{\boldsymbol{U}}}_2 & \\ 0 & & & \end{bmatrix}$$

$$=\begin{bmatrix}\lambda_1 & 0 & \cdots & 0\\ 0 & & & \\ \vdots & & \bar{\tilde{\boldsymbol{U}}}_2^{-1}\tilde{\boldsymbol{H}}_1\bar{\tilde{\boldsymbol{U}}}_2 & \\ 0 & & & \end{bmatrix}=\begin{bmatrix}\lambda_1 & 0 & \cdots & 0\\ 0 & \lambda_2 & \cdots & 0\\ 0 & 0 & & \\ \vdots & \vdots & \tilde{\boldsymbol{H}}_2 & \\ 0 & 0 & & \end{bmatrix}$$

以此类推，使整个矩阵完全对角化。在这个过程中，先用了厄米矩阵的第一个性质，即经过幺正矩阵的相似变换后仍为厄米矩阵，然后又用了厄米矩阵的第二个性质：

$$\tilde{\boldsymbol{a}}_{ij}=\tilde{\boldsymbol{a}}_{ji}^*，\text{则}\ \tilde{\boldsymbol{U}}_n^{-1}\cdots\tilde{\boldsymbol{U}}_2^{-1}\tilde{\boldsymbol{U}}_2^{-1}\tilde{\boldsymbol{H}}\tilde{\boldsymbol{U}}_1\tilde{\boldsymbol{U}}_2\cdots\tilde{\boldsymbol{U}}_n=\begin{bmatrix}\lambda_1 & 0 & \cdots & 0\\ 0 & \lambda_2 & \cdots & 0\\ \vdots & \vdots & & \vdots\\ 0 & 0 & \cdots & \lambda_n\end{bmatrix}$$

(4) 幺正矩阵：$\tilde{\boldsymbol{U}}$ 是正交归一化矩阵，若 $\tilde{\boldsymbol{U}}^{+}=\tilde{\boldsymbol{U}}^{-1}$，则 $\tilde{\boldsymbol{U}}$ 就是幺正矩阵。

①幺正矩阵之积仍为幺正矩阵：$(\tilde{\boldsymbol{U}}_1\tilde{\boldsymbol{U}}_2)^{+}=\tilde{\boldsymbol{U}}_2^{+}\tilde{\boldsymbol{U}}_1^{+}=\tilde{\boldsymbol{U}}_2^{-1}\tilde{\boldsymbol{U}}_1^{-1}=(\tilde{\boldsymbol{U}}_1\tilde{\boldsymbol{U}}_2)^{-1}$。

②幺正矩阵之和不再是幺正矩阵：$\tilde{\boldsymbol{A}}$ 和 $\tilde{\boldsymbol{B}}$ 分别都是幺正矩阵，但是

$$(\tilde{\boldsymbol{A}}+\tilde{\boldsymbol{B}})^{-1}\neq\tilde{\boldsymbol{A}}^{-1}+\tilde{\boldsymbol{B}}^{-1}$$

③幺正矩阵本征值的绝对值的平方等于1。即：幺正矩阵的本征值为 $\mathrm{e}^{\mathrm{i}\theta}$，则 $\left|\mathrm{e}^{\mathrm{i}\theta}\right|^2=1$。

④经过幺正变换，内积不变。即：$(\boldsymbol{y},\boldsymbol{x})=(\tilde{\boldsymbol{U}}\boldsymbol{y},\tilde{\boldsymbol{U}}\boldsymbol{x})$；$(\tilde{\boldsymbol{U}}\boldsymbol{y},\boldsymbol{U}\boldsymbol{x})=(\tilde{\boldsymbol{U}}^{+}\tilde{\boldsymbol{U}}\boldsymbol{y},\boldsymbol{x})=(\boldsymbol{y},\boldsymbol{x})$。

若 $\boldsymbol{y}=\boldsymbol{x}$，说明矢量经过幺正变换后，长度不变，若 $\boldsymbol{y}\neq\boldsymbol{x}$，即经过幺正变换后，两个矢量的夹角不变。

⑤一个幺正矩阵($\tilde{\boldsymbol{U}}$)可以用另一个幺正矩阵($\tilde{\boldsymbol{V}}$)对角化。即 $\tilde{\boldsymbol{V}}^{-1}\tilde{\boldsymbol{U}}\tilde{\boldsymbol{V}}=\tilde{\boldsymbol{\Lambda}}$。

幺正矩阵的逆矩阵仍然是幺正矩阵，($\tilde{\boldsymbol{V}}_1^{-1}\tilde{\boldsymbol{U}}\tilde{\boldsymbol{V}}_1$)也是幺正矩阵。

1.2　薛定谔方程（非相对论方程）

在 19 世纪，许多观测报告表明原子具有某种内部结构和电的本性。有三个与发展相关的极为重要的年代值得回忆：1901 年普朗克(Planck)首先提出量子论的倡议；1913 年玻尔(Bohr)找到了如何把普朗克的量子论应用到氢原子理论的途径，在理解原子中粒子的动力学理论方面，取得了第一个真正的进展，并成功地解决了氢原子的结构等许多基本问题；1924 年，薛定谔(Schrödinger)发现了现在以他的姓氏命名的方程——薛定谔(Schrödinger)方程，提供了量子论的真正数学基础。Schrödinger 方程是微观粒子运动规律的方程，该方程无法真正推导得到。这里简要描述一下 Schrödinger 推导的思维过程。

1.2.1　简单推导的思维过程

19 世纪人们就开始研究波的运动。关于波的运动，可用物理量

$$\psi=\mathrm{e}^{\mathrm{i}2\pi(\frac{x}{\lambda}-vt)} \tag{1.2-1}$$

来描述。用 x_0 与 $x_0+\lambda$ 代入得到的结果一样。每经过一个 λ 就重复一次。如果用 t_0 与 $t_0+\dfrac{1}{\nu}$ 代入得到的结果也一样，每经过一个 $\dfrac{1}{\nu}$ 就重复一次。即空间、时间都是呈周期性变化的。

引入波矢：

$$k=\frac{2\pi}{\lambda}\qquad（角频率：\omega=2\pi\nu） \tag{1.2-2}$$

则式(1.2-1)化为 $\mathrm{e}^{\mathrm{i}(kx-\omega t)}$ 或 $\mathrm{e}^{-\mathrm{i}(kx-\omega t)}$，也可写为

$$\cos(kx-\omega t)\ 或\ \sin(kx-\omega t) \tag{1.2-3}$$

这些函数适合用一个偏微分方程来表示，用物理语言来表述称为波动方程：

$$\frac{\partial^2\psi}{\partial t^2}=\frac{\omega^2}{k^2}\frac{\partial^2\psi}{\partial x^2} \tag{1.2-4}$$

其中，$\frac{\omega^2}{k^2}=\lambda^2\nu^2=c^2$，$\frac{\omega^2}{k^2}$实际是体现波的运动的量，即运动速度的平方。

在 18 世纪人们发现，光在传播过程中能反射、有折射，牛顿认为光是服从牛顿方程的粒子，另有人认为光是波的运动。后来人们在实验中发现了光的干涉现象：光碰在一起会消失或者加强，光有衍射。18 世纪波动说占了上风，19 世纪由于电磁场理论(麦克斯韦方程)，使得光成了电磁理论的内容，描述光时，波动方程中的ψ是势场。1900 年，人们发现了黑体辐射，认为光的能量是不连续的，光同物质碰撞时，就显出了其量子性，爱因斯坦假设光是粒子，能量是$h\nu$，所以 20 世纪初，又回到了量子说。

20 世纪明确地知道了光的二象性。光的波、粒二象性，是经过 200 多年认识的结果：运动时，波动性为主；碰撞时粒子性为主。能量$E=h\nu$，动量$P=h/\lambda$ (1913 年得到) P、E描写粒子性，ν、λ描写波动性，P可从光压的实验测定得到。法国的德布罗意(de Broglie)在大学时(1924 年)大胆设想，光有二象性，电子、原子等微观粒子也应有二象性，关系仍满足$E=h\nu$、$P=h/\lambda$式子，这个假设当时没有实验依据，直到 1927 年才被实验证实。1924 年薛定谔看见了德布罗意的这篇论文后很重视，他认为，既然光满足波动方程，那么微观粒子也应满足波动方程，当时他恰好遇到一本《数理方法》(Florian Cajori)，其中谈到本征值：

$$\begin{cases} E=h\nu=\dfrac{h}{2\pi}\cdot 2\pi\nu=\hbar\cdot\omega \\ P=\dfrac{h}{\lambda}=\dfrac{h}{2\pi}\cdot\dfrac{2\pi}{\lambda}=\hbar k \end{cases} \tag{1.2-5}$$

其中，$E=P^2/2m$ (对自由粒子，不受力场作用)。

$$\frac{\partial^2\psi}{\partial t^2}=\frac{\omega^2}{k^2}\frac{\partial^2\psi}{\partial x^2}=\frac{\frac{E^2}{\hbar^2}}{\frac{P^2}{\hbar^2}}\cdot\frac{\partial^2\psi}{\partial x^2}=\frac{E^2}{P^2}\cdot\frac{\partial^2\psi}{\partial x^2}=\frac{\left(\frac{P^2}{2m}\right)^2}{P^2}\cdot\frac{\partial^2\psi}{\partial x^2}=\frac{P^2}{4m^2}\cdot\frac{\partial^2\psi}{\partial x^2} \tag{1.2-6}$$

式中，P^2不是常数，该方程不能描述粒子的运动。

再看：

$$\mathrm{e}^{\mathrm{i}(kx-\omega t)},\quad \mathrm{e}^{-\mathrm{i}(kx-\omega t)} \tag{1.2-7}$$

式(1.2-7)满足方程：

$$-\mathrm{i}\frac{\partial\psi}{\partial t}=\frac{\omega}{k^2}\cdot\frac{\partial^2\psi}{\partial x^2} \tag{1.2-8}$$

将式(1.2-5)代入式(1.2-8)得

$$-\mathrm{i}\frac{\partial\psi}{\partial t}=\frac{\frac{E}{\hbar}}{\frac{P^2}{\hbar^2}}\cdot\frac{\partial^2\psi}{\partial x^2}=\frac{\hbar}{2m}\cdot\frac{\partial^2\psi}{\partial x^2}$$

对于一维空间：

$$i\hbar \cdot \frac{\partial \psi}{\partial t} = -\frac{\hbar^2}{2m} \cdot \frac{\partial^2 \psi}{\partial x^2} \tag{1.2-9}$$

式(1.2-9)中 $\hbar^2/2m$ 是常数，该方程很可能代表自由粒子在一维方向上的运动，由能量满足的公式($E = P^2/2m$)，将能量和动量换作算符，即：换 $E = i\hbar\partial/\partial t$，$P = -i\hbar\partial/\partial x$，然后代入 $E = P^2/2m$ 式就得到薛定谔方程式(1.2-9)($E\psi = P^2/2m\psi$ → 算符化 ⇒ $i\hbar \cdot \frac{\partial \psi}{\partial t} = -\frac{\hbar^2}{2m} \cdot \frac{\partial^2 \psi}{\partial x^2}$)。对于三维空间中运动的(非自由)粒子，其能量为

$$E = \frac{1}{2m}(P_x^2 + P_y^2 + P_z^2) + V(x,y,z) \tag{1.2-10}$$

其中，$P_y = -i\hbar\frac{\partial}{\partial z}$，$P_z = -i\hbar\frac{\partial}{\partial z}$，$P_x = -i\hbar\frac{\partial}{\partial x}$，用 $P = -i\hbar\nabla$ 作算子，代入 $E = P^2/2m$，得

$$i\hbar\frac{\partial \psi}{\partial t} = -\frac{\hbar^2}{2m}\left(\frac{\partial^2}{\partial x} + \frac{\partial^2}{\partial y} + \frac{\partial^2}{\partial z}\right)\psi + V(x,y,z)\psi \tag{1.2-11}$$

引入拉普拉斯算符：$\nabla^2 = \nabla \cdot \nabla$ （∇ 为梯度），代入式(1.2-11)得

$$i\hbar\frac{\partial \psi}{\partial t} = -\frac{\hbar^2}{2m}\nabla^2 \psi + V\psi \tag{1.2-12}$$

这就是得到薛定谔方程的思维过程。薛定谔方程于 1926 年发表，先后处理了锂原子、氢原子和氦原子等问题。由此，对于给定的一个力学体系，我们应先写出它的薛定谔方程。当拿到一个力学体系(就是有许多能相互作用的粒子)时，首先要写出该体系的哈密顿(能量)算符：

$$H = T + V \tag{1.2-13}$$

体系中各粒子的相互作用表现在势能 V 上。一个粒子用三个坐标 x、y、z 来描述。对于 n 个粒子，相对于坐标有动能：$P_{x1}, P_{y1}, P_{z1}, \cdots$，$P_{xn}, P_{yn}, P_{zn}$。

$$E = H = \sum_{k=1}^{n}\frac{1}{2m_k}(P_{xk}^2 + P_{yk}^2 + P_{zk}^2) + V \tag{1.2-14}$$

$$E = i\hbar\frac{\partial}{\partial t},\quad P_k = -i\hbar\nabla_k \tag{1.2-15}$$

将式(1.2-15)代入式(1.2-14)中并作用于 ϕ 得

$$i\hbar\frac{\partial}{\partial t}\psi(\vec{r}_1, \vec{r}_2, \cdots, \vec{r}_k, t) = -\sum_k \frac{\hbar^2}{2m_k}\nabla_{r_k}^2 \psi + V\psi \tag{1.2-16}$$

式(1.2-16)反映了 n 个粒子的力学体系的运动方程。ϕ 不包含动量 P，因为薛定谔波函数 $\phi(x,t)$，即薛定谔理论中德布罗意波的振幅，它描写粒子在空间和时间中的概率分布，一般情况下，不考虑核的振动时，原子、分子中的核都看作不动，写哈密顿量时不写出核的动能。

将 E 简写为

$$E = H(q_k, \vec{p}_k, t) \tag{1.2-17}$$

然后换为算符并作用于Ψ:

$$\mathrm{i}\hbar\frac{\partial\psi}{\partial t}=H(q_k,-\mathrm{i}\hbar\nabla_k,t)\psi \tag{1.2-18}$$

$$\mathrm{i}\hbar\frac{\partial\psi}{\partial t}=H\psi \tag{1.2-19}$$

该方程代表微观粒子的运动，当$\hbar$可忽略时，式(1.2-19)就可以还原到牛顿运动方程。

式(1.2-19)是非相对论的波动方程。非相对论自由粒子的能量为

$$E=\frac{1}{2m}(P_x^2+P_y^2+P_z^2) \tag{1.2-20}$$

相对论自由粒子的能量为

$$\begin{cases} E=c(m^2c^2+P_x^2+P_y^2+P_z^2)^{\frac{1}{2}}(\text{严格的}E) \\ E=mc^2[1+\dfrac{P_x^2+P_y^2+P_z^2}{m^2c^2}]^{\frac{1}{2}}=mc^2+\dfrac{P_x^2+P_y^2+P_z^2}{2m}(\text{近似的}E) \end{cases} \tag{1.2-21}$$

式(1.2-19)中时空是不等价的，因为左边是对时间的一阶微商，右边是对坐标的二阶微商。在相对论中，式(1.2-19)是从式(1.2-21)出发推导的[在非相对论中，式(1.2-19)是从式(1.2-20)出发推导的，所以时空是等价的。式(1.2-19)既描述了微观粒子的运动，也可描述宏观粒子的运动(对于宏观粒子的运动，$\hbar$可忽略)。

1.2.2 ψ的物理意义

对于方程$\mathrm{i}\hbar\frac{\partial\psi}{\partial t}=H\psi$ 中的$\psi(\vec{r},t)$，Born给出了它的物理意义(Born得诺贝尔奖的重要工作在于此)。在粒子附近的小区域$\mathrm{d}^3r=\mathrm{d}x\mathrm{d}y\mathrm{d}z$内粒子出现的概率[粒子在一点出现的概率无意义，因为粒子连续变化(运动)]:

$$\rho(\vec{r},t)\mathrm{d}^3r=\psi^*\psi\,\mathrm{d}^3r \tag{1.2-22}$$

对于式(1.2-22)有三点说明:

(1)在一点附近的概率不可能是两样，即只有一个数值，这要求ψ为单值;

(2)因为粒子连续变化，所以ψ、$\frac{\partial\psi}{\partial t}$、$\nabla\psi$要求是连续的。

$\psi^*(x,t)\psi(x,t)\mathrm{d}x$表示在一维情况下，当体系处在用波函数$\psi(x,t)$来表示的物理状态时，在$t$时刻体系组态的点位于组态空间中$\mathrm{d}x$区间内的概率。换句话说，$\psi^*(x,t)\psi(x,t)$是体系按组态的概率分布函数。对所讨论的仅包含一个质点的简单体系而言，$\psi^*(x,t)\psi(x,t)\mathrm{d}x$也就是质点在$t$时刻处在$x\sim x+\mathrm{d}x$区间中的概率。

(3)在整个空间出现的总概率应为1，因为微观粒子在全空间出现是必然事件。

$$\iiint\limits_{-\infty}\rho(\vec{r},t)\mathrm{d}^3r=\iiint\limits_{-\infty}\psi^*\psi\,\mathrm{d}^3r=1 \tag{1.2-23}$$

因为ψ可能是复数，而概率是实数，只有$\psi^*\psi$才是实数，所以ψ要打“*”号，即ψ^*，

这要求ψ 的平方可积，指$|\psi|^2=\psi^*\psi$，即绝对值的平方。因为ψ 满足式(1.2-19)，所以ψ 乘上一个常数也应满足式(1.2-19)的线性方程，两个方程解的叠加仍满足式(1.2-19)，即两个态相加还满足式(1.2-19)。

$$\frac{\partial\rho(\vec{r},t)}{\partial t}=\frac{\partial}{\partial t}(\psi^*\psi)=\frac{\partial\psi^*}{\partial t}\psi+\psi^*\frac{\partial\psi}{\partial t} \tag{1.2-24}$$

因为

$$\frac{\partial\psi}{\partial t}=\frac{1}{\mathrm{i}\hbar}H\psi\quad,\quad\frac{\partial\psi^*}{\partial t}=-\frac{1}{\hbar}H\psi^* \tag{1.2-25}$$

将式(1.2-25)代入式(1.2-24)得

$$\begin{aligned}\frac{\partial\rho(\vec{r},t)}{\partial t}&=\frac{1}{\mathrm{i}\hbar}[-\psi H\psi^*+\psi^*H\psi]\\&=\frac{1}{\mathrm{i}\hbar}[\frac{\hbar^2}{2m}\psi\nabla^2\psi^*-\frac{\hbar^2}{2m}\psi^*\nabla^2\psi]\\&=-\frac{\hbar}{2\mathrm{i}m}[\psi^*\nabla^2\psi-\psi\nabla^2\psi^*]\\&=-\frac{\hbar}{2\mathrm{i}m}\nabla\cdot[\psi^*\nabla\psi-\psi\nabla\psi^*]\end{aligned} \tag{1.2-26}$$

因为

$$\begin{aligned}\nabla\cdot(\psi^*\nabla\psi-\psi\nabla\psi^*)&=(\nabla\psi^*\cdot\nabla\psi-\nabla\psi\cdot\nabla\psi^*)+(\psi^*\nabla^2\psi-\psi\nabla^2\psi^*)\\&=(\psi^*\nabla^2\psi-\psi\nabla^2\psi^*)\end{aligned} \tag{1.2-27}$$

定义向量，概率流：

$$\vec{S}=\frac{\hbar}{2\mathrm{i}m}(\psi^*\nabla\psi-\psi\nabla\psi^*) \tag{1.2-28}$$

式(1.2-28)的三个分量为

$\frac{\hbar}{2\mathrm{i}m}\{[\psi^*\frac{\partial\psi}{\partial x}-\psi\frac{\partial\psi^*}{\partial x}]\}$，$\frac{\hbar}{2\mathrm{i}m}(\psi^*\frac{\partial\psi}{\partial y}-\psi\frac{\partial\psi^*}{\partial y})$，$\frac{\hbar}{2\mathrm{i}m}(\psi^*\frac{\partial\psi}{\partial z}-\psi\frac{\partial\psi^*}{\partial z})$

将式(1.2-28)代入式(1.2-26)有：$\frac{\partial\rho(\vec{r},t)}{\partial t}=-\nabla\cdot\vec{S}$，即

$$\frac{\partial\rho(\vec{r},t)}{\partial t}+\nabla\cdot\vec{S}=0 \tag{1.2-29}$$

式(1.2-29)中，$\rho(\vec{r},t)$是标量函数，代表概率密度；$\vec{S}$是向量函数，代表概率流。联系流体力学中方程(连续性方程)：

$$\frac{\partial\rho}{\partial t}+\nabla\cdot(\rho\vec{u})=0\qquad(\rho\text{为密度，}\vec{\mu}\text{ 为密度流}) \tag{1.2-30}$$

式(1.2-29)与式(1.2-30)相似。因为ψ连续，积分(可变换微分与积分符号)得

$$\frac{\partial}{\partial t}\int_\Omega\rho(\vec{r},t)\mathrm{d}^3r=\int_\Omega\frac{\partial\rho(\vec{r},t)}{\partial t}\mathrm{d}^3r=-\int_\Omega\nabla\cdot S\mathrm{d}^3r=-\int_\Sigma S_n\mathrm{d}A \tag{1.2-31}$$

式(1.2-31)中，Ω 是体积，Σ 是体积面，S_n为

$$S_n = \frac{\hbar}{2\mathrm{i}m}(\psi^* \nabla \psi - \psi \nabla \psi^*)_n \tag{1.2-32}$$

体积 Ω 内的总概率似如体积面上的所有概率流是往内部流入的，如图 1.1 所示。在无穷远的概率趋近 0，所以在无穷远处：$S_n = 0$，则在无穷远处：

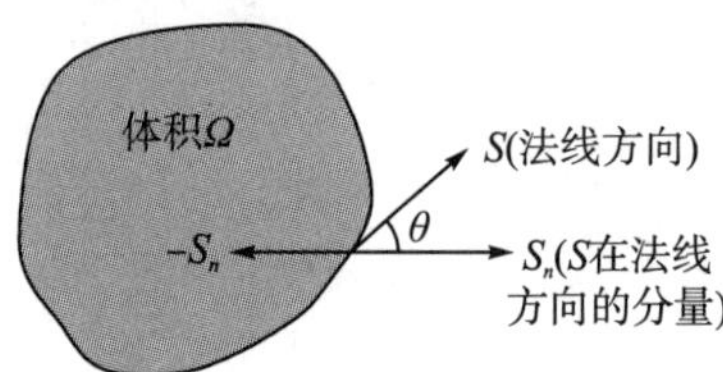

图 1.1 体积 Ω 内的总概率示意图

$$\frac{\partial}{\partial t}\int_{\infty} P(\vec{r},t)\,\mathrm{d}^3 r = \frac{\partial}{\partial t}\int \psi^* \psi\,\mathrm{d}^3 r = 0 \tag{1.2-33}$$

说明在整个空间内找到粒子的概率与时间无关。$\int \psi^* \psi\,\mathrm{d}^3 r$ 一次归一化后，就永远归一化，随时间的改变为 0，即归一化不随时间改变。

1.2.3 力学量的平均值

对于一个力学量 F，它在经典力学的表达示为：$F(\vec{r}_k, \vec{P}_k, t)$，在量子力学的表达式为

$$F(\vec{r}_k, -\mathrm{i}\hbar\nabla_k, t) \tag{1.2-34}$$

F 的平均值：

$$< F > = \int \psi^* F \psi\,\mathrm{d}\tau \tag{1.2-35}$$

式(1.2-35)表示力学量处于某种概率分布下的平均值，它仅对 F 是含分立谱时成立。因为 F 包含一个算子，该算子要作用到 ψ 上，所以 F 写在中间，即

$$< F >^* = \int \psi (F\psi)^*\,\mathrm{d}\tau = \int (F\psi)^* \psi\,\mathrm{d}\tau \tag{1.2-36}$$

要求 $< F >$ 是实数(虚数无意义)，即要求：$< F > = < F >^*$，则式(1.2-35)和式(1.2-36)的右端也应相等：

$$\int \psi^* F \psi\,\mathrm{d}\tau = \int (F\psi)^* \psi\,\mathrm{d}\tau \tag{1.2-37}$$

引进符号：

$$(\psi, F\psi) = (F\psi,\ \psi) \tag{1.2-38}$$

满足式(1.2-37)或式(1.2-38)的算子定义为厄米算子，F 有时又叫实线性算子。

坐标 x 是厄米算子：

$$\int \psi^* x \psi\,\mathrm{d}^3 r = \int (x\psi)^* \psi\,\mathrm{d}^3 r \tag{1.2-39}$$

动量 P_x 也是厄米算子：

$$\int \psi^*(-\mathrm{i}\hbar\frac{\partial}{\partial x})\psi\,\mathrm{d}^3 r = -\int -\mathrm{i}\hbar\frac{\partial \psi^*}{\partial x}\psi\,\mathrm{d}^3 r = \int(-\mathrm{i}\hbar\frac{\partial \psi}{\partial x})^*\psi\,\mathrm{d}^3 r \tag{1.2-40}$$

一般力学变量相当于一个厄米算子，两个厄米算子相乘一般不是厄米的，这是因为：$(\psi,F_1F_2\psi)=(F_1\psi,F_2\psi)=(F_2F_1\psi,\psi)$，当$(\psi,F_1F_2\psi)=(F_1F_2\psi,\psi)$时，才是厄米的。

一般情况下，两个算子相乘不可交换，正如两个矩阵相乘不可交换一样。如$P_x x\neq xP_x$，而$P_x y=yP_x$可交换(因为P_x与P_y对易)。只有两个算子对易时，相乘才得到厄米算子。两个算符对易，它们对易的物理量可以同时取确定值，也就是说，一个波函数可以同时是两个算符的本征函数。若F具有连续能谱，则其平均值为$< F >=\dfrac{\int\psi^* F\psi\,\mathrm{d}\tau}{\int\psi^*\psi\,\mathrm{d}\tau}=\dfrac{(\psi,F\psi)}{(\psi,\psi)}$。

1.2.4　爱伦费思特(Ehrenfest)定理

经典力学中：$\dfrac{\mathrm{d}x}{\mathrm{d}t}=\dfrac{P_x}{m}$，$P_x=m\dot{x}$，牛顿第二定律为

$$\frac{\mathrm{d}P_x}{\mathrm{d}t}=-\frac{\partial V}{\partial x} \tag{1.2-41}$$

量子力学中有

$$\frac{\mathrm{d}<x>}{\mathrm{d}t}=\frac{<P_x>}{m},\quad \frac{\mathrm{d}<P_x>}{\mathrm{d}t}=-<\frac{\partial U}{\partial x}>\ (U\text{ 为势能})$$

简要推导：

$$<x>=(\psi,x\psi) \tag{1.2-42}$$

$$\frac{\mathrm{d}<x>}{\mathrm{d}t}=(\frac{\partial\psi}{\partial t},x\psi)+(\psi,x\frac{\partial\psi}{\partial t}) \tag{1.2-43}$$

这里x不显含t，将式(1.2-19)代入式(1.2-43)：

$$\begin{aligned}\frac{\mathrm{d}<x>}{\mathrm{d}t}&=(\frac{1}{\mathrm{i}\hbar}H\psi,x\psi)+(\psi,\frac{1}{\mathrm{i}\hbar}xH\psi)=\frac{1}{\mathrm{i}\hbar}[(\psi,xH\psi)-(H\psi,x\psi)]\\&=\frac{1}{\mathrm{i}\hbar}[(\psi,xH\psi)-(\psi,Hx\psi)]\end{aligned} \tag{1.2-44}$$

将$H=-\dfrac{\hbar^2}{2m}\nabla^2+V$代入式(1.2-44)：

$$\begin{aligned}\frac{\mathrm{d}<x>}{\mathrm{d}t}&=\frac{\mathrm{i}\hbar}{2m}[(\psi,x\nabla^2\psi)-(\psi,\nabla^2(x\psi))]\\&=\frac{\mathrm{i}\hbar}{2m}(\psi,x\nabla^2\psi-\nabla^2(x\psi))\end{aligned} \tag{1.2-45}$$

而

$$\begin{aligned}&x\nabla^2\psi-\nabla^2(x\psi)\\&=x\nabla^2\psi-x\nabla^2\psi-2\nabla x-\nabla\psi=-2\nabla x\cdot\nabla\psi=-2\nabla\psi\\&=x\frac{\partial^2\psi}{\partial x^2}-\frac{\partial^2}{\partial x^2}(x\psi)=x\frac{\partial^2\psi}{\partial x^2}-x\frac{\partial^2\psi}{\partial x^2}-\partial\frac{\partial x}{\partial x}\cdot\frac{\partial\psi}{\partial x}=-\partial\frac{\partial\psi}{\partial x}\end{aligned} \tag{1.2-46}$$

将式(1.2-46)代入式(1.2-45)：

$$\frac{\partial < x >}{\mathrm{d}t} = -\frac{\mathrm{i}\hbar}{m}(\psi,\frac{\partial \psi}{\partial x}) = \frac{1}{m}[\psi,(-i\hbar\frac{\partial}{\partial x})\psi] = \frac{1}{m}(\psi,P_x\psi) = \frac{< P_x >}{m} \tag{1.2-47}$$

因为

$$< P_x >= (\psi,-\mathrm{i}\hbar\frac{\partial}{\partial x}\psi) = -\mathrm{i}\hbar(\psi,\frac{\partial}{\partial x}\psi)$$

所以

$$\frac{\mathrm{d} < P_x >}{\mathrm{d}t} = -\mathrm{i}\hbar[(\frac{\partial \psi}{\partial t},\frac{\partial}{\partial x}\psi) + (\psi,\frac{\partial}{\partial x}\frac{\partial \psi}{\partial t})] \tag{1.2-48}$$

将式(1.2-19)代入式(1.2-48)：

$$\begin{aligned}\frac{\mathrm{d} < P_x >}{\mathrm{d}t} &= (H\psi,\frac{\partial}{\partial x}\psi) - (\psi,\frac{\partial}{\partial x}H\psi)\\ &= (\psi,H\frac{\partial}{\partial x} - \frac{\partial}{\partial x}H\psi)\end{aligned} \tag{1.2-49}$$

将 $H = -\frac{\hbar^2}{2m}\nabla^2 + V$ 代入式(1.2-49)：

$$\frac{\mathrm{d} < P_x >}{\mathrm{d}t} = (\psi,V\frac{\partial}{\partial x} - \frac{\partial}{\partial x}V\psi) \tag{1.2-50}$$

而

$$(V\frac{\partial}{\partial x} - \frac{\partial}{\partial x}V)\psi = V\frac{\partial \psi}{\partial x} - \frac{\partial V}{\partial x}\psi - V\frac{\partial \psi}{\partial x} = -\frac{\partial V}{\partial x}\psi \tag{1.2-51}$$

将式(1.2-51)代入式(1.2-50)有

$$\frac{\mathrm{d} < P_x >}{\mathrm{d}t} = -(\psi,\frac{\partial V}{\partial x}\psi) = -< \frac{\partial V}{\partial x} > \tag{1.2-52}$$

所以 Ehrenfest 定理：$\frac{\mathrm{d} < \vec{r} >}{\mathrm{d}t} = \frac{< \vec{P} >}{m}$ 和 $\frac{\mathrm{d} < \vec{P} >}{\mathrm{d}t} = -< \nabla V >$ 这两个式子各代表三个式子。由量子力学的概率概念可知，这两个式子是平均值的表达式。

推导 Ehrenfest 定理有两个条件：①力学量不显含时间 t，由力学量 F 的平均值的定义出发，求 $\frac{\mathrm{d} < F >}{\mathrm{d}t}$；②利用 $\frac{\partial \psi}{\partial t} = \frac{1}{\mathrm{i}\hbar}H\psi$ 及 $H = -\frac{\hbar^2}{2m}\nabla^2 + V$，经运算可得结果 $\frac{\mathrm{d} < F >}{\mathrm{d}t} =< [F,H] >$。

这样，对于一个体系(单粒子或多粒子)，对应于一个状态，用波函数 $\psi(\vec{r},t)$ 来描写体系的状态，体系中的力学变量 $F(\vec{r}_k,\vec{P}_k,t)$ (坐标，动量，角动量 $=\vec{r}_k \cdot \vec{P}_k \cdots$)，用算符表示 $\longrightarrow$ $F(\vec{r},-\mathrm{i}\hbar\nabla_k,t)$，$\nabla_k = (\frac{\partial}{\partial x_k},\frac{\partial}{\partial y_k},\frac{\partial}{\partial z_k})$，一个要测量的力学量应该是实数，因为 ψ 有概率的含义，即有统计的意义，所以力学量可求平均值。平均值 $< F >= (\psi,F\psi) = (F\psi,\psi)$，平均值是实数，要求：

$$(\psi,F\psi) = (F\psi,\psi) \tag{1.2-53}$$

满足式(1.2-53)的力学量算子叫厄米算子 F，$F = F^*$，运动方程就是薛定谔方程：

$\mathrm{i}\hbar\frac{\partial\psi}{\partial t}=H(\vec{r}_k,-\mathrm{i}\hbar\nabla_k,t)\psi$ 。

$$\frac{\mathrm{d}<F>}{\mathrm{d}t}=\frac{1}{\mathrm{i}\hbar}<FH-HF> \qquad <F>=(\psi,F\psi) \tag{1.2-54}$$

$$\frac{\mathrm{d}<F>}{\mathrm{d}t}=(\frac{\partial\psi}{\partial t},F\psi)+(\psi,F\frac{\partial\psi}{\partial t}) \tag{1.2-55}$$

式(1.2-54)成立的条件：不显含t，$F=(\vec{r}_k,\vec{P}_k)$，而ψ含t。只要力学量不显含时间t，就可以利用式(1.2-54)。

1.2.5　测不准关系

量子力学中同时测量的两个力学量有一个是测不准的。进行测量时，有一些同样的力学量，如测坐标：x_1、x_2、…、x_n每个量是不固定的，但他们的平均值$\bar{x}$是固定的。对力学量连续作n次测定是不行的。因为测量一次后，就受到了(测量)体系的干扰，状态(ψ)起了变化。求平均值时，测一个力学量后，再配备另一个同样的力学体系测量该力学量，这样测定n次后，即可求平均值$\bar{x}$，均方根误差(用它来求测量的准确度)为

$$\overline{\Delta x}=\sqrt{\frac{(x_1-\bar{x})^2+(x_2-\bar{x})^2+\cdots+(x_n-\bar{x})^2}{n}} \tag{1.2-56}$$

令相对误差：$x-\bar{x}=\alpha$，$P_x-\overline{P}_x=\beta$，由定义写出$\overline{(\Delta x)^2}\cdot\overline{(\Delta P)^2}$的内积表达式：

$$\overline{(\Delta x)^2}=[\psi,(x-\bar{x})^2\psi]=(\psi,\alpha^2\psi)=(\alpha\psi,\alpha\psi)$$

$$\overline{(\Delta P_x)^2}=[\psi,(P_x-\overline{P}_x)^2\psi]\ =(\psi,\beta^2\psi)=(\beta\psi,\beta\psi)$$

测不准关系表示坐标增量Δx与动量增量ΔP之间的关系，Δx越准确，ΔP就越不准确。

$$\overline{(\Delta x)^2}\cdot\overline{(\Delta P)^2}=(\alpha\psi,\alpha\psi)\cdot(\beta\psi,\beta\psi) \tag{1.2-57}$$

根据两个向量$\boldsymbol{A}$、$\boldsymbol{B}$的内积定义式：$(\boldsymbol{A}\cdot\boldsymbol{A})(\boldsymbol{B}\cdot\boldsymbol{B})\geqslant(\boldsymbol{A}\cdot\boldsymbol{B})^2$，因为$\boldsymbol{A}$、$\boldsymbol{B}$可能是复数，所以要取绝对值。

$$\boldsymbol{A}^2\cdot\boldsymbol{B}^2\geqslant\left|(|\boldsymbol{A}||\boldsymbol{B}|\cos\theta)^2\right| \tag{1.2-58}$$

把式(1.2-57)中的$\alpha\psi$视为$|\boldsymbol{A}|$，$\beta\psi$视为$|\boldsymbol{B}|$，利用不等式(1.2-58)，将$(\alpha\psi,\beta\psi)$写成实算子和虚算子两部分：

$$\overline{(\Delta x)^2}\overline{(\Delta P_x)^2}=(\alpha\psi,\alpha\psi)(\beta\psi,\beta\psi)\geqslant|(\alpha\psi,\beta\psi)|^2 \tag{1.2-59}$$

$$(\alpha\psi,\beta\psi)=[\psi,(\alpha\beta)\psi]=(\psi,\frac{\alpha\beta+\beta\alpha}{2}\psi)+(\psi,\frac{\alpha\beta-\beta\alpha}{2}\psi) \tag{1.2-60}$$

式中，$\frac{\alpha\beta+\beta\alpha}{2}$是实算子，$\frac{\alpha\beta-\beta\alpha}{2}$是虚算子，所以$(\psi,\frac{\alpha\beta+\beta\alpha}{2}\psi)$是实数，$(\psi,\frac{\alpha\beta-\beta\alpha}{2}\psi)$一定是虚数。又因为：

$$[\psi,(\alpha\beta+\beta\alpha)\psi]=[(\beta\alpha+\alpha\beta)\psi,\psi] \tag{1.2-61}$$

$$[\psi,(\alpha\beta-\beta\alpha)\psi]=[(\beta\alpha-\alpha\beta)\psi,\psi] \tag{1.2-62}$$

$$[(\beta\alpha-\alpha\beta)\psi,\psi]^*=[\psi,(\beta\alpha-\alpha\beta)\psi] \tag{1.2-63}$$

$$|a+\mathrm{i}b|^2=(a+\mathrm{i}b)(a-\mathrm{i}b)=a^2+b^2 \tag{1.2-64}$$

所以：

$$\overline{(\Delta x)^2}\cdot\overline{(\Delta P)^2}=(\alpha\psi,\alpha\psi)\cdot(\beta\psi,\beta\psi)\geqslant|\alpha\psi,\beta\psi|^2 \tag{1.2-65}$$

由式(1.2-60)得

$$|(\alpha\psi,\beta\psi)|^2=\frac{1}{4}|[\psi,(\alpha\beta+\beta\alpha)\psi]|^2+\frac{1}{4}|[\psi,(\alpha\beta-\beta\alpha)\psi]|^2 \tag{1.2-66}$$

取虚算子部分得

$$(\Delta x)^2(\Delta P_x)^2\geqslant\frac{1}{4}|[\psi,(\alpha\beta-\beta\alpha)\psi]|^2 \tag{1.2-67}$$

$$[\psi,(\alpha\beta-\beta\alpha)\psi]=[\psi,(xP_x-P_xx)\psi]=(\psi,\mathrm{i}\hbar\psi)=\mathrm{i}\hbar(\psi,\psi)=\mathrm{i}\hbar \tag{1.2-68}$$

又因：

$$\alpha\beta-\beta\alpha=(x-\overline{x})(P_x-\overline{P_x})-(P_x-\overline{P_x})(x-\overline{x})=xP_x-P_xx=\mathrm{i}\hbar \tag{1.2-69}$$

所以得

$$\overline{(\Delta x)^2(\Delta P_x)^2}\geqslant\frac{1}{4}|\mathrm{i}\hbar|^2=\frac{\hbar^2}{4}$$

即得测不准关系：

$$\Delta x\Delta P_x\geqslant\frac{\hbar}{2} \tag{1.2-70}$$

测不准关系由 Heisenherg 于 1927 年提出，测不准关系告诉我们：一对共轭力学量之间要同时确定其值的精确度受到一定的限制，这种与精确值之间的差值不是误差，而是偏差，这不是由于实验设备的精度和实验操作人员的技术能力的高低所引起的，而是由量子理论本身所决定的，或者说是由客观世界的物质粒子的波粒二象性这种内禀属性所决定的。因此，所有有关量子力学的书籍或多或少都要讨论测不准原理，测不准关系可以对量子力学中的物理量进行估算，主要可以估算各种条件下的基态能量，体现出了很强的应用意义和价值。通过测不准关系，我们还可以估算微观世界物质结构不同层次的能量标尺，可以鉴定原子核内无电子，等等。

1.3 微观粒子运动的分立谱

分立谱(也称离散谱)指本征值不连续，在泛涵分析中谱是研究能谱，分立谱常与束缚态联系起来，动量的本征函数在有限体积中，其本征值是分立的，由于电子受核的作用，分子中电子的能级也是分立的。

1.3.1 双粒子运动

双粒子运动无论在经典力学还是量子力学中都有严格的解，3 个以上粒子的运动在经典力学或量子力学中都无严格的解。地球不仅受太阳的吸引，而且受周围行量的吸引，所以解是近似的。经典力学中的三体问题目前还未得到严格的解，量子力学中也如此。在研究物理和化学体系中，涉及的多体问题很多，根据量子力学原理，建立好的近似方法，使计算结果与实际差不多，这就是量子力学的任务。

1.3.1.1　双粒子的质心运动和相对运动

二体问题的$V(\vec{r}_2-\vec{r}_1)$作用只与两个粒子的相对坐标的绝对值(距离)有关，可将质心坐标与相对坐标分开，运动化为质心运动与相对运动，问题由二体化为单体。设粒子 1 的坐标为$\vec{r}_1(x_1,y_1,z_1)$，质量为m_1，粒子 2 的坐标为$\vec{r}_2(x_2,y_2,z_2)$，质量为m_2，定义：

$$(m_1+m_2)\vec{r}_c=m_1\vec{r}_1+m_2\vec{r}_2 \tag{1.3-1}$$

由此得质心坐标：

$$\left.\begin{aligned} x_c&=\frac{m_1x_1+m_2x_2}{(m_1+m_2)}\\ y_c&=\frac{m_1y_1+m_2y_2}{(m_1+m_2)}\\ z_c&=\frac{m_1z_1+m_2z_2}{(m_1+m_2)}\end{aligned}\right\} \tag{1.3-2}$$

式(1.3-1)中，$\vec{r}_c$为质心的坐标，$\vec{r}=\vec{r}_2-\vec{r}_1$为相对坐标，其中$x=x_2-x_1$，$y=y_2-y_1$，$z=z_2-z_1$，对($\vec{r}_c+\vec{r}$)求梯度：

$$\begin{aligned}\nabla_1=\nabla(\vec{r}_c+\vec{r})&=\frac{\partial}{\partial r_1}\vec{r}_c+\frac{\partial}{\partial r_1}\vec{r}=\frac{\partial}{\partial r_1}\left[\frac{m_1\vec{r}_1+m_2\vec{r}_2}{m_1+m_2}\right]+\frac{\partial}{\partial r_1}[\vec{r}_2-\vec{r}_1]\\ &=\frac{m_1}{m_1+m_2}\frac{\partial}{\partial r_1}\vec{r}_c-\frac{\partial}{\partial r_1}\vec{r}_1=\frac{m_1}{m_1+m_2}\nabla_c-\nabla\end{aligned} \tag{1.3-3}$$

设$M=m_1+m_2$为总质量；$\mu=\left(\dfrac{1}{m_1}+\dfrac{1}{m_2}\right)^{-1}=\dfrac{m_1m_2}{m_1+m_2}$为折合质量；质心坐标$r_c=\dfrac{m_1r_1+m_2r_2}{m_1+m_2}$；相对坐标$r=r_1-r_2$；相对动量$p=\dfrac{m_2p_1-m_1p_2}{m_1+m_2}$。

质心动量：

$$P_c=p_1+p_2 \tag{1.3-4}$$

因为动量p_i在量子力学中对应标符$P_i=-\mathrm{i}\hbar\dfrac{\partial}{\partial r_i}=-\mathrm{i}\hbar\nabla_i$，所以由式(1.3-4)得

$$\nabla_c=\nabla_1+\nabla_2,\quad \nabla_2=\nabla_c-\nabla_1 \tag{1.3-5}$$

$$\nabla=\frac{m_2\nabla_1-m_1\nabla_2}{m_1+m_2} \tag{1.3-6}$$

从式(1.3-6)出发得

$$\nabla_1=\frac{(m_1+m_2)\nabla+m_1\nabla_2}{m_2},\quad \nabla_2=\frac{m_2\nabla_1-(m_1+m_2)\nabla}{m_1} \tag{1.3-7}$$

将式(1.3-5)代入式(1.3-7)得

$$\nabla_1 = \frac{m_1}{m_1+m_2}\nabla_c - \nabla, \qquad \nabla_2 = \frac{m_2}{m_1+m_2}\nabla_c + \nabla \tag{1.3-8}$$

由式(1.3-8)得

$$\nabla_1^2 = \left(\frac{m_1}{m_1+m_2}\right)^2 \nabla_c^2 + \nabla^2 - \frac{2m_1}{m_1+m_2}\nabla_c \cdot \nabla \tag{1.3-9}$$

$$\nabla_2^2 = \left(\frac{m_1}{m_1+m_2}\right)^2 \nabla_c^2 + \nabla^2 + \frac{2m_2}{m_1+m_2}\nabla_c \cdot \nabla \tag{1.3-10}$$

由式(1.3-9)和式(1.3-10)可得

$$\begin{aligned}\frac{1}{m_1}\nabla_1^2 + \frac{1}{m_2}\nabla_2^2 &= \frac{m_1}{(m_1+m_2)^2}\nabla_c^2 + \frac{m_2}{(m_1+m_2)^2}\nabla_c^2 + \left(\frac{1}{m_1}+\frac{1}{m_2}\right)\nabla^2 \\ &= \frac{(m_1+m_2)}{(m_1+m_2)^2}\nabla_c^2 + \left(\frac{1}{m_1}+\frac{1}{m_2}\right)\nabla^2\end{aligned} \tag{1.3-11}$$

所以

$$\frac{1}{m_1}\nabla_1^2 + \frac{1}{m_2}\nabla_2^2 = \frac{1}{m_1+m_2}\nabla_c^2 + \left(\frac{1}{m_1}+\frac{1}{m_2}\right)\nabla^2 = \frac{1}{M}\nabla_c^2 + \frac{1}{\mu}\nabla^2 \tag{1.3-12}$$

1.3.1.2 双粒子运动的薛定谔方程

根据上面讨论的结果，双粒子运动的薛定谔方程为

$$-\frac{\hbar^2}{2}\left(\frac{1}{m_1}\nabla_1^2 + \frac{1}{m_2}\nabla_2^2\right)U + V(\vec{r}_2 - \vec{r}_1)U = EU \tag{1.3-13}$$

$$-\frac{\hbar^2}{2M}\nabla_c^2 U - \frac{\hbar^2}{2\mu}\nabla^2 U + V(\vec{r})U = EU \tag{1.3-14}$$

令：

$$U = U^{(c)}(\vec{r}_c)U^{(i)}(\vec{r}) \tag{1.3-15}$$

将式(1.3-15)代入式(1.3-14)再与 U 相除得

$$-\frac{\hbar^2}{2M}\frac{1}{U^{(c)}}\nabla_c^2 U^{(c)} + \frac{1}{U^{(i)}}\left[-\frac{\hbar^2}{2\mu}\nabla^2 + V(\vec{r})\right]U^{(i)} = E \tag{1.3-16}$$

式(1.3-16)左端的第一项是双粒子质心运动部分，第二项是电子相对原子核运动部分，因为式(1.3-16)右端为一常数(E)，所以它的左端每一个部分必等于一个常数。所以有

$$-\frac{\hbar^2}{2M}\frac{1}{U^{(c)}}\nabla_c^2 U^{(c)} = E^{(c)}U^{(c)} \tag{1.3-17}$$

$$-\frac{\pi^2}{2\mu}\nabla^2 U^{(i)} + V(\vec{r})U^{(i)} = E^{(i)}U^{(i)} \tag{1.3-18}$$

$$E = E^{(c)} + E^{(i)} \tag{1.3-19}$$

质心运动的运动[式(1.3-17)]等于自由粒子的运动，相对运动的运动[式(1.3-18)]等于第一个粒子不动，第二个粒子相对于第一个粒子运动。

1.3.2　双原子分子

双原子分子实际是一个多粒子问题(因为有电子)，它可分为电子的运动和核的运动。根据波恩-奥本海默(Born-Openheimer)近似(参见第 3 章)，可将电子的运动与核的运动分离，将多体化为二体，定义质心坐标与相对坐标，从而分离为质心运动(自由粒子的运动)及相对运动(单体问题)，利用球坐标后，就可分离为角度部分及径向部分的运动，径向部分代表谐振子运动，角度部分代表刚性转子运动。

电子与核分开后，剩下的两个核就是双粒子运动的问题。将质心运动分离出去后，就剩下相对运动，即

$$-\frac{\hbar^2}{2\mu}\nabla^2 U + V(r)U = EU \tag{1.3-20}$$

因为势能 V 只是 r 的函数，$r=\sqrt{x^2+y^2+z^2}$ ，它在直角坐标系中无法进行变量分离，所以要把 x、y、z 全部换成球坐标 r、θ、φ (图 1.2)。

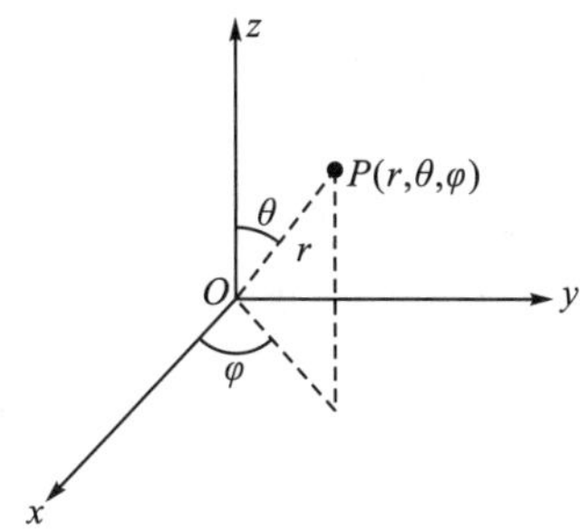

图 1.2　球坐标

$$\left.\begin{aligned} x &= r\sin\theta\cos\varphi \\ y &= r\sin\theta\sin\varphi \\ z &= r\cos\theta \end{aligned}\right\} \tag{1.3-21}$$

在球坐标系中：

$$\begin{aligned} \nabla^2 &= \frac{1}{r^2\sin\theta}\left[\frac{\partial}{\partial r}\left(\frac{r^2\sin\theta}{1}\frac{\partial}{\partial r}\right)+\frac{\partial}{\partial\theta}\left(\frac{r\sin\theta}{r}\frac{\partial}{\partial\theta}\right)+\frac{\partial}{\partial\varphi}\left(\frac{r}{r\sin\theta}\frac{\partial}{\partial\varphi}\right)\right] \\ &= \frac{1}{r^2}\frac{\partial}{\partial r}\left(r^2\frac{\partial}{\partial r}\right)+\frac{1}{r^2\sin\theta}\frac{\partial}{\partial\theta}\left(\sin\theta\frac{\partial}{\partial\theta}\right)+\frac{1}{r^2\sin^2\theta}\frac{\partial^2}{\partial\varphi^2} \end{aligned} \tag{1.3-22}$$

把式(1.3-22)代入式(1.3-20)得

$$-\frac{\hbar^2}{2u}\left[\frac{1}{r^2}\frac{\partial}{\partial r}(r^2\frac{\partial}{\partial r})+\frac{1}{r^2\sin\theta}\frac{\partial}{\partial\theta}(\sin\theta\frac{\partial}{\partial\theta})+\frac{1}{r^2\sin^2\theta}\frac{\partial^2}{\partial\varphi^2}\right]U+V(r)U=EU \tag{1.3-23}$$

在上面的讨论中，令 $r=r_e$ (平衡距离)：

$$V(r)=V(r_e)+(r-r_e)\left(\frac{\mathrm{d}V}{\mathrm{d}r}\right)_{r=r_e}+\frac{1}{2!}\left(\frac{\mathrm{d}^2V}{\mathrm{d}r^2}\right)_{r=r_e}(r-r_e)^2+\cdots \tag{1.3-24}$$

在平衡距离处，$r^2=r_e^2=$常数，因为势能V很小，可忽略它的变化率，即$\frac{\mathrm{d}V}{\mathrm{d}r}=0$，$\frac{1}{2}\frac{\mathrm{d}^2V}{\mathrm{d}r^2}=\frac{1}{2}k$ （k为力常数)，所以，相对运动的方程：

$$-\frac{\hbar^2}{2u}\frac{\partial^2U}{\partial r^2}-\frac{\hbar^2}{2I}\left[\frac{1}{\sin\theta}\frac{\partial}{\partial\theta}(\sin\theta\frac{\partial}{\partial\theta})+\frac{1}{\sin^2\theta}\frac{\partial^2}{\partial\varphi^2}\right]U+\frac{1}{2}k(r-r_e)^2U=EU \tag{1.3-25}$$

式(1.3-25)中$I=\mu r_e^2$ 为转动惯量，于是可分离变量，可令：

$$U(r,\theta,\varphi)=U^{(\upsilon)}(r)Y(\theta,\varphi) \tag{1.3-26}$$

式(1.3-25)可分离为两个方程：

$$-\frac{\hbar^2}{2u}\frac{\mathrm{d}^2U^{(\upsilon)}(r)}{\mathrm{d}r^2}+\frac{1}{2}k(r-r_e)^2U^{(\upsilon)}=E^{(\upsilon)}U^{(\upsilon)}\quad\text{(振动方程)} \tag{1.3-27}$$

$$-\frac{\hbar^2}{2I}\left[\frac{1}{\sin\theta}\frac{\partial}{\partial\theta}(\sin\theta\frac{\partial}{\partial\theta})+\frac{1}{\sin^2\theta}\frac{\partial^2}{\partial\varphi^2}\right]Y(\theta,\varphi)=E^{(r)}Y(\theta,\varphi)\quad\text{(转动方程)} \tag{1.3-28}$$

$$E=E^{(\upsilon)}+E^{(r)} \tag{1.3-29}$$

两个核有六个坐标：三个描写质心运动；三个描写相对运动，其中，一个描写振动，两个描写转动(2 个自由度)。

相对运动方程式(1.3-25)的径向部分[式(1.3-27)]描写振动，其解就是谐振子运动的解，因为势能$V(r)$可以将平衡距离r_e处的势能$V(r_e)$作为起点[平衡时$V(r_e)$最低，可作为起点]，在展开的式(1.3-24)中可以略去它，所以$V(r)=\frac{1}{2}\left(\frac{\mathrm{d}^2V}{\mathrm{d}r^2}\right)_{r=r_e}(r-r_e)^2=\frac{1}{2}k(r-r_e)^2$，

令$r-r_e=x$则式(1.3-27)化为

$$-\frac{\hbar^2}{2\mu}\frac{\mathrm{d}^2U(x)}{\mathrm{d}x^2}+\frac{1}{2}kx^2U(x)=EU(x)\quad\text{(振动方程)} \tag{1.3-30}$$

式(1.3-30)的解就是谐振子运动的解。

1.3.2.1 谐振子运动

1. 方程的解

谐振子方程：

$$\left(-\frac{\hbar^2}{2m}\frac{\mathrm{d}^2}{\mathrm{d}x^2}+\frac{1}{2}kx^2\right)U=EU \tag{1.3-31}$$

式中，$-\frac{\hbar^2}{2m}\frac{\mathrm{d}^2}{\mathrm{d}x^2}+\frac{1}{2}kx^2$ 为算子；E是本征值；U是相应于E的本征函数。谐振子方程和双原子(甚至多原子)分子的振动联系起来，例如对于CO_2分子，它有 9 个自由度，其中有 4 个振动自由度，用正规振动坐标来研究，每一正规振动坐标相应于一个(1.3-31)式的方程。

$$-\frac{1}{\frac{mk}{\hbar^2}}\frac{\mathrm{d}^2 U}{\mathrm{d}x^2}+x^2U=\frac{2E}{k}U \tag{1.3-32}$$

定义参数 $\alpha^4=\frac{mk}{\hbar^2}=\frac{m^2\omega^2}{\hbar^2}$，其中 $\alpha=\frac{1}{cm}$，$k=m\omega^2$，引进 $\xi=\alpha x$，则式(1.3-32)为

$$-\frac{1}{\alpha^2}\frac{\mathrm{d}^2 U}{\mathrm{d}x^2}+\alpha^2x^2U=\frac{2E}{k}\alpha^2U \quad\Rightarrow\quad -\frac{\mathrm{d}^2 U}{\mathrm{d}\xi^2}+\xi^2U=\lambda U$$

即

$$\frac{\mathrm{d}^2 U}{\mathrm{d}\xi^2}+(\lambda-\xi^2)U=0 \tag{1.3-33}$$

谐振子的频率 $v=\frac{1}{2\pi}\sqrt{\frac{k}{m}}$，角频率 $\omega=2\pi v=\left(\frac{k}{m}\right)^{\frac{1}{2}}$。

对于式(1.3-33)，当 ξ 很大时，即在无穷远处，$\xi\to+\infty$，λ 可忽略去，可解得 $U(\xi)=\mathrm{e}^{-\xi^2/2}$。因为 $\frac{\mathrm{d}U}{\mathrm{d}\xi}=-\xi\,\mathrm{e}^{-\xi^2/2}$，$\frac{\mathrm{d}^2U}{\mathrm{d}\xi^2}=\xi^2\,\mathrm{e}^{-\xi^2/2}-\mathrm{e}^{-\xi^2/2}$，所以令

$$U(\xi)=H(\xi)\mathrm{e}^{-\xi^2/2} \tag{1.3-34}$$

估计 $H(\xi)$ 是 ξ 的幂级数，将式(1.3-34)代入式(1.3-33)得

$$H''-2\xi H'+(\lambda-1)H=0 \tag{1.3-35}$$

设

$$H=\xi^s(a_0+a_1\xi+a_2\xi^2+\cdots) \tag{1.3-36}$$

看这些系数满足什么条件，对 H 微商后：

比较 $s-2$ 次方，得

$$s(s-1)a_0=0 \tag{1.3-37}$$

比较 $s-1$ 次方，得

$$s(s+1)a_1=0 \tag{1.3-38}$$

⋮

比较 ξ^{s+v} 次方，得

$$(s+v+2)(s+v+1)a_{v+2}-(2s+2v-\lambda+1)a_v=0 \tag{1.3-39}$$

式(1.3-39)为系数的循环公式。

设：$a_0\neq 0$，要满足式(1.3-39)，必有 $s=0$，$s=1$，已假定 $a_0=0$。

$s=0$：　$H(\xi)=(a_0+a_2\xi^2+a_4\xi^4+\cdots)$　(偶次方级数)　(1.3-40)

$s=1$：　$H(\xi)=\xi(a_0+a_2\xi^2+\cdots)$　(奇次方级数)　(1.3-41)

$H(\xi)$ 不外乎有奇偶次方两种解。若 $a_1\neq 0$，$a_0=0$，$s=0$，结果也得到类似于式(1.3-41)的奇次方级数，因此所作的假定不影响解，即解有一般性，式(1.3-40)和式(1.3-41)是无穷级数，若是无穷级数，由式(1.3-39)取极值：

$$\lim_{v\to\infty}\frac{a_{v+2}}{a_v}=\lim_{v\to\infty}\frac{2s+2v+\lambda-1}{(s+v+2)(s+v+1)}=\frac{2}{v} \tag{1.3-42}$$

$\frac{2}{v}$ 相当于 e^{ξ^2} 的级数

$$e^{\xi^2}=\sum\frac{(\xi^2)^v}{v!} \tag{1.3-43}$$

式(1.3-43)的邻项比是 $\frac{1}{v}$，当 $\xi\to\infty$，$U(\xi)=e^{\xi^2}e^{-\xi^2/2}=e^{\xi^2/2}$，表明在有穷远处，该级数不收敛，所以 $H(\xi)$ 级数不能无限下去，为了满足物理要求(边界条件)，必须在某处断掉，成为一个多项式，故在某一处级数要断掉，需使该项以后的项为零，即 $a_{v+2}=0$，由此得条件：

$$2s+2v-\lambda+1=0 \tag{1.3-44}$$

所以

$$\lambda=2(s+v)+1 \tag{1.3-45}$$

令 $v+s=n$，因为 v 总是偶数，当 $s=0$ 时，λ 为奇数，当 $s=1$ 时，λ 为偶数。

$$\lambda=2n+1 \quad (n=0,1,2\cdots) \ [n\text{包含了}(s+v)\text{等于奇或偶的情况}] \tag{1.3-46}$$

$$\lambda=\frac{2E}{\hbar\omega}=2n+1,\quad E_n=(n+\frac{1}{2})\hbar\omega \tag{1.3-47}$$

式(1.3-47)是谐振子的能量，即 $E_n=(n+\frac{1}{2})h\nu$ 为本征值，分立谱。若不用边界条件，则 v 是任意的，得到的能量是连续谱。本征函数：

$$U_n(x)=N_nH_n(\xi)e^{-\xi^2/2} \quad (\xi=\alpha x) \tag{1.3-48}$$

一个本征值只有一个本征函数，是非退化的。因为此时波函数与能级都只与量子数 n 有关。

$H_n(\xi)$ 的奇偶性由 n 决定。

2. 厄米多项式

厄米多项式的生成函数：

$$s(\xi,s)=e^{\xi^2-(\xi-s)^2}=\sum_{n=0}^{\infty}\frac{s^n}{n!}H_n(\xi) \tag{1.3-49}$$

从生成函数可得循环公式：

$$s(\xi,s)=e^{2\xi s-s^2}=\sum_n\frac{s^n}{n!}H_n(\xi) \tag{1.3-50}$$

两边对 ξ 微商，左边有 $2se^{2\xi-s^2}=\sum_n\frac{s^n}{n!}H'_n(\xi)$；右边有 $2s\sum_n\frac{s^n}{n!}H_n(\xi)=\sum_n\frac{s^n}{n!}H'_n(\xi)$。

s^n 前的系数相等，比较系数：

$$(\text{左边})\ \frac{2H_{n-1}}{(n-1)!}=\frac{H'_n(\xi)}{n!}\ (\text{右边}) \tag{1.3-51}$$

由式(1.3-51)得

$$H'_n(\xi)=2nH_{n-1}(\xi) \tag{1.3-52}$$

式(1.3-50)两边对 s 微商：

$$(\text{左边})\ (2\xi-2s)\sum_n \frac{s^n}{n!}H_n(\xi)=\sum_n \frac{s^{n-1}}{(n-1)!}H_n(\xi)\ (\text{右边})$$

比较 s^n 的系数有

$$2\xi H_n(\xi)-2nH_{n-1}(\xi)=H_{n+1}(\xi) \tag{1.3-53}$$

式(1.3-53)是一个循环公式，很有用。

由式(1.3-35)(式中的 $\lambda=2n+1$)得

$$H''_n(\xi)-2\xi H'_n(\xi)+2nH_n(\xi)=0 \tag{1.3-54}$$

现在来验证由生成函数定义的多项式[(1.3-49)式]是否满足式(1.3-53)。

将式(1.3-53)微商得

$$H'_{n+1}=2H_n+2\xi H'_n-2nH'_{n-1} \tag{1.3-55}$$

将式(1.3-55)与式(1.3-52)比较有 $H'_n(\xi)=2nH_{n-1}(\xi)$，将此式的 n 换成 $n+1$ 得

$$H'_{n+1}(\xi)=2(n+1)H_n(\xi) \tag{1.3-56}$$

对式(1.3-52)微分：

$$H''_n(\xi)=2nH'_{n-1}(\xi) \tag{1.3-57}$$

将式(1.3-56)和式(1.3-57)代入式(1.3-55)得 $2(n+1)H_n(\xi)=2H_n(\xi)+2\xi H'_n(\xi)-H''_n(\xi)$，即 $H''_n(\xi)-2\xi H'_n(\xi)+2nH_n(\xi)=0$，该式就是式(1.3-54)。所以由生成函数定义的厄米多项式满足式(1.3-54)，即式(1.3-50)的确是厄米多项式的生成函数。

为了考察 ξ 的性质，把式(1.3-50)对 s 微商 n 次，再令 s=0，有

$$H_n(\xi)=\left[\frac{\partial^n \mathrm{e}^{\xi^2-(\xi-s)^2}}{\partial s^n}\right]_{s=0}=\mathrm{e}^{\xi^2}\left[\frac{\partial^n \mathrm{e}^{-(\xi-s)^2}}{\partial s^n}\right]_{s=0} \tag{1.3-58}$$

式(1.3-58)可变为对 ξ 微商[因为 ξ 与 s 等价，微商后代入 $s=0$ 的结果仅是 $(-1)^n$ 的差别]：

$$H_n(\xi)=\mathrm{e}^{\xi^2(-1)^n}\left[\frac{\partial^n \mathrm{e}^{-(\xi-s)^2}}{\partial \xi^n}\right]_{s=0}=\mathrm{e}^{\xi^2}(-1)^n\frac{\mathrm{d}^n\mathrm{e}^{-\xi^2}}{\mathrm{d}\xi^n} \tag{1.3-59}$$

由式(1.3-59)可求出 $H_0=1$，$H_1=2\xi$，$H_2=4\xi^2-2$，由于对式(1.3-59)微商多次显然很麻烦，这时就可以利用循环公式(1.3-53)来计算，可以得到：

$$H_2(\xi)=2\xi(2\xi)-2n\cdot 1=4\xi^2-2\text{；}\quad H_3(\xi)=8\xi^3-12\xi;\ \cdots$$

3. 积分计标

(1) $\int_{-\infty}^{+\infty}H_m(\xi)H_n(\xi)\mathrm{e}^{-\xi^2}\mathrm{d}\xi$，假定 $m\leqslant n$(假定不损害一般性)，将式(1.3-59)代入，可得

$$\begin{aligned}&\int_{-\infty}^{+\infty}H_m(\xi)H_n(\xi)\mathrm{e}^{-\xi^2}\mathrm{d}\xi\\&=(-1)^n\int_{-\infty}^{+\infty}H_m(\xi)\frac{\mathrm{d}^n\mathrm{e}^{-\xi^2}}{\mathrm{d}\xi^{n-1}}\mathrm{d}\xi\\&=(-1)^n\left[H_m(\xi)\frac{\mathrm{d}^{n-1}\mathrm{e}^{-\xi^2}}{\mathrm{d}\xi^{n-1}}\bigg|_{-\infty}^{\infty}-\int_{-\infty}^{+\infty}\frac{\mathrm{d}H_m(\xi)}{\mathrm{d}\xi}\frac{\mathrm{d}^{n-1}\mathrm{e}^{-\xi^2}}{\mathrm{d}\xi^{n-1}}\mathrm{d}\xi\right]\end{aligned}$$

$$=(-1)^n(-1)\int_{-\infty}^{+\infty}\frac{\mathrm{d}H_m(\xi)}{\mathrm{d}\xi}\frac{\mathrm{d}^{n-1}\mathrm{e}^{-\xi^2}}{\mathrm{d}\xi^{n-1}}\mathrm{d}\xi \qquad \text{循环下去}(n\text{ 次})$$

$$=\cdots(-1)^n(-1)^n\int_{-\infty}^{+\infty}\frac{\mathrm{d}^n H_m(\xi)}{\mathrm{d}\xi^n}\mathrm{e}^{-\xi^2}\mathrm{d}\xi \tag{1.3-60}$$

当 $m<n$ 时，$\dfrac{\mathrm{d}^n H_n(\xi)}{\mathrm{d}\xi^n}=0$，所以积分=0，可以得到：

$$\int_{-\infty}^{+\infty}H_m(\xi)H_n(\xi)\mathrm{e}^{-\xi^2}\mathrm{d}\xi=0 \tag{1.3-61}$$

当 $m=n$ 时，

$$\int_{-\infty}^{+\infty}H_m(\xi)H_n(\xi)\mathrm{e}^{-\xi^2}\mathrm{d}\xi=\int_{-\infty}^{+\infty}\frac{\mathrm{d}^n H_n(\xi)}{\mathrm{d}\xi^n}\mathrm{e}^{-\xi^2}\mathrm{d}\xi \tag{1.3-62}$$

式中，

$$H_n(\xi)=(-1)^n\mathrm{e}^{\xi^2}\frac{\mathrm{d}^n\mathrm{e}^{-\xi^2}}{\mathrm{d}\xi^n}=(-1)^n\left[(-1)^n(2\xi)^n+\cdots\right]=2^n\xi^n \tag{1.3-63}$$

因为式(1.3-63)微商 n 次后，$\dfrac{\mathrm{d}^n H_n(\xi)}{\mathrm{d}\xi^n}=2^n n!$，所以

$$\int_{-\infty}^{+\infty}H_n^2(\xi)\mathrm{e}^{-\xi^2}\mathrm{d}\xi=\int_{-\infty}^{+\infty}\frac{\mathrm{d}^n H_n(\xi)}{\mathrm{d}\xi^n}\mathrm{e}^{-\xi^2}\mathrm{d}\xi=2^n n!\int_{-\infty}^{+\infty}\mathrm{e}^{-\xi^2}\mathrm{d}\xi=2^n n!\pi^{\frac{1}{2}} \tag{1.3-64}$$

因此，有

$$\int_{-\infty}^{+\infty}H_m(\xi)H_n(\xi)\mathrm{e}^{-\xi^2}\mathrm{d}\xi=\begin{cases}0 & (m\neq n)\\ \pi^{\frac{1}{2}}2^n n! & (m=n)\end{cases} \tag{1.3-65}$$

式(1.3-65)用来讨论正交归一化性。

(2)

$$A=\int_{-\infty}^{+\infty}H_m(\xi)H_n(\xi)\xi\mathrm{e}^{-\xi^2}\mathrm{d}\xi \tag{1.3-66}$$

已知 $H_{n+1}(\xi)=2\xi H_n(\xi)H_n-2nH_{n-1}(\xi)$，$\xi H_n(\xi)=\dfrac{1}{2}H_{n+1}(\xi)+nH_{n-1}(\xi)$，把它们代入式(1.3-66)得 $A=\int_{-\infty}^{+\infty}H_m(\xi)[\dfrac{1}{2}H_{n+1}(\xi)+nH_{n-1}(\xi)]\mathrm{e}^{-\xi^2}\mathrm{d}\xi$，由此可知，$m=n+1$ 和 $m=n-1$ 时，积分不等于 0。

当 $m\neq n+1$ 且 $m\neq n-1$ 时，

$$\int_{-\infty}^{+\infty}H_m(\xi)H_n(\xi)\xi\mathrm{e}^{-\xi^2}\mathrm{d}\xi=0 \tag{1.3-67}$$

当 $m=n+1$ 时，

$$\int_{-\infty}^{+\infty}H_{n+1}(\xi)H_n(\xi)\xi\mathrm{e}^{-\xi^2}\mathrm{d}\xi=\frac{1}{2}\int_{-\infty}^{+\infty}[H_{n+1}(\xi)]^2H_n(\xi)\mathrm{e}^{-\xi^2}\mathrm{d}\xi=\frac{1}{2}\pi^{\frac{1}{2}}2^{n+1}(n+1)! \tag{1.3-68}$$

所以有

$$\int_{-\infty}^{+\infty}H_{n+1}(\xi)H_n(\xi)\xi e^{-\xi^2}\mathrm{d}\xi=\pi^{\frac{1}{2}}2^n(n+1)!$$

当 $m=n-1$ 时，

$$\int_{-\infty}^{+\infty} H_{n-1}(\xi)H_n(\xi)\xi\,\mathrm{e}^{-\xi^2}\,\mathrm{d}\xi = n\int_{-\infty}^{+\infty}[H_{n-1}(\xi)]^2\,\mathrm{e}^{-\xi^2}\,\mathrm{d}\xi$$
$$= n\pi^{\frac{1}{2}}2^{n-1}(n-1)! = \pi^{\frac{1}{2}}2^{n-1}n! \tag{1.3-69}$$

(3)
$$\int_{-\infty}^{\infty}[H_n(\xi)]^2\xi^2\,\mathrm{e}^{-\xi^2}\,\mathrm{d}\xi \tag{1.3-70}$$

该积分与平均势能和动能等相联系。已知 $H_{n+1}(\xi) = 2\xi H_n(\xi) - 2nH_{n-1}(\xi)$，所以有

$$\{\xi[H_n(\xi)]\}^2 = [\frac{1}{2}H_{n+1}(\xi) + nH_{n-1}(\xi)]^2 = \frac{1}{4}[H_{n+1}(\xi)]^2 + n^2[H_{n-1}(\xi)]^2 \tag{1.3-71}$$

将上式代入式(1.3-70)得

$$\int_{-\infty}^{+\infty}[H_n(\xi)\xi]^2\,\mathrm{e}^{-\xi^2}\,\mathrm{d}\xi = \frac{1}{4}\int_{-\infty}^{+\infty}[H_{n+1}(\xi)]^2\,\mathrm{e}^{-\xi^2}\,\mathrm{d}\xi + n^2\int_{-\infty}^{+\infty}[H_{n-1}(\xi)]^2\,\mathrm{e}^{-\xi^2}\,\mathrm{d}\xi$$
$$= \frac{1}{4}\pi^{\frac{1}{2}}2^{n+1}(n+1)! + n^2\pi^{\frac{1}{2}}2^{n-1}(n-1)!$$
$$= \pi^{\frac{1}{2}}2^{n-1}n!\left[(n+1)+n\right]$$

所以

$$\int_{-\infty}^{+\infty}[H_n(\xi)]^2\xi^2\,\mathrm{e}^{-\xi^2}\,\mathrm{d}\xi = \pi^{\frac{1}{2}}2^{n-1}n!(2n+1) \tag{1.3-72}$$

1.3.2.2　双原子分子振动

双原子分子振动满足微分方程：

$$\frac{-\hbar^2}{2m}\frac{\mathrm{d}^2U}{\mathrm{d}x^2} + \frac{1}{2}kx^2U = EU \tag{1.3-73}$$

1. 方程的解

本征值：

$$E_n = (n+\frac{1}{2})\hbar\omega \tag{1.3-74}$$

本征函数：

$$U_n(x) = N_nH_n(\xi)\mathrm{e}^{-\xi^2/2} \tag{1.3-75}$$

式中，$\xi = \alpha x = (\frac{m\omega}{\hbar})^{\frac{1}{2}}x$；$\omega = (\frac{k}{m})^{\frac{1}{2}}$ 为振动频率；$n = 0,1,2\cdots$；$H_n(\xi)$ 是厄米多项式。粒子在无穷远处的频率不会是∞，而是$\to 0$。当$n=0$时，$E_0 = \frac{1}{2}\hbar\omega = \frac{1}{2}h\nu$ 称为零点能。

有零点能则符合测不准关系，因为若 $E_0 = 0$，则粒子的位置与势能都确定，都能测定出来，而违反测不准关系。

基态的本征函数：

$$U_0(x) = \frac{\alpha^{1/2}}{\pi^{1/4}}\mathrm{e}^{-\frac{1}{2}\alpha^2x^2}$$

正交归一化：

$$\frac{1}{\alpha}N_n^2\int_{-\infty}^{+\infty}H_n^2(\xi)\mathrm{e}^{-\xi^2}\mathrm{d}\xi=\int_{-\infty}^{+\infty}U_n^2(x)\mathrm{d}x=\frac{N_n^2}{\alpha}\pi^{\frac{1}{2}}2^n n!=1$$

$$N_n=(\pi^{\frac{1}{2}}2^n n!)^{-\frac{1}{2}}\alpha^{\frac{1}{2}}=(\pi^{\frac{1}{2}}2^n\cdot n!)^{-\frac{1}{2}}(\frac{m\omega}{\hbar})^{\frac{1}{4}} \tag{1.3-76}$$

$$\left(U_m,U_n\right)=\delta_{mn}\begin{cases}0, & m\neq n\\ 1, & m=n\end{cases}$$

2. 选择定则

不是随便两个能级间都可以跃迁，而是要满足一定的规则。振动光谱是红外的、拉曼的，要计算矩阵元(而不是平均值)：

$$<x>_{mn}=(U_m,xU_n) \tag{1.3-77}$$

对角线的$<x>_{mn}=<x>$就是平均值，非对角线的$<x>_{mn}$有些同矩阵元联系起来。$<x>_{mn}=0$，跃迁禁阻；$<x>_{mn}\neq 0$，跃迁允许。对红外光谱而言，有振动时的偶极矩$\vec{M}=\vec{M}_0+\left(\frac{\mathrm{d}\vec{M}}{\mathrm{d}x}\right)_0 x+\cdots$，而对拉曼光谱要计算$<x>_{mn}$：

$$<x>_{mn}=(U_m,xU_n)=N_mN_n\int_{-\infty}^{+\infty}U_mxU_n\,\mathrm{d}x=\frac{N_mN_n}{\alpha^2}\int_{-\infty}^{+\infty}H_mH_n\xi\,\mathrm{e}^{-\xi^2}\mathrm{d}\xi \tag{1.3-78}$$

当$m=n+1$时，

$$\begin{aligned}<x>_{mn}&=\frac{N_{n+1}N_n}{\alpha^2}\int_{-\infty}^{+\infty}H_{n+1}H_n\xi\,\mathrm{e}^{-\xi^2}\mathrm{d}\xi=\frac{N_{n+1}N_n}{\alpha^2}\cdot\pi^{\frac{1}{2}}2^n(n+1)!\\&=\frac{1}{\alpha^2}[\pi^{1/2}2^{n+1}(n+1)!]^{-1/2}(\pi^{1/2}2^n n!)^{-1/2}\alpha\,\pi^{1/2}2^n(n+1)!\end{aligned} \tag{1.3-79}$$

$$<x>_{n+1,n}=\frac{1}{\alpha}\sqrt{\frac{n+1}{2}} \tag{1.3-80}$$

当$m=n-1$时，

$$\begin{aligned}<x>_{n-1,n}(x)&=\int_{-\infty}^{+\infty}U_{n-1}xU_n\,\mathrm{d}x=\frac{N_{n-1}N_n}{\alpha^2}\int_{-\infty}^{+\infty}H_{n-1}H_n\xi\,\mathrm{e}^{-\xi^2}\mathrm{d}\xi\\&=\frac{N_{n-1}N_n}{\alpha^2}\cdot\pi^{\frac{1}{2}}\cdot 2^{n-1}n!=\frac{1}{\alpha}\sqrt{\frac{n}{2}}\end{aligned} \tag{1.3-81}$$

其他，$<x>_{mn}=0$。说明双原子分子振动，它只能在邻近能级之间跃迁(从$n\to n+1$或$n\to n-1$)，其他的能级之间不可能跃迁。跃迁时吸收的能量$\Delta E=E_{n+1}-E_n=\hbar\omega=h\nu$，放出的能量$\Delta E=E_n-E_{n-1}=h\nu$。可见，吸收光子或放出光子的频率与经典结果一样。

3. 平均动能与平均势能

由能量式$H=\frac{p^2}{2m}+\frac{1}{2}kx^2$，可知平均动能就是该式右端第一项的平均值，平均势能就是该式右端第二项平均值。H的平均值知道后，若知道右边其中一项的平均值，即可得另一项的平均值。

$$<v>_{n,n}=\frac{1}{2}k(U_n,x^2U_n) \tag{1.3-82}$$

$$(U_n,x^2U_n)=\int_{-\infty}^{+\infty}U_nx^2U_n\,\mathrm{d}x=\frac{N_n^2}{\alpha^3}\int_{-\infty}^{+\infty}H_n^2(\xi)\xi^2\mathrm{e}^{-\xi^2}\,\mathrm{d}\xi$$

$$=\frac{N_n^2}{\alpha^3}\pi^{1/2}2^{n-1}n!(2n+1)=\frac{1}{\alpha^2}(n+\frac{1}{2}) \tag{1.3-83}$$

将式(1.3-83)代入式(1.3-82)得

$$<v>_{n,n}=\frac{1}{2}k\frac{1}{\alpha^2}(n+\frac{1}{2})=\frac{1}{2}(n+\frac{1}{2})\frac{k}{\frac{m\omega}{\hbar}}=\frac{1}{2}(n+\frac{1}{2})\frac{m\omega^2\hbar}{m\omega}$$

$$=\frac{1}{2}(n+\frac{1}{2})\hbar\omega=\frac{1}{2}E_n \tag{1.3-84}$$

式(1.3-84)表明，势能的平均值实际是能量的一半，与经典力学一致。

4. 测不准关系式

$$(\Delta x)^2=[U_n,(x-\overline{x})^2U_n]=(U_n,x^2U_n)=\frac{1}{\alpha^2}(n+\frac{1}{2}) \tag{1.3-85}$$

对谐振子 $\overline{x}=\int_{-\infty}^{+\infty}U_nxU_n\,\mathrm{d}x=0$，积分是奇函数。

$$(\Delta P)^2=[U_n,(p-\overline{p})^2U_n]\;=(U_n,P^2U_n)=(U_n\frac{p^2}{2m}2mU_n)$$

$$=2m(U_n,\frac{p^2}{2m}U_n)=2m<K\cdot E>\;=2m\frac{1}{2}E_n=mE_n$$

$$=mx(n+\frac{1}{2})\hbar\omega=(n+\frac{1}{2})\hbar^2\frac{m\omega}{\hbar}=(n+\frac{1}{2})\hbar^2\alpha^2 \tag{1.3-86}$$

对谐振子运动：$\overline{P}=\int_{-\infty}^{+\infty}U_n-\mathrm{i}\hbar\frac{\partial U_n}{\partial x}\mathrm{d}x=0$，$U_n$ 若是偶次方，$\frac{\mathrm{d}U_n}{\mathrm{d}x}$ 是奇次方；U_n 若是奇次方，$\frac{\mathrm{d}U_n}{\mathrm{d}x}$ 是偶次方。被积函数仍然是奇函数，所以积分等于 0。

由式(1.3-85)和式(1.3-86)有

$$(\Delta x)^2(\Delta p)^2=\frac{1}{\alpha^2}(n+\frac{1}{2})^2\hbar^2\alpha^2=(n+\frac{1}{2})^2\hbar^2$$

所以谐振子的测不准关系：

$$\Delta x\cdot\Delta p=(n+\frac{1}{2})\hbar \tag{1.3-87}$$

式(1.3-87)中，Δx 表示测得的 x 与其平均值的偏差，称均方根误差，Δp 表示动能的均方根误差。

若 n 越大，$\Delta x\Delta p$ 越大，运动得越厉害，粒子离开坐标的距离也越大。当 $n=0$，$\Delta x\Delta p=\frac{1}{2}\hbar$，符合测不准关系 $\Delta x\Delta p\geqslant\frac{\hbar}{2}$。

1.3.2.3 中心力场运动

中心力场指一个运动的粒子，受到一个中心对它的作用力，作用力向着中心，是 r 的函数，中心力场的势能是 r 的函数，有球对称性，与 (θ,ϕ) 无关。氢原子(双粒子运动)就是电子相对于核的运动，是属于中心力场运动；地球绕太阳的运动是中心运动(但不是谐振子运动)；多电子体系的一种近似处理，也是需要考虑中心力场运动，中心力场在量子力学中非常重要。

处理中心场问题的几个重要步骤如下。

第一步：中心力场能量

$$H = \frac{1}{2m}(p_x{}^2 + p_y{}^2 + p_z{}^2) + V(r) \tag{1.3-88}$$

第二步：写出算子

$$\left[-\frac{\hbar^2}{2m}\nabla^2 + V(r)\right]U = EU \tag{1.3-89}$$

第三步：采用球坐标，式(1.3-89)写为

$$-\frac{\hbar^2}{2m}\left[\frac{1}{r^2}\frac{\partial}{\partial r}(r^2\frac{\partial U}{\partial r}) + \frac{1}{r^2\sin\theta}\frac{\partial}{\partial\theta}(\sin\theta\frac{\partial U}{\partial\theta}) + \frac{1}{r^2\sin^2\theta}\frac{\partial^2 U}{\partial\varphi^2}\right] + V(r)U = EU \tag{1.3-90}$$

$V(r)$ 仅是 r 的函数，故 $U(r,\theta,\varphi)$ 可分离

$$U(r,\theta,\varphi) = R(r)Y(\theta,\varphi) \tag{1.3-91}$$

把式(1.3-91)代入式(1.3-90)再除以 $U(r,\theta,\varphi)$ 得

$$\frac{1}{R}\frac{1}{r^2}\frac{\mathrm{d}}{\mathrm{d}r}(r^2\frac{\mathrm{d}R}{\mathrm{d}r}) + \frac{2m}{\hbar^2}[E - V(r)] = -\frac{1}{Y}\left[\frac{1}{r^2\sin\theta}\frac{\partial}{\partial\theta}(\sin\theta\frac{\partial Y}{\partial\theta}) + \frac{1}{r^2\sin^2\theta}\frac{\partial^2 Y}{\partial\varphi^2}\right] \tag{1.3-92}$$

要使上式成立，只有两边各等于一个常数 λ，于是有

$$\frac{1}{r^2}\frac{\mathrm{d}}{\mathrm{d}r}(r^2\frac{\mathrm{d}R}{\mathrm{d}r}) + \frac{2m}{\hbar^2}[E - V(r)]R - \frac{\lambda}{r^2}R = 0 \tag{1.3-93}$$

$$\frac{1}{\sin\theta}\frac{\partial}{\partial\theta}(\sin\theta\frac{\partial r}{\partial\theta}) + \frac{1}{\sin^2\theta}\frac{\partial^2 Y}{\partial\varphi^2} + \lambda Y = 0 \tag{1.3-94}$$

上式乘以 $\sin^2\theta$ 后，$Y(\theta,\varphi)$ 可分离，可令 $Y(\theta,\varphi) = \Theta(\theta)\Phi(\varphi)$，式(1.3-94)为

$$\frac{1}{\Theta}\sin^2\theta\left[\frac{\partial}{\partial\theta}(\sin\theta\frac{\partial\Theta}{\partial\theta}) + \lambda\Theta\right] = -\frac{1}{\Phi}\frac{\mathrm{d}^2\Phi}{\mathrm{d}\varphi^2} = m^2 \tag{1.3-95}$$

故有

$$\frac{\mathrm{d}^2\Phi}{\mathrm{d}\varphi^2} = -m^2\Phi \tag{1.3-96}$$

$$\frac{1}{\sin\theta}\frac{\partial}{\partial\theta}(\sin\theta\frac{\partial\Theta}{\partial\theta}) + (\lambda - \frac{m^2}{\sin^2\theta})\Theta = 0 \tag{1.3-97}$$

经中心力场处理后得到的方程就是式(1.3-93)、式(1.3-96)和式(1.3-97)，不论中心力场 $V(r)$ 是何形式，θ、φ 的方程总是式(1.3-96)和式(1.3-97)，与 $V(r)$ 无关。

1. Φ 的方程

$$\frac{\mathrm{d}^2\Phi}{\mathrm{d}\varphi^2}=-m^2\Phi \tag{1.3-98}$$

$\Phi=c\mathrm{e}^{\mathrm{i}m\varphi}$，单值条件要求：

$$\mathrm{e}^{\mathrm{i}m\varphi}=\mathrm{e}^{\mathrm{i}m(\varphi+2\pi)} \tag{1.3-99}$$

$\mathrm{e}^{\mathrm{i}m2\pi}=1$，从而 $m=0,\pm1,\pm2,\cdots$，所以

$$\Phi=\frac{1}{\sqrt{2\pi}}\mathrm{e}^{\mathrm{i}m\varphi} \tag{1.3-100}$$

2. Θ 的方程

$$\frac{1}{\sin\theta}\frac{\mathrm{d}}{\mathrm{d}\theta}(\sin\theta\frac{\mathrm{d}\Theta}{\mathrm{d}\theta})+(\lambda-\frac{m^2}{\sin^2\theta})\Theta=0 \tag{1.3-101}$$

采用变数 $\Theta(\theta)=P(\cos\theta)=P(\omega)$，$\omega=\cos\theta$ 得

$$\frac{\mathrm{d}}{\mathrm{d}\omega}\left[(1-\omega^2)\frac{\mathrm{d}p}{\mathrm{d}\omega}\right]+(\lambda-\frac{\omega^2}{1-\omega^2})P=0 \tag{1.3-102}$$

归一化条件：$c^2\int_0^{2\pi}\mathrm{e}^{-\mathrm{i}m\varphi}\mathrm{e}^{\mathrm{i}m\varphi}\mathrm{d}\varphi=c^2\int_0^{2\pi}\mathrm{d}\varphi=c^2 2\pi=1$。$c=\frac{1}{\sqrt{2\pi}}$，对固定的 λ，因为是二阶微分方程，应有两个独立的解，若 $\lambda\neq\lambda(\lambda+1)$ 得到的两个解在 $w=\pm1$ 处不收敛(发散)，函数变为 ∞，这不是物理上要求的解；$\lambda=l(l+1)$（$l=0,1,2\cdots$），有一个解可用，另一个解仍发散，可用的解是

$$P(\omega)=(1-\omega^2)^{\frac{|m|}{2}}\cdot F(\omega) \tag{1.3-103}$$

$P(\omega)$ 在 $\omega=\pm1$ 处是收敛的。

$$\frac{\mathrm{d}}{\mathrm{d}\omega}\left[(1-\omega^2)\frac{\mathrm{d}p}{\mathrm{d}\omega}\right]+\left[l(l+1)-\frac{m^2}{1-\omega^2}\right]P=0\quad(l=0,1,2\cdots) \tag{1.3-104}$$

式(1.3-104)是联属勒氏多项式所适应的方程。

1) 勒氏多项式

$m=0$ 时，

$$\frac{\mathrm{d}}{\mathrm{d}\omega}\left[(1-\omega^2)\frac{\mathrm{d}P_l}{\mathrm{d}\omega}\right]+\left[l(l+1)P_l\right]=0 \tag{1.3-105}$$

(1) 勒氏多项式的生成函数 $T(\omega,s)=(1-2\omega s+s^2)^{-\frac{1}{2}}$，可写为

$$T(\omega,s)=\sum_{l=0}^{\infty}P_l(\omega)s^l \tag{1.3-106}$$

现讨论上式中的 P_l 是否满足式(1.3-105)。从生成函数出发，得循环公式：

$\frac{\partial}{\partial\omega}$:

$$s(1-2\omega s+s^2)^{-3/2}=\sum_l P_l'(\omega)s^l$$

$$s\sum_l P_l(\omega)s^l=(1-2\omega s+s^2)\sum_l P_l'(\omega)s^l$$

比较 s^{l+1} 次方的系数得

$$P_l = P'_{l+1} - 2\omega P'_l + P'_{l-1} \tag{1.3-107}$$

$$\frac{\partial}{\partial s}: \quad (\omega - s)(1 - 2\omega s + s^2)^{-3/2} = \sum_l l P_l(\omega) s^{l-1}$$

$$(\omega - s)\sum_l P_l(\omega) s^l = (1 - 2\omega s + s^2)\sum_l l P_l(\omega) s^{l-1}$$

比较 s^l 次方的系数得

$$\omega P_l - P_{l-1} = (l+1)P_{l+1} - 2\omega l P_l + (l-1)P_{l-1}$$

$$(l+1)P_{l+1} = (2l+1)\omega P_l - l P_{l-1} \tag{1.3-108}$$

从式(1.3-107)、式(1.3-108)可推出 P_l 适应的微分方程：

$$(l+1)P'_{l+1} = (2l+1)\omega P'_l + (2l+1)P_l - l P'_{l-1} \tag{1.3-109}$$

$$P_l = P'_{l+1} - 2\omega P'_l + P'_{l-1} \tag{1.3-110}$$

将式(1.3-110)乘以 l 后和式(1.3-109)相加得

$$P'_{l+1} = \omega P'_l + (l+1)P_l \tag{1.3-111}$$

将式(1.3-110)乘以 $(l+1)$ 和式(1.3-109)相加得

$$\omega P'_l = P'_{l-1} + l P_l \tag{1.3-112}$$

将式(1.3-111)中的 $(l+1)$ 换作 l 得

$$P'_l = \omega P'_{l-1} + l P_{l-1} \tag{1.3-113}$$

式(1.3-113)减式(1.3-112)后再乘以 ω 得

$$(1-\omega^2)P_l' = l P_{l-1} - l\omega P_l \tag{1.3-114}$$

将式(1.3-114)微商一次：

$$\begin{aligned}\frac{\mathrm{d}}{\mathrm{d}\omega}\left[(1-\omega^2)\frac{\mathrm{d}P_l}{\mathrm{d}\omega}\right] &= l P'_{l-1} - l P_l - l\omega P'_l \\ &= -l^2 P_l - l P_l \\ &= -l(l+1)P_l\end{aligned} \tag{1.3-115}$$

所以

$$\frac{\mathrm{d}}{\mathrm{d}\omega}\left[(1-\omega^2)\frac{\mathrm{d}P_l}{\mathrm{d}\omega}\right] + l(l+1)P_l = 0 \tag{1.3-116}$$

式(1.3-116)就是式(1.3-105)，说明生成函数式(1.3-106)是正确的。

(2)罗巨格(Rodrigues)公式：

$$P_l(\omega) = \frac{1}{2\pi \mathrm{i}}\int_c \frac{(1-2ws+s^2)^{-1/2}}{s^{l+1}}\mathrm{d}s \tag{1.3-117}$$

令

$$(1-2\omega s+s^2)^{\frac{1}{2}} = 1 - ts \tag{1.3-118}$$

上式相当于将 s 复平面换成 t 复平面。式(1.3-118)两端平方后得到

$$s = \frac{2(t-\omega)}{t^2-1} \tag{1.3-119}$$

所以

$$P_l(\omega)=\frac{1}{2^l}\cdot\frac{1}{2\pi\mathrm{i}}\int_{c'}\frac{(t^2-1)^l}{(t-\omega)^{l+1}}\mathrm{d}t=\frac{1}{2^l}\frac{1}{l!}\left[\frac{\mathrm{d}^l(t^2-1)^l}{\mathrm{d}t^l}\right]_{t=\omega}=\frac{1}{2^l l!}\frac{\mathrm{d}^l(\omega^2-1)^l}{\mathrm{d}\omega^l} \tag{1.3-120}$$

上式推导用了柯西积分公式[$\frac{\mathrm{d}^l(t^2-1)^l}{\mathrm{d}t^l}=\frac{l!}{2\pi\mathrm{i}}\int_{c'}\frac{(t^2-1)^l}{(t-\omega)^{l+1}}\mathrm{d}t$]，许多积分都是由式(1.3-120)及循环公式得到的。

3. $N_lP_l(\omega)$ 正交归一化 $(-1\leqslant\omega\leqslant 1)$

(a) 正交：$(P_{l_1},P_{l_2})=0$，　当 $l_1\neq l_2$ 时，设：

$$l_2<l_1:\ \int_{-1}^{+1}P_{l_2}(\omega)P_{l_1}(\omega)\mathrm{d}\omega=\frac{1}{2^{l_1}l_1!}\int P_{l_2}(\omega)\frac{\mathrm{d}^{l_1}(\omega^2-1)^{l_1}}{\mathrm{d}\omega^{l_1}}\mathrm{d}\omega$$

$$=\frac{1}{2^{l_1}l_1!}\left[P_{l_2}(\omega)\frac{\mathrm{d}^{l_1-1}(\omega^2-1)^{l_1}}{\mathrm{d}\omega^{l_1-1}}\Bigg|_{-1}^{+1}-\int_{-1}^{+1}\frac{\mathrm{d}P_{l_2}}{\mathrm{d}\omega}\frac{\mathrm{d}^{l_1-1}(\omega^2-1)^{l_1}}{\mathrm{d}\omega^{l_1-1}}\mathrm{d}\omega\right]$$

因为微商次数 $(l_1-1)<l_1$，故总有一项 $(\omega^2-1)\Big|_{-1}^{+1}$，所以前项 $=0$。

$$\int_{-1}^{+1}P_{l_2}(\omega)P_{l_1}(\omega)\mathrm{d}\omega=\frac{1}{2^{l_1}l_1!}(-1)^{l_1}\int_{-1}^{+1}\frac{\mathrm{d}^{l_1}P_{l_2}(\omega)}{\mathrm{d}\omega^{l_1}}(\omega^2-1)^{l_1}\mathrm{d}\omega=0 \tag{1.3-121}$$

因为当 $l_1>l_2$ 时，$\frac{\mathrm{d}^{l_1}P_{l_2}(\omega)}{\mathrm{d}\omega^{l_1}}=\frac{1}{2^{l_2}l_2!}\frac{\mathrm{d}^{l_1+l_2}}{\mathrm{d}\omega^{l_1+l_2}}(\omega^2-1)^{l_2}=0$。

(b) $N_l^2(P_l,P_l)=1$，则

$$\int_{-1}^{+1}P_l^2(\omega)\mathrm{d}\omega=\frac{1}{2^{2l}(l!)^2}\int_{-1}^{+1}\left[\frac{\mathrm{d}^l(\omega^2-1)^l}{\mathrm{d}\omega^{l_1}}\right]^2\mathrm{d}\omega$$

$$=\frac{(-1)^l}{2^{2l}(l!)^2}\int_{-1}^{+1}\frac{\mathrm{d}^{2l}(\omega^2-1)^l}{\mathrm{d}\omega^{2l}}(\omega^2-1)^l\mathrm{d}\omega$$

$$=(-1)^l\frac{1}{(2^l l!)^2}(2l)!\int_{-1}^{+1}(\omega^2-1)^l\mathrm{d}\omega \tag{1.3-122}$$

$$\int_{-1}^{+1}(\omega-1)^l(\omega+1)^l\mathrm{d}\omega=\left[(\omega-1)^l\frac{(\omega+1)^{l+1}}{l+1}\Bigg|_{-1}^{+1}-\frac{l}{(l+1)}\int_{-1}^{+1}(\omega+1)^{l+1}(\omega-1)^{l-1}\mathrm{d}\omega\right]$$

$$=-\frac{l}{l+1}\int_{-1}^{+1}(\omega-1)^{l-1}(\omega+1)^{l+1}\mathrm{d}\omega=\cdots$$

$$=(-1)^l\frac{l\cdot(l-1)\cdots 1}{(l+1)(l+2)\cdots 2l}\int_{-1}^{+1}(\omega+1)^{2l}\mathrm{d}\omega$$

$$=(-1)^l\frac{(l!)^2}{(2l)!}\frac{(\omega+1)^{2l+1}}{2l+1}\Bigg|_{-1}^{+1}=(-1)^l\frac{(l!)^2}{(2l)!}\frac{2^{2l+1}}{2l+1} \tag{1.3-123}$$

将上式代入式(1.3-122)得

$$\int_{-1}^{+1}P_l^2(\omega)\mathrm{d}\omega=(-1)^l\frac{(2l)!}{(2^l l!)^2}(-1)^l\frac{(l!)^2}{(2l)!}\frac{2^{2l+1}}{2l+1}=\frac{2}{2l+1} \tag{1.3-124}$$

所以

$$N_l P_l(\omega)=\sqrt{\frac{2l+1}{2}}P_l(\omega) \tag{1.3-125}$$

式(1.3-125)的 $P_l(\omega)$ 就是式(1.3-116)的解。

$$\left\{(\frac{2l+1}{2})^{\frac{1}{2}}P_l(\omega),\quad l=0,1,2,\cdots\right\}\quad(-1\leqslant\omega\leqslant1)$$

是一个完备集合。

1)联属勒氏多项式

$$\frac{\mathrm{d}}{\mathrm{d}\omega}\left[(1-\omega^2)\frac{\mathrm{d}p}{\mathrm{d}\omega}\right]+\left[l(l+1)-\frac{m^2}{1-\omega^2}\right]p=0 \tag{1.3-126}$$

$$(1-\omega^2)\frac{\mathrm{d}^2p}{\mathrm{d}\omega^2}-2\omega\frac{\mathrm{d}p}{\mathrm{d}\omega}+\left[l(l+1)-\frac{m^2}{1-\omega^2}\right]p=0 \tag{1.3-127}$$

根据式(1.3-103)，可令：

$$p=(1-\omega^2)^{\frac{m}{2}}V \tag{1.3-128}$$

当 $m\neq0$ 时，有一个解 p 是收敛的。把(1.3-128)式和它的一阶、二阶导数代入式(1.3-127)中得

$$(1-\omega^2)V''-2(m+1)\omega V'+\left[l(l+1)-m(m+1)\right]V=0 \tag{1.3-129}$$

再对 V 微商一次得

$$(1-\omega^2)(V')''-2(m+2)\omega(V')'+\left[l(l+1)-(m+1)(m+2)\right]V'=0$$

V' 满足 $P_l'(\omega)$。$m=0$，$P_l(\omega)$；$m=1$，$P_l'(\omega)$；$m=2$，$P_l''(\omega)$；$m=3$，$P_l'''(\omega)$；$\cdots m=m$，$P_l^m(\omega)=\frac{\mathrm{d}^mP_l}{\mathrm{d}\omega^m}$。$m$ 是 >0 的整数，可令 $V^m=\frac{\mathrm{d}^mp_l}{\mathrm{d}\omega^m}$，有

$$p_l^m=(1-\omega^2)^{\frac{m}{2}}\frac{\mathrm{d}^mp_l(\omega)}{\mathrm{d}\omega^m} \tag{1.3-130}$$

p_l 是 l 次多项式，微商 m 次后，是 $l-m$ 次多项式，$p_l^m(\omega)$ 前面有 $\omega^{2\cdot\frac{m}{2}}$(即出来 m 次)，所以 p_l^m 是 l 次多项式。

$$p_l^{-m}=p_l^m\qquad\text{(一种选法)} \tag{1.3-131}$$

$$p_l^{-m}=(-1)^mp_l^m\qquad\text{(另一种选法)} \tag{1.3-132}$$

当 m 为偶数时，$p_l^{-m}=p_l^m$；当 m 为奇数时，$p_l^{-m}=-p_l^m$。

根据罗巨格公式[式(1.3-120)]：

$$p_l^m(\omega)=\frac{1}{2^ll!}(1-\omega^2)^{\frac{m}{2}}\frac{\mathrm{d}^{l+m}(\omega^2-1)^l}{\mathrm{d}\omega^{l+m}} \tag{1.3-133}$$

可证 $p_l^m(\omega)$ 的正交归一化。

正交归一化：当 $l_1\neq l_2$ 时，$\left(P_{l_1}^m,P_{l_2}^m\right)=0$(当 m 不同时，$p_l^m(\omega)$ 不一定正交)。

(1)正交：

$$\int_{-1}^{+1}P_{l_1}^mP_{l_2}^m\,\mathrm{d}\omega=\frac{1}{2^{l_1+l_2}l_1!l_2!}\int(1-\omega^2)\frac{m\,\mathrm{d}^{l_2+m}(\omega^2-1)^{l_2}}{\mathrm{d}\omega^{l_2+m}}\frac{\mathrm{d}^{l_1+m}(\omega^2-1)^{l_1}}{\mathrm{d}\omega^{l_1+1}}\mathrm{d}\omega$$

$$=\cdots=\frac{1}{2^{l_1+l_2}l_1!l_2!}(-1)^{l_1+m}\int_{-1}^{+1}\frac{\mathrm{d}^{l_1+m}F(\omega)}{\mathrm{d}\omega^{l_1+m}}(\omega^2-1)^{l_1}\,\mathrm{d}\omega=0 \tag{1.3-134}$$

$F(\omega)$ 的最高次为 $l_2-m+2m=l_2+m$ ，因为 $l_1>l_2$ ，所以 $F(\omega)$ 微商 l_1+m 次后，$F(\omega)=0$ 。

(2) 归一化：

$$\int_{-1}^{+1}P_l^m(\omega)P_l^m(\omega)\mathrm{d}\omega=\frac{1}{2^{2l}(l!)^2}\int_{-1}^{+1}(1-\omega^2)^m\frac{\mathrm{d}^{l+m}(\omega^2-1)^l}{\mathrm{d}\omega^{l+m}}\frac{\mathrm{d}^{l+m}(\omega^2-1)^l}{\mathrm{d}\omega^{l+m}}\mathrm{d}\omega$$

$$=\cdots=\frac{1}{2^{2l}(l!)^2}(-1)^{l+m}\int_{-1}^{+1}\frac{\mathrm{d}^{l+m}F(\omega)}{\mathrm{d}\omega^{l+m}}(\omega^2-1)^l\,\mathrm{d}\omega \tag{1.3-135}$$

因为 $F(\omega)=(1-\omega^2)^m\dfrac{\mathrm{d}^{l+m}(\omega^2-1)^l}{\mathrm{d}\omega^{l+m}}$ ，$F(\omega)$ 的最高次为 $l-m+2m=l+m$ ，对 $F(\omega)$ 再微商 $l+m$ 次后，等于一个常数[式(1.3-136)]。

$$F(\omega)=(-1)^m\omega^{2m}\frac{\mathrm{d}^{l+m}\omega^{2l}}{\mathrm{d}\omega^{l+m}}+\cdots=(-1)^m\omega^{2m}(2l)(2l-1)\cdots(2l-l-m+1)\omega^{l-1}+\cdots$$

$$=(-1)^m\frac{(2l)!}{(l-m)!}\omega^{l+m}+\cdots$$

$$\frac{\mathrm{d}^{l+m}F(\omega)}{\mathrm{d}\omega^{l+m}}=(-1)^m\frac{(2l)!(l+m)!}{(l-m)!} \tag{1.3-136}$$

把上代入式(1.3-135)得

$$\int_{-1}^{+1}\left[P_l^m(\omega)\right]^2\mathrm{d}\omega=\frac{1}{2^{2l}(l!)^2}(-1)^{l+2m}\frac{(2l)!(l+m)!}{(l-m)!}\int_{-1}^{+1}(\omega^2-1)^l\,\mathrm{d}\omega$$

$$=\frac{1}{2^{2l}(l!)^2}(-1)^{l+2m}\frac{(2l)!(l+m)!}{(l+m)!}\frac{2^{2l+1}(l!)^2}{(2l)!(2l+1)}(-1)^l=\frac{2}{2l+1}\frac{(l+m)!}{(l-m)!}$$

所以

$$(P_l^m,P_l^m)=\frac{2(l+m)!}{(2l+1)(l-m)!}$$

2) 球谐函数

$$Y_{lm}(\theta,\varphi)=N_{lm}P_l^{|m|}(\cos\theta)\mathrm{e}^{\mathrm{i}m\varphi} \tag{1.3-137}$$

上式变数的变化范围：

$$\begin{cases}H_n(\xi): & -\infty\leqslant\xi\leqslant+\infty\\ P_l(\cos\theta): & -1\leqslant\cos\theta=x\leqslant1\\ Y_{lm}(\theta,\varphi): & 0\leqslant\varphi\leqslant2\pi,\quad 0\leqslant\theta\leqslant\pi\end{cases}$$

归一化因子：$N_{lm}=\left[\dfrac{1}{2\pi}\dfrac{2l+1}{2}\dfrac{(l-|m|)!}{(l+|m|)!}\right]^{\frac{1}{2}}$，（$l=0,1,2,\cdots$；$m=-l,-l+1\cdots0,\cdots,l-1,l$）。

当 l 不同，m 相同时，由 $P_l^{|m|}(\cos\theta)$ 得 $Y_{lm}(\theta,\varphi)=0$；当 m 不同，l 相同时，由 $\mathrm{e}^{\mathrm{i}m\varphi}$ 得

$Y_{lm}(\theta,\varphi)=0$；当 l 相同，m 相同时，$Y_{lm}(\theta,\varphi)$ 归一化，φ：$0\to 2\pi$，θ：$0\to\pi$，$\sin\theta\mathrm{d}\theta=-\mathrm{d}(\cos\theta)=-\mathrm{d}\omega$。$Y_{lm}(\theta,\varphi)$ 是一个正交归一化集合，是一个定义在球面上的完备集合。球面上定义的一个连续函数，都可向这一正交归一化集合展开，$Y_{lm}(\theta,\varphi)$ 是球面上一组完备的基向量。$\left\{N_nH_n(\xi)\mathrm{e}^{-\xi^2/2}\right\}$，$n=0,1,2,\cdots$，$-\infty\leqslant\xi\leqslant+\infty$ 也是一个完全集合。目前数学上还证明不了任何一个量子力学的量组成一个完备集合。

函数归一化因子：

$$H_n(\xi):\ N_n=(\pi^{\frac{1}{2}}2^n n!)^{-\frac{1}{2}}\alpha^{\frac{1}{2}}=(\pi^{\frac{1}{2}}2^n n!)^{-\frac{1}{2}}(\frac{m\omega}{\hbar})^{\frac{1}{4}};\quad P_l(\cos\theta)=P_l(\alpha):\ N_n=\sqrt{\frac{2l+1}{2}};$$

$$P_l^m(\alpha):\quad N_n\left[\frac{2l+1}{2}\frac{(l-m)!}{(l+m)!}\right]^{\frac{1}{2}};\quad Y_{lm}(\theta,\varphi):\quad N_{lm}=\left[\frac{1}{2\pi}\frac{2l+1}{2}\frac{(l-|m|)!}{(l+|m|)!}\right]^{\frac{1}{2}}$$

函数的宇称：当 $(x,y,z)\to(-x,-y-z)$ 时，函数有何变化？有的函数经反演后，不改变符号，叫作正宇称；有的函数经反演后，改变了符号，叫作负宇称。对球谐函数，当 $m=$ 偶数时，$P_l^{-m}(x)=P_l^m(x)$ 为正宇称；当 $m=$ 奇数时，$P_l^{-m}(x)=-P_l^m(x)$ 为负宇称。

对于上面关于中心场问题的讨论，可以总结如下：

从中心力场的运动方程 $\frac{-\hbar^2}{2m}\nabla^2U+V(r)U=EU$ 出发[$U=R(r)\Theta(\theta)\Phi(\varphi)$]，在球坐标下，把方程分离为

$$\frac{1}{r^2}\frac{\mathrm{d}}{\mathrm{d}r}(r^2\frac{\mathrm{d}R}{\mathrm{d}r})+\frac{2m}{\hbar}[E-V(r)-\frac{l(l+1)\hbar^2}{2mr^2}]R=0 \tag{1.3-138}$$

$$\frac{1}{\sin\theta}\frac{\partial}{\partial\theta}(\sin\theta\frac{\partial\Theta}{\partial\theta})+\left[l(l+1)-\frac{m^2}{\sin^2\theta}\right]\Theta=0 \tag{1.3-139}$$

$$\frac{\mathrm{d}^2\Phi}{\mathrm{d}\varphi^2}=-m^2\Phi \tag{1.3-140}$$

解上式得归一化的解：

$$\Phi=\frac{1}{\sqrt{2\pi}}\mathrm{e}^{\mathrm{i}m\varphi}\quad (m=0,\pm1,\pm2,\cdots) \tag{1.3-141}$$

式中，m 取这些值是由解的单值性确定的。

式(1.3-139)的解：令 $\omega=\cos\theta$，$\Theta(\theta)=P(\omega)$，则

$$\frac{\mathrm{d}}{\mathrm{d}\omega}\left[(1-\omega^2)\frac{\mathrm{d}p(\omega)}{\mathrm{d}\omega}\right]+\left[l(l+1)-\frac{m^2}{1-\omega^2}\right]p(\omega)=0 \tag{1.3-142}$$

$m=0$ 得勒氏多项式的解；$m\neq0$ 得联属多项式的解。θ、φ 合在一起是归一化的球谐函数：

$$Y_{lm}(\theta,\varphi)=N_{lm}P_l^{|m|}(\cos\theta)\mathrm{e}^{\mathrm{i}m\varphi} \tag{1.3-143}$$

$$N_{lm}=\left[\frac{1}{2\pi}\frac{2l+1}{2}\frac{(l-|m|)!}{(l+|m|)!}\right]^{\frac{1}{2}}\quad (l=0,1,2,\cdots;\quad m=0,\pm1,\pm2,\cdots)$$

球谐函数在量子力学中应用很广，只要是中心力场，或近似的中心力场，其 θ、φ 部

分解总是$Y_{lm}(\theta,\varphi)$，对所有中心力场都适用。关于$R(r)$部分的解，要看$V(r)$的形式，即不好得出一般性。

综上所述，由讨论中心力场(以电子相对核运动为例)得知：①分离 Schrödinger 方程后，其方程化为径向部分和有度部分的 2 个方程；②由角度部分方程通过勒氏多项式得到球谐函数；③由径向部分方程知，H、L_z、L^2三个算子对易；④以氢原子为例，通过拉盖尔多项式解径向部分方程可得到氢原子的能量及波函数，其结果可推广到类氢原子。

1.3.3　角动量

径向部分r适合的方程：

$$\frac{1}{r^2}\frac{\mathrm{d}}{\mathrm{d}r}(r^2\frac{\mathrm{d}R}{\mathrm{d}r})+\frac{2m}{\hbar^2}\left[E-V(r)-\frac{l(l+1)\hbar^2}{2mr^2}\right]R=0 \tag{1.3-144}$$

粒子作圆周(不一定是圆周)运动时，角动量$L=mvr$，同时产生离心力：

$$F=\frac{mv^2}{r}=\frac{m}{r}(\frac{L}{mr})^2=\frac{L^2}{mr^3} \tag{1.3-145}$$

$$F=-\frac{\mathrm{d}V}{\mathrm{d}r}\qquad(V\text{ 为势能}) \tag{1.3-146}$$

势能：

$$V=-\int F\,\mathrm{d}r=\frac{L^2}{2mr^2}\quad(\text{积分常数选为 }r\to\infty\text{ 时}=0) \tag{1.3-147}$$

上式为粒子在(θ,φ)方向运动增加的势能，把它与式(1.3-144)比较可知：

$$L^2=l(l+1)\hbar^2$$

定义角动量：$\vec{L}=\vec{r}\times\vec{p}$。它的三个分量式(量子力学角动量算子表达式)为

$$L_x=-\mathrm{i}\hbar(y\frac{\partial}{\partial z}-z\frac{\partial}{\partial y}) \tag{1.3-148}$$

$$L_y=-\mathrm{i}\hbar(z\frac{\partial}{\partial x}-x\frac{\partial}{\partial z}) \tag{1.3-149}$$

$$L_z=-\mathrm{i}\hbar(x\frac{\partial}{\partial y}-y\frac{\partial}{\partial x}) \tag{1.3-150}$$

用球坐标表示：

$$r=\sqrt{x^2+y^2+z^2}\ ;\quad \tan\theta=\frac{\sqrt{x^2+y^2}}{z},\quad \theta=\arctan\sqrt{\frac{x^2+y^2}{z^2}}=\tan^{-1}\frac{\sqrt{x^2+y^2}}{z},$$

$$x=r\sin\theta\cos\theta,\quad y=r\sin\theta\sin\varphi,\quad z=r\cos\theta,\quad \varphi=\tan^{-1}\frac{y}{x},$$

$$\frac{\partial}{\partial x}=\frac{\partial}{\partial r}\frac{\partial r}{\partial x}+\frac{\partial}{\partial\theta}\frac{\partial\theta}{\partial x}+\frac{\partial}{\partial\varphi}\frac{\partial\varphi}{\partial x} \tag{1.3-151}$$

$$\frac{\partial r}{\partial x}=\frac{x}{\sqrt{x^2+y^2+z^2}}=\sin\theta\cos\varphi \tag{1.3-152}$$

$$\frac{\partial\theta}{\partial x}=\frac{\dfrac{x}{z\sqrt{x^2+y^2}}}{1+\dfrac{x^2+y^2}{z^2}}=\frac{\dfrac{zx}{\sqrt{x^2+y^2}}}{x^2+y^2+z^2}=\frac{\cos\theta\cos\varphi}{r} \tag{1.3-153}$$

$$\frac{\partial\varphi}{\partial x}=\frac{-\dfrac{y}{x^2}}{1+\dfrac{y^2}{x^2}}=-\frac{y}{x^2+y^2}=-\frac{\sin\varphi}{r\sin\theta} \tag{1.3-154}$$

将式(1.3-152)、式(1.3-153)、式(1.3-154)代入式(1.3-151)得

$$\frac{\partial}{\partial x}=\sin\theta\cos\varphi\frac{\partial}{\partial r}+\frac{\cos\theta\cos\varphi}{r}\frac{\partial}{\partial\theta}-\frac{\sin\varphi}{r\sin\theta}\frac{\partial}{\partial\varphi} \tag{1.3-155}$$

同理可得

$$\frac{\partial}{\partial y}=\sin\theta\sin\varphi\frac{\partial}{\partial r}+\frac{\cos\theta\cos\varphi}{r}\frac{\partial}{\partial\theta}+\frac{\cos\varphi}{r\sin\theta}\frac{\partial}{\partial\varphi} \tag{1.3-156}$$

$$\frac{\partial}{\partial z}=\cos\theta\frac{\partial}{\partial r}-\frac{\sin\theta}{r}\frac{\partial}{\partial\theta} \tag{1.3-157}$$

于是

$$L_x=-\mathrm{i}\hbar(y\frac{\partial}{\partial z}-z\frac{\partial}{\partial y})=\mathrm{i}\hbar\left(\sin\varphi\frac{\partial}{\partial\theta}+\cot\theta\cos\varphi\frac{\partial}{\partial\varphi}\right) \tag{1.3-158}$$

$$L_y=-\mathrm{i}\hbar(z\frac{\partial}{\partial x}-x\frac{\partial}{\partial z})=\mathrm{i}\hbar\left(-\cos\varphi\frac{\partial}{\partial\theta}+\cot\theta\sin\varphi\frac{\partial}{\partial\varphi}\right) \tag{1.3-159}$$

$$L_z=-\mathrm{i}\hbar(x\frac{\partial}{\partial y}-y\frac{\partial}{\partial x})=-\mathrm{i}\hbar\frac{\partial}{\partial\varphi} \tag{1.3-160}$$

$$L^2=L_x^2+L_y^2+L_z^2=-\hbar^2\left[\frac{1}{\sin\theta}\frac{\partial}{\partial\theta}(\sin\theta\frac{\partial}{\partial\theta})+\frac{1}{\sin^2\theta}\frac{\partial^2}{\partial\varphi^2}\right] \tag{1.3-161}$$

式(1.3-161)中方括号中就是拉普拉斯算符中θ、φ的部分，可见θ、φ是与角动量相联系。

$$\begin{aligned}L^2Y_{lm}(\theta,\varphi)&=-\hbar^2\left[\frac{1}{\sin\theta}\frac{\partial}{\partial\theta}(\sin\theta\frac{\partial}{\partial\theta})+\frac{1}{\sin^2\theta}\frac{\partial^2}{\partial\varphi^2}\right]Y_{lm}(\theta,\varphi)\\&=l(l+1)\hbar^2Y_{lm}(\theta,\varphi)\end{aligned} \tag{1.3-162}$$

式(1.3-162)告诉我们，Y_{lm}是总角动能的本征函数，本征值是$l(l+1)\hbar^2$，Y_{lm}也是L_z的本征函数，本征值是$m\hbar$。

$$L_zY_{lm}(\theta,\varphi)=-i\hbar\frac{\partial}{\partial\varphi}Y_{lm}(\theta,\varphi)=m\hbar Y_{lm}(\theta,\varphi) \tag{1.3-163}$$

又因为z分量是关于θ角对称的，所以只考虑φ部分：

$$-\mathrm{i}\hbar\frac{\partial}{\partial\varphi}\mathrm{e}^{\mathrm{i}m\varphi}=-\mathrm{i}\hbar\mathrm{i}m\mathrm{e}^{\mathrm{i}m\varphi}=m\hbar\mathrm{e}^{\mathrm{i}m\varphi}=m\hbar Y_{lm}(\theta,\varphi) \tag{1.3-164}$$

中心场的解：

$$U(r,\theta,\varphi)=N_{lm}R(r)Y_{lm}(\theta,\varphi) \tag{1.3-165}$$

$U(r,\theta,\varphi)$是能量H、L^2、L_z的本征函数，因为这三个算子（H、L^2、L_z）互相对易。凡是对易的算子，都有一整套完全的集合，该集合是这些对易算子共同的本征函数，这是量子力学的一条基本定理。

通过本节的讨论可得到以下结论：①分子振动问题都归结为谐振子运动；②原子结构问题都归结为中心力场运动，其中球谐函数Y_{lm}与r有关，对任何中心场都适用，径向部分的解要根据具体的势能函数$V(r)$而定；③由量子力学理论可知，当体系处于力学量F的本征态时，而力学量F的本征值有简并时，则单是F的本征值还不能完全确定体系的状态。例如L^2的本征值有简并，单是量子数l不能完全确定状态$Y_{lm}(\theta,\varphi)$，要完全确定这个态，还需要有另一个与L^2对易的力学量L_z的本征值 $m\hbar$（或量子数 m）。要完全确定体系所处的状态，需要一组相互对易的力学量(通过他们的本征值)，这一组完全确定体系状态的力学量称之为力学量的完全集合，在完全集合中力学量的数目与体系自由度的数目相等。例如，三维空间中自由粒子的自由度是 3，完全确定它的状态需要三个力学量p_x、p_y和p_z；氢原子中电子的自由度也是 3，完全确定它的状态需要三个相互对易的力学量H、L^2、L_z。

1.4　微扰理论

在量子力学中有两大近似理论，一个是微扰理论，一个是变分理论。对于大多数量子问题，由于这些问题导出的方程的解不能借助普通的解析函数用有限项来表达，即不能精确求解，因此必须重视把问题近似地简化成比较简单的体系，从而提出了微扰方法。微扰方法是将哈密顿量分成两部分，其中一部分必须是简单的，它可作为未受微扰体系的哈密顿量，能被精确求解；另一部分是考虑由于外场的作用所产生的影响，是对未受微扰体系解的微小修正，在量子力学中通常称之为微扰，例如地球绕着太阳转，要受太阳的吸引力及其他行星的吸引力(微扰)，但以前者为主。微扰理论主要分为不含时间的微扰和含时间的微扰。

1.4.1　不含时间的微扰

1. 有简并的能量算符不显含时间的微扰

设体系的哈密顿量为H（不显含时间），能量的本征方程为

$$(H_0+H')\psi=E\psi \tag{1.4-1}$$

式中，H_0是未受微扰的能量算符；H'是受到微扰引起的能量算符，$H'<<H_0$。

已经知道方程

$$H_0\psi_{n\alpha}^0=E_n^0\psi_{n\alpha}^0 \tag{1.4-2}$$

能严格求解，如何求解式(1.4-1)？只有当$H'<<H_0$时，才能用微扰理论：

$$H'\psi=(E-H_0)\psi \tag{1.4-3}$$

以 $(E-H_0)^{-1}$ 作用到式(1.4-3)的两边，得

$$\psi=(E-H_0)^{-1}H'\psi \tag{1.4-4}$$

另选一套基矢 $\psi_{n\beta}^0$，把 ψ 表示成 $\psi_{n\beta}^0$ 的线性组合：

$$\psi=\sum_{n\beta}C_{n\beta}\psi_{n\beta}^0=\sum_{n\beta}\psi_{n\beta}^0<m\beta|>$$

其中，

$$C_{n\beta}=(\psi_{n\beta}^0,\psi)=<m\beta|>$$

则

$$H'\psi=\sum_{n\beta}<m\beta|>H'\psi_{n\beta}^0$$

由此又可以把得到的这个新函数 $H'\psi_{n\beta}^0$ 表示成 $\psi_{n\alpha}^0$ 的线性组合：

$$H'\psi_{m\beta}^0=\sum_{n\alpha}C_{n\alpha}^{m\beta}\psi_{n\alpha}^0=\sum_{n\alpha}\psi_{n\alpha}^0<n\alpha|H'|m\beta>$$

式中，

$$C_{n\alpha}^{m\beta}=(\psi_{n\alpha}^0,H'\psi_{m\beta}^0)=<n\alpha|H'|m\beta>$$

所以

$$H'\psi=\sum_{n\alpha}\sum_{m\beta}\psi_{n\beta}^0<n\alpha|H'|m\beta><m\beta|>$$

而且本征方程 $(E-H_0)^{-1}\psi_{n\alpha}^0=(E-E_n^0)^{-1}\psi_{n\alpha}^0$ 是成立的。因为：

当 $E>E_n^0$ 时，

$$(E-H_0)^{-1}=E^{-1}(1-\frac{H_0}{E})^{-1}=E^{-1}[1+\frac{H_0}{E}+(\frac{H_0}{E})^2+\cdots] \tag{1.4-5}$$

$$(E-H_0)^{-1}\psi_{n\alpha}^0=E^{-1}[1+\frac{H_0}{E}+(\frac{H_0}{E})^2+\cdots]\psi_{n\alpha}^0$$

$$=E^{-1}[1+\frac{E_n^0}{E}+(\frac{E_n^0}{E})^2+\cdots]\psi_{n\alpha}^0=(E-E_n^0)^{-1}\psi_{n\alpha}^0$$

当 $E<E_n^0$ 时，$(E-H_0)^{-1}=-H_0^{-1}(1-\frac{E}{H_0})^{-1}=H_0^{-1}[1+\frac{E}{H_0}+(\frac{E}{H_0})^2+\cdots]$。

又因为 $E<E_n^0$，所以，这个级数也是收敛的，则有

$$(E-H_0)^{-1}\psi_{n\alpha}^0=-(H_0^{-1}+EH_0^{-2}+E^2H_0^{-3}+\cdots)\psi_{n\alpha}^0 \tag{1.4-6}$$

由于 $H_0\psi_{n\alpha}^0=E_n^0\psi_{n\alpha}^0$，则 $H_0^{-1}\psi_{n\alpha}^0=\frac{1}{E_n^0}\psi_{n\alpha}^0$，把它代入式(1.4-6)得

$$(E-H_0)^{-1}\psi_{n\alpha}^0=-[\frac{1}{E_n^0}+\frac{1}{E_n^0}\frac{E}{E_n^0}+\frac{1}{E_n^0}(\frac{E}{E_n^0})^2+\cdots]\psi_{n\alpha}^0=(E-E_n^0)^{-1}\psi_{n\alpha}^0$$

注意到式(1.4-4)可写成：

$$\psi=(E-H_0)^{-1}H'\psi=(E-H_0)^{-1}\sum_{n\alpha}\sum_{m\beta}\psi_{n\alpha}^0<n\alpha|H'|m\beta><m\beta|>$$

所以

$$\psi = \sum_{\substack{n\alpha \\ m\beta}} (E - H_0)^{-1} \psi_{n\alpha}^0 < n\alpha | H' | m\beta >< m\beta |>$$

$$\psi = \sum_{\substack{n\alpha \\ m\beta}} (E - E_n^0)^{-1} \psi_{n\alpha}^0 < n\alpha | H' | m\beta >< m\beta |>$$

由于ψ本来就是$\psi_{n\alpha}^0$的线性组合，即$\psi = \sum_{n\alpha} \psi_{n\alpha}^0 < n\alpha |>$，所以

$$\sum_{n\alpha} \psi_{n\alpha}^0 < n\alpha |>= \sum_{\substack{n\alpha \\ m\beta}} (E - E_n^0)^{-1} \psi_{n\alpha}^0 < n\alpha | H' | m\beta >< m\beta |>$$

$$\sum_{n\alpha} \psi_{n\alpha}^0 [< n\alpha |> - \frac{1}{E - E_n^0} \sum_{m\beta} < n\alpha | H' | m\beta >< m\beta |>] = 0$$

因为$\psi_{n\alpha}^0 \neq 0$，所以

$$< n\alpha |> - \frac{1}{E - E_n^0} \sum_{m\beta} < n\alpha | H' | m\beta >< m\beta |>= 0$$

这一结果对所有的系数都适用：$n = 1,2,3,\cdots$；$\alpha = 1,2,3,\cdots, S_n$。这里的$< n\alpha | H' | m\beta >= (\psi_{n\alpha}^0, H' \psi_{m\beta}^0)$，$H'$是微扰因子，$\psi_{n\alpha}^0$，$\psi_{m\beta}^0$都是微扰之前的波函数，这些都是已知的，而$\beta$、$m$和$E$都是未知的。如果能得到$E$就可以得到含有微扰因子的本征值。这是一个齐次的线性代数方程，n可以到无穷大。再看式(1.4-1)和式(1.4-2)：

$$(H_0 + H')\psi = E\psi \;; \quad H_0 \psi_{n\alpha}^0 = E_n^0 \psi_{n\alpha}^0 \;;$$

因为

$$\psi_{n\alpha}^0;\ n = 1, 2, 3, \cdots ; \quad \alpha = 1,2,3,\cdots, S_n$$

$$\psi = \sum_{n\alpha} \psi_{n\alpha}^0 < n\alpha |> ; \quad H'\psi = (E - H_0)\psi \;; \quad \psi = \sum_{m\beta} \psi_{m\beta}^0 < m\beta |>$$

所以

$$(E - H_0) \sum_{n\alpha} \psi_{n\alpha}^0 < n\alpha |> = H' \sum_{m\beta} \psi_{m\beta}^0 < m\beta |>$$

$$\sum_{n\alpha} (E - E_n^0) < n\alpha |> \psi_{n\alpha}^0 = \sum_{n\alpha} \sum_{m\beta} < n\alpha | H' | m\beta >< m\beta |> \psi_{n\alpha}^0$$

$$\sum_{m\beta} < n\alpha | H' | m\beta >< m\beta |> = (E - E_n^0) < n\alpha |> \tag{1.4-7}$$

式中的E_n^0、$< n\alpha | H' | m\beta >$、$< m\beta |>$是已知的。接下来的问题就是如何从这一组线性代数方程解出n、α，有了n、α就可以求出本征函数ψ和本征值E。

1) 一级微扰

引进微扰因子就意味着能级已经有了变化。这里所要求的E，实际上是相当于l能级的E^l。一种比较合理的想法，就是把ψ写成下面的形式：

$$\psi = \sum_{n\alpha} \psi_{n\alpha}^0 < n\alpha |> \approx \sum_{\alpha} \psi_{l\alpha}^0 < l\alpha |>$$

只有当$n = l$项的系数不等于零，而其他各项都等于零，也就是说，一级近似就是假定$n \neq l$时，$< n\alpha |>= 0$，于是

$$(E - E_l^0) < l\alpha |>= \sum_{\beta} < l\alpha | H' | l\beta > < l\beta |> \qquad (\alpha, \beta = 1,2,3,\cdots, S_l)$$

相当于l能级有多少个简并度，就有多少个代数方程。分别考虑两种情况：

(1) l能级是非简并的情况，即

$$(E^l - E_l^0) < l| = < l|H'|l> < l|$$

则在非简并时的一级微扰就是

$$E^l = E_l^0 + < l|H'|l > = E_l^0 + H'_{l,l}$$

$$\psi^l = \psi_l^0$$

(2) l能级是简并的情况(设简并度为S)，即

$$(E^l - E_l^0) < l_1| = < l_1|H'|l_1 > < l_1| + < l_1|H'|l_2 > < l_2| + \cdots + < l_1|H'|l_S > < l_S|$$

$$(E^l - E_l^0) < l_2| = < l_2|H'|l_1 > < l_1| + < l_2|H'|l_2 > < l_2| + \cdots + < l_2|H'|l_S > < l_S|$$

$$\vdots$$

$$(E - E_l^0) < l_S| = < l_S|H'|l_1 > < l_1| + < l_S|H'|l_2 > < l_2| + \cdots + < l_S|H'|l_S > < l_S|$$

令$< l_\alpha|H'|l_\beta > = H'_{\alpha,\beta}$， $(E - E_l^0) = \Delta E$，代入上列各式，得

$$(H'_{11} - \Delta E) < l_1| + H'_{12} < l_2| + \cdots + H'_{1S} < l_S| = 0$$

$$H'_{21} < l_1| + (H'_{22} - \Delta E) < l_2| + \cdots + H'_{2S} < l_S| = 0$$

$$\vdots$$

$$H'_{S1} < l_1| + H'_{S2} < l_2| + \cdots + (H'_{SS} - \Delta E) < l_S| = 0$$

把这一组代数方程的系数组成一个行列式，令它等于零：

$$\begin{vmatrix} H'_{11} - \Delta E & H'_{12} & H'_{13} & \cdots & H'_{1S} \\ H'_{21} & H'_{22} - \Delta E & H'_{23} & \cdots & H'_{2S} \\ H'_{21} & H'_{32} & H'_{33} - \Delta E & \cdots & H'_{3S} \\ \vdots & \vdots & \vdots & & \vdots \\ H'_{S1} & H'_{S2} & H'_{S3} & \cdots & H'_{SS} - \Delta E \end{vmatrix} = 0$$

这个行列式就是所谓的“久期行列式”，它是$(\Delta E)^S$的多项式，这个多项式方程也称久期方程。($H'_{\alpha\beta}$)组成的矩阵是厄米矩阵，因为$H'_{\alpha\beta}$是厄米算符：

$$H'_{\alpha\beta} = (\psi_{l\alpha}, H'\psi_{l\beta}) = (\psi_{l\beta}, H'\psi_{l\alpha})^* = H'^*_{\beta\alpha}$$

如果得到的根中还有重根存在，则再加微扰因子，最后可以把全部简并度都解除掉。

$$\psi^l = \sum_\alpha \psi_{l\alpha}^0 < l\alpha|$$

有一个 E 就有一套不完全等于零的系数，这里所讨论的微扰理论是包括简并和非简并的。

在简并的情况下，要求久期行列式有非零的解；在非简并的情况下，则$\Delta E = < l|H'|l >$。

2) 二级微扰

$$(E - E_n^0) < n\alpha| = \sum_{m\beta} < n\alpha|H'|m\beta > < l\beta|$$

这里是考虑相当于$n = l$时能级的本征值，H'是一级无穷小。当$n \neq l$时，把E换成E_l^0，

则

$$(E_l^0 - E_n^0) < n\alpha|> = \sum_{\substack{m\beta \\ m\neq l}} < n\alpha|H'|l\beta > < l\beta|> + \sum_{\substack{m\beta \\ m\neq l}} < n\alpha|H'|m\beta > < m\beta|>$$

上式右边$< n\alpha|H'|l\beta >$是一级无穷小，$< l\beta|>$是有限值；$< n\alpha|H'|m\beta >$和$< m\beta|>$都是一级无穷小，一级无穷小乘以一级无穷小等于二级无穷小，就可以忽略。于是，当$n\neq l$时：

$$< n\alpha|> = \frac{1}{(E_l^0 - E_n^0)}\sum_{\beta} < n\alpha|H'|l\beta > < l\beta|>$$

一级微扰是忽略一级无穷小保留有限值；二级微扰则忽略二级无穷小，保留一级无穷小。

当$n = l$时：

$$(E - E_l^0) < l\alpha|> = \sum_{m\beta} < l\alpha|H'|m\beta > < m\beta|>$$

当$m = l$时：

$$\sum_{\beta} < l\alpha|H'|l\beta > < l\beta|> + \sum_{\substack{n\gamma \\ n\neq l}} < l\alpha|H'|n\gamma > < n\gamma|>$$

$$= \sum_{\beta} < l\alpha|H'|l\beta > < l\beta|> + \sum_{\beta}\sum_{n\gamma}\frac{< l\alpha|H'|n\gamma >< n\gamma|H'|l\alpha >}{E_l^0 - E_n^0} < l\beta|>$$

上式等号右边第二项是二级无穷小，所以从系数上看是保留了二级无穷小。

一级微扰：对E来说保留了一级近似；对波函数ψ来说是零级近似。

二级微扰：对E来说保留了二级近似；对波函数ψ来说是一级近似。

$$(E - E_l^0) < l\alpha|> = \sum_{\beta}[< l\alpha|H'|l\beta > + \sum_{n,\gamma}\frac{|< l\alpha|H'|n\gamma >|^2}{E_l^0 - E_n^0}] < l\beta|>$$

非简并的二级微扰的能量形式：

$$\sum_{\beta=1}^{S}[< l\alpha|H'|l\beta > + \sum_{\substack{n,\gamma \\ n\neq l}}\frac{|< l\alpha|H'|n\gamma >|^2}{E_l^0 - E_n^0} - (E - E_l^0)\delta_{\alpha\beta}] < l\beta|> = 0 \text{（}\alpha = 1,2,3,\cdots, S\text{）}$$

有S个齐次联立线性代数方程，它们的非零解是其系数组成的行列式等于零，即

$$\left| H'_{l\alpha,l\beta} + \sum_{n,\gamma}\frac{|H'_{l\alpha,n\gamma}|^2}{E_l^0 - E_n^0} - (E - E_l^0)\delta_{\alpha\beta} \right| = 0$$

式中，$(E - E_l^0) = \Delta E$，共有S个，皆为实数。

波函数：

$$\psi^l = \sum_{n\alpha}\psi_{n\alpha}^0 < n\alpha|> = \sum_{\alpha}\psi_{l\alpha}^0 < l\alpha|> + \sum_{\substack{n\alpha \\ n\neq l}}\psi_{n\alpha}^0 < n\alpha|>$$

$$= \sum_{\alpha}\psi_{l\alpha}^0 < l\alpha|> + \sum_{\substack{n\alpha \\ n\neq l}}\psi_{n\alpha}^0\sum_{\beta}\frac{|< n\alpha|H'|l\beta >}{E_l^0 - E_n^0} < n\beta|>$$

共有S个波函数。

2. 谐振子运动的近似方法

1) 线性谐振子运动的解

$$H_0 = \frac{1}{2\mu}p^2 + \frac{1}{2}kx^2 = \frac{1}{2\mu}p^2 + \frac{1}{2}\mu\omega^2 x^2 \tag{1.4-8}$$

线频率：

$$\nu = \frac{1}{2\pi}\sqrt{\frac{k}{\mu}}$$

弹力系数：

$$k = \mu(2\pi\nu)^2 = \mu\omega^2\text{；}\quad p = \mathrm{i}\hbar\frac{\mathrm{d}}{\mathrm{d}x}$$

代入式(1.4-8)得

$$H_0 = -\frac{\hbar^2}{2\mu}\frac{\mathrm{d}^2}{\mathrm{d}x^2} + \frac{1}{2}\mu\omega^2 x^2$$

在定态时的运动方程：

$$H_0\psi_n = E_n\psi_n$$

对于线性谐振子运动是非简并的，这个方程的解是：

$$E_n = (n + \frac{1}{2})\hbar\omega \qquad (n = 1, 2, 3, \cdots)$$

$$\psi_n = N_n \mathrm{e}^{-\frac{1}{2}\alpha^2 x^2} H_n(\alpha x)$$

式中，

$$\alpha = \sqrt{\frac{\mu\omega}{\hbar}}\text{；}\qquad N_n = (\frac{\alpha}{\pi^{1/2}2^n n!})^{1/2}$$

不需要微扰理论就解出来了。

2) 非线性谐振子运动的解

$$H = \frac{1}{2\mu}p^2 + \frac{1}{2}\mu\omega^2 x^2 + \beta x^3 = H_0 + \beta x^3$$

令

$$H' = \beta x^3$$

(1) 一级微扰：

$$E_l = E_l^0 + \langle l|H'|l\rangle = E_l^0$$

因为

$$\langle l|H'|l\rangle = \int_{-\infty}^{+\infty}\psi_l^{0*}H'\psi_l^0\,\mathrm{d}x = \beta\int_{-\infty}^{+\infty}\psi_l^{0*}x^3\psi_l^0\,\mathrm{d}x = 0$$

$$\psi_l^0 = N_l \mathrm{e}^{-\frac{1}{2}\alpha^2 x^2} H_l(\alpha x)$$

当l是奇数时，ψ_l^0为奇函数；当l是偶数时，ψ_l^0为偶函数；ψ_l^{0*}和ψ_l^0总是偶函数。

(2) 二级微扰：

$$E_l = E_l^0 + <l|H'|l> + \sum_n \frac{|<l|H'|n>|^2}{E_l^0 - E_n^0}$$

$$<l|H'|n> = \int \psi_l^{0*} H' \psi_l^0 \, \mathrm{d}x = N_l N_n \beta \int_{-\infty}^{+\infty} H_l(\alpha x) \mathrm{e}^{-\alpha^2 x^2} H_n(\alpha x) \mathrm{d}x$$

令 $\xi = \alpha x$，则

$$<l|H'|n> = N_l N_n \frac{\beta}{\alpha^4} \int_{-\infty}^{+\infty} H_l(\xi) H_n(\xi) \mathrm{e}^{-\xi^2} \xi^3 \, \mathrm{d}\xi$$

因为

$$\xi H_n(\xi) = \frac{1}{2} H_{n+1}(\xi) + n H_{n-1}(\xi)$$

$$\begin{aligned}
\xi^2 H_n(\xi) &= \frac{1}{2} \xi H_{n+1}(\xi) + n\xi H_{n-1}(\xi) \\
&= \frac{1}{2}[\frac{1}{2} H_{n+2}(\xi) + (n+1) H_n(\xi)] + n[\frac{1}{2} H_n(\xi) + (n-1) H_{n-2}(\xi)] \\
&= \frac{1}{4} H_{n+2}(\xi) + (n + \frac{1}{2}) H_n(\xi) + (n-1) H_{n-2}(\xi)
\end{aligned}$$

$$\xi^3 H_n(\xi) = \frac{1}{8} H_{n+3}(\xi) + \frac{3(n+1)}{4} H_{n+1}(\xi) + \frac{3n^2}{2} H_{n-1}(\xi) + n(n-1)(n-2) H_{n-3}(\xi)$$

所以

$$\begin{aligned}
<l|H'|n> = & N_l N_n \frac{\beta}{\alpha^4} \frac{1}{8} \int_{-\infty}^{+\infty} H_l(\xi) H_{n+3}(\xi) \mathrm{e}^{-\xi^2} \, \mathrm{d}\xi \\
& + N_l N_n \frac{\beta}{\alpha^4} \frac{3(n+1)}{4} \int_{-\infty}^{+\infty} H_l(\xi) H_{n+1}(\xi) \mathrm{e}^{-\xi^2} \, \mathrm{d}\xi \\
& + N_l N_n \frac{\beta}{\alpha^4} \frac{3n^2}{2} \int_{-\infty}^{+\infty} H_l(\xi) H_{n-1}(\xi) \mathrm{e}^{-\xi^2} \, \mathrm{d}\xi \\
& + N_l N_n \frac{\beta}{\alpha^4} n(n-1)(n-2) \int_{-\infty}^{+\infty} H_l(\xi) H_{n-3}(\xi) \mathrm{e}^{-\xi^2} \, \mathrm{d}\xi
\end{aligned}$$

$$\begin{aligned}
<l|H'|n> = & \frac{\beta}{8\alpha^4} [2^3 (n+3)(n+2)(n+1)]^{\frac{1}{2}} \int_{-\infty}^{+\infty} \psi_l^0(\xi) \psi_{n+3}^0(\xi) \, \mathrm{d}\xi \\
& + \frac{\beta}{4\alpha^4} (3n+3) \sqrt{2(n+1)} \int_{-\infty}^{+\infty} \psi_l^0(\xi) \psi_{n+1}^0(\xi) \, \mathrm{d}\xi \\
& + \frac{3\beta}{2\alpha^4} n^2 \sqrt{\frac{1}{2n}} \int_{-\infty}^{+\infty} \psi_l^0(\xi) \psi_{n-1}^0(\xi) \, \mathrm{d}\xi \\
& + \frac{\beta}{\alpha^4} n(n-1)(n-2) [2^3 n(n-1)(n-2)]^{-\frac{1}{2}} \int_{-\infty}^{+\infty} \psi_l^0(\xi) \psi_{n-3}^0(\xi) \, \mathrm{d}\xi
\end{aligned}$$

因为

$$\psi_l^0(\xi) = N_l H_l(\xi) \mathrm{e}^{-\frac{\xi^2}{2}}; \qquad \psi_{n+3}^0(\xi) = N_{n+3} H_{n+3}(\xi) \mathrm{e}^{-\frac{\xi^2}{2}}$$

$$\frac{\beta}{\alpha^4} [2^3 (n+3)(n+2)(n+1)]^{-\frac{1}{2}} = \frac{\beta}{\alpha^4} \left(\frac{\alpha}{\sqrt{\pi} 2^n n!} \right)^{\frac{1}{2}} = \frac{\beta}{\alpha^4} - \frac{N_n}{N_{n+3}}$$

只有当 $n = l \pm 3$，$l \pm 1$ 时，$<l|H'|n> \neq 0$，其他情况时都为零。

$$<l|H'|n>=\frac{\beta}{8\alpha^4}[2^3(n+3)(n+2)(n+1)]^{-\frac{1}{2}}\delta_{l,n+3}+\frac{\beta}{4\alpha^4}(3n+3)\sqrt{2(n+1)}\delta_{l,n+1}$$

①当 $n=l-3$ 时： $<l|H'|l-3>=\frac{\beta}{8\alpha^4}[2^3l(l-1)(l-2)]^{-\frac{1}{2}}$

②当 $n=l-1$ 时： $<l|H'|l-1>=\frac{\beta}{4\alpha^4}3l\sqrt{2l}$

③当 $n=l+1$ 时： $<l|H'|l+1>=\frac{3\beta}{2\alpha^4}(l+1)^2[2(l+1)]^{-\frac{1}{2}}$

④当 $n=l+3$ 时： $<l|H'|l+3>=\frac{\beta}{\alpha^4}(l+3)(l+2)(l+1)[2^3(l+3)(l+2)(l+1)]^{-\frac{1}{2}}$

所以

$$E_l=(l+\frac{1}{2})\hbar\omega+\sum_n\frac{|<l|H'|n>|^2}{E_l^0-E_n^0}=(l+\frac{1}{2})\hbar\omega-\frac{15}{4}\frac{\beta^2}{\hbar\omega}(\frac{\hbar}{\mu\omega})^3(l^3+l+\frac{11}{30})$$

l 越大，经微扰处理之后的能级数值下降也就越大，两个能级之差就不再是常数。

1.4.2 含时间的微扰

微观体系的状态随时间而变化，就是说是时间的函数，即非定态。从算符的角度来看，体系的运动方程为

$$\mathrm{i}\hbar\frac{\partial\psi}{\partial t}=(H_0+H')\psi$$

式中，H_0 是定态的能量算符，不显含时间 t；H' 是非定态的微扰因子，可以明显或不明显含时间 t。

始态：当 $t=0$ 时，$H'=0$；

终态：当 $t=t$ 时，在 $t=0\to t$ 之间：H' 在起作用，但 $H'<<H_0$。

当 $H'=0$ 时，$\mathrm{i}\hbar\frac{\partial\psi}{\partial t}=H_0\psi$，这个微分方程的解为 $\psi=\mathrm{e}^{-\frac{\mathrm{i}}{\hbar}H_0t}\psi_0$；

当 $H'\neq0$ 时，令 $\psi=\phi\mathrm{e}^{-\frac{\mathrm{i}}{\hbar}H_0t}$，其中 ϕ 是时间的函数，代入 Schrödinger 方程得

$$\mathrm{i}\hbar\frac{\partial\psi}{\partial t}=\mathrm{i}\hbar\mathrm{e}^{-\frac{\mathrm{i}}{\hbar}H_0t}(-\frac{\mathrm{i}}{\hbar}H_0\phi+\frac{\partial\phi}{\partial t})=(H_0+H')\mathrm{e}^{-\frac{\mathrm{i}}{\hbar}H_0t}\phi$$

$$\mathrm{e}^{-\frac{\mathrm{i}}{\hbar}H_0t}H_0\phi+\mathrm{i}\hbar\mathrm{e}^{-\frac{\mathrm{i}}{\hbar}H_0t}\frac{\partial\phi}{\partial t}=H_0\mathrm{e}^{-\frac{\mathrm{i}}{\hbar}H_0t}\phi+H'\mathrm{e}^{-\frac{\mathrm{i}}{\hbar}H_0t}\phi$$

$$\mathrm{i}\hbar\frac{\partial\phi}{\partial t}=\mathrm{e}^{\frac{\mathrm{i}}{\hbar}H_0t}H'\mathrm{e}^{-\frac{\mathrm{i}}{\hbar}H_0t}\phi$$

在求 ϕ 时可以讨论一级微扰和二级微扰，但对于含时间 t 的 ϕ，讨论到一级微扰就可以了。

1. 一级微扰

微扰只在 $t=0\to t$ 这一段时间内起作用，当 $t=0$ 时，则

$$\mathrm{i}\hbar\frac{\partial\psi}{\partial t}=H_0\psi\ ;\quad \psi=\mathrm{e}^{-\frac{\mathrm{i}}{\hbar}H_0t}\psi_k=\mathrm{e}^{-\frac{\mathrm{i}}{\hbar}E_k^0t}\psi_k$$

ψ_k 为属于本征值 E_k^0 的算符 H_0 的本征函数，加上微扰因子 H' 的作用后，$\psi=\phi\mathrm{e}^{-\frac{\mathrm{i}}{\hbar}H_0t}\phi$。

由于 $H'<<H_0$，所以 $\phi\approx\psi_k$，ϕ 可以用起始态 ψ_k 代入，则

$$\mathrm{i}\hbar\frac{\partial\phi}{\partial t}=\mathrm{e}^{\frac{\mathrm{i}}{\hbar}H_0t}H'\mathrm{e}^{-\frac{\mathrm{i}}{\hbar}H_0t}\psi_k=\mathrm{e}^{\frac{\mathrm{i}}{\hbar}H_0t}H'\mathrm{e}^{-\frac{\mathrm{i}}{\hbar}E_k^0t}\psi_k=\mathrm{e}^{-\frac{\mathrm{i}}{\hbar}E_k^0t}\mathrm{e}^{-\frac{\mathrm{i}}{\hbar}H_0t}H'\psi_k$$

$$=\mathrm{e}^{-\frac{\mathrm{i}}{\hbar}E_k^0t}\mathrm{e}^{\frac{\mathrm{i}}{\hbar}H_0t}\sum_m\psi_m<m|H'|k>=\sum_m\psi_m<m|H'|k>\mathrm{e}^{\frac{\mathrm{i}}{\hbar}(E_k^0-E_k)t}$$

这里的 $<m|H'|k>=(\psi_m,H'\psi_k)$，对于 H_0 有一套基矢量 $\{\psi_{ij},\ i=1,2,3,\cdots\}$。

令：

$$E_m-E_k=\hbar\omega_{mk}$$

则

$$\mathrm{i}\hbar\frac{\partial\phi}{\partial t}=\sum_m\psi_m<m|H'|k>\mathrm{e}^{\mathrm{i}\omega_{mk}t}$$

所以

$$\phi=\psi_k+\frac{1}{\mathrm{i}\hbar}\sum_m\psi_m\int_0^t<m|H'|k>\mathrm{e}^{\mathrm{i}\omega_{mk}t}\,\mathrm{d}t,\quad \phi=\sum_m a_m^{(t)}\psi_m$$

当 $m\neq k$ 时，$a_m=\frac{1}{\mathrm{i}\hbar}\int_0^t<m|H'|k>\mathrm{e}^{\mathrm{i}\omega_{mk}t}\mathrm{d}t$，$|a_m|^2$ 代表由 $k\to m$ 状态的跃迁概率。

当 $t=0$ 时，$\phi=\psi_k^0$；当 $t>0$ 时，$\phi=\psi_k^0+u$，这里的 u 是一级无穷小。

$$\mathrm{i}\hbar\frac{\partial u}{\partial t}=\mathrm{e}^{\frac{\mathrm{i}}{\hbar}H_0t}H'\mathrm{e}^{-\frac{\mathrm{i}}{\hbar}E_k^0t}(\psi_k^0+u)=\mathrm{e}^{\frac{\mathrm{i}}{\hbar}H_0t}H'\mathrm{e}^{-\frac{\mathrm{i}}{\hbar}E_k^0t}\psi_k^0=\sum_m\psi_m^0<m|H'|k>\mathrm{e}^{\mathrm{i}\omega_{mk}t}$$

$$u=\frac{1}{\mathrm{i}\hbar}\sum_m\psi_m^0\int_0^t H'_{mk}\mathrm{e}^{\mathrm{i}\omega_{mk}t}\mathrm{d}t$$

所以

$$\phi=\psi_k^0+u=\psi_k^0+\frac{1}{\mathrm{i}\hbar}\sum_m\psi_m^0\int_0^t H'_{mk}\mathrm{e}^{\mathrm{i}\omega_{mk}t}\mathrm{d}t$$

在讨论二级近似时，令 $\phi=\psi_k^0+u+u'$，则

$$\psi=\mathrm{e}^{-\frac{\mathrm{i}}{\hbar}H_0t}\phi=\mathrm{e}^{-\frac{\mathrm{i}}{\hbar}H_0t}[\psi_k^0+\frac{1}{\mathrm{i}\hbar}\sum_m\psi_m^0\int_0^t H'_{mk}\mathrm{e}^{\mathrm{i}\omega_{mk}t}\mathrm{d}t]$$

$$=\mathrm{e}^{-\frac{\mathrm{i}}{\hbar}H_0t}\psi_k^0+\frac{1}{\mathrm{i}\hbar}\sum_m\mathrm{e}^{-\frac{\mathrm{i}}{\hbar}E_m^0t}\psi_m^0\int_0^t H'_{mk}\mathrm{e}^{\mathrm{i}\omega_{mk}t}\mathrm{d}t$$

$$=\mathrm{e}^{-\frac{\mathrm{i}}{\hbar}H_0t}\psi_k^0(1+\frac{1}{\mathrm{i}\hbar}\int_0^t H'_{kk}\mathrm{d}t)+\frac{1}{\mathrm{i}\hbar}\sum_{m\neq k}\mathrm{e}^{-\frac{\mathrm{i}}{\hbar}E_mt}\psi_m^0\int_0^t H_{mk}\mathrm{e}^{\mathrm{i}\omega_{mk}t}\mathrm{d}t$$

按照展开定理：

$$\psi = \sum_m a_m \mathrm{e}^{-\frac{\mathrm{i}}{\hbar}E_m^0 t}\psi_m^0$$

当 $m \neq k$ 时：

$$a_m = \frac{1}{i\hbar}\int_0^t H'_{mk}\,\mathrm{e}^{\mathrm{i}\omega_{mk}t}\mathrm{d}t$$

当 $m = k$ 时：

$$a_k = 1 + \frac{1}{\mathrm{i}\hbar}\int_0^t H'_{kk}\,\mathrm{d}t$$

由状态 k 跃迁到状态 m 的概率为 $W_{mk} = |a_m|^2$，其中 $|a_m|^2 = \frac{1}{\hbar^2}|\int_0^t H'_{mk}\mathrm{e}^{\mathrm{i}\omega_{mk}t}\mathrm{d}t|^2$。

2. 不含时间的 H'_{mk}

H'_{mk} 在 $0 \leqslant t \leqslant t_1$ 时间域内起作用，而且不是时间的函数，这就是应用到碰撞理论上的跃迁问题，如 α 粒子的散射，如图 1.3 所示。

$$\begin{aligned}
W &= |\int_0^t H'_{mk}\mathrm{e}^{\mathrm{i}\omega_{mk}t}\mathrm{d}t| = \frac{1}{\hbar^2}|H'_{mk}\frac{\mathrm{e}^{\mathrm{i}\omega_{mk}t}-1}{i\omega_{mk}}|^2 \\
&= |H'_{mk}|^2\frac{(\mathrm{e}^{\mathrm{i}\omega_{mk}t}-1)(\mathrm{e}^{-\mathrm{i}\omega_{mk}t}-1)}{\hbar^2\omega_{mk}^2} \\
&= |H'_{mk}|^2\frac{2-(\mathrm{e}^{\mathrm{i}\omega_{mk}t}+\mathrm{e}^{-\mathrm{i}\omega_{mk}t})}{\hbar^2\omega_{mk}^2} \\
&= 4|H'_{mk}|^2\frac{\sin^2\frac{\omega_{mk}t}{2}}{\hbar^2\omega_{mk}^2} = \frac{4}{\hbar^2}|H'_{mk}|^2\frac{\sin^2\frac{\omega_{mk}t}{2}}{\omega_{mk}^2} = W
\end{aligned}$$

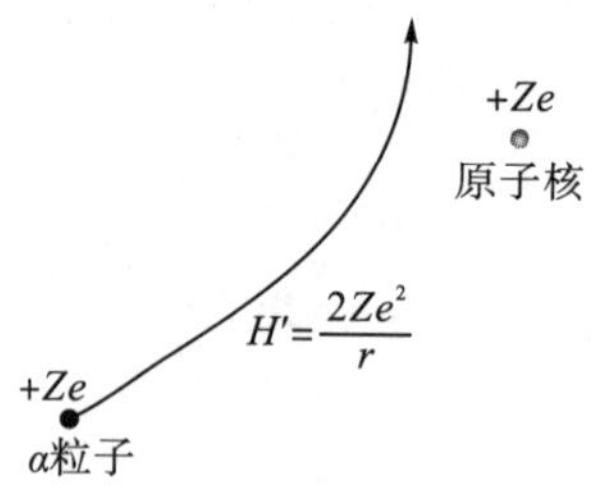

图 1.3 α 粒子散射

以 ω_{mk} 对 $\frac{\sin^2\frac{\omega_{mk}t}{2}}{\omega_{mk}^2}$ 作图得到如图 1.4 所示的图像：当 $\omega_{mk}=0$，$\frac{\sin^2\frac{\omega_{mk}t}{2}}{\omega_{mk}^2}=\frac{t^2}{4}$ 时，总的跃迁概率 $W=\sum_{m\neq k}W_{mk}$；能量从 $E_m^0 \to E_m^0+\mathrm{d}E_m^0$；态密度 $\rho(E)$ 代表能量为 E_m^0 时状态的数目，态密度 $\rho(E)\mathrm{d}E_m^0$ 是代表能量从 $E_m^0 \to E_m^0+\mathrm{d}E_m^0$ 能量范围内，这种状态的数目。

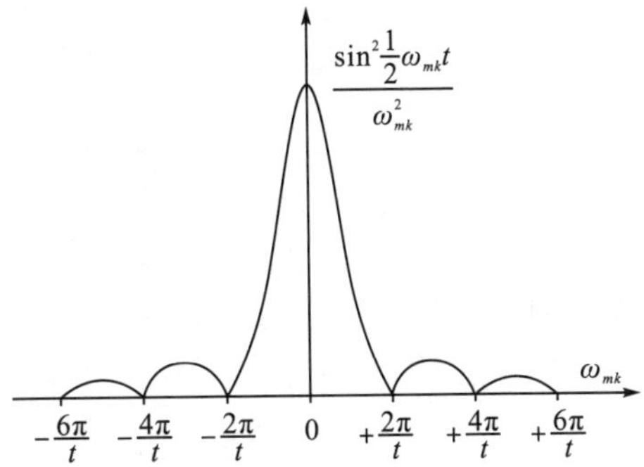

图 1.4　总的跃迁概率随 ω_{mk} 分布

$$\mathrm{d}E_m^0=\mathrm{d}(E_m^0-E_m^0)\hbar\,\mathrm{d}\omega_{mk};\ \rho(E)\,\mathrm{d}E_m^0=\rho(\omega_{mk})\hbar\,\mathrm{d}\omega_{mk}\text{。}$$

$$W=\sum_{m\neq k}W_{mk}=\frac{4}{\hbar^2}\int_{-\infty}^{+\infty}|H'_{mk}|^2\frac{\sin^2\frac{\omega_{mk}t}{2}}{\omega_{mk}^2}\rho(\omega_{mk})\hbar\,\mathrm{d}\omega_{mk}$$

$$=\frac{2|H'_{mk}|^2t}{\hbar}\rho(\omega_{mk})\int_{-\infty}^{+\infty}\frac{\sin^2\frac{\omega_{mk}t}{2}}{(\frac{\omega_{mk}t}{2})^2}\mathrm{d}(\frac{\omega_{mk}t}{2})=\frac{2\pi|H'_{mk}|^2}{\hbar}\rho t$$

$$(\text{因为}\int_{-\infty}^{+\infty}\frac{\sin^2x}{x^2}\mathrm{d}x=\pi)$$

单位时间的跃迁概率 $w=\frac{W}{t}=\frac{2\pi|H'_{mk}|^2}{\hbar}\rho$ 。

3. H' 是时间周期性的函数

H' 是时间周期性的函数在光的吸收和发射中是会经常遇到的问题，H' 是厄米算符，F 也是厄米算符。

$$H'=F\mathrm{e}^{\mathrm{i}\omega t}+F\mathrm{e}^{-\mathrm{i}\omega t}\ ;$$

$$H'^{+}=F^{+}\mathrm{e}^{-\mathrm{i}\omega t}+F\mathrm{e}^{\mathrm{i}\omega t}$$

$$H'_{mk}=(\psi_m^0,H'\psi_k^0)=\mathrm{e}^{\mathrm{i}\omega t}(\psi_m^0,F\psi_k^0)+\mathrm{e}^{-\mathrm{i}\omega t}(\psi_m^0,F^{+}\psi_m^0)=F_{mk}\mathrm{e}^{\mathrm{i}\omega t}+F_{mk}^{+}\mathrm{e}^{-\mathrm{i}\omega t}$$

$$W_{mk}=\frac{1}{\hbar^2}|\int_0^t H'_{mk}\mathrm{e}^{\mathrm{i}\omega_{mk}t}\mathrm{d}t|^2$$

$$\int_0^t H'_{mk}\mathrm{e}^{\mathrm{i}\omega_{mk}t}\mathrm{d}t=F_{mk}\int_0^t\mathrm{e}^{\mathrm{i}(\omega_{mk}+\omega)t}\mathrm{d}t+F_{mk}^{+}\int_0^t\mathrm{e}^{\mathrm{i}(\omega_{mk}-\omega)t}\mathrm{d}t$$

$$=F_{mk}\frac{\mathrm{e}^{(\mathrm{i}\omega_{mk}+\omega)t}-1}{\mathrm{i}(\omega_{mk}+\omega)}+F_{mk}^{+}\frac{\mathrm{e}^{(\mathrm{i}\omega_{mk}-\omega)t}-1}{\mathrm{i}(\omega_{mk}-\omega)}$$

当 $\omega=\omega_{mk}$ 时，第二项是零除零，必须再求一次导数，就与 t 的一次方成正比；当 $\omega=-\omega_{mk}$ 时，第一项是零除零，也必须再求一次导数，就与 t 的一次方成正比。

(1) 当 $\omega=\omega_{mk}$ 时，第一项不随时间而增加，仅第二项起主要作用：

$$\int_0^t H'_{mk} \mathrm{e}^{\mathrm{i}\omega_{mk}t}\mathrm{d}t = F_{mk}^{+} \frac{\mathrm{e}^{\mathrm{i}(\omega_{mk}-\omega)t}-1}{\mathrm{i}(\omega_{mk}-\omega)}$$

$$W_{mk} = \frac{1}{\hbar^2} \left| \int_0^t H'_{mk} \mathrm{e}^{\mathrm{i}\omega_{mk}t}\mathrm{d}t \right|^2 = \frac{4|F_{mk}^{+}|^2}{\hbar^2} \frac{\sin^2 \frac{1}{2}(\omega_{mk}-\omega)t}{(\omega_{mk}-\omega)^2}$$

从状态 k 到状态 m 的跃迁概率就是受激吸收概率。

(2) 当 $\omega = -\omega_{mk}$ 时，第二项不随时间而增加，仅第一项起主要作用：

$$W_{mk} = \frac{1}{\hbar^2} \left| \int_0^t H'_{mk} \mathrm{e}^{\mathrm{i}\omega_{mk}t}\mathrm{d}t \right|^2 = \frac{4|F_{mk}^{+}|^2}{\hbar^2} \frac{\sin^2 \frac{1}{2}(\omega_{mk}+\omega)t}{(\omega_{mk}+\omega)^2}$$

从高能级回到低能级为受激发射概率。

(3) 当 ω_{mk} 与 ω 相差很大时，第一、二两项都很小，$\omega_{mk} \approx 0$。

参 考 文 献

[1]. 唐敖庆，徐元直. 量子力学[M]. 杭州：浙江大学出版社，2011.

[2]. 曾谨言，张永德，汪德新. 量子力学[M]. 4 版. 北京：科学出版社，2007.

[3]. 居余马，林翠琴. 线性代数[M]. 2 版. 北京：清华大学出版社，2002.

第 2 章　双原子分子内部运动的物理描述

2.1　概　述

每一个分子都有一定的结构，当两个远离的中性原子接近时，外层价电子云的重叠会由于量子力学中的状态叠加原理的神奇作用而克服相互排斥，使能量比远离时小，形成负值势能曲线，使它们之间产生引力而结合成分子，通常把这种引力称为结合力，在化学中称作化学键。常见的化学键有离子键、共价键、金属键和范德瓦耳斯键。在分子物理中主要是共价键，这是中性原子形成分子最重要的机制，其他几种键主要在液体和固体中起重要作用。

分子运动可以分解为平动与内部运动，分子内部运动要比原子内部运动复杂得多。双原子分子是含有两个原子核的量子力学体系,它除了有内部的电子相对核的运动外,还有核与核之间的运动,如振动与转动等。当不考虑电子运动时，是由两个原子构成的,如图 2.1 所示。

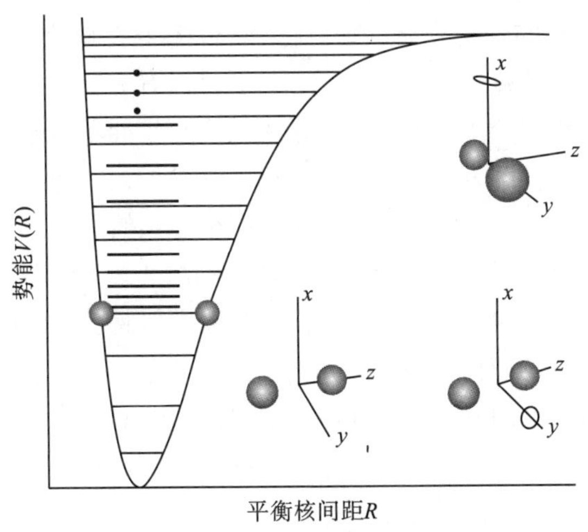

图 2.1　双原子分子内部运动的能级结构

双原子分子是含有两个原子核的量子力学体系，当不考虑电子运动时，则分子的运动可分为转动、振动运动。当分子沿两个原子核的连线方向振动时，分子就不再是一个严格的刚性转子，因此，能更好地代表分子的转动的模型是非刚性转子，它是由两个质点组成的转动系统，连接这两个质点的不是无质量的刚性棒，而是无质量的弹簧，如图 2.2 所示。在这种物理模型下，分子的振动是一个非谐性振子。

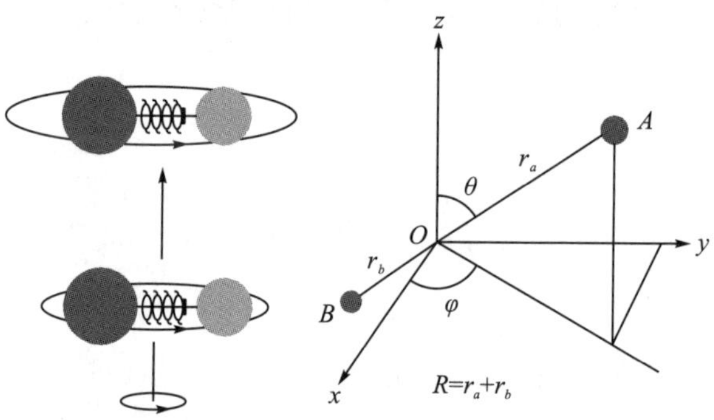

图 2.2　双原子分子振动、转动的非谐性物理模型

分子的这些复杂的内部运动形成分子的复杂的能级结构。因此，要研究双原子分子的能级结构和光谱规律时,了解分子内部的运动情况是非常重要的。双原子分子中，每个原子仅有一个原子核，原子核的质量远大于电子质量(核的质量比电子质量大三个数量级以上)，核外所有电子绕其核运动，假设每个电子在一中心场中运动，这样就能相当好地描述原子中电子的运动状态。但是当电子在分子中运动时，它所处的场是多中心场，而且每一个原子核还要运动，所以描述分子的内部运动必须要同时考虑电子与原子核的运动。

双原子分子能级结构是由原子核的相对平衡位置构成的,每个原子核只在它的平衡位置附近振动，如果把分子的平动分离，则可将分子的运动分解为转动、振动与电子运动。在转动运动中，每一个原子核处于平衡位置，分子可以看成一个刚体，这个刚体可以绕其质心作自由转动，为了描述分子的转动，通常引入两个坐标系，这两个坐标系都以质心为原点，一个坐标系的三个轴的方向固定不变，称空间坐标系；另一个坐标系的三个轴固定在分子上，称分子坐标系。分子坐标系相对于空间坐标系的取向可以用欧拉角描述。双原子分子属于线性分子，分子坐标系的原点位于两核的质心，其运动由平动、转动和振动三部分组成。平动可视为分子的质心相对于空间坐标系的位置变化，转动可视为分子两核轴线相对于空间坐标系在空间取向的变化，分子的振动则可看成分子在其质心和空间取向不变时，分子中原子相对位置的变化。这样，分子的振动则是相对于分子坐标系的，但分子中的每个核的振动并不是独立的，加之原子间有相互作用，分子的振动是耦合振动，所以在通常的情况下，总是把分子的振动分解为简正振动。因为原子核的质量远远大于电子的质量，所以电子在分子中的运动速度远远大于原子核的运动速度，由此，当原子核作一微小移动时，电子已绕核运动了很多周。根据这种情况，玻恩(Born)与奥本海默(OppenHeimer)引入了一种近似方法[1]，在这个近似方法中，不考虑原子核的运动，只考虑电子在原子核势场中的运动，并以原子核的坐标作为参数，建立分子内部运动的薛定谔（Schrödinger)方程，在 Born-OppenHeimer 近似下，求解这样的 Schrödinger 方程，就可以得到分子电子能量本征值 E，然后将这个 E 作为核坐标的函数，再解核运动的

Schrödinger 方程，可得到核的运动。把分子内部运动分解为转动、振动及电子运动是近似的。由于 Born-OppenHeimer 近似以及大多数化学反应是绝热过程，因此，由它描述的分子势能函数可用于定量地决定反应动力学过程，这就要求在分子整个离解区域内都有足够准确的物理行为，对分子能级结构的研究则必须把分子的转动、振动和电子运动间的相互作用耦合作深入的研究。

2.2　分子内部运动的哈密顿算符

分子内部运动的哈密顿算符是获得分子内部运动能级结构的先决条件，在建立分子内部运动的哈密顿算符的过程中，需要把分子质心运动的哈密顿算符与分子内部运动的哈密顿算符分开处理。假设不考虑粒子的自旋磁矩，则分子的势能等于带电粒子之间的库仑能，可以写成

$$V=\sum_{\alpha<\beta}\frac{Z_\alpha Z_\beta e^2}{R_{\alpha\beta}} \tag{2.2-1}$$

式(2.2-1)中，$Z_\alpha e$、$Z_\beta e$ 分别表示各粒子的电荷；$R_{\alpha\beta}$ 为第 α 个粒子与第 β 个粒子间的距离。令($X_\alpha,Y_\alpha,Z_\alpha$)表示第 α 个粒子的坐标，则分子的动能算符为

$$T=-\sum_{\alpha=1}^{N}\frac{\hbar^2}{2m_\alpha}\left[\left(\frac{\partial}{\partial X_\alpha}\right)^2+\left(\frac{\partial}{\partial Y_\alpha}\right)^2\left(\frac{\partial}{\partial Z_\alpha}\right)^2\right] \tag{2.2-2}$$

在式(2.2-2)中 m_α 为第 α 个粒子的质量。分子的总哈密顿算符为

$$H=T+V \tag{2.2-3}$$

引入质心坐标(X_0,Y_0,Z_0)，其定义为

$$X_0=\frac{\sum_\alpha m_\alpha X_\alpha}{\sum_\alpha m_\alpha},\quad Y_0=\frac{\sum_\alpha m_\alpha Y_\alpha}{\sum_\alpha m_\alpha},\quad Z_0=\frac{\sum_\alpha m_\alpha Z_\alpha}{\sum_\alpha m_\alpha} \tag{2.2-4}$$

令($\xi_\alpha,\eta_\alpha,\zeta_\alpha$)为第 α 个粒子相对于质心的坐标，有

$$\left.\begin{aligned}X_\alpha&=X_0+\xi_\alpha\\Y_\alpha&=Y_0+\eta_\alpha\\Z_\alpha&=Z_0+\zeta_\alpha\end{aligned}\right\} \tag{2.2-5}$$

用 $3N$ 个新坐标：

$$(X_0,Y_0,Z_0),\quad(\xi_\alpha,\eta_\alpha,\zeta_\alpha),\quad\alpha=2,3,\cdots,N \tag{2.2-6}$$

代替原来 $3N$ 个旧坐标(X_0,Y_0,Z_0),经过坐标变换，可以证明[2]：

$$T=T_c+T_0+T_1 \tag{2.1-7}$$

其中，

$$T_c=-\frac{\hbar^2}{2M}\nabla_0^2 \tag{2.2-8}$$

$$T_0 = -\sum_{\alpha=2}^{N} \frac{\hbar^2}{2m_\alpha} \nabla_\alpha^2 \tag{2.2-9}$$

$$T_1 = \frac{\hbar^2}{2M} \sum_{\alpha=2}^{N} \nabla_\alpha^2 \cdot \nabla_\beta^2 \tag{2.2-10}$$

$$M = \sum_\alpha m_\alpha \tag{2.2-11}$$

在式(2.2-3)中的势能V含有$R_{1\beta}$，这里

$$R_{1\beta} = \left[\left(\xi_1 - \xi_\beta\right)^2 + \left(\eta_1 - \eta_\beta\right)^2 + \left(\zeta_1 - \zeta_\beta\right)^2 \right]^{\frac{1}{2}} \tag{2.2-12}$$

由于

$$\sum_\alpha m_\alpha \xi_\alpha = \sum_\alpha m_\alpha \eta_\alpha = \sum_\alpha m_\alpha \zeta_\alpha = 0 \tag{2.2-13}$$

式(2.2-12)中的ξ_1、η_1、ζ可以消去，因此，势能V只是($\xi_\alpha, \eta_\alpha, \zeta_\alpha$)($\alpha = 2,3,\cdots,N$)的函数，在这样的情况下，分子的总哈密顿算符就可以分解为

$$H = T_c + H_{\text{int}} \tag{2.2-14}$$

上式中的H_{int}为分子内部运动的哈密顿算符，其表示式为

$$H_{\text{int}} = T_0 + T_1 + V \tag{2.2-15}$$

H_{int}只与($\xi_\alpha, \eta_\alpha, \zeta_\alpha$)($\alpha = 2,3,\cdots,N$)有关，在式(2.2-14)中已将$H$分解为分子的质心运动$H_e$(平动)与内部运动$H_{\text{int}}$，因为质心平动的能量是连续变化的，不产生光谱，因此在以后章节有关双原子分子能级结构的讨论中，只涉及分子内部运动的哈密顿算符H_{int}。

2.3 多原子分子坐标系

2.3.1 静力学模型下的分子坐标系

前面已经指出，为了讨论分子的转动，需要引入分子坐标系来描写。在一级近似条件下，可以认为每一个核都处在平衡位置，这种模型称为静力学模型，在静力学模型下的分子坐标系是容易得到的[2,3]。在静力学模型中，分子视为刚性结构，它的键长与键角都是固定不变的。在静力学模型下研究分子的转动时，可以先确定分子的惯量椭球和它的三个主轴，这样就可以得到一个分子坐标系，坐标系的原点位于原子核的质心，它的三个坐标轴沿着三个主轴的方向。为了描述分子转动，需要引入空间坐标系$O-\xi\eta\zeta$，原点O与原子核的质心重合，三个轴在空间指向不变。引入分子坐标系$O-xyz$，其坐标轴相对于空间坐标系的取向用欧拉角φ、θ、χ表示，如图2.3所示。为了方便起见，引入以下记号表示方向余弦[4]：

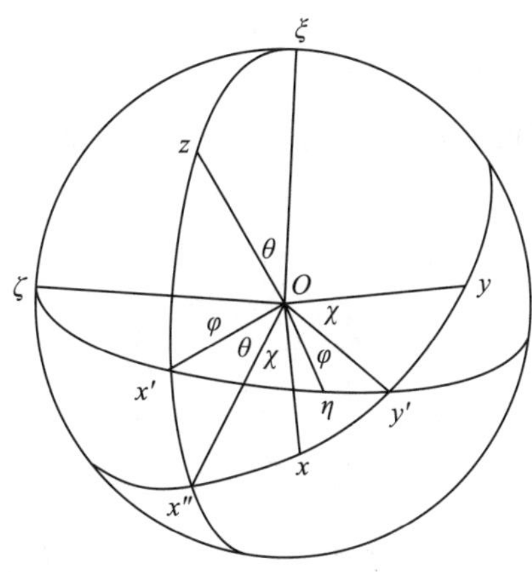

图 2.3　静力学模型下的分子坐标系

$$(x\xi)=\cos(xO\xi)\text{，}\quad (y\xi)=\cos(yO\xi)\text{，}\quad (z\xi)=\cos(zO\xi) \tag{2.3-1}$$

$$(x\eta)=\cos(xO\eta)\text{，}\quad (y\eta)=\cos(yO\eta)\text{，}\quad (z\eta)=\cos(zO\eta) \tag{2.3-2}$$

$$(x\zeta)=\cos(xO\zeta)\text{，}\quad (y\zeta)=\cos(yO\zeta)\text{，}\quad (z\zeta)=\cos(zO\zeta) \tag{2.3-3}$$

以上方向余弦可以用欧拉角表示[4]：

$$(x\xi)=\cos\theta\cos\varphi\cos\chi-\sin\varphi\sin\chi \tag{2.3-4}$$

$$(y\xi)=-\cos\theta\cos\varphi\cos\chi-\sin\varphi\cos\chi \tag{2.3-5}$$

$$(z\xi)=\sin\theta\cos\varphi \tag{2.3-6}$$

$$(x\eta)=\cos\theta\sin\varphi\cos\chi+\cos\theta\sin\chi \tag{2.3-7}$$

$$(y\eta)=-\cos\theta\sin\varphi\cos\chi+\cos\theta\cos\chi \tag{2.3-8}$$

$$(z\eta)=\sin\theta\sin\varphi \tag{2.3-9}$$

$$(x\zeta)=-\sin\theta\cos\chi \tag{2.3-10}$$

$$(y\zeta)=\sin\theta\sin\chi \tag{2.3-11}$$

$$(z\zeta)=\cos\theta \tag{2.3-12}$$

分子坐标系中的坐标和空间坐标系中的坐标关系可以用一组矩阵方程来表示[4]：

$$\begin{bmatrix} x_i \\ y_i \\ z_i \end{bmatrix}=\begin{bmatrix} (x\xi) & (x\eta) & (x\zeta) \\ (y\xi) & (y\eta) & (y\zeta) \\ (z\xi) & (z\eta) & (z\zeta) \end{bmatrix}\begin{bmatrix} \xi \\ \eta \\ \zeta \end{bmatrix} \tag{2.3-13}$$

2.3.2　动力学模型下的分子坐标系

如果容许每一原子核不处于平衡位置，在这种情况下，更为精确的模型称之为动力学模型[2,3]，在动力学模型下，设分子坐标系中分子的转动与振动之间的耦合作用变得尽可能小，由此分子的转动和振动就可以分解为两个相互独立的运动。

针对在动力学模型中的每个原子核可以不处于平衡位置的情况，Eckart [5]就此选择了分子坐标系，在此坐标系中原子核的轨道角动量为零，因此有

$$\sum_{\alpha} m_\alpha \vec{r}_\alpha \times \dot{\vec{r}}_\alpha = 0 \tag{2.3-14}$$

由于上式中存在$\dot{\vec{r}}_\alpha$，对确定分子坐标系有一定的困难，所以 Eckart 用一近似方程[5]对式(2.3-14)作了替换，令$\vec{r}_\alpha^{(c)}$代表原子核的平衡位置，用它代表式(2.3-14)中的$\vec{r}_\alpha$，于是式(2.3-14)变为

$$\sum_{\alpha} m_\alpha \vec{r}_\alpha^{(c)} \times \dot{\vec{r}}_\alpha = 0 \tag{2.3-15}$$

引入

$$\sum_{\alpha} m_\alpha \vec{r}_\alpha^{(c)} \times \vec{r}_\alpha = 0 \tag{2.3-16}$$

由于矢量$\vec{r}_\alpha^{(c)}$是恒定的，则对式(2.3-16)微分就可得式(2.3-15)，因此 Eckart 用式(2.3-16)代替式(2.3-15)，称式(2.3-16)为 Eckart 条件[5]。令：

$$\vec{\rho}_\alpha = \vec{r}_\alpha - \vec{r}_\alpha^{(c)} \tag{2.3-17}$$

$\vec{\rho}_\alpha$为原子核偏离平衡位置的位移，将以式(2.3-17)代入式(2.3-16)得

$$\sum_{\alpha} m_\alpha \vec{r}_\alpha^{(c)} \times \vec{\rho}_\alpha = 0 \tag{2.3-18}$$

式(2.3-18)也称为 Eckart 条件[2,3]。Eckart 条件[式(2.3-16)]中共有三个方程，由此可以确定分子坐标系的欧拉角φ、θ、χ。设

$$\vec{r}_\alpha^{(c)} = x_\alpha^{(c)}\vec{e}_x + y_\alpha^{(c)}\vec{e}_y + z_\alpha^{(c)}\vec{e}_z \tag{2.3-19}$$

上式中$\vec{e}_x$、$\vec{e}_y$、$\vec{e}_z$表示分子坐标系中三个单位矢量,设

$$\vec{r}_\alpha = \xi_\alpha \vec{k}_\xi + \eta_\alpha \vec{k}_\eta + \zeta_\alpha \vec{k}_\zeta \tag{2.3-20}$$

这里$\vec{k}_\xi$、$\vec{k}_\eta$、$\vec{k}_\zeta$表示空间坐标系中三个单位矢量。以式(2.3-19)、式(2.3-20)两式代入式(2.3-16)，得

$$[x\xi](y\xi)+[x\eta](y\eta)+[x\zeta](y\zeta)-[y\xi](x\xi)-[y\eta](x\eta)-[y\zeta](x\zeta)=0 \tag{2.3-21}$$

$$[y\xi](z\xi)+[y\eta](z\eta)+[y\zeta](z\zeta)-[z\xi](y\xi)-[z\eta](y\eta)-[z\zeta](y\zeta)=0 \tag{2.3-22}$$

$$[z\xi](x\xi)+[z\eta](x\eta)+[z\zeta](x\zeta)-[x\xi](z\xi)-[x\eta](z\eta)-[x\zeta](z\zeta)=0 \tag{2.3-23}$$

在上面三个式子中方括号的定义为

$$[x\xi] = \sum_{\alpha=1}^{n} m_\alpha x_\alpha^{(c)} \xi_\alpha \tag{2.3-24}$$

由于$(x\xi)$等为欧拉角θ、φ、χ的函数，Eckart 条件［式(2.3-21)、式(2.3-22)、式(2.3-22)］把θ、φ、χ表示成$\vec{r}_\alpha^{(c)}$与$\vec{r}_\alpha$的函数，解出欧拉角后，就确定了分子坐标系三轴的取向，这个分子坐标系通常也称为 Eckart 坐标系[2,5]。在计算θ、φ、χ时，要求知道原子核平衡位置坐标$x_\alpha^{(c)}$、$y_\alpha^{(c)}$、$z_\alpha^{(c)}$，它通常取静力学分子模型中的值。另外

$$\sum_{\alpha=1}^{n} m_\alpha \vec{r}_\alpha^{(c)} = \sum_{\alpha=1}^{n} m_\alpha \vec{r}_\alpha = 0 \tag{2.3-25}$$

式(2.3-25)表明坐标系原点与质心重合。引入分子坐标系以后，描写分子转动用欧拉角θ, φ, χ，这样，还剩下$3n-6$个坐标描写原子核在平衡位置附近的振动，对于线性分子而言，它的所有坐标$\vec{r}_\alpha^{(c)}$都处于同一直线上，Eckart 条件只有两个方程式，只能确定θ与φ，

χ是不确定的。实际上，线性分子只有两个转动自由度，用θ和φ描述，所以有$3n-5$个振动自由度。

2.4　双原子分子的分子坐标系

前节中我们从一般的情况下讨论了非线性多原子的分子坐标系，在本节中，我们对双原子系统的分子坐标系的确定方法作一些必要的说明[4]。双原子分子属于线性分子，设该分子由A原子和B原子组成，在这种情形下，分于坐标系的原点位于A原子核和B原子核的质心，坐标系的z轴沿联结A原子核与B原子核的分子轴线，它的方向由A指向B，如图 2.4 所示[4]。在这样的物理背景下，分子的转动可用φ和θ两个角来描述。因为分子没有绕z轴的转动，所以χ不变，可令$\chi=0$，由式(2.3-4)～式(2.3-12)，可得空间坐标系与分子坐标系的方向余弦为[4]

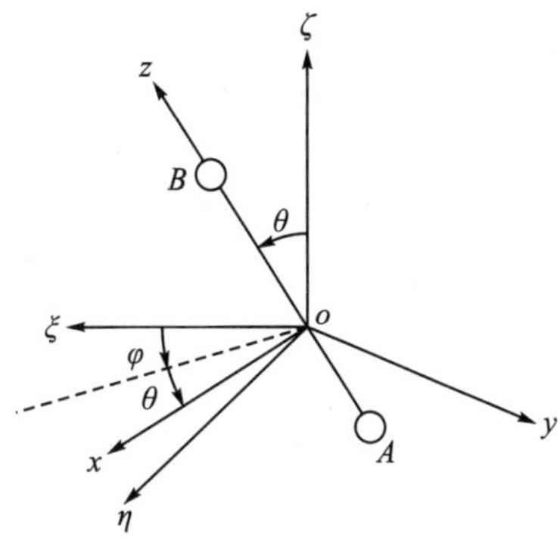

图 2.4　双原子分子的分子坐标系

$$(x\xi)=\cos\theta\cos\varphi \tag{2.4-1}$$

$$(y\xi)=-\sin\varphi \tag{2.4-2}$$

$$(z\xi)=\sin\theta\cos\varphi \tag{2.4-3}$$

$$(x\eta)=\cos\theta\sin\varphi \tag{2.4-4}$$

$$(y\eta)=\cos\varphi \tag{2.4-5}$$

$$(z\eta)=\sin\theta\sin\varphi \tag{2.4-6}$$

$$(x\zeta)=-\sin\theta \tag{2.4-7}$$

$$(y\zeta)=0 \tag{2.4-8}$$

$$(z\zeta)=\cos\theta \tag{2.4-9}$$

令(ξ_1,η_1,ζ_1)和(ξ_2,η_2,ζ_2)分别表示原子核A和原子核B的坐标，则有

$$\theta=\cos^{-1}[\xi_2(\xi_2^2+\eta_2^2+\zeta_2^2)^{-\frac{1}{2}}] \tag{2.4-10}$$

$$\varphi = \cos^{-1}[\xi_2(\xi_2^2 + \eta_2^2)^{-\frac{1}{2}}] \tag{2.4-11}$$

当描述原子核的运动时，可以取用变量θ和φ以及两原子核之间的距离R，于是令(x_i, y_i, z_i)表示第i个电子在分子坐标系中的坐标，则有

$$x_i = \xi_i \cos\theta\cos\varphi + \eta_i \cos\theta\cos\varphi - \zeta_i \sin\theta \tag{2.4-12}$$

$$y_i = -\xi_i \sin\varphi + \eta_i \cos\varphi \tag{2.4-13}$$

$$z_i = \xi_i \sin\theta\cos\varphi + \eta_i \sin\theta\sin\varphi + \zeta_i \cos\theta \tag{2.4-14}$$

利用以上这些方程，双原子分子的定态 Schrödinger 方程可以表示为[2]

$$[T_e + T_\upsilon + T_r + V(R, x_3, y_3, z_3, \cdots, x_N, y_N, z_N) - E_{r\upsilon e}]\Psi_{r\upsilon e}(R, \theta, \varphi, x_3, \cdots, z_N) = 0 \tag{2.4-15}$$

其中，

$$T_e = -\frac{\hbar^2}{2m}\sum_{i=3}^{N}\nabla_i^2 - \frac{\hbar^2}{2M_N}\sum_{i,j=3}^{N}\nabla_i \cdot \nabla_j \tag{2.4-16}$$

$$T_\upsilon = -\frac{\hbar^2}{2\mu R^2}\frac{\partial}{\partial R}\left(R^2\frac{\partial}{\partial R}\right) \tag{2.4-17}$$

$$\begin{aligned} T_r = -\frac{\hbar^2}{2\mu R^2}\Big\{&\frac{1}{\sin^2\theta}\Big[\frac{\partial}{\partial\varphi} + \mathrm{i}\frac{L_x}{\hbar}\sin\theta - \mathrm{i}\frac{L_z}{\hbar}\cos\theta\Big]^2 \\ &+ \frac{1}{\sin\theta}\Big(\frac{\partial}{\partial\theta} - \mathrm{i}\frac{L_y}{\hbar}\Big)\sin\theta\Big(\frac{\partial}{\partial\theta} - \mathrm{i}\frac{L_y}{\hbar}\Big)\Big\} \end{aligned} \tag{2.4-18}$$

$$\mu = \frac{m_A m_B}{m_A + m_B}, \quad M_N = m_A + m_B \tag{2.4-19}$$

$$L_x = -\mathrm{i}\hbar\sum_{n=3}^{N}\left(y_n\frac{\partial}{\partial z_n} - z_n\frac{\partial}{\partial y_n}\right) \tag{2.4-20}$$

$$L_y = -\mathrm{i}\hbar\sum_{n=3}^{N}\left(z_n\frac{\partial}{\partial x_n} - x_n\frac{\partial}{\partial z_n}\right) \tag{2.4-21}$$

$$L_z = -\mathrm{i}\hbar\sum_{n=3}^{N}\left(x_n\frac{\partial}{\partial y_n} - y_n\frac{\partial}{\partial x_n}\right) \tag{2.4-22}$$

以上各式中[2]，$\Psi_{r\upsilon e}$为分子振转波函数；T_e为电子动能算符；T_υ为分子振动动能算符；T_r为分子转动能算符；L_x、L_y、L_Z为电子系统在分子坐标系中的角动量算符；μ为分子的约化质量；M_N为分子的总质量。从式(2.4-18)中可以看出，由于L_x、L_y、L_Z的存在，所以电子坐标与核坐标不能分离。如果将L_x、L_y、L_Z略去，就可以把分子的运动分解为转动、振动与电子运动，这样，分子振转波函数$\Psi_{r\upsilon e}$可以表示成电子波函数ψ_e，振动波函数Φ_v和转动波函数Φ_r的乘积，即

$$\Psi_{r\upsilon e} = \Phi_r\Phi_\upsilon\psi_e \tag{2.4-23}$$

这种形式的波函数可以作为零级近似，在此基础上，就可讨论这些运动的耦合。

2.5　分子系统的角动量

分子系统的角动量[4]属于多电子问题，在分子系统中，许多电子的集合有一总角动量，它包含电子的轨道角动量和自旋角动量。在不考虑电子自旋的情况下，分子系统的角动量可分为原子核与电子的轨道角动量之和。在研究分子系统的角动量问题时，需要引入前面章节已经讨论过的两种坐标系，即空间坐标系和分子坐标系，分子系统的角动量通常按这两种坐标系分解成分量。假设在空间坐标系中的三分量用 L_ξ、L_η、L_ζ 表示，在分子坐标系中的三分量用 L_x、L_y、L_Z 表示，则在空间坐标系中，L_ξ、L_η、L_ζ 满足对易关系[4]：

$$[L_\alpha, L_\beta] = \mathrm{i}\hbar \sum_\gamma C_{\alpha\beta\gamma} L_\gamma \tag{2.5-1}$$

上式中的 α、β、γ 分别是 ξ、η、ζ 中的一个，按照这样的组合方式，有三种情况：①如果 α、β、γ 中有两个以上相等，则组合系数 $C_{\alpha\beta\gamma}=0$；②如果 α、β、γ 是 ξ、η、ζ 的循环排列，则组合系数 $C_{\alpha\beta\gamma}=1$；③如果 α、β、γ 不是 ξ、η、ζ 的循环排列，则组合系数 $C_{\alpha\beta\gamma}=-1$。在分子坐标系中，为了讨论角动量三个分量 L_x、L_y、L_Z 满足的对易关系，在此引入方向余弦 $x\xi\cdots$、$y\xi\cdots$、$z\xi\cdots$，所以有[4]

$$L_x = (x\xi)L_\xi + (x\eta)L_\eta + (x\zeta)L_\zeta \tag{2.5-2}$$

$$L_y = (y\xi)L_\xi + (y\eta)L_\eta + (y\zeta)L_\zeta \tag{2.5-3}$$

$$L_z = (z\xi)L_\xi + (z\eta)L_\eta + (z\zeta)L_\zeta \tag{2.5-4}$$

由式(2.5-1)、式(2.5-2)、式(2.5-3)、式(2.5-4)可求出角动量三个分量 L_x、L_y、L_Z 的对易关系[4]：

$$[L_x, L_y] = \left[\sum_\alpha (x\alpha)L_\alpha, \sum_\beta (y\beta)L_\beta\right] \tag{2.5-5}$$

$$[L_y, L_z] = \left[\sum_\alpha (y\alpha)L_\alpha, \sum_\beta (z\beta)L_\beta\right] \tag{2.5-6}$$

$$[L_z, L_x] = \left[\sum_\alpha (z\alpha)L_\alpha, \sum_\beta (x\beta)L_\beta\right] \tag{2.5-7}$$

式(2.5-5)、式(2.5-6)和式(2.5-7)中的 α、$\beta=\xi$、η、ζ，在展开式(2.5-5)、式(2.5-6)和式(2.5-7)时，$(x\alpha)$（$\alpha=\xi,\eta,\zeta$）是单位矢量 $\vec{e}_x$ 沿 ξ、η、ζ 轴方向的三个分量；同理，$(y\alpha)$（$\alpha=\xi,\eta,\zeta$）是单位矢量 $\vec{e}_y$ 沿 ξ、η、ζ 轴方向的三个分量，$(z\alpha)$（$\alpha=\xi,\eta,\zeta$）是单位矢量 $\vec{e}_z$ 沿 ξ、η、ζ 轴方向的三个分量。这三组各自的三个分量组成一阶不可约张量，按定义，它们满足下面的关系[4]：

$$[L_\beta, (x\alpha)] = \mathrm{i}\hbar \sum_\gamma C_{\alpha\beta\gamma}(x\gamma) \tag{2.5-8}$$

式中的 α、β、γ 为 ξ、η、ζ 的代号，利用式(2.5-8)，经过一些必要的运算，可以证明：

$$[L_x, L_y] = -\mathrm{i}\hbar L_z \tag{2.5-9}$$

同理可证：

$$[L_y, L_z] = -\mathrm{i}\hbar L_x \tag{2.5-10}$$

$$[L_z, L_x] = -\mathrm{i}\hbar L_y \tag{2.5-11}$$

可以看出，式(2.5-9)、式(2.5-10)和式(2.5-11)与式(2.5-1)只差一个负号，对于分子坐标系中角动量分量的这种特别关系，通常称为反常关系。

引入算符：

$$L^2 = L_\xi^2 + L_\eta^2 + L_\zeta^2 = L_x^2 + L_y^2 + L_z^2 \tag{2.5-12}$$

由式(2.5-9)有

$$[L^2, L_\xi] = [L^2, L_\eta] = [L^2, L_\zeta] = 0 \tag{2.5-13}$$

由式(2.5-9)、式(2.5-10)和式(2.5-11)可以证明[4]：

$$[L^2, L_x] = [L^2, L_y] = [L^2, L_z] = 0 \tag{2.5-14}$$

$$[L_\zeta, L_x] = [L_\zeta, L_y] = [L_\zeta, L_z] = 0 \tag{2.5-15}$$

从上面这些关系可以看出，有三个力学量算符可以拥有共同的本征函数，例如L^2、L_z L_ζ，它们可以有共同的本征函数。

令：

L^2的本征值为

$$J(J+1)\hbar^2，\quad J = 0, 1, 2, \cdots \tag{2.5-16}$$

L_z的本征值为

$$K\hbar，\quad K = -J, -J+1, \cdots, J \tag{2.5-17}$$

L_ζ的本征值为

$$M\hbar，\quad M = -J, -J+1, \cdots, J \tag{2.5-18}$$

L^2、L_z、L_ζ的共同本征函数可用ψ_{JKM}表示，其本征矢可记作$|JKM\rangle$，由式(2.5-14)和式(2.5-15)可以看出，L_x与L_y只能改变本征矢量的量子数K，引入升降算符：

$$\begin{cases} L_+ = L_x + \mathrm{i}L_y \\ L_- = L_x - \mathrm{i}L_y \end{cases} \tag{2.5-19}$$

可以证明：

$$\begin{cases} [L_+, L_z] = \hbar L_+ \\ [L_-, L_z] = -\hbar L_- \end{cases} \tag{2.5-20}$$

式中，L_+是升级算符，L_-是降级算符,根据角动量理论中的常用方法，可以证明[4]：

$$L_+|J,K,M\rangle = \hbar[J+K)(J-K+1)]^{\frac{1}{2}}|J,K-1,M\rangle \tag{2.5-21}$$

$$L_-|J,K,M\rangle = \hbar[J-K)\,(J+K+1)]^{\frac{1}{2}}|J,K+1,M\rangle \tag{2.5-22}$$

L_+和L_-的非零矩阵元分别是

$$\langle J,K-1,M|L_+|J,K,M\rangle = \hbar[(J+K)(J-K+1)]^{\frac{1}{2}} \tag{2.5-23}$$

$$\langle J,K+1,M|L_{-}|J,K,M\rangle=\hbar[(J-K)(J+K+1)]^{\frac{1}{2}} \tag{2.5-24}$$

以上讨论是针对分子系统角动量的普遍关系而言。现在我们从微分算符的角度出发来讨论分子系统的角动量问题。具体做法分两步进行：①求出在经典力学中角动量的表示式；②引入欧拉角，再过渡到在量子力学中角动量的表示式。

在空间坐标系中，将其坐标系的原点设在分子的质心，在该坐标系中，第 α 个粒子的坐标矢量为 $\vec{r}_\alpha$，角动量为[4]

$$L=\sum_{\alpha=1}^{n}m_\alpha(\vec{r}_\alpha\times\dot{\vec{r}}_\alpha)+\sum_{\beta=n+1}^{N}m_\alpha(\vec{r}_\beta\times\dot{\vec{r}}_\beta) \tag{2.5-25}$$

式中的 m_α 为第 α 个原子核的质量，m 为电子的质量，坐标矢量 $\vec{r}_\alpha$ 和 $\vec{r}_\beta$ 满足关系式[4]：

$$\sum_{\alpha=1}^{n}m_\alpha\vec{r}_\alpha+m\sum_{\beta=n+1}^{N}\vec{r}_\beta=0 \tag{2.5-26}$$

在确定角动量在分子坐标系中的三分量时，一定要注意到分子坐标系相对于空间坐标系有一角速度 $\vec{\omega}$ 的问题，令第 α 个粒子相对于分子坐标系的坐标矢量为 $\vec{r}'_\alpha=(\vec{x}_\alpha,\vec{y}_\alpha,\vec{z}_\alpha)$。则有

$$\dot{\vec{r}}_\alpha=\vec{\omega}\times\vec{r}_\alpha+\dot{\vec{r}}'_\alpha \tag{2.5-27}$$

将式(2.5-27)代入式(2.5-25)，有

$$L=\sum_{\alpha=1}^{n}\{m_\alpha\vec{r}'_\alpha\times(\vec{\omega}\times\dot{\vec{r}}_\alpha)+m_\alpha\vec{r}'_\alpha\times\dot{\vec{r}}'_\alpha\}+\sum_{\beta=n+1}^{N}\{m\vec{r}'_\beta\times(\vec{\omega}\times\dot{\vec{r}}_\beta)+m\vec{r}'_\beta\times\dot{\vec{r}}'_\beta\}$$

引入

$$\vec{\Omega}=\sum_{\alpha=1}^{n}m_\alpha(\vec{r}'_\alpha\times\dot{\vec{r}}'_\alpha) \tag{2.5-28}$$

$$\vec{P}=\sum_{\beta=n+1}^{N}m(\vec{r}'_\beta\times\dot{\vec{r}}'_\beta) \tag{2.5-29}$$

$$I_{xx}=\sum_{\alpha=1}^{n}m_\alpha(y_\alpha^2+z_\alpha^2)+\sum_{\beta=n+1}^{N}m(y_\beta^2+z_\beta^2) \tag{2.5-30}$$

$$I_{yy}=\sum_{\alpha=1}^{n}m_\alpha(x_\alpha^2+z_\alpha^2)+\sum_{\beta=n+1}^{N}m(x_\beta^2+z_\beta^2) \tag{2.5-31}$$

$$I_{zz}=\sum_{\alpha=1}^{n}m_\alpha(x_\alpha^2+y_\alpha^2)+\sum_{\beta=n+1}^{N}m(x_\beta^2+y_\beta^2) \tag{2.5-32}$$

$$I_{xy}=\sum_{\alpha=1}^{n}m_\alpha x_\alpha y_\alpha+\sum_{\beta=n+1}^{N}mx_\beta y_\beta \tag{2.5-33}$$

$$I_{xz}=\sum_{\alpha=1}^{n}m_\alpha x_\alpha z_\alpha+\sum_{\beta=n+1}^{N}mx_\beta z_\beta \tag{2.5-34}$$

$$I_{yz}=\sum_{\alpha=1}^{n}m_\alpha y_\alpha z_\alpha+\sum_{\beta=n+1}^{N}my_\beta z_\beta \tag{2.5-35}$$

$$I_{yx}=\sum_{\alpha=1}^{n}m_\alpha y_\alpha x_\alpha+\sum_{\beta=n+1}^{N}my_\beta x_\beta \tag{2.5-36}$$

$$I_{zy}=\sum_{\alpha=1}^{n}m_\alpha z_\alpha y_\alpha+\sum_{\beta=n+1}^{N}mz_\beta y_\beta \tag{2.5-37}$$

$$I_{zx}=\sum_{\alpha=1}^{n}m_\alpha z_\alpha x_\alpha+\sum_{\beta=n+1}^{N}mz_\beta x_\beta \tag{2.5-38}$$

有

$$L_x=I_{xx}\omega_x-I_{xy}\omega_y-I_{xz}\omega_z+(\Omega_x+P_x) \tag{2.5-39}$$

$$L_y=I_{yy}\omega_y-I_{yz}\omega_z-I_{yx}\omega_x+(\Omega_y+P_y) \tag{2.5-40}$$

$$L_z=I_{zz}\omega_z-I_{zx}\omega_x-I_{zy}\omega_y+(\Omega_z+P_z) \tag{2.5-41}$$

在上面的式子中，$\vec{\Omega}$表示原子核相对于分子坐标系的角动量；$\vec{P}$表示电子相对于分子坐标系的角动量；I_{xx}、I_{xy}、…表示分子的转动惯量。由于电子的质量远小于原子核的质量，这样，电子对转动惯量的贡献可以忽略不计，又因为原子核不固定在它的平衡位置，所以它的转动惯量不是常数，只有在刚性分子的情形时，原子核的转动惯量才为常数。

在分子坐标系中，设分子的动能为T，则有[4]

$$\begin{aligned}2T=&\sum_{\alpha=1}^{n}m_\alpha\dot{\vec{r}}_\alpha'^2+m\sum_{\beta=n+1}^{N}\dot{\vec{r}}_\beta'^2+\sum_{\alpha=1}^{n}m_\alpha(\vec{\omega}\times\vec{r}_\alpha')\cdot(\vec{\omega}\times\vec{r}_\alpha')\\&+\sum_{\beta=n+1}^{N}m(\vec{\omega}\times\vec{r}_\beta')\cdot(\vec{\omega}\times\vec{r}_\beta')+2\vec{\omega}\cdot\left\{\sum_{\alpha=1}^{n}m_\alpha(\vec{r}_\alpha'\times\dot{\vec{r}}_\alpha')+\sum_{\beta=n+1}^{N}m(\vec{r}_\beta'\times\dot{\vec{r}}_\beta')\right\}\end{aligned}$$

经过重新整理，可得

$$\begin{aligned}2T=&I_{xx}\omega_x^2+I_{yy}\omega_y^2+I_{zz}\omega_z^2-2I_{xy}\omega_x\omega_y-2I_{yz}\omega_y\omega_z-2I_{zx}\omega_z\omega_x\\&+\sum_{\alpha=1}^{n}m_\alpha\dot{\vec{r}}_\alpha'^2+m\sum_{\beta=n+1}^{N}\dot{\vec{r}}_\beta'^2+2\vec{\omega}\cdot(\Omega_x+P_x)\end{aligned} \tag{2.5-42}$$

由式(2.5-39)、式(2.5-40)、式(2.5-41)和式(2.5-42)，可得到角动量三分量L_x、L_y、L_z与动能T的关系式为

$$L_x=\frac{\partial T}{\partial\omega_x},\qquad L_y=\frac{\partial T}{\partial\omega_y},\qquad L_z=\frac{\partial T}{\partial\omega_z} \tag{2.5-43}$$

引入欧拉角φ、θ、χ并将角速度$\vec{\omega}$用φ、θ、χ的时间导数来表示，则通过式(2.5-43)可以把L_x、L_y、L_z改写成用欧拉角表示的函数关系式，即L_φ、L_θ、L_χ称为共轭动量。

$$L_\varphi=\frac{\partial T}{\partial\dot{\varphi}},\quad L_\theta=\frac{\partial T}{\partial\dot{\theta}},\quad L_\chi=\frac{\partial T}{\partial\dot{\chi}} \tag{2.5-44}$$

由式(2.5-43)有

$$L_k=\frac{\partial\dot{\varphi}}{\partial\omega_k}L_\varphi+\frac{\partial\dot{\theta}}{\partial\omega_k}L_\theta+\frac{\partial\dot{\chi}}{\partial\omega_k}L_\chi\quad(k=x,y,z) \tag{2.5-45}$$

这样，只需要求得导数$\frac{\partial\dot{\varphi}}{\partial\omega_k}$、$\frac{\partial\dot{\theta}}{\partial\omega_k}$、$\frac{\partial\dot{\chi}}{\partial\omega_k}$，就可求得用欧拉角表示的共轭动量$L_\varphi$、$L_\theta$、

L_χ。已知：

$$\vec{\omega}=\omega_x\vec{e}_x+\omega_y\vec{e}_y+\omega_z\vec{e}_z=\varphi+\theta+\chi$$

由上式可得

$$\dot{\theta}=\omega_x\sin\chi+\omega_y\cos\chi \tag{2.5-46}$$

$$\dot{\varphi}=-\omega_x\csc\theta\cos\chi+\omega_y\csc\theta\sin\chi \tag{2.5-47}$$

$$\dot{\chi}=\omega_x\cot\theta\cos\chi-\omega_y\cot\theta\sin\chi+\omega_z \tag{2.5-48}$$

通过式(2.5-46)、式(2.5-47)和式(2.5-48)可求得$\dfrac{\partial\dot{\varphi}}{\partial\omega_k}$、$\dfrac{\partial\dot{\theta}}{\partial\omega_k}$、$\dfrac{\partial\dot{\chi}}{\partial\omega_k}$，然后将它们代入式(2.5-45)得到

$$L_x=-\csc\theta\cos\chi L_\varphi+\sin\chi L_\theta+\cot\theta\cos\chi L_\chi \tag{2.5-49}$$

$$L_y=\csc\theta\sin\chi L_\varphi+\cos\chi L_\theta-\cot\theta\sin\chi L_\chi \tag{2.5-50}$$

$$L_z=L_\chi \tag{2.5-51}$$

上面的式子是在经典力学框架下讨论的结果，如果要把这些结果过渡到量子力学，就得引入算符：

$$L_\varphi=-\mathrm{i}\hbar\frac{\partial}{\partial\varphi},\qquad L_\theta=-\mathrm{i}\hbar\frac{\partial}{\partial\theta},\qquad L_\chi=-\mathrm{i}\hbar\frac{\partial}{\partial\chi} \tag{2.5-52}$$

将式(2.5-52)代入式(2.5-49)、式(2.5-50)和式(2.5-51)中得L_x、L_y、L_z的微分算符

$$L_x=-\mathrm{i}\hbar\left[-\csc\theta\cos\chi\frac{\partial}{\partial\varphi}+\sin\chi\frac{\partial}{\partial\theta}+\cot\theta\cos\chi\frac{\partial}{\partial\chi}\right] \tag{2.5-53}$$

$$L_y=-\mathrm{i}\hbar\left[\csc\theta\sin\chi\frac{\partial}{\partial\varphi}+\cos\chi\frac{\partial}{\partial\theta}-\cot\theta\sin\chi\frac{\partial}{\partial\chi}\right] \tag{2.5-54}$$

$$L_z=-\mathrm{i}\hbar\frac{\partial}{\partial\chi} \tag{2.5-55}$$

由式(2.5-53)、式(2.5-54)和式(2.5-55)可得

$$\begin{aligned}L^2=&-\hbar^2\left[\csc^2\theta\frac{\partial^2}{\partial\varphi^2}+\csc^2\theta\frac{\partial^2}{\partial\chi^2}-2\cot\theta\csc\theta\frac{\partial^2}{\partial\varphi\partial\chi}\right]\\&+\frac{\partial^2}{\partial\theta^2}+\cot\theta\frac{\partial}{\partial\theta}\end{aligned} \tag{2.5-56}$$

经过计算，还可以得到

$$L_\xi=-\mathrm{i}\hbar\left[-\csc\theta\cos\varphi\frac{\partial}{\partial\varphi}-\sin\varphi\frac{\partial}{\partial\theta}+\csc\theta\cos\varphi\frac{\partial}{\partial\chi}\right] \tag{2.5-57}$$

$$L_\eta=-\mathrm{i}\hbar\left[-\cot\theta\sin\varphi\frac{\partial}{\partial\varphi}+\cos\varphi\frac{\partial}{\partial\theta}+\csc\theta\sin\varphi\frac{\partial}{\partial\chi}\right] \tag{2.5-58}$$

$$L_\zeta=-\mathrm{i}\hbar\frac{\partial}{\partial\varphi} \tag{2.5-59}$$

令ψ_{JKM}表示L^2、L_z、L_ζ的共同本征函数，则ψ_{JKM}同时满足以下三个本征方程

$$P^2\psi_{JKM} = J(J+1)\hbar^2\psi_{JKM} \tag{2.5-60}$$

$$P_z\psi_{JKM} = K\hbar\psi_{JKM} \tag{2.5-61}$$

$$P_\zeta\psi_{JKM} = M\hbar\psi_{JKM} \tag{2.5-62}$$

由式(2.5-61)和式(2.5-62)两式可以看出，ψ_{JKM} 包含因子 $\mathrm{e}^{\mathrm{i}K\chi}$ 和 $\mathrm{e}^{\mathrm{i}K\varphi}$，因此，$\psi_{JKM}$ 可以表示成：

$$\psi_{JKM}(\varphi,\theta,\chi) = \mathrm{e}^{\mathrm{i}K\chi}F_{JKM}(\theta)\mathrm{e}^{\mathrm{i}M\varphi} \tag{2.5-63}$$

将上式代入式(2.5-60)中可以得到 $F_{JKM}(\theta)$ 满足下面关系式：

$$-\mathrm{i}\hbar\left[-\frac{\mathrm{d}}{\mathrm{d}\theta^2}+\cot\theta\frac{\mathrm{d}}{\mathrm{d}\theta}-(M^2+K^2)\csc^2\theta+2MK\cot\theta\csc\theta\right]F_{JKM} = J(J+1)\hbar^2F_{JKM} \tag{2.5-64}$$

式(2.5-64)用级数法可以解出。可以证明[6]：

$$F_{JKM}(\theta) = \mathrm{d}^J_{MK}(\theta) \tag{2.5-65}$$

由此有[6]

$$\psi_{JKM}(\varphi,\theta,\chi) = D^{(J)}_{MK}(\varphi,\theta,\chi)^* \tag{2.5-66}$$

上式中的 $D^{(J)}_{MK}(\varphi,\theta,\chi)$ 是旋转群不可约表示 $D^{(J)}$ 的矩阵元。

2.6 分子系统轨道角动量与自旋角动量的耦合

在分子系统中，由于电子有自旋，原子核也有自旋，从数学的角度来看，电子与原子核的运动是耦合在一起的，所以分子系统的总角动量实际上是轨道角动量与自旋角动量之和，这实际上是反映了它们之间相互作用的关联性[4]。在这一节中，我们将要讨论在空间坐标系与分子坐标系中总角动量算符的表达式。

令 S 表示总自旋算符，在空间坐标系中，总角动量算符为

$$\Lambda_i = L_i + S_i \qquad (i=\xi,\eta,\zeta) \tag{2.6-1}$$

在转动与自旋没有耦合的情况下，可以分别求出轨道角动量的本征函数与自旋角动量的本征矢。设 S^2 和 S_ζ 的共同本征矢为 $|SM_S\rangle$，则 L^2、L_ζ、S^2、S_ζ 的共同本征矢为 $\psi_{JKM}(\varphi,\varphi,\chi)|SM_S\rangle$，总角动量算符将作用在 $\psi_{JKM}(\varphi,\varphi,\chi)|SM_S\rangle$ 上。在分子坐标系中，定义总角动量算符为

$$\Lambda_k = L_k + S_k \qquad (k=x,y,z) \tag{2.6-2}$$

式中的 S_k 表示自旋沿 x、y、z 方向的分量：

$$S_k = \sum_\alpha (k\alpha)S_\alpha \qquad (k=x,y,z) \tag{2.6-3}$$

式中的 $(k\alpha)$ 是方向余弦，$(k\alpha)$ 是欧拉角 φ、θ、χ 的函数，所以可以将 S_k 看作含有 φ、θ、χ 为参数的矩阵，可以证明 S_k 满足反常关系[4]：

$$[S_k,S_m] = -\mathrm{i}\hbar\sum_n \varepsilon_{kmn}S_n \tag{2.6-4}$$

Λ_k 也满足反常关系[4]：

$$[\Lambda_k,\Lambda_m]=-\mathrm{i}\hbar\sum_n\varepsilon_{kmn}\Lambda_n \tag{2.6-5}$$

选择 S^2 与 S_ζ 表象来描述 S_k，利用式(2.6-3)可以求得 S_k 的本征矢。

在强自旋轨道耦合的情形下，分子的自旋轨道角动量分量 S_z 具有确定值，这时采用 S^2、S_z 表象比较方便，即需要把式(2.6-3)定义的 S_k 矩阵变换到 S_z 表象中的矩阵，记作为 S'_k，S'_k 与 S_k 通过变换矩阵 A 相联系，即相似变换[4]：

$$S'_k=A^{-1}S_kA \tag{2.6-6}$$

上式中矩阵 S'_k 不含 φ、θ、χ，但变换矩阵 A 一定包含 φ、θ、χ，所以这个表象变换对轨道角动量 L_k 也适用，将 L_k 变成 L'_k：

$$L'_k=A^{-1}L_kA \tag{2.6-7}$$

现在来讨论变换矩阵 A 的问题。已知空间坐标系经过坐标旋转矩阵 $R(\varphi,\theta,\chi)$ 转到分子坐标系。同时，$R(\varphi,\theta,\chi)$ 也将使 S_ζ 变成 S_z，以 $|SM_s\rangle$ 为基矢，旋转群的表示是 $D^{(S)}$，则有

$$S_z=D^{(s)}S_\zeta[D^{(s)}]^{-1} \tag{2.6-8}$$

或

$$S_\zeta=[D^{(s)}]^{-1}S_\zeta D^{(s)} \tag{2.6-9}$$

S_ζ 在自身表象中的矩阵与 S_z 在自身表象中的矩阵形式相同。S_z 即是 S'_z，所以 S'_z 与 S_ζ 也有相同形式。以式(2.6-9)与式(2.6-6)比较，可以看出

$$A=D^{(s)}(\varphi,\theta,\chi) \tag{2.6-10}$$

式(2.6-10)就是我们需要寻找的变换矩阵 A，通常称它为幺正变换。

从式(2.6-10)出发，我们可以求出 L'_k，因为 L_k 为微分算符，所以可以将式(2.6-7)两边都作用到一个函数 ϕ 上，可得

$$L'_k\phi=L_k\phi+U^{-1}(L_kU)\phi \tag{2.6-11}$$

所以

$$L'_k=L_k+U^{-1}(L_kU) \tag{2.6-12}$$

同时还可以证明[6]：

$$L'_kD^{(s)}(\varphi,\theta,\chi)=-D^{(s)}(\varphi,\theta,\chi)S'_k \tag{2.6-13}$$

由式(2.6-10)、式(2.6-12)和式(2.6-13)可得

$$L'_k=L_k-S'_k \tag{2.6-14}$$

上式中的 L'_k 表示 S_z 为对角矩阵时的轨道角动量算符。由式(2.6-14)可以得到总角动量算符：

$$\Lambda'_k=L_k\qquad(k=x,y,z) \tag{2.6-15}$$

式中的 L_k 是微分算符，引入

$$\Lambda'^2=\Lambda'^2_x+\Lambda'^2_y+\Lambda'^2_z \tag{2.6-16}$$

有

$$\Lambda'^2=L_x^2+L_y^2+L_z^2=L^2 \tag{2.6-17}$$

式(2.6-15)与式(2.6-17)表明，在S_z有确定值的条件下，L_k与L^2表示总角动量算符。

还可以定义[4]：

$$\Lambda'_{\zeta}=(x\zeta)\Lambda'_x+(y\zeta)\Lambda'_y+(z\zeta)\Lambda'_z \tag{2.6-18}$$

则

$$\Lambda'_{\zeta}=L_{\zeta} \tag{2.6-19}$$

所以Λ'^2、Λ'_z、Λ'_{ζ}也可以有共同本征函数。设Λ'^2的本征值为$\Lambda(\Lambda+1)\hbar^2$，则$\Lambda'_z$的本征值为$K\hbar$，其中，

$$K=-\Lambda,\ -\Lambda+1,\cdots,\Lambda \tag{2.6-20}$$

Λ'_{ζ}的本征值为$M\hbar$，其中

$$M=-\Lambda,\ -\Lambda+1,\cdots,\Lambda \tag{2.6-21}$$

Λ'^2、Λ'_z、Λ'_{ζ}的共同本征函数为

$$\psi_{\Lambda KM}(\varphi,\theta,\chi)=D^{(\Lambda)}_{MK}(\varphi,\theta,\chi)^* \tag{2.6-22}$$

上面式子中的量子数Λ分两种情况：①当总自旋量子数S为整数时，Λ取正整数；②当总自旋量子数S为半整数时，Λ取正半整数。在情形①时，$\psi_{\Lambda KM}(\varphi,\theta,\chi)$为$\varphi$与$\chi$的单值函数；在情形②时，$\psi_{\Lambda KM}(\varphi,\theta,\chi)$是$\varphi$与$\chi$的双值函数。如果要表示自旋状态，则还应该在$\psi_{\Lambda KM}(\varphi,\theta,\chi)$上乘以$S'^2$和$S'_z$的本征矢，设$\Sigma\hbar$表示$S'_z$的本征值，则本征矢可以写成$|S\Sigma\rangle$。

最后需要补充说明的一点是，在式(2.6-1)中的L_{α}表示的是轨道角动量，所以在$\psi_{JKM}(\varphi,\theta,\chi)$式中，$J$只能取正整数。

参考文献

[1] Born M，Oppenheimer J R. Zur quantentheorie der molekeln [J]. Ann. Physik. 1927，(84)：457.

[2] Bunker P R. Molecular Symmetry and Spectroscopy [M]. Academic Press，New York，1979.

[3] Louck J D，Galbraith H W. Eckart vectors，eckart frames，and polyatomic molecules [J]. Rev. Mod. Phys，1976，(48): 69.

[4] 徐亦庄，分子光谱理论[M]. 北京：清华大学出版社，1987：136-141，158-188.

[5] Eckart C. Some studies concerning rotating axes and polyatomic molecules[J]. Phys. Rev.，1935，(47): 552.

[6] Biedenharn L C，Louck J D. Angular Momentum in Quantum Mechanict [M]. Massachusetts：Addison-Wesley，1981.

第3章　双原子分子的能级结构

3.1　理论基础

3.1.1　玻恩-奥本海默(Born-Oppenheimer)近似

Born-Oppenheimer 近似是从量子力学计算角度出发研究分子势能函数的起点，它给出了分子势能函数清晰的物理图像[1-4]。

对于孤立的分子体系，其非相对论量子力学的 Schrödinger 方程为

$$H\Psi(r_i,R_\alpha)=E\Psi(r_i,R_\alpha) \tag{3.1-1}$$

要精确求解双原子体系的 Schrödinger 方程[式(3.1-1)]是相当困难的，即使对很简单的分子，也需要依靠近似方法。由于原子核的质量比电子质量大 10^3～10^5 倍，体系中电子的运动速度比原子核的运动速度快得多，因此，玻恩(Born)和奥本海默(Oppenheimer)提出了一种十分有用的方法，称 Born-Oppenheimer 近似。

玻恩(Born)和奥本海默(Oppenheimer)在处理分子体系的 Schrödinger 方程［式(3.1-1)］时，考虑到原子核的质量比电子质量大 10^3～10^5 倍，因而分子中电子的运动速度比原子快得多，所以可以认为，在给定的时刻电子运动主要取决于核的位置，而不取决于核的速度。又由于电子跨越轨道所需要的时间要比原子核运动的特征时间(核的振、转运动周期)短得多，当核间发生任一微小运动时，高速运动的电子都能立即进行调整，并能迅速地建立起与变化后的核力场相应的运动状态，迅速建立起适应核在空间位置变化后的新的平衡。因此，从电子看来，可以认为原子核在空间是不动的，核间的相对运动可以视为电子运动平均作用的结果，电子的运动可以近似地看成是在核固定不动的情况下进行的，即 Born-Oppenheimer 定核近似，也通常称为绝热近似(adiabatic approximation)。Born-Oppenheimer 近似是从量子力学计算角度出发以研究分子势能函数为起点，从而形成进一步研究分子能级结构的一种清晰的物理图像和思想方法。在 Born-Oppenheimer 的近似基本思想下，从原子核的角度来看，在它附近的整个空间被负电荷密度所占据，这是在复杂轨道中作高速旋转运动的电子形成的，带正电荷的原子核之间本来是相互排斥的，但是如果在原子核之间的平均负电荷密度足够大，就可以补偿这种排斥作用，而在讨论核运动时，原子核之间的相互作用可以用一个与电子坐标无关的等效势来表示，为此，通常近似地把式(3.1-1)中原子核运动和电子运动分离开来，然后分别求解，从而使问题大大简化。

3.1.2 分子内部运动的薛定谔(Schrödinger)绘景

人们从实验中观测到的分子光谱事实，可以清楚地了解到分子光谱中的每一条谱线反映了分子在两个能级之间跃迁的情况，说明分子内部运动状态是量子化的，也说明了分子能级结构的复杂性。在研究双原子分子能级结构时，通常是在 Schrödinger 绘景中讨论的。在量子力学中，用 Schrödinger 方程描述微观粒子的运动方程，然后求解整个相互作用的分子体系的 Schrödinger 方程，体系的状态用波函数 $\Psi(r_i, R_\alpha)$ 描述，每一种物理性质都对应于一个算符，分子体系的总能量算符 H 及其状态波函数 $\Psi(r_i, R_\alpha)$ 必须满足它。在不考虑相对论效应的情况下，当体系的总能量算符 H 不含时间 t 时，H 的本征方程就是定态 Schrödinger 方程[式(3.1-1)]。在式(3.1-1)中，H 为整个体系的哈密顿量(Hamilton Operator)，它包括核运动和电子运动的动能以及体系的势能：

$$H = H_n + T_e + V(r_i, R_\alpha) = T_n + H_e \tag{3.1-2}$$

式中(采用原子单位制 a.u)，

$$H_e = T_e + V(r_i, R_\alpha) \tag{3.1-3}$$

$$T_n = -\sum_{\alpha}^{N_\alpha} \frac{1}{2M_\alpha} \nabla_\alpha^2 \tag{3.1-4}$$

$$T_e = -\sum_{i}^{N_e} \frac{1}{2} \nabla_i^2 \tag{3.1-5}$$

$$V(r_i, R_\alpha) = -\sum_{\alpha}\sum_{i} \frac{Z_\alpha}{r_{\alpha i}} + \sum_{\alpha<\beta} \frac{Z_\alpha Z_\beta}{R_{\alpha\beta}} + \sum_{i<j} \frac{1}{r_{ij}} \tag{3.1-6}$$

由式(3.1-1)～式(3.1-6)，可得分子体系定态薛定谔(Schrödinger)方程：

$$\begin{aligned} H\Psi(r_i, R_\alpha) &= \left[-\sum_{\alpha} \frac{1}{2M_\alpha} \nabla_\alpha^2 - \sum_{\alpha} \frac{1}{2} \nabla_i^2 + -\sum_{\alpha}\sum_{i} \frac{Z_\alpha}{r_{\alpha i}} + \sum_{\alpha<\beta} \frac{Z_\alpha Z_\beta}{R_{\alpha\beta}} + \sum_{i<j} \frac{1}{r_{ij}} \right] \Psi(r_i, R_\alpha) \\ &= E\Psi(r_i, R_\alpha) \end{aligned} \tag{3.1-7}$$

上面各式中，α 和 i 分别为原子核和电子的标记；$\sum\limits_{\alpha}$ 和 $\sum\limits_{i}$ 表示求和遍及全部原子核和电子；M_α 为第 α 个原子核的质量；R_α 和 r_i 分别表示原子核坐标和电子坐标的集合；T_n 是所有原子核的动能算符；$V(r_i, R_\alpha)$ 为核-核、核-电子以及电子间的相互作用势能；电子动能算符与 $V(r_i, R_\alpha)$ 位能之和习惯上称为电子的哈密顿量 H_e；E 为分子体系的总内能；$\Psi(r_i, R_\alpha)$ 为体系的总波函数。

由式(3.1-7)可以看出，分子的哈密顿算符 H 是较复杂的。由于量子体系问题的复杂性，除少数量子多体问题(如氢原子问题)外，绝大多数量子多体系统很难利用 ab initio(不借助于任何经验参数求解体系的 Schrödinger 方程的量子力学从头计算法)来求解，因此，量子多体问题的大多数理论研究都以近似方法为基础，合理的近似成为求解分子体系问题的关键，也是建立各种等效相互作用理论的基础。由于电子与原子核的质量相差三个数量级以上，即 $M_\alpha >> 1$，因此，根据 Born-Oppenheimer 近似，在电子与核之间的相互作用力作用下，电子运动虽然受到核的势场的影响，但是电子的运动速度远远大于核的运动速度，它对原子核的瞬时运动并不敏感，这样，当讨论电子的运动时，原子核可以近似看作是不动的，或者说电子在固定核的势场中运动；同样，在讨论核运动时，分子中原子核的运动对电子的瞬时运动也不敏感，原子核之间的相互作用可看作是在电子运动的平均势场中运动，这样，将有利于式(3.1-7)分离变量，可以把电子与原子核的运动分开来处理。因此，分子体系总内能是原子核运动和电子运动这两种运动能量之和，总波函数是与电子运动相关的部分 $\psi_e(r_i,R_\alpha)$ 和与核运动相关的部分 $\phi_N(R_\alpha)$ 两部分相乘，即分子总的波函数 $\Psi(r_i,R_\alpha)$ 可以写成：

$$\Psi(r,R)=\psi_e(r_i,R_\alpha)\phi_N(R_\alpha) \tag{3.1-8}$$

式中，$\psi_e(r_i,R_\alpha)$ 表示电子波函数，它依赖于电子位置 r_i，且以原子核位置 R_α 为参数，但独立于核的量子态；$\phi_N(R_\alpha)$ 表示原子核运动波函数，它描述在电子的势场中核的振动和转动，并且只依赖于原子核位置 R_α。

对电子运动而言，根据 Born-Oppenheimer 近似，可以把核看作不动，核坐标 R_α 近似为固定值，因而可以略去式(3.1-7)中核的动能项，这时电子运动所满足的 Schrödinger 方程是

$$\begin{aligned}H_e\psi_e(r_i,R_\alpha)&=\left[-\sum_\alpha\frac{1}{2}\nabla_i^2-\sum_\alpha\sum_i\frac{Z_\alpha}{r_{\alpha i}}+\sum_{\alpha<\beta}\frac{Z_\alpha Z_\beta}{R_{\alpha\beta}}+\sum_{i<j}\frac{1}{r_{ij}}\right]\psi_e(r_i,R_\alpha)\\&=U(R_\alpha)\psi_e(r_i,R_\alpha)\end{aligned} \tag{3.1-9}$$

即：

$$-\frac{1}{2}\sum_\alpha\nabla_i^2\psi_e(r_i,R_\alpha)+V(r_i,R_\alpha)\psi_e(r_i,R_\alpha)=U(R_\alpha)\psi_e(r_i,R_\alpha) \tag{3.1-10}$$

在 Born-Oppenheimer 近似下，对于一定的分子体系的每个构型，核之间的距离 $R_{\alpha\beta}$ 近似于固定，核排斥能是常数，它不改变电子波函数 $\psi_e(r_i,R_\alpha)$。当核运动时，核构型改变，R_α 要发生变化，这时电子波函数 $\psi_e(r_i,R_\alpha)$ 和能量 $U(R_\alpha)$ 均要发生变化，因此可以用 R_α 为参数来求解式(3.1-10)而得到 $\psi_e(r_i,R_\alpha)$ 和 $U(R_\alpha)$，因此，式(3.1-10)对于研究分子的电子激发态是很重要的。

下面将讨论核运动方程。设对于分子体系中原子核的任意空间构型都存在电子波函数 $\psi_{ek}(r_i,R_\alpha)$，它依赖于核坐标并随核坐标的变化而连续变化，其运动方程满足式(3.1-10)。对于 $\psi_{ek}(r_i,R_\alpha)$ 而言，通过量子力学处理，总能找到一个正交归一的完备基集合，体系的总波函数 $\Psi(r_i,R_\alpha)$ 可以用这组基集合来展开：

$$\Psi(r_i,R_\alpha)=\sum_k\varphi_{Nk}(R_\alpha)\psi_{ek}(r_i,R_\alpha) \tag{3.1-11}$$

式中，$\varphi_{Nk}(R_\alpha)$ 为展开系数，是描述核运动的波函数，它仅仅依赖于核的坐标 R_α。将式(3.1-11)代入式(3.1-1)得

$$[T_n+T_e+V(r_i,R_\alpha)]\sum_k\varphi_{Nk}(R_\alpha)\psi_{ek}(r_i,R_\alpha)=E\sum_k\varphi_{Nk}(R_\alpha)\psi_{ek}(r_i,R_\alpha) \tag{3.1-12}$$

将上式两端同乘以 $\psi_l^*(r_i,R_\alpha)$ 并对电子坐标 r 积分，得

$$[T_n + U(R_\alpha) - E]\varphi_{Nk}(R_\alpha) = \sum_k [C_{lk}(R_\alpha) + D_{lk}(R_\alpha)]\varphi_{Nk}(R_\alpha) \tag{3.1-13}$$

式中，

$$C_{lk}(R_\alpha) = -\int \psi_l^*(r_i, R_\alpha) T_n \psi_k(r_i, R_\alpha) \mathrm{d}r_i \tag{3.1-14}$$

$$D_{lk}(R_\alpha) = -\sum_\alpha \frac{1}{M_\alpha} \int \psi_l^*(r_i, R_\alpha) \cdot (-\mathrm{i}\nabla_\alpha) \psi_k(r_i, R_\alpha) \mathrm{d}r_i \cdot (-\mathrm{i}\nabla_\alpha) \tag{3.1-15}$$

由于 $-\mathrm{i}\nabla_\alpha$ 为 Hermite 算符，当取电子波函数 $\psi_{ek}(r_i, R_\alpha)$ 为实函数时，有

$$\begin{aligned}\int \psi_l^*(r_i, R_\alpha) \cdot (-\mathrm{i}\nabla_\alpha) \psi_k(r_i, R_\alpha) \mathrm{d}r_i &= \int [(-\mathrm{i}\nabla_\alpha) \psi_l(r_i, R_\alpha)]^* \cdot \psi_k(r_i, R_\alpha) \mathrm{d}r_i \\ &= \frac{1}{2} \cdot (-\mathrm{i}\nabla_\alpha) \int \psi_l(r_i, R_\alpha)\, \psi_k(r_i, R_\alpha) \mathrm{d}r_i = 0\end{aligned} \tag{3.1-16}$$

因此，式(3.1-13)变为

$$[T_n + U(R_\alpha) - C_{ll}(R_\alpha) - E]\varphi_{Nk}(R_\alpha) = \sum_{k \neq 1} C_{lk}(R_\alpha) \varphi_{Nk}(R_\alpha) \tag{3.1-17}$$

式(3.1-17)右端的各项表示不同电子态之间的耦合作用，通常称为非绝热效应。在 Born- Oppenheimer 近似下，可将式(3.1-17)右端的各项视为微扰，这样该式中右端的所有电子态的耦合作用就可忽略，则式(3.1-17)可写为

$$[T_n + U(R_\alpha) - C_{ll}(R_\alpha) - E]\varphi_{Nk}(R_\alpha) = 0 \tag{3.1-18}$$

式(3.1-18)即为 Born-Oppenheimer 在绝热近似条件下得到的核运动的 Schrödinger 方程。通常情况下，$C_{ll}(R_\alpha)$ 相比于 $U(R_\alpha)$ 是很小的，可以再将它忽略，于是可得

$$[T_n + U(R_\alpha) - E]\varphi_{Nk}(R_\alpha) = 0 \tag{3.1-19}$$

即

$$-\sum_\alpha \frac{1}{2M_\alpha} \nabla_\alpha^2 \varphi_{Nk}(R_\alpha) + U(R_\alpha) \varphi_{Nk}(R_\alpha) = E \varphi_{Nk}(R_\alpha) \tag{3.1-20}$$

为讨论方便起见，现将(3.1-10)式重写：

$$-\frac{1}{2} \sum_\alpha \nabla_i^2 \psi_e(r_i, R_\alpha) + V(r_i, R_\alpha) \psi_e(r_i, R_\alpha) = U(R_\alpha) \psi_e(r_i, R_\alpha) \tag{3.1-21}$$

通过上面的讨论，我们得到了分子体系中原子核和电子运动的两个 Schrödinger 方程式(3.1-20)和式(3.1-21)，式(3.1-20)为体系原子核的运动方程，式(3.1-21)为原子核位置固定时体系电子的运动方程。从这两个方程中可以看出：在电子运动方程式(3.1-21)中的 $U(R_\alpha)$ 表示固定核位置时给定电子状态下电子运动的本征能量函数，称为分子的势能函数。而 $U(R_\alpha)$ 在原子核的运动方程[式(3.1-20)]中又是分子处于第 k 个电子态时，其原子核振动和转动的势能函数，因为电子状态是给定的，所以 $U(R_\alpha)$ 又称为绝热势能函数，它可以决定分子运动体系的许多性质。

这里需要强调的是，分子势能函数 $U(R_\alpha)$ 与(3.1-21)式中表示的分子势能 $V(r_i, R_\alpha)$ 是不同的，$V(r_i, R_\alpha)$ 是基于 Born-Oppenheimer 近似才存在的，而分子势能函数 $U(R_\alpha)$ 是电子运动方程[式(3.1-21)]的电子能量本征值，它包括电子的动能、相互作用的势能和核排斥势能，不包括核动能。核运动的振动和转动是在分子势能函数 $U(R_\alpha)$ 作为核运动方程[式(3.1-20)]的势函数基础上进行的，核运动方程[式(3.1-20)]的本征能量 E 是分子体系的

总内能，它包括电子运动能量和核运动能量，动能和库仑势能全在其中，所以核运动方程[式(3.1-20)]是研究分子振动能和转动能的重要基础。

由此可见，在分子内部运动的薛定谔(Schrödinger)绘景下，结合 Born-Oppenheimer 的定核和绝热近似，我们得到了核运动方程[式(3.1-20)]和电子运动方程[式(3.1-21)]，从而可以将分子的核运动和电子运动分开处理，由此分别得到分子体系的电子态能级结构和振动、转动能级结构，双原子(包括多原子分子)的能级结构都是建立在这一近似基础上的。

3.2　双原子分子势能函数

3.2.1　双原子分子势能函数的研究意义

分子势能函数的研究涉及分子内部电子之间、核之间以及电子与核之间的相互作用。双原子分子势能函数是在 Born-Oppenheimer 近似条件下对分子电子结构的完全描述，从势能函数不仅可以得到分子的能量、分子振动和转动能级结构、力常数与光谱常数等性质，而且在分子光谱、航天技术、激光技术、材料科学等许多高新技术领域中，都对有关分子精确势能函数的理论研究有着长期的实际需要，同时双原子分子势能函数也是研究多原子分子离子及团簇的重要基础[2, 5-7]。例如，在电子和双原子分子振动激发散射研究中，如果没有精确的分子势能函数，就不能得到分子的精确振动能级和振动波函数，从而也就无法求得精确的散射截面；在化学反应动力学、分子结构的光谱数据、原子核运动的振动-转动能级和激发、分子离解通道的选择等诸多方面的研究中，不仅需要知道分子势能函数在平衡核间距附近的物理行为，同时也需要知道分子中原子核运动在渐近区域和解离区域的精确势能，但是，由于量子计算理论本身不可避免的局限性和客观实验手段存在的局限性，无论是理论还是实验对渐近区域和解离区域物理行为的研究一直都不是很理想，也做得不够好。因此，深入开展双原子分子精确势能函数的研究有着很重要的理论意义和重要的实际意义。

3.2.2　双原子分子势能函数与势能曲线

分子的电子运动方程[式(3.1-21)]的本征能量即分子的势能函数$U(R_\alpha)$是一个重要的物理量[8-11]，它是原子核坐标R_α的函数，分子的势能函数由解电子运动方程[式(3.1-21)]得到，对于不同分子的每个电子状态有不同的势能函数$U(R_\alpha)$。双原子分子的核构形只与核间距离R有关，因此对一个确定的分子的电子束缚态，势能函数最简单，只有一个变量$U=U(R)$，是一条势能曲线。当核构形改变时，R变化，即有转动和振动运动，电子波函数和能量也要发生变化。以U对R作图就得到常见的势能曲线。双原子分子的势能曲线主要有三大类，如图 3.1 所示[12]。

第一类是只有势阱的能形成稳定平衡结构的势能曲线，如图 3.1 中的曲线(1)，由于

$U(R)$ 中包含核间的排斥能，在 $R \to 0$ 时，排斥能急剧增大，使 $U(R \to 0) \to \infty$；在 $R \to \infty$ 处，$U(\infty)$ 等于分离成两个原子的能量之和，在图中设为零，在势能曲线最低点核间距为平衡位置 R_e 与这两点对应势能的差值。

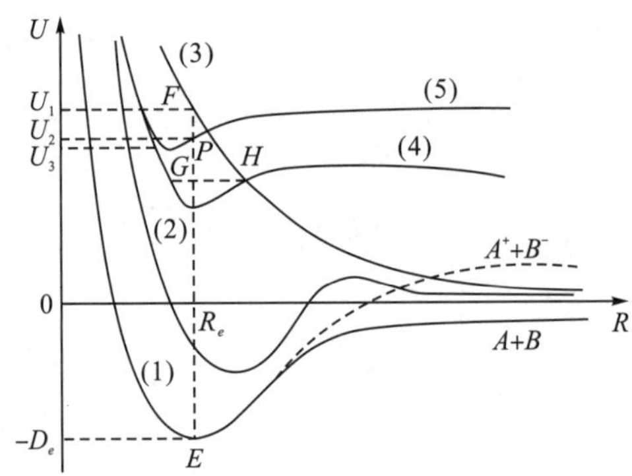

图 3.1 双原子分子的一般势能曲线

$$D_e = U(\infty) - U(R_e)$$

称为平衡离解能，表示处于某个稳定的电子态的分子离解成分离原子所需做的功。分离原子可能处于基态，也可能是激发态原子。基态分子分离形成基态电子态的原子的平衡离解能称为分子结合能，也称为键能。这类势能曲线广泛地存在于基态和激发态，如图 3.1 中曲线(1)和(4)。分子离解也可以形成两个带正、负电的离子，由于需要克服库仑吸引力作用，在 $R \to \infty$ 的渐近线的能量应比离解成中性原子的高，如图 3.1 中虚线 $A^+ + B^-$，高出部分应等于 A 原子的电离能与 B 原子的电子亲和能之差。

第二类势能曲线是有势阱和势垒的能形成稳定(或亚稳定)分子的势能曲线，如图 3.1 中曲线(2)。这类势能曲线具有两个极点：一个是极小点，即平衡点；另一个是极大点，它形成势垒。形成势垒的原因有多种，例如，带电离子分子离解为两个同种极性电荷的离子，它们的库仑排斥力作用使两离子在相距较远时形成势垒。

第三类是排斥势能曲线，如图 3.1 中曲线(3)。随着两原子距离的减小，分子势能增高，不出现任何势阱。这类势能曲线对应不稳定的排斥态。

图 3.1 中曲线(5)是中性分子电离后的离子的势能曲线，图上画的也是形成稳定离子的第一类势能曲线，如果假设曲线(1)和(5)分别是分子和它的一次电离的离子的基态势能曲线，那么曲线(1)和(5)的极小点之间的能量差即为中性分子的绝热电离势，或电离能或电子结合能：

$$E_b = U_1 + D_e$$

通过光电离实验由入射光子能量减去测量得到的光电子能量就可以得到分子的电离能，无论是分子的电离还是离解，入射光子能量或入射电子的能量损失超过电离能或平衡离解能的那部分能量主要转移为电离电子或离解离子的动能。因此，在分子的吸收谱中，除了离散谱之外，还会出现连续谱，一种常见的离解情况是分子吸收光子由稳定的束缚态

(1)跃迁到不稳定的排斥态(3)，这时最概然的吸收跃迁是从低态势能极小点 E 垂直向上到达 F 点，然后沿曲线(3)离解成 A+B，由于光子和电子的传能时间很短，远小于原子核的运动时间，因此非垂直跃迁概率较小。分子的离解能应该是 F 点与 E 点的能量差 U_3+D_e，不等于分子的平衡离解能 D_e，多余部分 U_3 变为离解后两粒子 A 和 B 的动能。

还有一种离解情况称为预离解，它是分子从曲线(1)被激发到曲线(4)上的情况。由于曲线(4)是束缚里德伯态，与离解曲线(3)在 H 点有交叉，当曲线(3)与曲线(4)对应的电子态对称性相同、曲线(4)的振动能高度 G 点能够达到 H 点高度时，从曲线(1) E 点跃迁到曲线(4) G 点以上的分子就不会通过正常的辐射或自电离回到分子基态，而将经过由曲线(3)无辐射跃迁到连续区而离解，其寿命比正常的谱线跃迁短得多，称为预离解。因此，类似原子自电离情况，由于束缚态[曲线(4)]和连续态[曲线(3)]的相互作用而导致预离解，预离解导致吸收谱是一个弥散的宽峰，而发射谱则发生中断[8-11]。

3.2.3 研究双原子分子势能函数的几种重要方法

由于分子势能函数的重要性，相关的研究工作一直在进行。迄今为止，人们提出了许多具有代表性的关于双原子分子势能函数的研究方法和解析表达式。

3.2.3.1 RKR 反演方法

RKR 反演法是由 Rydberg-Klein-Rees[13-15]三人课题小组提出的描述双原子分子势能曲线的方法。该方法是以实验测得的分子振转能级 $G(\upsilon)$ 和 $B(\upsilon)$ 为数据基础，再运用半经验的 WKB 近似公式，推导并获得分子振动能级 $G(\upsilon)$ 所对应的经典拐点 $R_{\min}$ 和 $R_{\max}$，由此确定分子势能曲线。求解 $R_{\min}$ 和 $R_{\max}$ 的一般公式为

$$R_{\min}=\left[f(\upsilon)^2+\frac{f(\upsilon)}{g(\upsilon)}\right]^{\frac{1}{2}}-f(\upsilon) \tag{3.2-1}$$

$$R_{\max}=\left[f(\upsilon)^2+\frac{f(\upsilon)}{g(\upsilon)}\right]^{\frac{1}{2}}+f(\upsilon) \tag{3.2-2}$$

其中，

$$f(\upsilon)=\frac{\hbar}{(2hc\mu)^{1/2}}\int_{\upsilon_{\min}}^{\upsilon}[G(\upsilon)-G(u)]^{\frac{1}{2}}\,\mathrm{d}u \tag{3.2-3}$$

$$g(\upsilon)=\frac{(2hc\mu)^{1/2}}{\hbar}\int_{\upsilon_{\min}}^{\upsilon}B(u)[G(\upsilon)-G(u)]^{-\frac{1}{2}}\,\mathrm{d}u \tag{3.2-4}$$

式(3.2-3)、式(3.2-4)中的 $\upsilon_{\min}$ 是在 $Y_{00}+G(\upsilon)=0$ 时所对应的振动量子数 υ [16]，Y_{00} 为 Dunham 系数，意指 Dunham 振转能量公式中[17]的第 0 阶振动光谱常数。基于 WKB 近似的 RKR 方法，从 $\upsilon_{\min}$ 出发，运用逐步描点方法，就可以得到由实验测得的最低点到最高点的振动能级所对应势能值(通常称为 RKR 值)的势能曲线，随着实验手段的不断提高，

由于 RKR 的值在实验数据的可靠性范围内，其精确度较高，所以在实际工作中人们通常将 RKR 数据作为近似实验势能值，并以它为参照标准来检验其他理论势能函数值的正确性。另一方面，RKR 反演法也有它自身的局限性，其局限性主要有三点：

(1) RKR 反演法的精确度要完全依赖于实验上测得的振转能级，如果实验条件受限，缺少某个分子电子态的振转能级的实验值，或测得的数值不精确，这时由 RKR 方法得出该分子态的势能曲线就有较大的偏差。

(2) 由于目前实验设备以及实验条件的限制，人们很难测出分子接近于离解时的振转能级，或测出的数据误差相当大，因此，对于大多数分子态而言，RKR 反演法很难获得高于最高振转能级的势能值，通常只能得到在平衡距离附近的 RKR 势能值，在远离平衡距离的渐近区域内，由于所对应的振转能级较高，往往缺少正确的 RKR 势能值，或者得出的数据可靠性较低。

(3) RKR 反演法只适用于双原子分子体系，对多原子分子势能函数的研究无能为力，更不能获得解析的势能函数表达式。

3.2.3.2 逆向微扰方法

针对 RKR 反演法存在的缺陷，Kozman[18]、Vidal 和 Scheingraber[19, 20]研究小组在 RKR 方法的基础上提出了逆向微扰方法（inverted perturbation approach，IPA），其基本原理如下。

在分子的核运动方程中，把势能 $V(R)$ 表示为一个初始势能 $V_0(R)$ 和一校正项 $\Delta V(R)$ 之和

$$V(R)=V_0(R)+\Delta V(R) \tag{3.2-5}$$

相应地核运动方程为

$$[T_n+V_0(R)+\Delta V(R)]\psi_{\upsilon J}=E_{\upsilon J}\psi_{\upsilon J} \tag{3.2-6}$$

根据一阶微扰理论，由 $\Delta V(R)$ 引起的能量校正值 $\Delta E_{\upsilon J}$ 为

$$\Delta E_{\upsilon J}=\left\langle \psi_{\upsilon J}^0 \middle| \Delta V(R) \middle| \psi_{\upsilon J}^0 \right\rangle \tag{3.2-7}$$

式中的 $\psi_{\upsilon J}^0$ 为零级径向波函数，它是方程

$$[T_n+V_0(R)]\psi_{\upsilon J}^0=E_{\upsilon J}^0\psi_{\upsilon J}^0 \tag{3.2-8}$$

的解。在量子力学微扰理论中，通常事先给定 $\Delta V(R)$ 后，再根据式(3.2-7)求出 $\Delta E_{\upsilon J}$，而在逆向微扰方法(IPA)中，则是由给定的 $\Delta E_{\upsilon J}$ 来计算得出 $\Delta V(R)$。$\Delta E_{\upsilon J}$ 被定义为

$$\Delta E_{\upsilon J}=E_{\upsilon J}-E_{\upsilon J}^0 \tag{3.2-9}$$

式中，$E_{\upsilon J}$ 为所求分子电子态基于实验所获得的振转能量值；$E_{\upsilon J}^0$ 是将初始势能 $V_0(R)$ 代入式(3.2-8)计算而得到的零级振转能量值。$V_0(R)$ 原则上可以取任意合适的势能值，但实际上以取 RKR 势能值为最好，然后再由式(3.2-7)和式(3.2-5)计算所得的势能作为下一步迭代中的初始势能 $V_0(R)$，再代入式(3.2-8)中，这样经过反复迭代，直到符合人们要求的精度为止。

逆向微扰方法由于运用了微扰校正，所以由它所确定的势能要比应用 RKR 方法所确定的势能更准确一些，而且也可以处理一些 RKR 方法无法解决的体系，如体系的双势阱

问题等。即便如此，由于逆向微扰方法是建立在 RKR 方法的基础上的，而 RKR 方法本身的固有缺陷(依赖于实验振转能级)并没有从根本上得到改善，例如，如果缺少分子高激发态的实验振转能级或实验测量值误差较大，在这种情况下，逆向微扰方法所确定的势能值的误差将会更大，因而在通常情况下，逆向微扰方法只有在平衡距离附近区域才有准确度较高的势能值。

3.2.3.3　从头计算方法(ab initio method)

从头计算方法是基于量子力学基本原理直接求解薛定谔方程的量子化学计算方法，其特点是没有经验参数，并且对体系不作过多的简化。从前面 3.1.2 节的讨论中可知，当忽略所有电子态的耦合作用时，分子的势能函数是由该电子态的电子运动本征能量所决定的，在 Born-Oppenheimer 近似下，求解分子势能函数的工作就转化为对分子中电子运动的本征能量的求解，也就是转化为求解式(3.1-21)。因为式(3.1-21)对于分子的多核体系不能严格求解，因此在实际工作中人们采用的是一组数目有限的代数方程，称为哈特里－福克-罗斯汉方程(Hartree—Fock-Roothaan equation)[4, 6, 21, 22] 来进行计算的，简称为哈特里－福克方法。因为该方法只考虑了体系的一个组态，没有考虑电子相关作用，所以对开壳层分子以及激发态分子全空间势能的计算就产生了相当大的误差。针对这种情况，人们又提出了各种组态相关(configuration interaction)方法(CI 方法)来提高计算的精确度。CI 方法的基本思想是将多电子体系波函数展开为所有组态的线性叠加，每一个组态都由一个 Slater 行列式来表示，它代表一种电子可能的状态。从理论上讲，精确的体系波函数是由无穷多个组态的线性叠加来表示的，在 CI 的展开项中应包含无穷项，但实际上是不可行的，因为 CI 的展开收敛较慢，所以人们常常凭经验只取有较大贡献的若干组态，而将其余影响小的组态截断，截取的方法不同，就有不同的组态相关方法，如单取代组态相关法(configuration interaction single, CIS)、单双取代组态相关法(configuration interaction single double, CISD)等。

从头计算方法不依靠任何实验参数，为理论上研究双原子分子势能函数开辟了一条新的道路，随着计算机技术的快速发展和各种数值计算方法的不断改进，从头计算法已经应用到了各种分子体系中，从小分子到大分子，从基态到激发态，都已经有了一些很好的理论研究结果，对于许多目前实验还无法测量的分子态，从头计算法也给出了较好的预测结果。

目前从头计算法存在的主要缺陷是：

(1)受计算条件的限制，对绝大多数分子态而言，从头计算法无法考虑完全的相对论修正、核振动、核自旋辐射修正等因素，从而使得计算结果有一定的偏差。

(2)因从头计算方法是基于 Born-Oppenheimer 近似的，从式(3.1-21)计算出的分子势能函数是没有考虑非绝热效应的，当分子处于高激发态振转能级(核运动的动能较大)或不同电子态之间的耦合作用较强时，Born-Oppenheimer 近似就失效了，由此也使得计算结果有一定的偏差。

(3)对于绝大多数分子体系而言，从头计算法都是基于哈特里－福克方法的，因为它存在着自洽极限，所以从头计算方法的计算结果一般都比实验值略高一些。

3.2.3.4 解析函数构造法

解析函数构造法是利用一定数量的实验光谱常数，但不需要借助烦琐的数值计算就可以得到一个分子态的全程势能函数的研究方法，由于它比较简便实用，所以从早期一开始便吸引了许多科研工作者来研究探索优秀的解析势能函数形式，如适用于双原子分子的三参数 Morse 势[23]、Murrell-Sorbie 势[24]、Rydberg 势[13]、由 Murrell 和 Sorbie 对 Rydberg 势改进后的 Murrell-Sorbie(MS)势以及经过 Huxley 和 Murrell 对 MS 势改进后得到的 Huxley-Murrell-Sorbie (HMS)势[25]等。这些势能函数的每一种形式一般应用于描述某些个别或某种类别的双原子分子或离子。早期提出的分子解析势能函数形式是基于经典的简谐振动模型的简谐振子势(SHO)，这个势能函数很简便，它只能适用于在平衡位置附近很小的区域内。双原子分子的三参数 Morse 势于 1929 年由 Morse 提出[23]，曾被广泛使用：

$$V_M(R) = D_e[\mathrm{e}^{-2\beta x} - 2\mathrm{e}^{-\beta x}] \tag{3.2-10}$$

式中，$x = R - R_e$，R_e 为分子平衡核间距；$\beta = \left(\dfrac{f_2}{2D_e}\right)^{\frac{1}{2}}$，$D_e$ 为分子离解能。由于 Morse 势形式简单，精度比较高，所以人们利用它的优良特性获得了原子核振动波函数的解析表达式，在此基础上，人们又相继提出了 Hulbert Hirsehfelder(HH)势函数和扩展的 Morse 势函数(GMF)来逐步提高分子势能函数的精度。

HH 势为

$$V_{\mathrm{HH}}(R) = D_e(1 + gx^3 + hx^4)[\mathrm{e}^{-2\beta x} - 2\mathrm{e}^{-\beta x}] \tag{3.2-11}$$

GMF 势为

$$V_{\mathrm{GMF}}(R) = D_e[\mathrm{e}^{-2\alpha x} - 2\mathrm{e}^{-\alpha x}] \tag{3.2-12}$$

$$\alpha = \beta(1 + \lambda_1 x + \lambda_2 x^2) \tag{3.2-13}$$

HH 势主要对分子势能曲线的排斥支作了改进，而 GMF 势则是对分子势能曲线的对排斥支和吸引支都作了改进。1931 年，Rydberg 提出了另一种形式的分子势能函数(Rydberg 势)[13]：

$$V_{\mathrm{R}}(R) = -D_e(1 + \alpha x)\mathrm{e}^{-\alpha x} \tag{3.2-14}$$

式(3.2-5)表达的Rydberg势能函数在整个分子势能曲线段都有效地改进了Morse势能函数。1974 年，Murrell 和 Sorbie 通过对已有的分子势能函数进行深入的分析和研究后，提出了扩展的 Rydberg 势，即 Murrell Sorbie(MS) 势函数，后来又经过 Huxley 和 Murrell 对展开系数做了改进，从而最后形成了 Huxley Murrell Sorbie(HMS 势)函数：

$$V_{\mathrm{HMS}}(R) = -D_e(1 + \alpha_1 x + \alpha_2 x^2 + \alpha_3 x^3)\mathrm{e}^{-\alpha_1 x} \tag{3.2-15}$$

式中的α_1、α_2和α_3为展开系数，对于绝大多数的双原子系统而言，HMS 势都称得上是最优秀的势能函数之一，它具有良好的数学物理性质和较为广泛的普适性，它不仅对排斥支作了较大改善，而且在吸引支也优于 Morse、HH、GMF、Rydberg 和 MS 所表达的解析势能函数，HMS 势的三阶与四阶力常数也与实验光谱值符合得相当好。

然而，以上所述的解析势能函数都属于经验型的，它们都没有 Schrödinger 方程的解析解，适用范围仅局限于基态的双原子分子的情形，势能函数都没有 Schrödinger 方程的解析解，而且都是在平衡位置附近与实验值符合得较好，当在远离平衡距离的区域时都存在着不同程度的偏差。如果把这些解析势能函数运用到处于电子激发态的分子时，其误差就更为明显。在图 3.2、图 3.3 中[8]，通过分别对 $Br_2-A'(2_u\,^3\Pi)$ 分子和 $CaF-A^2\Pi$ 分子的两个激发态的势能曲线作比较，可以清楚地看出，Morse 势和 HMS 势函数只有在平衡距离附近与精确的势能值符合得较好，当核间距变大时，这两种势能曲线都偏离了真实值(基于实验数据反演的 RKR 势能值作为比较的标准)，以图 3.2 中描绘出的 $Br_2-A'(2_u\,^3\Pi)$ 分子势能曲线比较图为例，Mosre 势和 HMS 势在 $R=6.0a_0$ 处就开始偏离实验值(RKR 势能值)了，对于图 3.3 中 $CaF-A^2\Pi$ 分子势能曲线比较图，也有类似的结论。

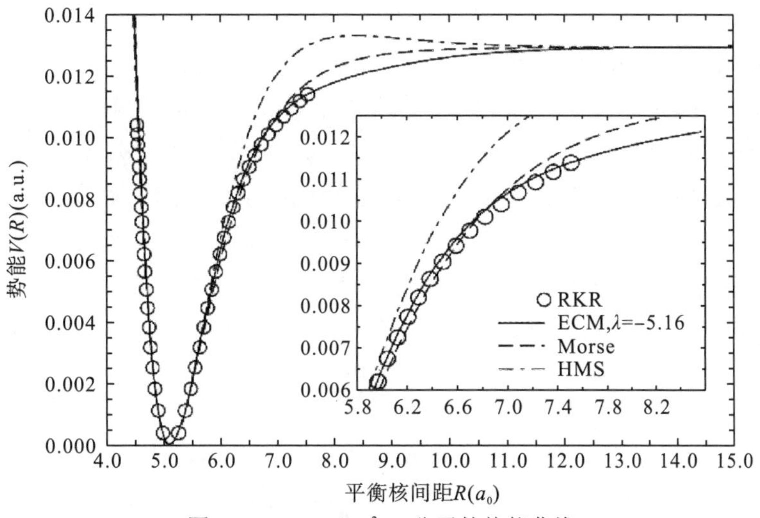

图 3.2　$Br_2-A'(2_u\,^3\Pi)$ 分子的势能曲线

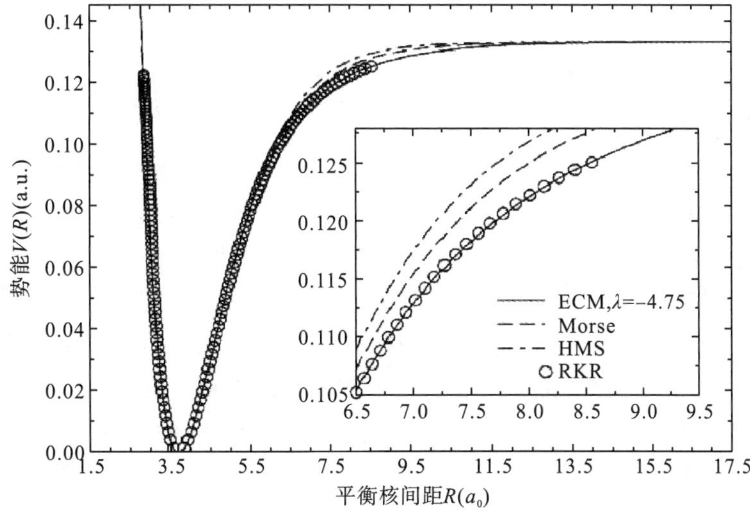

图 3.3　$CaF-A^2\Pi$ 分子的势能曲线

3.2.4 研究双原子分子势能函数的新方法(ECM 方法)

随着分子势能势函数研究工作的不断深入，曾经被人们认为优秀的势函数之一的 MS 势的缺点和不能正确描述的情况越来越多地表现了出来，由此人们开始深入思考和探索双原子分子势能函数新的解析表达形式以及寻找确定势能函数的新方法。1997 年，孙卫国提出了能量自洽法[27](energy constant method，ECM)，将变分法的思想和能量收敛的判据引入到双原子分子势能函数的研究中；1999 年，孙卫国和冯灏又重新对双原子分子的势能函数作了深入地研究，仔细分析了力常数和光谱数据的关系，用二阶微扰理论推导出了力常数和光谱数据的新关系，创造性地提出了双原子分子势能函数新的解析变分形式[27](称为 ECM 势)。

对于大多数分子的解析势能函数而言，如 Morse 势、HH 势、MS 势等，它们在平衡位置附近都有很好的行为，而在渐近区都存在着不同程度的偏差，其中 MS 势因在平衡核间距处具有正确的物理性质，所以 MS 势被人们认为是常用的优秀势能函数之一，ECM 方法就是以表现良好的 MS 势能函数为基础，保留它在平衡核间距附近有良好物理行为的优势，又通过增加一个修正项的变分修正来改进它的缺点，比如在渐近区存在不太好的物理行为，甚至物理意义不正确的行为(不应有的拐点和发展趋势等)，等等。这个变分修正来自两个势能函数之差和具有变分调节功能的变分函数的乘积。因此，ECM 势的一般构成形式如下：

$$\begin{aligned} V_{\mathrm{ECM}} &= V_\alpha(R) + \Lambda(R)[V_\beta(R) - V_\gamma(R)] \\ &= V_\alpha(R) + \Lambda(R)\delta V(R) \end{aligned} \tag{3.2-16}$$

式中，第一项 $V_\alpha(R)$ 是 ECM 势的主体(优秀的 MS 势为首选)，第二项是对第一项的变分修正，$\Lambda(R) = \lambda \dfrac{x}{R}[1 - \mathrm{e}^{-\lambda^2 x/R_e}]$ 为具有变分调节功能(通过可调变分参数 λ)的变分函数，它起着双重作用：第一，它调整式(3.2-16)中的 $\delta V(R)$ 项，使得整个微扰项 $\Lambda(R)\delta V(R)$ 具有良好的物理行为，以保证新势能函数在全程范围内有较高的精度；第二，它保证新势能函数在平衡位置处满足正确的物理性质。式(3.2-16)中的 $\delta V(R) = [V_\beta(R) - V_\gamma(R)]$ 是两个势能函数之差，即 $V_\beta(R) - V_\gamma(R)$，它们的选择可以在 HMS、Morse、MS 等势函中选取。从式(3.2-16)中可以看出，当变分函数 $\Lambda(R)$ 等于零时，ECM 势只剩下主体项，所以 ECM 势的表现行为一定不比主体项的表现行为差，然而选取合理的势能函数差和恰当的变分参数，ECM 势应该比势函数主体项 $V_\alpha(R)$ 有更好的物理行为。孙卫国课题组的研究成果[28-30]表明，ECM 势能更好地描述双原子分子势能函数的全程物理行为，并能得到、补充实验方法和其他理论方法难以得到的分子渐近区和离解区的正确势能曲线、高振动能级以及正确的波函数等重要数据，图 3.1、图 3.2 也清楚地表明了 ECM 势能曲线在全程范围内都与基于实验的 RKR 数值相吻合，充分说明了 ECM 势能公式不仅具有势能函数所要求的基本物理性质，而且在精度上一般也优于使用比较广泛的 Morse 势能函数和 MHS 势能函数，

ECM 势能公式不仅适用于稳定的双原子分子的基态，而且还能解决许多双原子分子激发态的势能曲线问题，同时对势能曲线全程的精度也作了较大的改进。

2000 年，冯灏等[31]将新的势能函数 ECM 势向高阶修正发展，将三阶 HMS 势推广到五阶，新的五阶 ECM 势具有良好的基本物理性质，使能量自洽法具有更广泛的适用性，扩展了能量自洽法的适用范围。2003~2004 年，刘国跃和孙卫国又将 ECM 变分思想引入离子势能函数的研究中，用于构造双原子分子离子 XY的势能函数，成功建立了双原子分子离子 XY势能函数的新解析势——ECMI 势，并将新 ECMI 势和推广了的离子能量自洽法(ECMI)对部分双原子分子离子 XY的势能行为进行了新的研究[32, 33]。以图 3.4、图 3.5 所描绘的势能曲线为例[33]，通过用新解析势能函数 ECMI 势和 ECMI 方法分别对双原子分子离子 $NF^+-b^4\Sigma^+$ 和 $HCl^+-X^2\Pi$ 的两个电子态的势能曲线研究结果作比较，可以清楚地看出，对于 NF^+ 的 $b^4\Sigma^+$ 态，量子力学的组态相关方法(CI)结果[1, 21]与基于实验(RKR)数值的 ECMI 势的差异较大(如图 3.4 所示)，在排斥支，量子力学的CI结果与 ECMI 势和 RKR 数值相符合；在吸引支，CI 结果整体上表现出收缩得很紧的趋势，与基于实验的 RKR 数值有很大的偏差，这些现象表明量子力学CI方法对 NF^+ 的这个电子态的势能函数的计算是不成功的，而 Morse 势和 HMS 势又小于 RKR 数值，使得势阱变宽。只有新的势能函数 ECMI 势不仅与实验结果符合得很好，而且还能给出实验方法和理论方法不能给出的正确的全程势能函数，这对各种理论分析和实验研究尤为重要。HCl^+ 的 $X^2\Pi$ 态的势能函数曲线如图 3.5 所示[33]，在排斥支，新的 ECMI 势和 HMS 势以及 Morse 势与 RKR 数值都相符合，在平衡核间距附近，它们也与 RKR 数值相一致，但在重要的渐近区，从 $R=4.0a_0$ 到 $R=8.4a_0$，HMS 势和 Morse 势都偏离 RKR 数据和新的 ECMI 势，HMS 势比 Morse 势更加低于 RKR 数据，只有新的 ECMI 势与实验的 RKR 数据一直相符合。

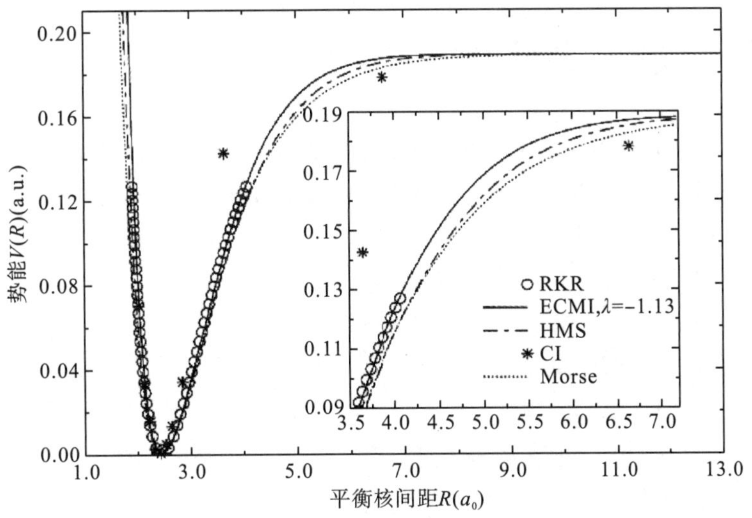

图 3.4　$NF^+-b^4\Sigma^+$ 分子的势能曲线

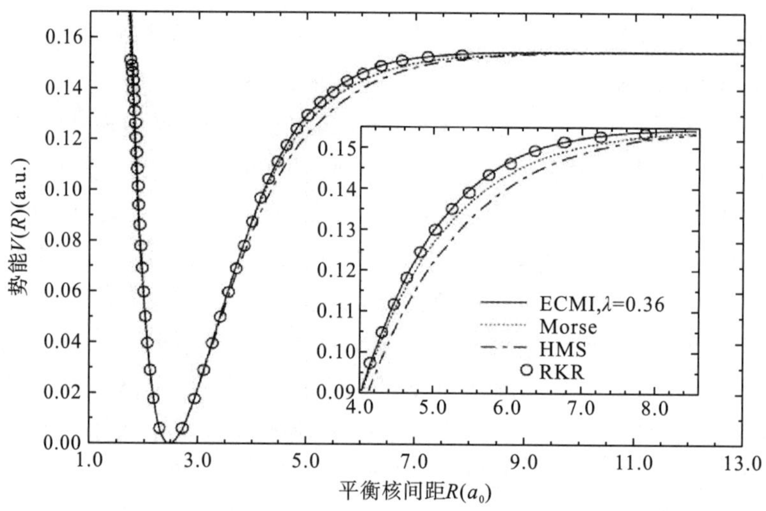

图 3.5 $HCl^+-X^2\Pi$ 分子的势能曲线

综上所述，由孙卫国、冯灏和刘国跃等创立的能量自洽法(ECM)及其改进的 ECM 方法(ECMI)对一系列双原子分子(中性类和离子类)的研究结果表明，ECM 和 ECMI 方法与其他理论方法相比，具有更加广泛的适应性，它不仅适用于确定中性双原子分子 XY 的势能函数，而且同样适用于带电的双原子分子离子 XY^+势能函数的确定，能量自洽法的创立，为进一步正确地深入研究双原子分子能级结构性质奠定了很好的物理基础。

3.3 双原子分子运动及其能级结构

3.3.1 双原子分子的内能、能级结构及光谱特征

双原子分子中包含的两个原子和核外电子，都是运动着的物质，都具有能量。在一定的条件下，分子处于一定的运动状态，其内部运动状态有三种形式：

(1) 电子运动：电子绕原子核作相对运动。

(2) 原子运动：分子中原子在其平衡位置上做相对振动。

(3) 分子转动：整个分子绕其重心作旋转运动。

三种运动形式对应的能量分别是电子能 E_e 、振动能 E_υ 和转动能 E_r ，而且都是量子化的，分子的内能 E 由这三部分组成，即： $E=E_e+E_\upsilon+E_r$ ，如图 3.6 所示。由于分子平动能量是连续的，而核的能级要在磁场中才分裂，所以分子光谱主要取决于它的电子能量、振动能量和转动能量的变化，在这些能量变化状态之间跃迁产生的光谱频率 ν (用波数表示)可以写成中才分裂，所以分子光谱主要取决于它的电子能量、振动能量和转动能量的变化，在这些能量变化状态之间跃迁产生的光谱频率 ν (用波数表示)可以写成：

$$\nu = \frac{1}{\lambda} = \frac{E_2 - E_1}{hc} = \nu_e + \nu_\upsilon + \nu_r \tag{3.3-1}$$

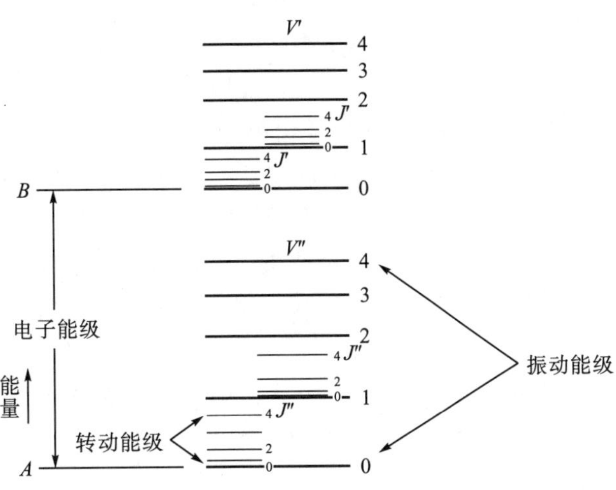

图 3.6　双原子分子能级结构示意图

分子的两个电子态 A、B 振动和转动能级之间的吸收跃迁如图 3.7 所示。在分子的电子能量、振动能量和转动能量的变化中，电子的能级间距最大，振动的能级间距次之，转动能级间距最小，即：$\Delta E_e > \Delta E_\upsilon > \Delta E_r$ 。

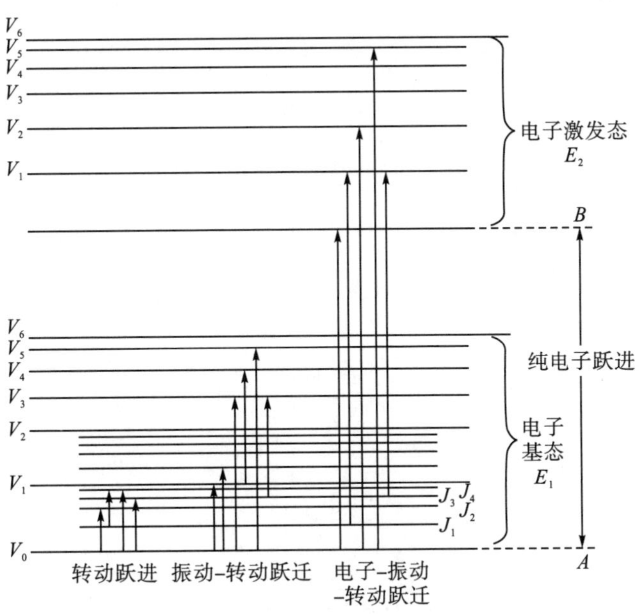

图 3.7　两个电子态 A 和 B 振动和转动能级之间的吸收跃迁

电子能级的能量差在 1～20 eV，电子光谱的波长在紫外可见区(400～800 nm)，电子的能级状态由电子光谱项标记，电子光谱反映分子在不同电子态之间的跃迁，在分子发生电子能级跃迁的同时，一般会同时伴随有振动和转动能级的跃迁，所以电子光谱呈现谱带系特征，是带状光谱，不同的谱带系对应于不同电子能级之间的跃迁，而谱带系中的每一个谱带则对应于一对振动能级之间的跃迁；振动能级的能量差在 10^{-2}～1 eV，光谱的波长在近红外区到中红外区(1～25 μm)，振动光谱是同一电子态内不同振动能级之间跃迁所产生的光谱，振动跃迁的同时会带动相应的转动跃迁，所以振动光谱会呈现明显的谱带特征，谱带中的每一条谱线对应于一对转动能级之间的跃迁；转动光谱是在同一电子态的同一振动态内不同转动能级之间跃迁所产生的光谱，转动能级的能量差在 10^{-3}～10^{-6}eV，所以转动跃迁所吸收光子的频率较低，波长 λ 较长(25～500 μm)，位于远红外区到微波区，转动光谱是线光谱。

上述分离方法仅仅是一个近似而已。事实上，分子的电子运动、振动和转动是无法严格分离的，原因在于不同形式的运动之间有耦合作用。

3.3.2 双原子分子的转动与振动

3.3.2.1 振动与转动体系的物理描述

双原子分子包含有两个原子核和若干电子，在 Born-Oppenheimer 近似下，双原子分子的两个原子核的 SchrÖdinger 方程为[21, 34, 35]

$$\left[-\frac{\hbar^2}{2m_1}\nabla_1^2-\frac{\hbar^2}{2m_2}\nabla_2^2+U(R)\right]\phi(R)=E\phi(R) \tag{3.3-2}$$

若定义质心：

$$\vec{R}_c=\frac{m_1\vec{R}_1+m_2\vec{R}_2}{m_1+m_2} \tag{3.3-3}$$

相对坐标：

$$\vec{R}=\vec{R}_1-\vec{R}_2 \tag{3.3-4}$$

约化质量：

$$\mu=\frac{m_1m_2}{m_1+m_2} \tag{3.3-5}$$

将式(3.3-2)分离变量，令 $\phi(R)=f(\vec{R}_c)\Phi(\vec{R})$

则有

$$\frac{1}{2(m_1+m_2)}\nabla_c^2 f(\vec{R}_c)=E_c f(\vec{R}_c) \tag{3.3-6}$$

$$\left[-\frac{1}{2\mu}\nabla^2+U(R)\right]\Phi(R)=(E-E_c)\Phi(\vec{R}) \tag{3.3-7}$$

式(3.3-7)描述约化质量为μ的“复合粒子”的相对“核”运动，式(3.3-6)描述双原子分子质心的运动，在研究分子结构时，与质心的运动无关，故略去不予考虑。

对于相对运动，考虑到两个原子核相对运动角动量L为守恒量，可以选波函数Φ同时是L^2、L_z的共同本征态，采用球坐标，式(3.3-7)可写成[34, 35]：

$$\left[\frac{\hbar^2}{2\mu}\frac{1}{R^2}\frac{\partial}{\partial R}r^2\frac{\partial}{\partial R}+\frac{L^2}{2\mu R^2}+U(R)\right]\Phi(\vec{R})=(E-E_c)\Phi(\vec{R}_c) \tag{3.3-8}$$

其中，

$$L^2=-\left[\frac{1}{\sin\theta}\frac{\partial}{\partial\theta}\sin\theta\frac{1}{\sin^2\theta}\frac{\partial^2}{\partial\varphi^2}\right] \tag{3.3-9}$$

若定义

$$\Phi(R)=\frac{G(R)}{R}y_{JM}(\theta,\varphi) \tag{3.3-10}$$

则式(3.3-8)化为径向运动方程

$$-\frac{\hbar^2}{2\mu}\frac{\mathrm{d}^2G}{\mathrm{d}R^2}+\left[U(R)+\frac{L^2}{2\mu R^2}\right]G=(E-E_c)G \tag{3.3-11}$$

如果假设核转动时，核间距不变(刚性转子)，则有转动方程：

$$\frac{L^2}{2\mu R_e^2}y_{JM}(\theta,\varphi)=\frac{J(J+1)\hbar^2}{2\mu R_e^2}y_{JM}(\theta,\varphi) \tag{3.3-12}$$

即转动波函数为球谐函数，转动能级是量子化的。将转动分离之后，得到核振动方程：

$$\left[-\frac{\hbar^2}{2\mu}\frac{\mathrm{d}^2}{\mathrm{d}R^2}-(E-E_c)+U(R)+\frac{J(J+1)\hbar^2}{2\mu R^2}\right]G=0 \tag{3.3-13}$$

边界条件为

$$\begin{cases}G(0)=0\\G(\infty)=0\quad(\text{束缚态条件})\end{cases} \tag{3.3-14}$$

式(3.3-13)左边第四项代表由于转动带来的离心势能。令：

$$W(R)=U(R)+\frac{J(J+1)\hbar^2}{2\mu R^2} \tag{3.3-15}$$

当转动角动量不太大时，$W(R)$仍然具有平衡点R_e。R_e 由下式确定

$$\frac{\mathrm{d}W}{\mathrm{d}R}\Big|_{R_e}=0$$

即：

$$-\frac{\mathrm{d}U}{\mathrm{dR}}\Big|_{R_e}-\frac{J(J+1)\hbar^2}{\mu R_e^3}=0 \tag{3.3-16}$$

将$W(R)$在R_e附近展开成泰勒级数：

$$W(R)=W(R_e)+W'(R_e)(R-R_e)+\frac{W''(R_e)(R-R_e)^2}{2!}+\frac{W'''(R_e)(R-R_e)^3}{3!}+\cdots \tag{3.3-17}$$

在最小势能的位置处，有 $W'(R_e)=0$，在靠近R_e的区域，$(R-R_e)^3$及$(R-R_e)$的高次项都很小，可将其忽略。对于微小振动，在大多数时间内，核间距离是接近R_e的，因此，

保留式(3.3-17)中$(R-R_e)$幂次最低的两项将有

$$W(R)\approx W(R_e)+\frac{1}{2}\left(\frac{d^2W}{dR^2}\right)_{R=R_e}(R-R_e)^2=U(R_e)+\frac{J(J+1)\hbar^2}{2\mu R_e^2}+\frac{1}{2}\left(\frac{d^2W}{dR^2}\right)_{R=R_e}(R-R_e)^2 \quad (3.3\text{-}18)$$

令

$$\frac{1}{2}\left(\frac{d^2W}{dR^2}\right)_{R=R_e}=\frac{1}{2}\mu\omega^2 \quad (3.3\text{-}19)$$

$$q=R-R_e \quad (3.3\text{-}20)$$

q代表偏离平衡点的距离，则式(3.3-13)和式(3.3-14)分别为

$$-\frac{1}{2\mu}\frac{d^2}{dq^2}G+\frac{1}{2}\mu\omega^2q^2G=E'G \quad (3.3\text{-}21)$$

$$\begin{cases}G(q=-R_e)=0\\G(\infty)=0\end{cases} \quad (3.3\text{-}22)$$

式(3.3-21)中

$$E'=E-E_C-U(R_e)-\frac{J(J+1)\hbar^2}{2\mu R_e^2} \quad (3.3\text{-}23)$$

式(3.3-21)在$-R_e\leqslant q<\infty$范围中有界的解为

$$G\sim\exp[-\tfrac{1}{2}\alpha^2q^2]H_\upsilon(\alpha q) \quad (3.3\text{-}24)$$

$$\alpha=\sqrt{\mu\omega/\hbar}$$

H_υ是Hermite函数：

$$H_\upsilon=\frac{1}{2\Gamma(-\upsilon)}\sum_{l=0}^{\infty}\frac{(-)^l}{l!}\Gamma\left(\frac{l-\upsilon}{2}\right)(2\xi)^l \quad (3.3\text{-}25)$$

υ一般不为正整数，由下列边界条件确定：

$$H_\upsilon(-\alpha R_e)=0 \quad (3.3\text{-}26)$$

但当J不太大时(即转动效应不明显时)，αR_e很小，υ接近于正整数，式(3.3-23)的相应本征值为

$$E'+E_c=\left(\upsilon+\frac{1}{2}\right)\hbar\omega \quad (3.3\text{-}27)$$

代入式(3.3-23)，便可求得双原子分子的相对运动能量为

$$E=U(R_e)+\upsilon+\frac{1}{2}\hbar\omega+\frac{J(J+1)\hbar^2}{2\mu R_e^2} \quad (3.3\text{-}28)$$

式(3.3-28)右边第一项代表电子能量最低值，常称为电子能量，第二项代表振动能量，第三项代表转动能，这样，式(3.3-28)可分为E_e、E_υ、E_r之和：

$$E=E_e+E_\upsilon+E_r \quad (3.3\text{-}29)$$

根据光谱学中光谱项的定义($T=E/hc$，T的单位为cm^{-1})，可令：

$$T_e=\frac{E_e}{hc} \quad (3.3\text{-}30)$$

$$G = \frac{E_\upsilon}{hc} \tag{3.3-31}$$

$$F = \frac{E_R}{hc} \tag{3.3-32}$$

则

$$T = T_e + G + F \tag{3.3-33}$$

其中，

$$G(\upsilon) = \omega_e(\upsilon + \tfrac{1}{2}) \tag{3.3-34}$$

$$\omega_e = \frac{\omega}{2\pi c} \tag{3.3-35}$$

$$F(J) = B_e J(J+1) \tag{3.3-36}$$

$$B_e = \frac{h}{8\pi^2 c\mu R_e^2} = \frac{h}{8\pi^2 cI} \tag{3.3-37}$$

相邻振动光谱项之差为

$$\Delta G = G(\upsilon) - G(\upsilon - 1) = \omega_e \tag{3.3-38}$$

相邻转动光谱项之差为

$$\Delta F = F(J) - F(J-1) = 2JB_e \tag{3.3-39}$$

此式表明，ΔF 随 J 增大而线性增大。对应不同电子能量，曲线 $u(R_e)$ 亦不同。令 ΔT 表示相邻电子光谱项差，则可有

$$\Delta T_e >> \Delta G >> \Delta F \tag{3.3-40}$$

因此，通常认为振动能叠加于电子能量上，而转动能又叠加于振动能之上。

3.3.2.2　谐振子的微扰理论

一个振动着的孤立分子总是伴随着转动，双原子分子未微扰的零级振转能量是式(3.3-34)与式(3.3-36)之和，即：

$$E_{\upsilon J}^{(0)} = \omega_e(\upsilon + \tfrac{1}{2}) + B_e J(J+1) \tag{3.3-41}$$

但是很明显，当分子也沿两个原子核的连线方向振动时，分子就不再是一个严格的刚性转子，因此，能更好地代表分子转动的模型是非刚性转子，它是由两个质点组成的转动系统，连接这两个质点的不是无质量的刚性棒，而是无质量的弹簧。在这样的系统中，由于离心力的作用，核间距以及转动惯量便随着转动的加快而增大，因此，刚性转子的转动项值的表达式[式(3.3-36)]中的因子 $B_e = \dfrac{h}{8\pi^2 cI}$ 与转动能(即与转动量子数)有关，并随 J 的增大而减小。更详细的计算结果表明[2]，在很好的近似程度下，非刚性转子的转动项是

$$F(J) = \frac{E_r}{hc} = B_e[1 - \mu J(J+1)] \times J(J+1) \tag{3.3-42}$$

即 $B_e[1 - \mu J(J+1)] \times J(J+1)$ 代替了式(3.3-36)中的 B_e。式(3.3-42)中的常数 B_e 由式(3.3-37)给出，但转动惯量 I 却用 I 在转动能为零时的值代入，μ 和 1 相比很小，因此，式(3.3-42)

通常写成(见附录A)：

$$F(J)=B_eJ(J+1)-\tilde{D}J^2(J+1)^2 \tag{3.3-43}$$

用简谐振子势能代替 $U(R)$ 只适用于 R_e 附近，在高振动能级时，振动范围大，用简谐振子势能不是一个好的近似。要得到较好的结果常常把 $U(R)$ 按 $q=R-R_e$ 的级数展开到 q^4 项[34]：

$$U=U_0+\tfrac{1}{2}kq^2+aq^3+bq^4 \tag{3.3-44}$$

这里

$$a=\frac{1}{6}\left(\frac{\mathrm{d}^3U}{\mathrm{d}R^3}\right)_{R=R_e} \tag{3.3-45}$$

$$b=\frac{1}{24}\left(\frac{\mathrm{d}^4U}{\mathrm{d}R^4}\right)_{R=R_e} \tag{3.3-46}$$

式(3.3-44)描述的是一个非谐振子的势能。非谐振子的 Schrödinger 方程为

$$[\hat{H}_0+\hat{H}']f=Ef \tag{3.3-47}$$

这里

$$H_0=-\frac{\hbar^2}{2\mu}\frac{\mathrm{d}^2}{\mathrm{d}q^2}+\frac{1}{2}kq^2 \tag{3.3-48}$$

$$H'=aq^3+bq^4 \tag{3.3-49}$$

已知 H_0 的本征值为

$$E_\upsilon=\left(\upsilon+\frac{1}{2}\right)\hbar\omega \tag{3.3-50}$$

$$\omega=\sqrt{\frac{k}{\mu}} \tag{3.3-51}$$

应用非简并的微扰理论，一级微扰能为

$$\Delta E^{(1)}=\langle\upsilon|\hat{H}'|\upsilon\rangle \tag{3.3-52}$$

二级微扰能为

$$\Delta E^{(2)}=\sum_{\upsilon'}{}'\frac{|\langle\upsilon|\hat{H}'|\upsilon'\rangle|^2}{E_\upsilon-E_{\upsilon'}} \tag{3.3-53}$$

由式(3.3-49)可知，要计算微扰能必须计算 q^3 与 q^4 的矩阵元。因 q^3 的对角矩阵元等于零(详见附录B)，所以 $\Delta E^{(1)}$ 中只有 q^4 的贡献。在二级微扰能中，则只考虑 q^3 的贡献。

已知 q 的矩阵元为

$$\langle\upsilon'|q|\upsilon\rangle=\left(\frac{\upsilon}{2\alpha}\right)^{\frac{1}{2}}\delta_{\upsilon',\,\upsilon-1}+\left(\frac{\upsilon+1}{2\alpha}\right)^{\frac{1}{2}}\delta_{\upsilon',\,\upsilon+1} \tag{3.3-54}$$

这里

$$\alpha=\frac{\omega\mu}{\hbar} \tag{3.3-55}$$

利用矩阵运算规则，可由 q 的矩阵算出 q^3 与 q^4 的矩阵元。利用式(3.3-12)与式(3.3-12)，

可以计算得(见附录 B)：

$$\Delta E^{(1)} = \frac{3b}{4\alpha^2}(2\upsilon^2 + 2\upsilon + 1) \tag{3.3-56}$$

$$\Delta E^{(2)} = \left(-\frac{1}{2\alpha}\right)^3 \frac{a^2}{\hbar\omega}\left[30\left(\upsilon + \frac{1}{2}\right)^2 + \frac{14}{4}\right] \tag{3.3-57}$$

合并式(3.3-56)、式(3.3-57)，得微扰能为

$$\Delta E = \left(\frac{3b}{2\alpha^2} - \frac{15a^2}{4\alpha^3\hbar\omega}\right)\left(\upsilon + \frac{1}{2}\right)^2 + \left(\frac{3b}{8\alpha^2} - \frac{7a^2}{16\alpha^3}\frac{1}{\hbar\omega}\right) \tag{3.3-58}$$

前文已指出常数 B_e 为

$$B_e = \frac{h}{8\pi^2 c\mu R_e^2} \tag{3.3-59}$$

由式(3.3-5)，已求出 μ，将其代入式(3.3-58)，得

$$\Delta E = -h\nu x_e\left(\upsilon + \frac{1}{2}\right)^2 + Y_{00}h \tag{3.3-60}$$

这里

$$x_e = \frac{B_e^2c^2R_e^2}{4h\nu^3}\left[\frac{10B_ecR_e^2}{3h\nu^2}\left(\frac{\mathrm{d}^3 u}{\mathrm{d}R^3}\right)^2_{R=R_e} - \left(\frac{\mathrm{d}^4 u}{\mathrm{d}R^4}\right)_{R=R_e}\right] \tag{3.3-61}$$

$$Y_{00} = \frac{B_e^2c^2R_e^4}{16h\nu^2}\left[\left(\frac{\mathrm{d}^4 u}{\mathrm{d}R^4}\right)_{R=R_e} - \frac{14B_ecR_e^2}{9h\nu^2}\left(\frac{\mathrm{d}^3 u}{\mathrm{d}R^3}\right)^2_{R=R_e}\right] \tag{3.3-62}$$

在式(3.3-61)和式(3.3-62)中，B_e、R_e 与 ν 均可以由实验测定。如果能由实验确定 x_e 与 Y_{00}，即可确定 U 的三阶与四阶导数。

在式(3.3-60)中 $Y_{00}h$ 为一常数项，如果知道能级相对位置，可以不考虑此项。此时非谐振子能级为

$$E_\upsilon = h\nu\left(\upsilon + \frac{1}{2}\right) - h\nu x_e\left(\upsilon + \frac{1}{2}\right)^2 \tag{3.3-63}$$

更精确的结果，则可把 E_υ 表示成 $(\upsilon + \frac{1}{2})$ 的级数：

$$E_\upsilon = h\nu\left(\upsilon + \frac{1}{2}\right) - h\nu x_e\left(\upsilon + \frac{1}{2}\right)^2 + h\nu y_e\left(\upsilon + \frac{1}{2}\right)^3 + \cdots \tag{3.3-64}$$

得光谱项为

$$G(\upsilon) = \omega_e\left(\upsilon + \frac{1}{2}\right) - \omega_e x_e\left(\upsilon + \frac{1}{2}\right)^2 + \omega_e y_e\left(\upsilon + \frac{1}{2}\right)^3 + \cdots \tag{3.3-65}$$

由上式，得

$$G(\upsilon + 1) - G(\upsilon) = \omega_e(1 - 2\upsilon x_e + \cdots) \tag{3.3-66}$$

此式表明，随着 υ 增大，相邻光谱项间隔变小。

如果忽略振动与转动的相互作用，则振动转子的能量可以简单地用非谐振子的振动能[式(3.3-65)]与非刚性转子的转动能[式(3.3-43)]之和表示，但是，在更精确的处理中，就

必须考虑如下事实：当分子振动时，核间距不断改变，因而转动惯量与转动常数 B_e 也在改变，由于振动周期比起转动周期来是很小的，因此，可以用一个平均的 B_υ 值来作为所考虑的振动态的转动常数，即：

$$B_\upsilon = \frac{h}{8\pi^2 c\mu}\left[\overline{\frac{1}{r^2}}\right] \tag{3.3-67}$$

式中，$\left[\overline{\frac{1}{r^2}}\right]$ 是 $1/r^2$ 在振动期间内的平均值，按照相当复杂的波动力学计算[36]，在一级近似下(这一近似通常是令人满意的)，振动态 υ 中的转动常数 B_υ 为

$$B_\upsilon = B_e - \alpha\left(\upsilon + \frac{1}{2}\right) + \cdots \tag{3.3-68}$$

类似地，对于振动态 υ 也必须采用表示离心力影响的平均转动常数 $\tilde{D}_\upsilon$，像 B_υ 那样：

$$\tilde{D}_\upsilon = \tilde{D}_e + \beta_e\left(\upsilon + \frac{1}{2}\right) + \cdots \tag{3.3-69}$$

式中，$\tilde{D}_e = \frac{4B_e^3}{\omega_e^2}$，它是与完全无振动的态［附录式(A7)］相对应的。这样便得到一个给定振动能级中的各转动项为

$$F_\upsilon(J) = B_\upsilon J(J+1) - \tilde{D}_\upsilon J^2(J+1)^2 + \cdots \tag{3.3-70}$$

用上述方法来考虑振动与转动的相互作用，可得出振动转子的振-转能量：

$$\begin{aligned} E_{\upsilon J} &= G(\upsilon) + F_\upsilon(J) = \omega_e(\upsilon + \tfrac{1}{2}) - \omega_e x_e(\upsilon + \tfrac{1}{2})^2 + \cdots \\ &\quad + B_\upsilon J(J+1) - \tilde{D}_\upsilon J^2(J+1)^2 + \cdots \end{aligned} \tag{3.3-71}$$

Dunham[17]仔细研究了振动与转动的更精细的相互作用，他把振动转子的振-转能量表示成双重幂级数的形式：

$$E_{\upsilon J} = \sum_l \sum_m Y_{lm}(\upsilon + \tfrac{1}{2})^l J^m (J+1)^m \tag{3.3-72}$$

其中系数有下列对应关系：

$Y_{10} = \omega_e$，$Y_{20} = -\omega_e x_e$，$Y_{30} = \omega_e y_e$，$Y_{40} = \omega_e z_e$，$Y_{50} = \omega_e t_e$，$Y_{60} = \omega_e s_e$，

$Y_{01} = B_e$，$Y_{11} = -\alpha_e$，$Y_{21} = \gamma_e$，$Y_{31} = -\delta_e$，$Y_{02} = \tilde{D}_e$，$Y_{12} = \beta_e$，$Y_{13} = -\eta_e$，…

上面这些分子常数都依赖于分子的质量。

3.3.2.3 电子运动与转动的耦合

前面的讨论中，我们是把电子运动与核运动分开考虑的，在这种近似下，研究电子运动时并没有考虑到分子在转动。实际上，分子坐标系是不断转动的，在分子坐标系中研究电子运动应该考虑到科里奥利力(Coriolis force)的作用，这个作用其实反映在电子运动与转动的耦合上。严格的理论应该计算电子的轨道角动量 L 带来的影响，这使计算变得比较复杂，虽然如此，人们还是可以用一个简化的方法加以处理[37]，这个方法的核心是在计算分子的转动能级时考虑到电子运动轨道角动量与电子自旋。

令 L、S、N 分别表示电子总轨道角动量、电子总自旋和核的总轨道角动量，如果不考虑核的自旋，则分子的总角动量为

$$J = L + S + N \tag{3.3-73}$$

对于分子系统，真正的守恒量是分子总角动量 J，令 J^2 的本征值为 $J(J+1)\hbar^2$。当分子有偶数个电子时，J 为正整数，当分子有奇数个电子时，J 为半整数。此时，可把转动能算符写成

$$H_r = \frac{1}{2I}N^2 \tag{3.3-74}$$

这里 I 为分子的转动惯量，分子转动能为

$$E_r = \frac{1}{2I}\langle N^2 \rangle \tag{3.3-75}$$

在不同的条件下，可用已知的守恒量来表示 $\langle N^2 \rangle$，设电子总轨道角动量 L 在分子轴投影分量 L_z 的本征值为 Λ，则有：

(1) $\Lambda = 0$，$S = 0$，在这种情况下，电子轨道角动量等于零，从而有 $J = N$，这样式(3.3-75)就成为

$$E_r = \frac{J(J+1)\hbar^2}{2I} \quad (J = 0, 1, 2, \cdots) \tag{3.3-76}$$

这个式子实际上就是式(3.3-28)右端第三项的 E_r 部分。由此可见，前面所推导的公式，适用于 $^1\Sigma$ 电子态。

(2) $\Lambda \neq 0$，$S = 0$，在这种情况下，L 的平均值是沿分子轴线方向的，它的平均值就是 $\Lambda\hbar$，即 $\langle L \rangle = \Lambda\hbar$。

另外，核沿分子轴线方向没有转动，所以 N 垂直分子轴线，可以认为 J 等于 N 与 $\langle N \rangle$ ($\langle N \rangle = L_z$) 的合成，如图 3.8 所示。由此可得

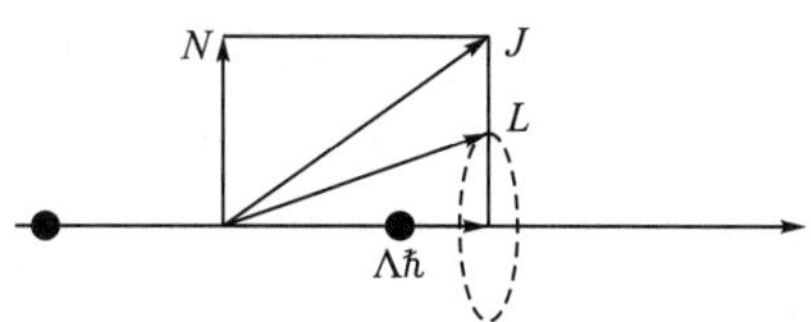

图 3.8　核沿分子轴线无转动时 J 的取向

$$\langle N^2 \rangle = J(J+1)\hbar^2 - \Lambda^2\hbar^2 \tag{3.3-77}$$

于是得

$$E_r = \frac{\hbar^2}{2I}[J(J+1) - \Lambda^2] \tag{3.3-78}$$

相应的光谱项应改为

$$F(J) = B_e[J(J+1) - \Lambda^2] \tag{3.3-79}$$

从式(3.3-78)可见，相邻能级差并没有改变，但 J 所取的值决定于 Λ，应有

$$J = \Lambda, \Lambda+1, \Lambda+2, \cdots \tag{3.3-80}$$

例如，在$^1\Pi$态时，转动能级应从$J=1$开始，$J=0$这个能级不存在。

(3) $\Lambda\neq 0$，$S\neq 0$，并有强自旋轨道耦合。

在有强自旋轨道耦合时，可认为S是绕分子轴进动的，并有$\langle S\rangle=\Sigma\hbar$，这时可以画出矢量图(图 3.9)。引入量子数$\Omega=\Lambda+\Sigma$，由图 3.9 可得转动能级为

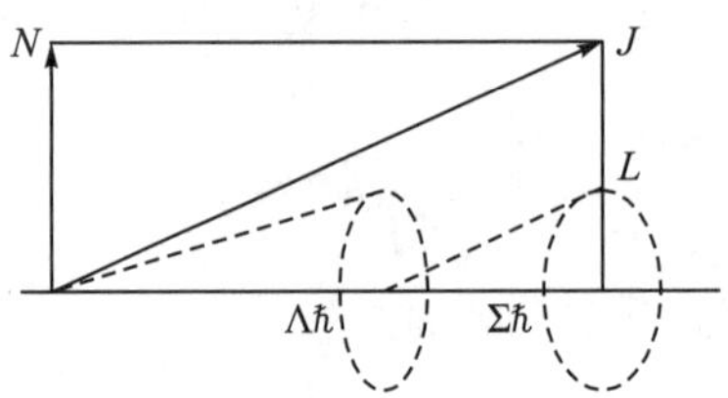

图 3.9　强自施轨道耦合时J的取向

$$E_r=\frac{\hbar^2}{2I}[J(J+1)-\Omega^2] \tag{3.3-81}$$

光谱项为

$$F(J)=B_e[J(J+1)-\Omega^2] \tag{3.3-82}$$

量子数J所能取的值为 $J=|\Omega|, |\Omega|+1, \cdots$。

3.3.2.4　转动波函数的修正

在不考虑电子运动与转动耦合时，转动波函数为

$$\Phi_r=Y_{JM}(\theta,\varphi) \tag{3.3-83}$$

Kronig 与 Van Vleck 指出[38-40]，在考虑了电子运动与转动的耦合以后，转动波函数可以应用微扰理论对此作相应的修正。

双原子分子属于线性分子，设双原子分子由原子 A 与原子 B 组成，在这种情况下，分子坐标系的原点位于核 A 与核 B 的质心，Z 轴则沿联结核 A 与核 B 的分子轴线，其方向由 A 指向 B，在第 2 章所描述的分子坐标系(图 2-4 所示)的物理背景下，分子的转动用φ、θ两个角来描述，通过第 2 章的讨论可知，可以把分子的运动分解为转动、振动与电子运动，即分子总的波函数可表示为式(2.4-23)，即：

$$\Psi_{r\upsilon e}=\Phi_r\Phi_\upsilon\psi_e \tag{3.3-84}$$

其中，ψ_e是电子波函数；Φ_υ是振动波函数；Φ_r为转动波函数，然后再讨论这些运动的耦合。根据式(2.4-18)，将此式中相乘项展开，即得

$$T_r=T_r^{(0)}+T_r^{(1)} \tag{3.3-85}$$

$$T_r^{(0)}=-\frac{\hbar^2}{2\mu R_e^2}\left[\frac{\partial^2}{\partial\theta^2}+\cot\theta\frac{\partial}{\partial\theta}+\frac{1}{\sin^2\theta}(\frac{\partial}{\partial\varphi}-\mathrm{i}\frac{\cos\theta}{\hbar}L_z)^2\right] \tag{3.3-86}$$

$$T_r^{(1)}=-\frac{\hbar^2}{2\mu R_e^2}\left\{-\frac{1}{\hbar}\cot\theta\left[L_y-\frac{\mathrm{i}}{\hbar}(L_zL_x+L_xL_z)\right]+2\frac{\mathrm{i}}{\hbar}\csc\theta\frac{\partial}{\partial\varphi}L_x-2\frac{\mathrm{i}}{\hbar}\frac{\partial}{\partial\theta}L_y\right\} \tag{3.3-87}$$

把$T_r^{(1)}$当作微扰，而把$T_r^{(0)}$的本征函数作为零级波函数，已知电子波函数ψ_e为L_z的本征函数，$L_z\psi_e = K\hbar\psi_e$，这里，$K = \pm\Lambda$，在分离变量后，式(3.3-86)中L_z可以用$K\hbar$代替，ψ_e应该满足本征方程：

$$-\frac{\hbar^2}{2\mu R_e^2}\left[\frac{\partial^2}{\partial\theta^2}+\cot\theta\frac{\partial}{\partial\theta}+\frac{1}{\sin^2\theta}(\frac{\partial}{\partial\varphi}-\mathrm{i}K\cos\theta)^2\right]\psi_e = E_r\psi_e \tag{3.3-88}$$

用分离变量法解上式，可令$\Phi_r(\theta,\varphi)=\Theta(\theta)\mathrm{e}^{\mathrm{i}M\varphi}$，代入上式中，即得$\Theta$所满足方程式为

$$\left\{\frac{\mathrm{d}^2}{\mathrm{d}\theta^2}+\cot\theta\frac{\mathrm{d}}{\mathrm{d}\theta}+\Delta-\frac{M^2-2MK\cos\theta+K^2}{\sin^2\theta}\right\}\Theta(\theta)=0 \tag{3.3-89}$$

这里M为磁量子数，

$$\Delta = K^2+\frac{2\mu R_e^2}{\hbar^2}E_r \tag{3.3-90}$$

式(3.3-89)的本征值为

$$\Delta = J(J+1)，\quad J\geqslant|M|，\quad J\geqslant|K|$$

本征函数Θ为

$$\Theta_{JKM}(\theta)=d_{MK}^J \tag{3.3-91}$$

解式(3.3-90)即得转动能为

$$E_r=\frac{\hbar^2}{2\mu R_e^2}[J(J+1)-\Lambda^2] \tag{3.3-92}$$

这就是式(3.3-78)。对应于一个能级有两个波函数：

$$\Phi_{J\Lambda M}(\theta,\varphi)=\Theta_{J\Lambda M}(\theta)\mathrm{e}^{\mathrm{i}M\varphi} \tag{3.3-93}$$

$$\Phi_{J-\Lambda M}(\theta,\varphi)=\Theta_{J-\Lambda M}(\theta)\mathrm{e}^{\mathrm{i}M\varphi} \tag{3.3-94}$$

分别对应于电子的L_z的$+\Lambda\hbar$与$-\Lambda\hbar$，在$\Lambda=0$时，得

$$\Phi_{J0M}(\theta,\varphi)=Y_{JM}(\theta,\varphi) \tag{3.3-95}$$

此式即式(3.3-83)。

考虑了电子自旋以后，在式(2.4-18)中的L应该改写为$L+S$，于是式(3.3-86)中的L_z应该改成L_z+S_z，设Φ_e满足下式

$$(L_z+S_z)\Phi_e = K\hbar\Phi_e \tag{3.3-96}$$

则$K=\pm\Omega$，此时，式(3.3-89)~式(3.3-91)仍然成立，转动能级则成为

$$E_r=\frac{\hbar^2}{2\mu R_e^2}[J(J+1)-\Omega^2] \tag{3.3-97}$$

此式即为式(3.3-81)。对应于上式亦有两个转动波函数：

$$\Phi_{J\Omega M}(\theta,\varphi)=\Theta_{L\Omega M}(\theta)\mathrm{e}^{\mathrm{i}M\varphi} \tag{3.3-98}$$

$$\Phi_{J-\Omega M}(\theta,\varphi)=\Theta_{J-\Omega M}(\theta)\mathrm{e}^{\mathrm{i}M\varphi} \tag{3.3-99}$$

考虑了电子自旋以后，J有可能是半整数，当分子中有奇数个电子时，Ω为半整数，此时J、K、M均为半整数。当分子中有偶数个电子时，Ω为整数，此时J、K、M均为整数。

综上所述，当考虑了电子运动与转动的耦合后，在 Dunham 的能级公式[即式(3.3-72)]中的 $J^m(J+1)^m=[J(J+1)]^m$ 项中的 $[J(J+1)]$ 应该修改为 $[J(J+1)-\Lambda^2]$，相应修正的 Dunham 的能级公式应为

$$E_{\upsilon J}=\sum_l\sum_m Y_{lm}(\upsilon+\tfrac{1}{2})^l[J(J+1)-\Lambda^2]^m \tag{3.3-100}$$

上式是人们计算双原子分子振转能量的重要理论依据。

3.3.3 双原子分子轨道理论

分子除了有原子核的转动运动和振动运动形成的能级之外，还有电子运动形成的电子能级，它与前面讨论的分子势能函数密切相关。和在原子中的情况一样，双原子分子中电子也有各种轨道运动和自旋轨道相互作用，能形成不同的能量状态即电子态[12]。

3.3.3.1 独立电子近似和双原子分子轨道

分子比原子复杂得多。双原子分子的两个原子核形成了两个力心，原子核的电场失去了球对称性，是非中心力作用，价电子的轨道角动量平方算符 L^2 不再与电子运动的哈密顿算符 H 对易，L 不再是守恒量，轨道角动量量子数 l 不是好量子数，但核电场在通过两原子核的轴线方向(通常选 Z 方向)上是对称的，电子在轴对称联合电场中运动，虽然角动量 L 不再守恒，但由于联合轴对称电场作用在轴对称分布电子云上的力是轴对称的，平均通过 Z 轴，对 Z 轴力矩为 0，所以 L 在对称轴上的分量 L_Z 是守恒量，它是有意义的。设 L_Z 的磁量子数为 m，则 $L_Z=m\hbar$，$m=0,\pm1,\pm2,\cdots,\pm L_z$。和磁场情况不同，在电场对称轴相反方向的两个对应于 m 值为正和负的态有相同的能量，称为二重简并态，只不过电子云绕 Z 轴转动方向相反而已。在双原子分子中，若单个电子的轨道角动量磁量子数为 m，通常引入一个新的量子数 $\lambda=|m|$ 来描述单个电子的状态[41, 42]，有 $L_z=\lambda\hbar$，一定的 λ 表示这个电子的能量和角动量 Z 分量是确定的：

$$\lambda=|m|=0,1,2,\cdots,L_z \tag{3.3-101}$$

与 λ=0，1，2，3，…相对应的电子状态用符号 σ、π、δ、ϕ、…表示，类似于原子中的 s、p、d、f 、…。处于这些态的电子分别称为 σ 电子、π 电子等。因此，在研究分子时，不用轨道角动量 L 来描述电子状态，而是用 L 在对称轴 Z 方向上的分量 L_z 来描述电子状态。如果分子中有多个电子，由于在式(3.1-9)中电子和电子的排斥势能项中包含 r_{ij}^{-1} 形式，难以分离变量，即使用 Born-Oppenheimer 近似分离了电子和核的运动，也无法严格求解多电子体系的电子运动薛定谔方程[式(3.1-21)]。为此，类似多电子原子情况，还要依靠独立电子近似方法[43]。

独立电子近似方法把分子中每一个电子看成是在其他电子和原子核所形成的平均库仑势场中独立地运动，不精确考虑电子之间和核之间复杂的库仑作用，这样单电子的哈密顿算符 $H_i(r_i)$ 及波函数 $\psi_i(r_i)$ 就只与一个电子的坐标相关联，n 个电子体系的总哈密顿算符 H_e

为单电子哈密顿算符 $H_i(r_i)$ 之和，总轨道波函数 $\psi_e(r_i)$ 为 n 个单电子波函数 $\psi_i(r_i)$ 的乘积：

$$H_e=\sum_{i=1}^{n}H_i(r_i),\quad \psi_e(r_i)=\psi_1(r_1)\psi_2(r_2)\cdots\psi_n(r_n) \tag{3.3-102}$$

由此可以将多电子问题的求解分解为 n 个分立的单电子薛定谔方程求解[43]，单电子波函数 $\psi_i(r_i)$ 称为轨道，独立电子近似又称为轨道近似，满足单电子定态薛定谔方程：

$$H_i(r_i)\psi_i(r_i)=\varepsilon_i\psi_i(r_i) \tag{3.3-103}$$

根据独立电子近似，分子中各个电子在对称轴方向上的轨道角动量合成的沿分子对称轴方向的总轨道角动量 L_z 是守恒的，$L_z=\Lambda\hbar$，Λ 为分子沿对称轴方向上总轨道角动量量子数

$$\Lambda=\left|\sum_i m_i\right| \tag{3.3-104}$$

分子的电子态是按 $\Lambda=0,1,2,3,\cdots$ 分为 Σ、Π、Δ、Φ、$\cdots$ 分子态，分别具有确定的能量。式(3.3-104)中的 m_i 可取正负两个值，由于它们都是在对称轴方向上，所以 Λ 为 m_i 的代数和的绝对值，而不是矢量和。如两个 σ 电子，$\lambda_1 == \lambda_2=0$，所以 $\Lambda=0$，为 Σ 态；两个 π 电子，$\lambda_1=\lambda_2=1$，则 $\Lambda=0(+1-1)$ 或 $\Lambda=2(+1+1,-1-1)$，为 Σ 或 Δ 态。由于 Λ 是在对称轴 Z 方向，Λ 在 Z 方向分量只能为 Λ 和 $-\Lambda$，因此，$m=0$ 的 Σ 态是非简并的单重态，$\Lambda\neq 0$ 的其他态都是二重简并态。

在分子中电子态还与电子波函数的对称性即宇称有关。例如，从分子点群理论角度上看，有两种对称操作[6]，它们都是在固定于分子的坐标系 xyz 中进行，如图 3.10 所示[12]。第一种对称操作相对于分子的对称中心 O 作空间反演变换，从 e 点反演到 e'，即 $x\to -x$，$y\to -y$，$z\to -z$ 称 i 变换。i 变换后波函数对称的态为 g（偶），反对称的为 u（奇），写在电子态符号右下方，如 σ_g、σ_u、π_g、π_u 或用分子电子态表示，如 Σ_g、Σ_u、Π_g、Π_u、$\cdots$。显然，只有同核或同电荷（即同位素）双原子分子才存在这种空间反演对称性，异核双原子分子不存在对称中心，因而它们的电子轨道没有这种对称性，即没有 u、g 之分。

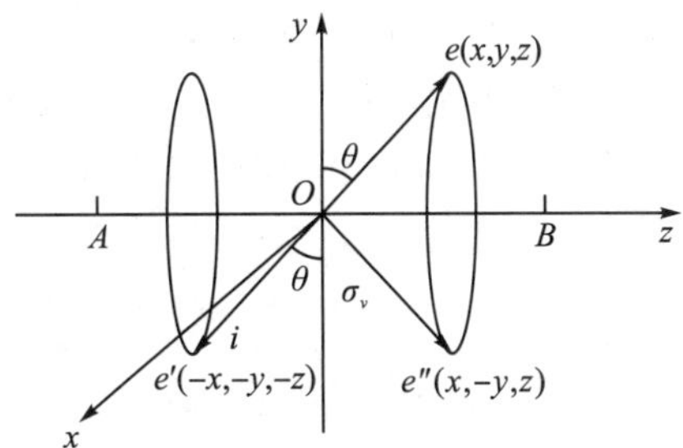

图 3.10　分子的 i 变换和 σ_v 变换

第二种对称操作为 σ_v 操作，表示相对于过核 A 和核 B 的对称轴 z 的平面作镜面反映，如相对于 xy 平面反映，从 e 点反映到 e'' 点，即 $x\to x, y\to -y, z\to z$。σ_v 变换后波函数对称不变的为+，变号的为−，写在电子态的右上方。量子力学可以证明，Σ 电子态的(+)、(−)态能量不同，需要加以标记区分；$\lambda\neq 0$ 的 Π、Δ 态的(+)、(−)态能量相同，是二重简

并态，不再区分。因此，分子有Σ_g^+、Σ_g^-、Σ_u^+、Σ_u^-、Π_g、Π_u、Δ_g、Δ_u等电子态。但是如果考虑电子态与转动态的相互作用，这种简并解除，$\Lambda \neq 0$的电子态分裂为两个能级，一个为(+)态，另一个为(−)态。同样，同核和异核双原子分子以及线形多原子分子都存在这种对称性。

下面将讨论分子轨道MO(molecular orbital)。分子轨道是电子在分子中的位置的描述，在量子化学中这种描述是用定态波函数来体现的，所以分子轨道是指分子中处于能量定态的单电子波函数。分子轨道不包括自旋波函数，否则就称为分子自旋轨道 MSO。因为双原子分子的单个电子的轨道角动量在分子对称轴方向上的分量是守恒的，大小为$\lambda\hbar$，一定的λ对应一定的电子能量定态。因此，人们常用量子数λ来标记分子的单电子轨道，把λ＝0，1，2，3，…分别记为σ、π、δ、φ、…轨道。但仅有这一个量子数还不能完全给出分子的能量状态，它们通常与组成分子的原子轨道相联系，特别是那些原子内壳层电子轨道。在分子中组成分子的原子的量子数n和l已不是好量子数，但在两种极端情况下，即联合原子近似和分离原子近似下，可用n和l近似描述[1, 41]。

在联合原子近似情况下，设想两个原子靠得很近，核间距$R \to 0$，近似成为联合原子。如H_2^+成为He^+，H_2成为He，这种情况对中心力场的偏离不大，主量子数n和轨道量子数l仍近似有原来的意义，可用n和l近似描述。单电子的分子轨道用联合成的原子量子数n、l和分子的λ量子数标记，n、l写在λ前面，记为$nl\lambda$。例如，$n=1$的分子只有$l=0, \lambda=0$的$1s\sigma$轨道，$n=2$的分子有$2s\sigma$和$2p\sigma$、$2p\pi$轨道，$n=3$的分子有6个轨道，分别为$3s\sigma$、$sp\sigma$、$3p\pi$、$3d\sigma$、$3d\pi$、$3d\delta$，由于在$\lambda \neq 0$时分子轨道的$m_l = \pm\lambda$态有相同的能量，所以π、δ、…轨道都是二重简并，这样分子中电子的运动状态需要用一组新的量子数(n,l,λ,m)来表示。

在分离原子近似情况下，设想两个原子远离，核间距$R \to \infty$，近似成为两个原子。如O_2分子近似成为两个O原子，CO分子近似成为C原子和O原子，这种情况下，虽然分子不存在中心力场，不能用n和l描述，但是两个原子本身存在中心力场，因此单电子的分子轨道可以近似用两个分离原子具有的量子数n和l与分子的λ量子数来标记，习惯上把n、l写在λ后面，表示分子轨道的来历，记为λnl，例如，有$\sigma 1s_A$、$\sigma 1s_B$、$\sigma 2s_A$、$\sigma 2s_B$、$\sigma 2p_A$、$\sigma 2p_B$、$\pi 2p_A$、$\pi 2p_B$、$\pi 2p_A$、$\pi 2p_B$等轨道。如果是同核分子，则$A=B$；轨道波函数有中心反演对称性g和u之分，这时不必再标A和B了，如$\sigma_g 1s$、$\sigma_u 1s$、$\sigma_g 2s$、$\sigma_u 2s$、$\sigma_g 2p$、$\sigma_u 2p$等。联合原子也有这种中心反演对称性，像原子一样，l为偶数（s，d，…）的轨道为g，l为奇数（p，f，…）的轨道为u，因此不用再标记。另外，对于σ_v变换，分子的电子态Σ有对称性正和负之分，Σ^+和Σ^-的能量不同，但分子轨道在σ_v变换后是对称的，即只有σ^+，没有σ^-，故在分子轨道中不使用σ_v来变换宇称，只记σ轨道，σ_v变换只用在分子谱项和电子态。

对于多电子双原子分子，根据独立电子近似，电子逐个填入上述轨道。电子填充次序类似原子情况，轨道的能量是由低到高填入，并遵守泡利原理。表 3.1[12]为联合原子近似下的分子轨道的电子填充次序，轨道能量从左到右增加。因为自旋量子数m_s有两个值，所以σ轨道只能最多有两个电子，π、δ、…轨道各有最多 4 个电子($m_1 = \pm\lambda$，然后自旋不同，共 4 种)。表中电子填充次序未标出g和u，同核双原子分子有g和u之分，联合原子近似下可以不标出，如需要标出，则为

$$1s\sigma_g, 2s\sigma_g, 2p\sigma_u, 2p\pi_u, 3s\sigma_g, 3p\sigma_u, 3p\pi_u, 3d\sigma_g, 3d\pi_g, 3d\delta_g, \cdots$$

表 3.1 联合原子近似下分子轨道的电子填充

n	1	2			3					
l	0	0	1		0	1		2		
λ	0	0	0	1	0	0	1	0	1	2
m_l	0	0	0	+1 −1	0	0	+1 −1	0	+1 −1	+2 −2
m_s	↑↓	↑↓	↑↓	↑↓ ↑↓	↑↓	↑↓	↑↓ ↑↓	↑↓	↑↓ ↑↓	↑↓ ↑↓
分子轨道	$1s\sigma$	$2s\sigma$	$2p\sigma$	$2p\pi$	$3s\sigma$	$3p\sigma$	$3p\pi$	$3d\sigma$	$3d\pi$	$3d\delta$

对于分离原子近似下的分子轨道，异核($A \neq B$)和同核($A = B$)情况下的分子轨道的电子填充次序为

异核为：

$$\sigma 1s_A, \sigma 1s_B, \sigma 2s_A, \sigma 2s_B, \sigma 2p_A, \sigma 2p_B, \pi 2p_A, \pi 2p_B, \cdots$$

同核为：

$$\sigma_g 1s, \sigma_u 1s, \sigma_g 2s, \sigma_u 2s, \sigma_g 2p, \pi_u 2p, \pi_g 2p, \sigma_u 2p, \cdots$$

根据分子轨道成键作用(后面将要讨论)，这个填充次序与前面写的次序并不完全相同，对于分离原子近似轨道，像联合原子近似一样，每个σ轨道中最多只能有两个电子，每个π、σ、…轨道中最多可以有 4 个电子。

实际上，分子既不是核间距$R \to 0$的联合原子型，也不是$R \to \infty$的分离原子型，而是介于这两种极端近似之间，不同的分子，核间距R不同，通常把联合原子的分子轨道与分离原子的分子轨道关联起来，就可大致把分子轨道随分子的核间距由小到大的过渡情况表示出来。图 3.11 为同核分子的轨道相关图，图中已把各轨道按能量次序排列起来[41, 44]。两种极端轨道之间的连线遵守以下规则：①由下往上σ与σ相连，π与π相连，这是因为λ总是守恒不变；②由于λ守恒不变，所以相同类型轨道连线也不能相交；③对同核分子，对称性相同的轨道才能相连，因此，分离原子近似的$\sigma_g 1s$、$\sigma_u 1s$、$\pi_u 2p$轨道只能与联合原子近似的$1s\sigma$、$2p\sigma$、$2p\pi$相连。图 3.12[12]描绘了异核分子的轨道相关图，从图中可以看出，异核分子的分离原子的两组能级不再重合，相互距离与核电荷Z_A、Z_B有关，因而相关图的形式不是唯一的，该图是两组原子能级比较接近的相关图。

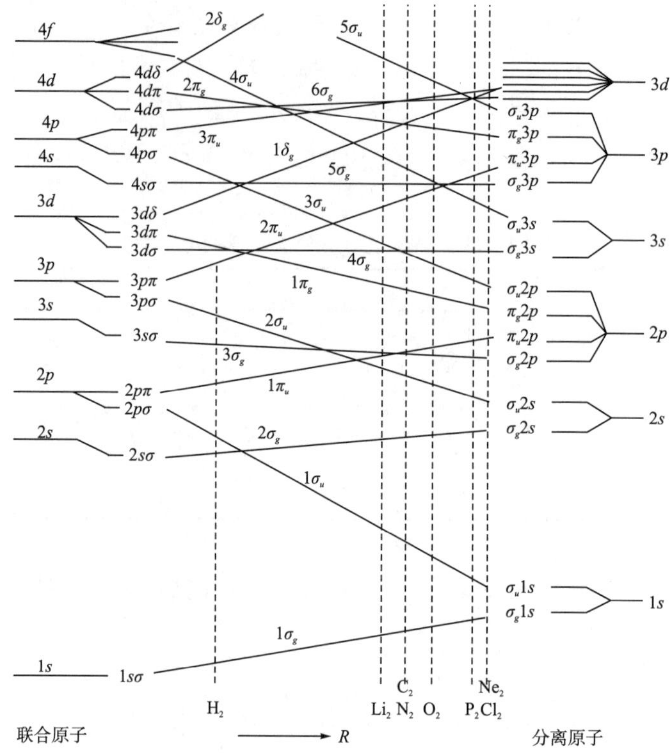

图 3.11　同核分子轨道相关图

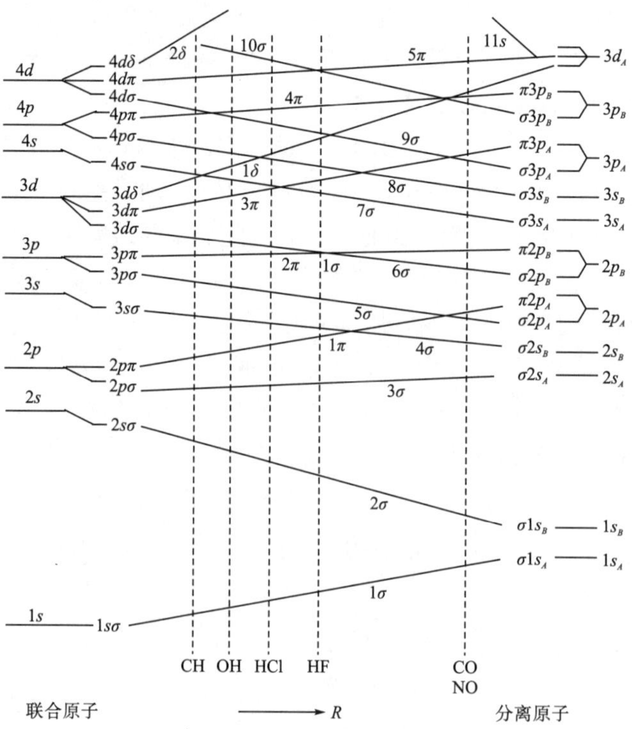

图 3.12　异核分子轨道相关图

各种双原子分子有不同的核间距 R，它们在上述轨道相关图中相应于某一条竖直的虚线，从这些与各个轨道连线的交点可以得到相关分子各个电子轨道的能量次序和电子组态，再结合分子各轨道的成键与反键特征，就可以对分子的性质作定性的推测。

3.3.3.2　LCAO 分子轨道方法和价键理论[12]

为了给出分子轨道的定量描述，在独立电子轨道近似下，人们通常采用量子力学从头计算的分子轨道理论，把价键理论中双电子键以及杂化等许多概念和成果应用进来[44-48]，特别对描述分子轨道能级结构和跃迁，阐明分子光谱和激发态性质更有用。分子轨道理论认为，当分子的核间距接近到成键距离时，分子的每一个电子都是在所有其他电子和核形成的平均库仑势场中独立运动，它的运动状态不能再用每个原子的原子轨道 $\varphi_j\left(r_j\right)$ 来表征，而是用一个确定的单电子波函数 $\psi_i\left(r_i\right)$ 来描述，$\psi_i\left(r_i\right)$ 满足单电子薛定谔方程[式(3.3-103)]，每个分子轨道 $\psi_i\left(r_i\right)$ 有一个与之对应的能量 ε_i。一般情况下，分子的平均库仑势不再是中心力场，直接通过求解单电子薛定谔方程[式(3.3-42)]来获得单电子的能量是很困难的，所以人们通常利用状态叠加原理，近似地用原子的某些单电子轨道 $\varphi_j\left(r_j\right)$ 的线性组合轨道来描述单电子分子轨道

$$\psi_i\left(r_i\right)=\sum_j C_{ji}\varphi_j\left(r_j\right) \tag{3.3-105}$$

组合系数 C_{ij} 表示在分子轨道 $\psi_i\left(r_i\right)$ 中第 j 个原子轨道 $\varphi_j\left(r_j\right)$ 的权重，在忽略电子排斥和核排斥势的条件下，C_{ij} 起着可调参数的作用，由此可以通过线性变分法即改变其数值使近似能量达到极小。人们把这种近似处理方法称为原子轨道线性组合近似下的分子轨道方法 LCAO-MO(linear combination of atomic orbitals-molecular orbital)。参加组合的原子单电子波函数称为基函数，基函数的集合称为基组。可以适当选择基函数参加组合，其中可以是各原子所有占据的价壳层原子轨道组合，也可以加上某些未占据原子轨道，或者是其他基函数形式。在实际的从头计算方法中，常采用两种类型的函数来构造基函数，一种是 Slater 型函数，另外一种是 Gauss 型函数。

在式(3.3-103)中，通常只有少数几个原子轨道对能量有较大的贡献，为了简化问题，对一些简单体系，不用很多的基函数组合，而仅仅采用两个等价轨道或能量相近的轨道成对组合，也能得到近似结果。例如，若两个原子 A 和 B 分别提供一个原子轨道 φ_A、φ_B 参与线性组合，设轨道的能量 $E_a<E_b$，那么两种原子轨道可以有两种线性叠加的分子轨道，利用量子力学变分法可以计算分子的这两种轨道波函数和能量，它们近似地表示为

$$\psi_+=c_{A1}\varphi_A+c_{B1}\varphi_B=N_+\left(\varphi_A+k\varphi_B\right),\quad E_+=E_A-h \tag{3.3-106}$$

$$\psi_-=c_{A2}\varphi_A+c_{B2}\varphi_B=N_-\left(k\varphi_A-\varphi_B\right),\quad E_-=E_B+h \tag{3.3-107}$$

式中，c_{A1}、c_{B1}、c_{A2}、c_{B1} 是组合系数；N_+ 和 N_- 为归一化常数；ψ_+ 是相加波函数，表示使体系能量降低的成键分子轨道，与这个轨道相对应的能量是 E_+；ψ_- 是相减波函数，表示使体系能量升高的反键分子轨道，与这个轨道相对应的能量是 E_-；E_A 和 E_B 分别表示两个原子的轨道能量；k 表示相对权重因子；h 表示能量移动值。它们分别为[12]

$$E_A = \int \varphi_A^* H \varphi_A \,\mathrm{d}\tau, \qquad E_B = \int \varphi_B^* H \varphi_B \,\mathrm{d}\tau \tag{3.3-108}$$

$$k = \frac{c_{B1}}{c_{A1}} = -\frac{c_{A2}}{c_{B2}} = -\frac{h}{\beta} \tag{3.3-109}$$

$$h = \frac{1}{2}\left\{[(E_B - E_A)^2 + 4\beta^2]^{1/2} - (E_B - E_A)\right\} \geqslant 0 \tag{3.3-110}$$

$$\beta = \int \varphi_A^* H \varphi_B \,\mathrm{d}\tau, \qquad S = \int \varphi_A^* \varphi_B \,\mathrm{d}\tau \tag{3.3-111}$$

式(3.3-111)中的β是交换能；S是波函数重叠因子。组合系数c_{A1}、c_{B1}、c_{A2}、c_{B1}及k和h与两个原子轨道能量差$E_A - E_B$及波函数重叠程度S有关，当两原子相距很远（$R \to \infty$），波函数没有重叠时，$S \to 0$，$\beta \to 0$，从而$h = 0$，$E_+ = E_A$，$E_- = E_B$，表明原子A与B不成键。一般情况下，h>0，ψ_+是成键分子轨道，两个原子轨道同位相相加，对应的能量是E_+，比能量较低的原子轨道的能量E_A低h；ψ_-是反键分子轨道，两个原子轨道反位相相加，对应的能量是E_-，比能量较低的原子轨道的能量E_B高h，如图 3.13 所示[12]。

分析式(3.3-110)、式(3.3-111)，就可以得到原子轨道能够有效组合成分子轨道的三个条件[45-48]。

①两原子波函数重叠S越大，β就越大，h也越大，成键效应也越强。原子的内层电子比外层电子在空间分布上更靠近原子核，原子形成分子时它们的内层电子还是更多地束缚于自身的原子核附近。因此，两原子内层轨道重叠很少，实际上不参与成键，这种基本上是原来原子轨道的分子轨道称为非键轨道，在处理成键问题时，只考虑原子的价电子轨道就能得到分子轨道的主要特征。②在核间距固定的情况下，要求波函数有最大重叠也就是要求它们的分布不均匀、较长较细、有较突出的方向，这种情况下，两原子波函数在这些特定方向相对取向才有最大重叠，即成键倾向于发生在轨道道角度分布有最大值的方向上，这是共价键有方向性的原因。以氢原子s、p、d、f电子的实波函数的二维角度分布情况[44-48](图 3.14 所示)为例，除s轨道外，其他原子轨道都具有方向性，尤其是p_x、p_z、p_y和d_{z^2}，如p_z轨道在z方向有最大值，s轨道只能在z方向与p_z有最大重叠。其次，如果$E_A - E_B >> 2\beta$，则$h \approx 0$，$c_{A1} << c_{B1}$，$c_{B2} << c_{A2}$，这两个原子轨道就不能形成有效的分子轨道，其成键轨道和反键轨道实际上是原来能量较低和较高的原子轨道，只有能量相近的原子轨道才能组合形成有效的分子轨道，使能量移动h变大，而且能量越接近，h越大，成键能级的能量降低越多，成键效应越显著。③成键要求对称性匹配，即要求两原子轨道相对键轴有相同的对称性。图 3.14 显示，s轨道是球对称的，对过球心的任一轴作旋转和过z轴平面的反映操作均不变；p_z轨道对过z轴的旋转和过z轴平面的反映也是对称的，因此，s轨道与s、p_z轨道以及p_z轨道与p_z轨道对过z轴的旋转和过z轴平面的反映有相同的对称性，s轨道能与s或p_z轨道组合成成键分子轨道，p_z轨道与p_z轨道也能组合成成键分子轨道；而p_x和p_y轨道则对过z轴的旋转不对称，对过z轴平面的反映一般不对称，s或p_z轨道就不能与对称性不同的p_x或p_y轨道组合成分子轨道。此外，s轨道还能与d_{z^2}轨道成键，p_x轨道只能与p_x或d_{xz}轨道成键，p_y轨道只能与p_y或d_{yxz}轨道成键，

$d_{x^2-y^2}$ 轨道只能与 $d_{x^2-y^2}$ 轨道成键。

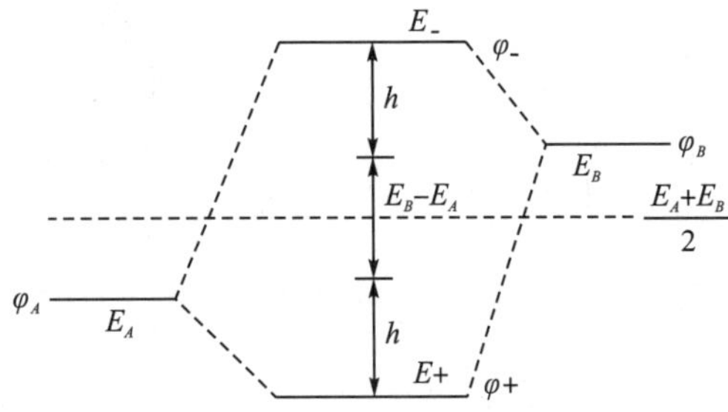

图 3.13　成键和反键分子轨道能级图

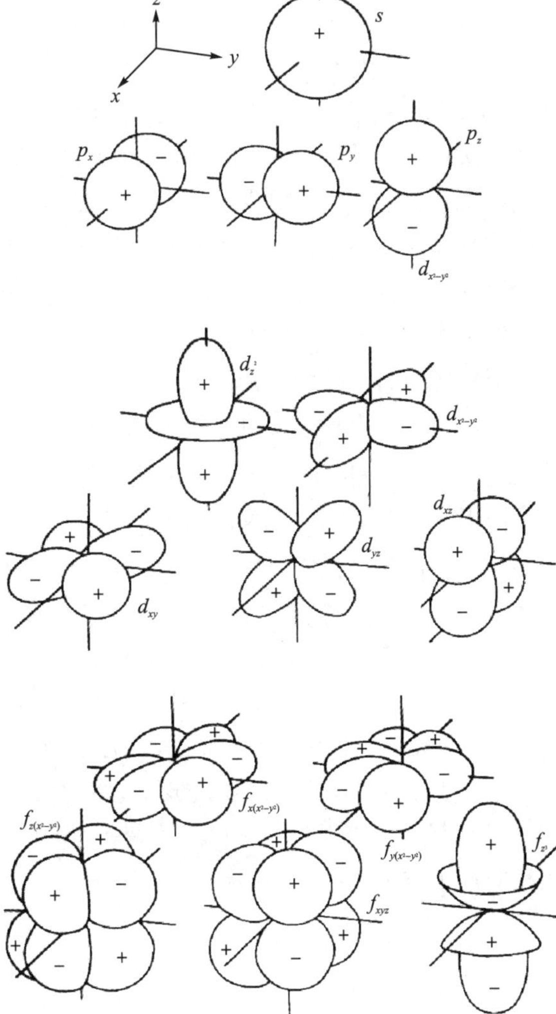

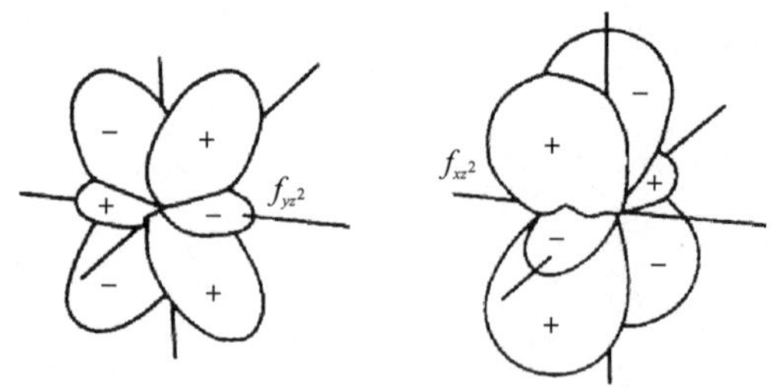

图 3.14 氢原子 s 、 p 、 d 、 f 电子的实波函数的二维角度分布

综上所述，对于分子成键问题，可以有一个基本结论：不是任意的两个原子轨道都能组合成成键分子轨道，各原子轨道能够有效地组合成分子的成键轨道需要满足三条成键原则，即能量相接近、波函数重叠大、对称性匹配。这是分子轨道理论的基本要点之一。以最简单的氢分子离子 H_2^+ 为例，氢分子离子 H_2^+ 有一个电子，它的基态分子轨道是由两个等价氢原子的1s 轨道组合而成的，因而 $E_A = E_B$ ，计算给出 $k=1$ ， $c_{A1}=c_{B1}$ ， $c_{A2}=c_{B2}$ ，有 $\psi_+ = N_+(\varphi_A+\varphi_B)$ ， $\psi_- = N_-(\varphi_A-\varphi_B)$ ，它们的能级图与图 3.13 相似，只是两原子的能量相等，成键分子轨道能量 E_+ 降低的值与反键分子轨道能量 E_- 升高的值相等。两个分子轨道的波函数和电子云的分布如图 3.15 所示[49]。其中图(a)是成键分子轨道，图(b)是反键分子轨道，A 和 B 点分别标示两个质子。各个图的上方表示波函数的叠加情况，虚线是波函数叠加前的情况，实线是波函数叠加后的情况；曲线下方是波函数的平方的空间分布点密度平面图，将图平面绕两个质子连线旋转 180°即成为电子云的分布。从图(a)中可以看出，成键分子轨道中在两核之间的波函数重叠较多，没有波函数为零的节面，电子概率密度 $|\psi_+|^2$ 除在两核周围分布较大外，在两核之间也有较大分布，即负电荷较多；从图(b)中可以看出，反键分子轨道在两核之间的波函数没有重叠，反而相互抵消，存在波函数为零的节面，电子概率密度 $|\psi_-|^2$ 在两核之间分布反而减少，即负电荷较少。由此可见，成键分子轨道的负电荷较多地集中在两质子之间，抵消了两个质子之间的一部分斥力，使两核靠近形成共价键，系统总的势能降低，势能曲线出现极小值，如图 3.1 中的曲线(1)，从而形成稳定的束缚态分子。反键分子轨道正好相反，由于两质子之间的负电荷减少而使斥力增大，势能曲线没有极小值，如图 3.1 中的曲线(3)，不能形成稳定的分子。图中原子轨道画的是其角度分布图，分子轨道画的是其等值面图，两原子核之间连线是对称轴 z 轴，在这里也就是键轴，正负号表示各轨道在不同区间的波函数值的正负。分于轨道给出成键或反键，成键轨道能量降低，反键轨道能量升高。分子轨道 σ_g、σ_u、π_g、π_u 是对同核双原子分子标注的，非同核双原于分子没有 g、u 对称性。

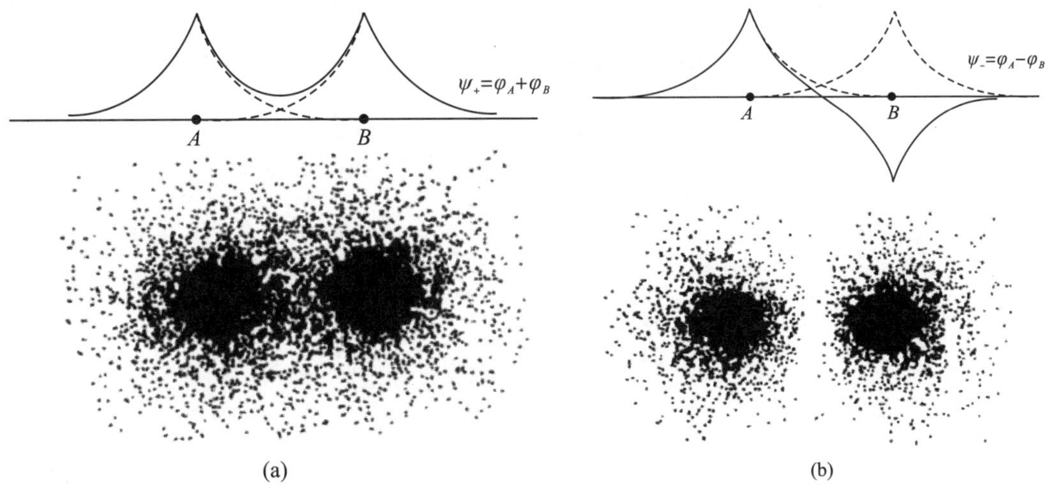

(a)　　(b)

图 3.15　H_2^+ 的成键和反键分子轨道波函数和电子云的分布图

图 3.16 给出了两个同种核属于同一主量子数 n 的原子轨道组合成某些分子轨道波函数的示意图[44-48]。从图 3.16 (a) 和 (b) 可以看出，σ 轨道是围绕键轴 z 成轴对称的，轨道是以键轴为圆柱形对称的，波函数叠加时增强或抵消的部位在键轴的中点附近，图中虚线表示波函数为零的节面，增强时电子云在核间区域密集，形成成键轨道；抵消时电子云在核间减少，形成反键轨道。此外，正电荷的重心与负电荷的重心均在键轴 z 上，由 σ 轨道这样形成的共价键叫 σ 键，结合力较强。能形成 σ 轨道的原子轨道对有 $s-s$、$s-p_z$、$s-d_{z^2}$、p_z-p_z、 $p_z-d_z{}^2$、 $d_z{}^2-d_z{}^2$ 等，因为双原子分子轨道是按角动量 z 分量的磁量子数 $\lambda=|m|=0,1,2$ 分类为 σ、π 和 δ 分子轨道的，所以 σ 轨道就是 $\lambda=m_l=0$ 的分子轨道，分为成键 σ 轨道和反键 σ^* 轨道。在成键 σ 轨道上的电子称为成键 σ 电子，它使分子稳定；在反键 σ^* 轨道上的电子称为反键 σ 电子，它使分子有离解的倾向。由 σ 电子的成键作用构成的共价键称为 σ 键，由一个 σ 电子构成的叫单电子 σ 键，例如 H_2^+；由一对电子构成的叫 σ 键或单键，最常见也最稳定，如 H_2；由一对 σ 电子和一个 σ^* 电子构成的叫三电子键，例如 He_2^+；由一对 σ 电子和一对 σ^* 电子不可能构成共价键。图 3.16 的 (c)、(d) 和 (e) 类型的轨道示意图[44-48]表明，π 轨道有一个包含键轴的节面，波函数叠加时增强或抵消的部位不在键轴上，增强时电子云在核间区域密集，抵消时电子云在核间减少，正、负电荷的重心均不在键轴上。能形成 π 轨道的原子轨道对有 p_x-p_x、 p_x-d_{xz}、 p_y-p_y、 p_y-d_{yz}、 $d_{yz}-d_{yz}$、 $d_{xz}-d_{xz}$ 等，它们都是磁量子数 $m_l=\pm1$ 的原子轨道，π 轨道就是 $\lambda=|m_l|=1$ 的分子轨道。同样，图 3.16 (f)[44-48] 类型的 δ 轨道有两个包含键轴的节面，能形成 δ 轨道的原子轨道对有 $d_{xy}-d_{xy}$、$d_{x^2-y^2}-d_{x^2-y^2}$，是两个成键原子的对称性匹配的 d 轨道面对面重叠形成的，δ 轨道就是 $\lambda=|m_l|=2$ 的分子轨道。

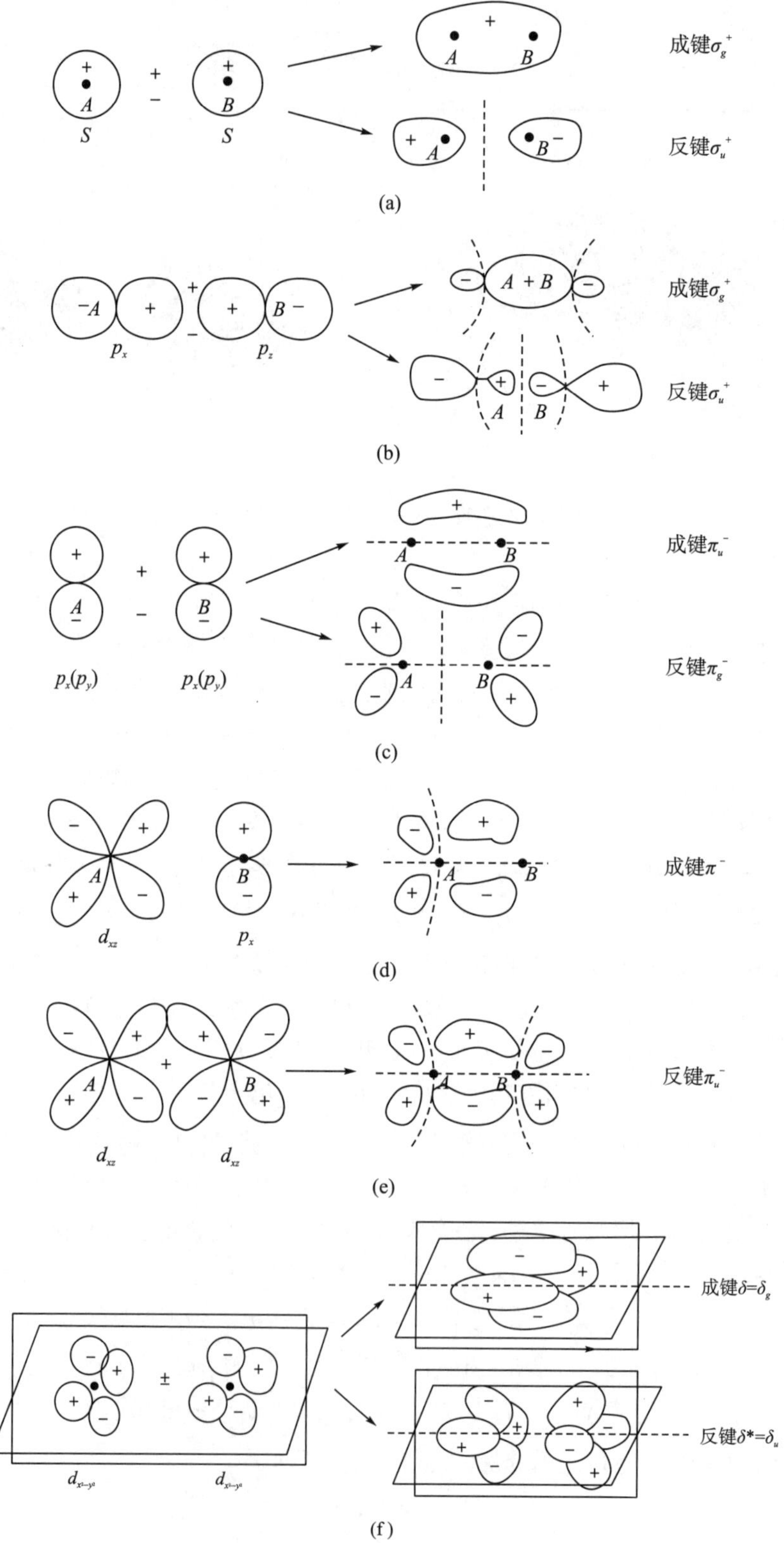

图 3.16　两个同核原子轨道组合成分子轨道的示意图

同核双原子分子的对称轴的中点为对称中心，从图 3.16 中的(a)、(b)、(c)、(e)和 (f)可以看出，有些σ与δ成键轨道和π反键轨道对这一中心反演(即i变换)是对称的，标为σ_g、π_g、δ_g；有些σ与δ反键轨道和π成键轨道对这一中心反演是反对称的，标为σ_u、π_u、δ_u。但也有些轨道如图 3.16(d)中的π轨道不存在这种对称性，异核双原子分子不存在对称中心，也就不存在这种g和u对称性，通常在反键轨道右上方标*号，成键轨道不标，如σ和σ^*、π和π^*。从图 3.16(a)～(e)中还可看出，同核双原子分子的σ轨道对通过键轴平面反映(即σ_v变换)是对称的(+)，π轨道对通过键轴平面反映是反对称的(-)。另外，σ轨道是非简并的，而分别由两个p_x轨道和两个p_y轨道形成的分子π_{p_x}和π_{p_y}轨道有相同能量，它们构成二重简并π轨道。

3.3.4　双原子分子电子态的能级结构

3.3.4.1　分子的轨道能级

在原子轨道线性组合方法形成各种分子轨道的基础上，可以进一步讨论分子轨道能级的形成。以氢分子为例，如图 3.13 所示，氢分子离子的两个原子$1s$轨道线性组合成两个分子轨道ψ_+和ψ_-，它们的能量各不同，氢分子离子基态的一个电子正常情况是处于能量较低的成键轨道ψ_+上；氢分子有两个电子，基态分子轨道仍然由两个氢原子的$1s$轨道线性组合而成，这两个电子都可以在能量较低的成键轨道ψ_+上存在，只是自旋方向相反，实际上ψ_+和ψ_-就是上一节给出的分子$\lambda=0$的σ_g和σ_u轨道(异核用σ和σ^*表示成键和反键轨道)，但在分子轨道理论中不再用原子轨道符号$1s$，仅用$1\sigma_g$和$1\sigma_u$来表示氢分子的这两个最低轨道。另外，He_2分子的各个 He 原子有两个$1s$电子，因此第三、四个电子不能再填充$1\sigma_g$成键轨道，而只能到$1\sigma_u$反键轨道，因此，两个 He 原子没有化学键，He_2分子是不稳定的。

量子力学可证明由k个原子轨道线性组合成的分子轨道应有k个，例如H_2分子中两个原子轨道只能组合成两个分子轨道，每个原子的s轨道最多容纳两个电子，两个原子的s轨道线性组合的分子轨道最多容纳 4 个电子，而一个分子的σ轨道最多也只能容纳两个电子，因而只能组合成两个分子σ轨道；p轨道有向量性质，沿任一轴向的p轨道可表示为p_x、p_y和p_z的线性组合，两个同核原子的p轨道可以线性组合成$\Lambda=0$的σ_g和σ_u分子轨道(由两个p_z轨道组合成)和$\Lambda=1$的π_g和π_u二重简并轨道(由两个p_x或p_y轨道组合成)共 6 个，最多可占有$2\times2+2\times4=12$个电子，每一对组合均生成一个成键和一个反键轨道，σ_g、π_u为成键类，σ_u、π_g为反键类，如图 3.16 中的(a)和(c)所示。

对于电子数更多的N_2分子的轨道能级描绘如图 3.17 所示[45, 49]。氮原子电子组态为$1s^2 2s^2 2p^3$，当两个 N 原子结合成N_2分子时，根据 LCAO 分子轨道方法，能量相等或相近的同类型原子轨道可以结合成分子轨道，一个 N 原子的$1s$、$2s$、$2p_x$、$2p_y$、$2p_z$轨道可以分别与另一个 N 原子的同类型轨道结合成 10 个分子轨道(其轨道能级次序显示在

图 3.11 的 N_2 分子轨道相关图中)，分子的 14 个电子占据其中 7 个，优先占据能量低的轨道，如图 3.17 中(a)所示。从该图中还可以看出，原子的内层电子更多地局域于自身的原子核附近，两原子内层轨道 $1s$ 重叠很小，合成的分子轨道 $\sigma_g 1s$ 和 $\sigma_u 1s$ 更接近原子轨道 $1s$，它并不参与成键，由两个 $2p_z$ 轨道组合成的 $\sigma_g 2p$ 和 $\sigma_u 2p$ 分子轨道比由两个 $2p_x$、$2p_y$ 轨道组合成的 $\pi_g 2p$ 和 $\pi_u 2p$ 分子轨道分裂大，成键作用更强。

实际上，同类型的任意两个分子轨道之间还有相互作用，如 $2\sigma_g$ 与 $3\sigma_g$，$2\sigma_u$ 与 $3\sigma_u$。这种作用使两轨道的能量向相反方向移动，导致能量差变大，这样，分子轨道之间的作用结果使 $3\sigma_g$ 上升很多，使 $2\sigma_u$ 下降，从而使 $3\sigma_g$ 超过 $2\sigma_u$。N_2 分子中的各个 N 原子的另外两个 p 轨道($2p_x$ 和 $2p_y$)相互无杂化的线性组合成 $1\pi_u$ 成键和 $1\pi_g$ 反键分子轨道，使弱成键轨道 $3\sigma_g$ 成为最高被占据的轨道，所以 N_2 分子的正确分子轨道能级如图 3.17 中(b)所示。

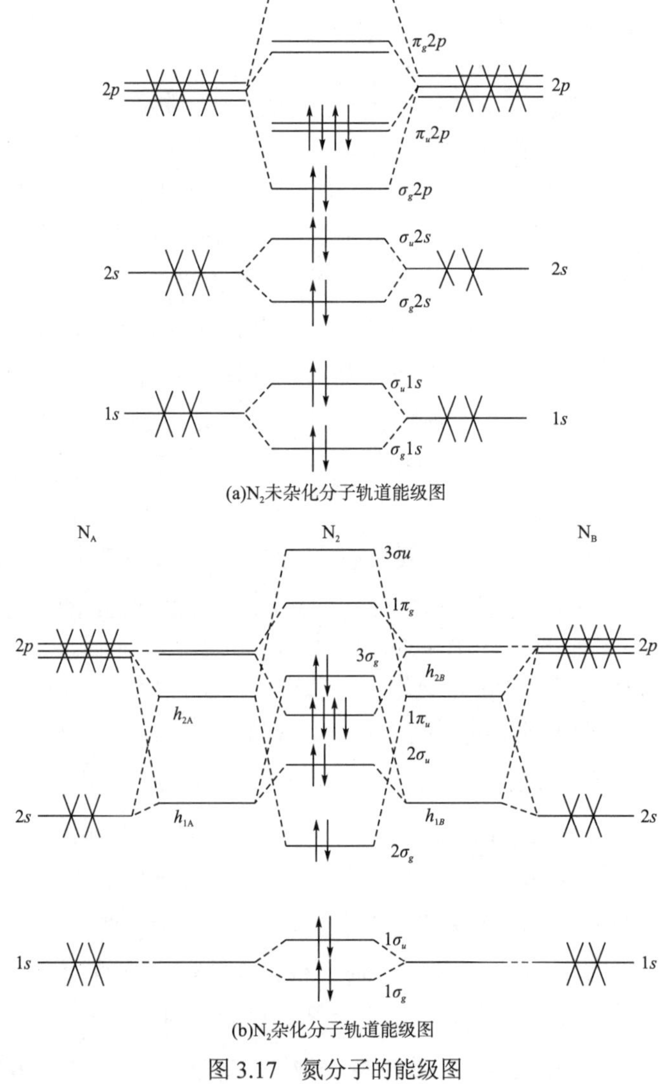

图 3.17　氮分子的能级图

与同核双原子分子轨道能级形成情形不同的是，异核双原子分子的轨道能级的形成是将两个原子各轨道能级按它们的能量大小来排列的，核电荷数 z 大的原子，其电子与核的库仑作用也大，所以它的能级要比与之结合的另一个原子的对应轨道低。以CO分子为例，O原子的 $2s$ 要比C原子的 $2s$ 低。CO分子的杂化情况与 N_2 分子有很大不同，C和O原子的 sp 杂化轨道能量差别很大，使C原子能量较低的 $2s$ 和 $2p_z$ 杂化轨道 h_{1C} 与O原子能量较高的 $2s$ 和 $2p_z$ 杂化轨道 h_{2O} 相匹配，组合成分子成健轨道 4σ 和反键轨道 6σ。另外两个杂化轨道形成非成键轨道 3σ 和 5σ，被两对孤立电子占据，也称孤对电子轨道。两个原子的 $2p_x$、$2p_y$ 轨道组合成分子成键轨道 1π 和反键轨道 2π，如图 3.18 所示[46, 48, 50]。由于异核双原子分子不存在 g、u 对称性，所以用的符号与同核双原子分子有差别，不分 g、u，统一按 σ、π、δ 从 1 顺序增加往上排列。此外，对异核双原子分子，如果 A 原子比 B 原子更易获得电子，即 A 的电负性比 B 的大，则它们形成的成键轨道以电负性较大的原子轨道为主要成分，反键轨道则以电负性较小的原子轨道为主要成分，全部电子填充的结果，使电荷分配不均，导致异核分子产生极性，具有非零偶极矩。

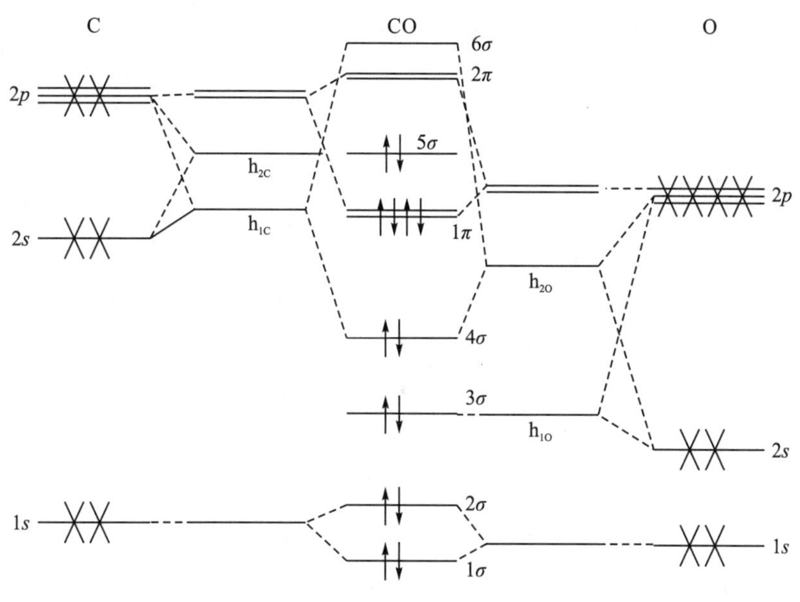

图 3.18　CO 分子的轨道能级图

3.3.4.2　分子的电子组态和谱项[12]

分子的电子组态和原子的电子组态类似，可用分子的各电子轨道按能量由低到高的排列次序表示。为此通常可利用同核或异核双原子分子轨道相关图上的能量高低次序，只是分子轨道符号去掉其中的原子轨道符号部分，按上面规则在前面加上数字编号，每个分子还要根据实际情况作必要修正。当形成分子基态时，原来处在分立的各原子轨道上的电子将按下面三个原则移入分子轨道[48]：

(1) 泡利原理：每一条分子轨道上至多只能容纳两个电子，它们的自旋必须相反。对于二重简并轨道π、δ等轨道上至多可以容纳 4 个电子，这些电子构成一个次壳层。

(2) 最低能量原理：在不违背泡利原理的前提下，电子将先占据能量最低的分子轨道。

(3) 洪德定则：在简并轨道上，电子将首先分占不同轨道，并且自旋方向相同，这个规则是近似的。

值得注意的是，对于分子激发态，只有泡利原理不能违背，电子可以占据较高能量分子轨道而使较低能量分子轨道空着。

对于分子谱项问题的讨论类似于原子。在原子情形中，首先得到原子轨道及其填充次序，然后由此给出原子的电子组态，再由角动量耦合模型推出原子谱项；在分子情形中，也是首先由分子轨道理论得到分子轨道，然后电子填充这些轨道而形成分子的电子组态，最后由角动量矢量耦合模型将各个电子的角动量耦合成分子的总角动量，从而得到分子谱项。分子轨道和电子组态前面已讨论过，下面讨论如何由角动量耦合得到分子谱项。

在多电子分子情况下，各个角动量的耦合很复杂，分子中内层电子主要围绕它的原子核运动，起主要作用的是价电子，价电子围绕所有原子核和内层电子运动，它们的轨道半径较大，轨道贯穿效应不严重，受到的有效静电作用的正电荷Z^*小，这两点使电子自身的自旋轨道耦合作用较小，通常可以把各个电子的轨道运动和自旋运动分离开来近似处理。要求出总角动量，首先要求出各个价电子的总轨道角动量和总自旋角动量，然后在弱的自旋轨道耦合作用下它们再耦合成总角动量，即为LS耦合。

根据独立电子近似，分子的总轨道角动量L是各个价电子的轨道角动量l_i之和，即$L=\sum l_i$。对双原子分子而言，电子在轴对称电场方向上的轨道角动量是守恒的，即在这个分子对称轴方向上的各个价电子的轨道角动量分量$l_{iz}=m_{li}\hbar$和总轨道角动量分量$L_Z=M_L\hbar$相等，L_Z是各个l_{iz}之和，$L_Z=\sum l_{iz}$。由于在电场对称轴相反方向对应于M_L值为正和负的态是能量简并的，但由于具有不同$|M_L|$值的态的能量是不同的，在双原子分子中有意义的是量子数$\Lambda=|M_L|$，因此，用量子数Λ来标示和分类分子的电子能量和能级状态，Λ是各个电子的轨道角动量量子数m_{li}的代数和的绝对值，可以取值为

$$\Lambda=|M_L|=\left|\sum m_{li}\right|=0, 1, 2, \cdots, L \tag{3.3-112}$$

双原子分子的电子态是按$\Lambda=0, 1, 2, 3, \cdots$分别为$\Sigma$、$\Pi$、$\Delta$、$\Phi$、…分子态，分别具有确定的能量和轨道角动量$L_Z$，$L_Z$的值为

$$L_Z=M_L\hbar=\pm\Lambda\hbar \tag{3.3-113}$$

$\Lambda=0$的Σ态是单重态，$\Lambda\neq0$的Π、Δ、Φ等态是二重态，两者角动量值相反，能量相同，是能量简并态。在考虑电子自旋的情况下，因电子自旋不受电场影响，分子总自旋角动量S是分子中各电子总自旋角动量S_i按矢量相加方法合成的结果：

$$S=\sum S_i \tag{3.3-114}$$

每个电子的自旋量子数S为$1/2$，合成的总自旋量子数S可以取零、半整数和整数。

由于总轨道角动量L在对称轴Z方向上，如果电子的$\Lambda\neq0$，则电子轨道运动在Z方向产生磁场，它作用于电子的总自旋磁矩，使总自旋角动量S在Z方向产生$2S+1$个分量

$M_S\hbar$，其量子数 M_S 在分子光谱中常用 Σ 代替：

$$\Sigma = M_S = \pm S, \pm(S-1), \cdots \tag{3.3-115}$$

值得注意的是，由于是磁场作用，和 Λ 不同，Σ 有相同数值不同符号的态有不同能量，需要分别给出。当然，$\Lambda = 0$ 的 Σ 态不存在磁场对总自旋角动量 S 的作用，量子数 Σ 没有意义。

若进一步考虑弱的电子自旋-轨道耦合作用，在不计电子运动与分子的核运动耦合的情况下，分子的总角动量 $J = L + S$，有意义的是在分子对称轴方向的总角动量 Ω，如图 3.19 所示。

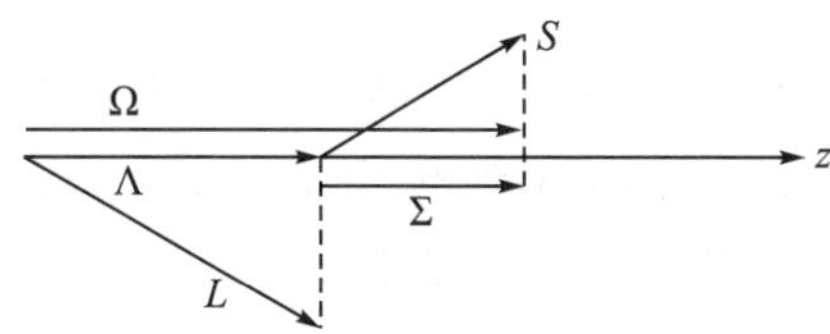

图 3.19　分子的电子运动角动量相加

$\Omega = |\Lambda + \Sigma|$，其取值由 $\Lambda + \Sigma$ 决定，有 $2S+1$ 个：

$$\Lambda + \Sigma = \Lambda \pm S, \Lambda \pm (S-1), \cdots \tag{3.3-116}$$

因此，对应一个 Λ 态有 $2S+1$ 个分子多重态。分子的光谱项或称谱项用量子数 Λ 和 S 以下列方式来标记：

$$^{2S+1}\Lambda \tag{3.3-117}$$

分子的电子态或称分子态还要加上 $\Lambda+\Sigma$（而不是 Ω），以下列方式来标记：

$$^{2S+1}\Lambda_{\Lambda+\Sigma} \tag{3.3-118}$$

例如，两个 $\lambda = 0$ 的 σ 电子组态 σ^2 能组合成 $\Lambda = 0$ 的 Σ 态，两个电子合成的 $S = 0$ 和 1，谱项为 $^1\Sigma$ 单重态和 $^3\Sigma$ 三重态；两个 $\lambda = 1$ 的 π 电子组态 π^2 组合成 $\Lambda = 0$（$M_L = +1, -1$）或 2（$M_L = +1, +1$ 或 -1，-1），谱项为 $^1\Sigma$ 与 $^1\Delta$ 单重态和 $^3\Sigma$ 与 $^3\Delta$ 三重态；再如 $\Lambda = 1$，$S = 3/2$ 的多电子分子的谱项为 $^4\Pi$，电子态为四重态：$^4\Pi_{5/2}$，$^4\Pi_{3/2}$，$^4\Pi_{1/2}$ 和 $^4\Pi_{-1/2}$，后两个态虽然 Ω 相同（$\Omega = 1/2$），但能量不同，所以要分别标记。

通常情况下，只用谱项来分类表示分子态，由于分子中存在若干个谱项符号相同的分子态，和原子一样，分子态更完整的标记应将分子的电子组态放在谱项前以示区别，但是这很麻烦，常常用字母 X、A、B、C、…及 a、b、c、…加在谱项符号前以示区别。X 表示电子基态，与基态有相同多重性的谱项前用大写字母 X、A、B、C、…；与基态多重性不同的谱项前用小写字母 a、b、c、…。更完整的分子态表示还要在右下角标出 i 变换宇称，在右上角标出 σ_υ 变换宇称。两个电子组态形成的 i 变换宇称由各电子的宇称按以下规则给出[46]：$u \times u = g \times g = g$，$u \times g = u$。多个电子组态的宇称可以由此进一步得到。量子力学可以证明[46]：$\pi\pi$ 组态形成的两个 $^3\Sigma$ 和 $^1\Sigma$ 分子态对 σ_r 变换各有一个+和-，即有 $^3\Sigma^+$、$^3\Sigma^-$、$^1\Sigma^+$ 和 $^1\Sigma^-$，面形成的其他种类分子态 Π、Δ、Φ 是两重简并态，经 σ_υ 变换后两个简并态互换，不具有平面对称性，$\delta\delta$ 组态也有这种情况。

对于满壳层电子组态如 σ^2、π^4 和 δ^4 有类似原子物理的一个规则，就是它们所有电子合成的总轨道角动量、总自旋角动量和总角动量均为 0，它们的电子态为 $^1\Sigma$，同核双原子分子为 $^1\Sigma_g$，它们对各种总角动量没有贡献。因此，在求谱项和分子态时不用考虑分子电子组态中满壳层电子的贡献，仅考虑所有非满壳层内的电子。表 3.2[51]给出了某些非等效电子组态所能形成的分子谱项，表 3.3[51]给出了某些等效电子组态所能形成的分子谱项，后者由于泡利原理限制，形成的谱项要少。如两个等效 π 电子组态 π^2 只能形成 $^1\Sigma^+$、$^3\Sigma^-$、$^1\Delta$ 谱项，这是由于两个 π 电子的 n 和 l 相同，$\lambda=1$，若 m_l 均为 $+1$ 或 -1，则 $\Lambda=2$，为 Δ 态，这时两个电子必为自旋反平行，即一个为 $m_s=1/2$，另一个为 $m_s=-1/2$，这样 S_z 和 S 必为零，即为单重态 $^1\Delta$；若一个电子的 $m_l=+1$，另一个为 $m_l=-1$，则 $\Lambda=0$，为 Σ 态，这时可以形成两电子自旋平行的 $^3\Sigma^-$ 态和反平行的 $^1\Sigma^+$ 态；三个等效 π 电子组态 π^3 比满壳层差一个电子，谱项与一个 π 电子相同，为 $^2\Pi$ 谱项。对于等效电子与非等效电子混合情况，可先对一种角动量求和，再对其他求和。例如 $\sigma\pi^2$ 电子组态，先求等效电子 π^2 的谱项，然后 σ 电子再与得到的三个谱项求和得到表 3.3 中的 4 个谱项。

表 3.2　某些分子非等效电子组态能形成的分子谱项

电子组态	σ	π	$\sigma\sigma$	$\sigma\pi$	$\pi\pi$	$\sigma\delta$	$\pi\delta$	$\delta\delta$	$\sigma\sigma\sigma$	$\sigma\sigma\pi$	$\sigma\sigma\delta$
分子谱项	$^2\Sigma^+$	$^2\Pi$	$^1\Sigma^+$ $^3\Sigma^+$	$^1\Pi$ $^3\Pi$	$^1\Sigma^+$，$^3\Sigma^+$ $^1\Sigma^-$，$^3\Sigma^-$ $^1\Delta$，$^3\Delta$	$^1\Delta$ $^3\Delta$	$^1\Pi$，$^1\Phi$ $^3\Pi$，$^3\Phi$	$^1\Sigma^+$，$^3\Sigma^+$ $^1\Sigma^-$，$^3\Sigma^-$ $^1\Gamma$，$^3\Gamma$	$^2\Sigma^+$ $^2\Sigma^+$ $^4\Sigma^+$	$^2\Pi$ $^2\Pi$ $^4\Pi$	$^2\Delta$ $^2\Delta$ $^4\Delta$

表 3.3　某些分子等效及混合电子组态能形成的分子谱项

电子组态	σ^2	π^2	δ^2	π^3	δ^3	$\sigma\pi^2$	$\sigma^2\pi$	$\sigma^2\delta$	$\pi^2\pi$	$\pi^2\delta$	$\pi^3\alpha$
分子谱项	$^1\Sigma^+$	$^1\Sigma^+$ $^1\Delta$ $^3\Sigma^-$	$^1\Sigma^+$ $^1\Gamma$ $^3\Sigma^-$	$^2\Pi$	$^2\Delta$	$^2\Sigma^+$，$^2\Sigma^-$ $^2\Delta$，$^4\Sigma^-$	$^2\Pi$	$^2\Delta$	$^2\Pi(3)$ $^2\Phi$ $^4\Pi$	$^2\Sigma^+$，$^2\Sigma^-$ $\Delta(2)$，$^2\Gamma$ $^4\Delta$	$^1\Pi$ $^3\Pi$

3.3.4.3　一些双原子分子的能级结构[12]

下面结合例子讨论一些具体分子电子组态、谱项和分子态[44-46]，分析这些分子的电子态结构就可以得知分子相应的能级结构。

(1) 前面已讨论过的氢分子离子 H_2^+ 基态的一个电子处于能量较低的成键轨道 $1\sigma_g$ 上，它的电子组态为 $1\sigma_g$，这个 σ 电子的 $\Lambda=0, S=1/2$，谱项为 $^2\Sigma_g$，实际是单重态，由图 3.16(a)、(b) 可以看出，由 S 和 P_z 轨道组成的 σ 分子成键和反键轨道波函数都是以分子对称轴 Z 为键轴成圆柱形对称的，它们对 σ_υ 变换也是对称的，为+，因此，H_2^+ 基态的分子态为 $X\,^2\Sigma_g^+$。

(2) 氢分子 H_2：它有两个电子，基态第二个电子也进入能量较低的轨道 $1\sigma_g$，电子组态为 $(1\sigma_g)^2$，两个 σ 电子轨道角动量合成的 $\Lambda=0$，自旋合成的 S 可以是 0 或 1，由于泡利原理的限制，在同一轨道上的两电子的自旋方向必须相反，$S=0$，为单重态，两个电子均在宇称为 g 的 σ 轨道上，σ_v 变换也是对称的，因此，氢分子 H_2 基态谱项为 ${}^1\Sigma_g^+$，分子态为 $X{}^1\Sigma_g^+$。由同核分子轨道相关图 3.11 可知，H_2 的第一激发电子组态为 $1\sigma_g 2\sigma_g$，由表 3.2 可知，形成的分子态为 $A{}^1\Sigma_g^+$ 和 $a{}^3\Sigma_g^+$；第二激发电子组态为 $1\sigma_g 1\sigma_u$，形成的分子态为 $B{}^1\Sigma_u^+$ 和 $b{}^1\Sigma_u^+$；第三激发电子组态为 $1\sigma_g 1\pi_u$，形成的电子态为 $C{}^1\Pi_u$ 和 $C{}^3\Pi_u$；如果氢分子中再加一个电子形成氢分子负离子 H_2^-，第三个电子只能进入能量较高的反键轨道 $1\sigma_u$，它将氢分子中两个成键电子的引力抵消一部分，仍为稳态，能够存在。H_2^- 基态的电子组态为 $(1\sigma_g)^2(1\sigma_u)$，谱项仅由 $1\sigma_u$ 电子决定，为 ${}^2\Sigma_u^+$，分子态为 $X{}^2\Sigma_u^+$。

(3) 氦分子正离子 $He_2{}^+$：其基态的电子组态为 $(1\sigma_g)^2(1\sigma_u)$，谱项为 ${}^2\Sigma_u{}^+$，氦分子 He_2 基态的电子组态为 $(1\sigma_g)^2(1\sigma_u)^2$，谱项应为 ${}^1\Sigma_g^+$，但由于氦分子中 $1\sigma_u$ 轨道是两个反键电子形成的，将两个成键电子的引力抵消，因此无法形成稳定的氦分子 He_2。

(4) 锂分子 Li_2：它有 6 个电子，由图 3.11 可知，第 5、6 个电子进入 σ_g 2s 轨道，即 $2\sigma_g$ 成键轨道，基态的电子组态为 $(1\sigma_g)^2(1\sigma_u)^2(2\sigma_g)^2$，或记为 $KK(2\sigma_g)^2$，K 表示原子内层 K 轨道已填满电子，实际为原子轨道，不参与成键。最后两个电子是成键的，能形成锂分子 Li_2，基态分子态为 $X{}^1\Sigma_g^+$。Li_2 的第一激发电子组态是 $(1\sigma_g)^2(1\sigma_u)^2(2\sigma_g)(2\sigma_u)$，分子态为 $A{}^1\Sigma_u^+$ 和 $a{}^3\Sigma_u^+$。

(5) 铍分子 Be_2：它有 8 个电子，基态的电子组态为 $KK(2\alpha_g)^2(2\sigma_u)^2$，类似于氦分子 He_2 的情况，无法形成稳定的铍分子 Be_2 基态 $X{}^1\Sigma_g^+$，但由于 *sp* 轨道少量杂化，Be_2 在低温下存在。

(6) 硼分子 B_2：它有 10 个电子，最后两个 p 电子进入成键轨道 $1\pi_u$，能形成分子，基态的电子组态为 $KK(2\sigma_g)^2(2\sigma_u)^2(1\pi_u)^2$，两个电子未填满 $1\pi_u$ 轨道，谱项为 ${}^1\Sigma_g^+$、${}^3\Sigma_g^-$ 和 ${}^1\Delta_g$，实验给出基态分子态为 $X{}^3\Sigma_g^-$。

(7) 碳分子 C_2：它有 12 个电子，最后 4 个 p 电子进入成键轨道 $1\pi_u$，结合力较强，能形成分子，基态的电子组态为 $KK(2\sigma_g)^2(2\sigma_u)^2(1\pi_u)^4$，填满 $1\pi_u$ 轨道，基态谱项为 ${}^1\Sigma_g^+$，分子态为 $X{}^1\Sigma_g^+$。

(8) 氮分子 N_2：它的基态电子组态前面已经讨论过，为 $KK(2\sigma_g)^2(2\sigma_u)^2(1\pi_u)^4(3\sigma_g)^2$，基态分子态为 $X{}^1\Sigma_g^+$。由于历史的原因，N_2 分子的标记是例外，基态是单重态，而 A、B、C、…则加在三重态的激发谱项之前。它的第一电子激发态是电子从 $3\sigma_g$ 跃迁到 $1\pi_g$ 形成的电子态 $a{}^1\Pi_g$ 和 $B{}^3\Pi_g$，第二电子激发态为电子从 $1\pi_u$ 跃迁到 $1\pi_g$ 形成的分子态 $A{}^3\Sigma_u^+$、$W{}^3\Delta_u$、$B'{}^3\Sigma_u^-$、$a'{}^1\Sigma_u^-$、$w{}^1\Delta_u$、$b'{}^1\Sigma_u^+$。

(9) 氧分子 O_2：它有 16 个电子，基态电子组态为 $KK(2\sigma_g)^2(2\sigma_u)^2(3\sigma_g)^2(1\pi_u)^4(1\pi_g)^2$，

由于O和F原子的2s和2p能量差比C和N大，波函数重叠较小，sp杂化弱，$3\sigma_g$低于$1\pi_u$，恢复未杂化正常次序。$2\sigma_g$和$2\pi_u$主要是各个O原子的2s电子组合成的，$3\sigma_g$，$1\pi_u$和$1\pi_g$主要是各个O原子的$2p$电子组合而成。O_2分子的基态是未填满的轨道$1\pi_g$，有两个电子占据，因此$\Lambda=0(\Sigma)$，$2(\Delta)$，$S=0,1$，这是两个等效电子，受泡利原理限制，只能有谱项${}^1\Sigma_g^+$、${}^3\Sigma_g^-$、${}^1\Delta_g$，实验定出基态分子态为$X^3\Sigma_g^-$、$a^1\Delta_g$、$b^1\Sigma_g^+$。O_2的第一激发电子组态是电子从$1\pi_u$跃迁到$1\pi_g$形成的组态$(1\pi_u)^3(1\pi_g)^3$，分子态为$c^1\Sigma_u^-$、$A^3\Delta_u$、$A^3\Sigma_u^+$、$B^3\Sigma_u^-$、$a^1\Sigma_u^+$、$a^1\Delta_u$。

(10) 氯分子Cl_2：它有34个电子，基态电子组态为$KK(2\sigma_g)^2(2\sigma_u)^2(3\sigma_g)^2(1\pi_u)^4(1\pi_g)^4(3\sigma_u)^2(4\sigma_g)^2(4\sigma_u)^2(5\sigma_g)^2(2\pi_u)^4(2\pi_g)^4$，是满壳层，基态分子态为$X^1\Sigma_g^+$。其中$2\sigma_g$–$3\sigma_u$为$L$壳层轨道组合而成的，$2\sigma_g$、$2\sigma_u$是2s电子组合成的，$3\sigma_g$、$1\pi_u$、$1\pi_g$和$3\sigma_u$是$2p$电子轨道线性组合成的，$4\sigma_g$、$4\sigma_u$主要为$3s$电子组合轨道，之后的3个分子轨道主要是$3p$轨道组合成的。

(11) OH自由基：OH基团有9个电子，基态电子组态为$(1\sigma)^2(2\sigma)^2(3\sigma)^2(1\pi)^3$，是未满壳层，基态分子态为$X^2\Pi$，O的$1s$轨道和H的$1s$轨道能量差太大，可以不考虑它们的组合，$1\sigma$为$O$的1s电子形成的芯壳层轨道，其他是O的$2s$与$2p$杂化轨道与H的$1s$轨道组合成的价电子轨道。由于O的$2s$与$2p$能量差也不小，仍可以近似把$2s$作非键轨道$2\sigma$，剩下的O的$2p$和H的$1s$组成成键的$3\sigma$轨道和反键的$4\sigma$轨道，O的$2p_x$和$2p_y$轨道组合的非键轨道$1\pi$介于$3\sigma$和$4\sigma$之间。

(12) HF分子：它的基态电子组态是$(1\sigma)^2(2\sigma)^2(3\sigma)^2(1\pi)^4$，是满壳层，基态分子态为$X^1\Sigma^+$，$1\sigma$是F的内壳层$1s$电子形成的，其他是F的$2s$与2p杂化轨道与H的$1s$轨道线性组合成的价电子轨道。

(13) CO分子：它的基态电子组态是$(1\sigma)^2(2\sigma)^2(3\sigma)^2(4\sigma)^2(1\pi)^4(5\sigma)^2$，$1\sigma$、$2\sigma$是O和C的内壳层$1s$电子形成的轨道，其他是价电子轨道线性组合成的，其中3σ和5σ是孤对电子轨道，基态分子态为$X^1\Sigma^+$。CO的第一激发态是电子从5σ跃迁到2π，分子态为$a^3\Pi$和$A^1\Pi$；第二激发态是电子从1π跃迁到2π，分子态为$a'^3\Sigma^+$、$e^3\Sigma^-$、$d^3\Delta$、$I^1\Sigma^-$、$D^1\Delta$和$D'^1\Sigma^+$；第三激发态是5σ跃迁到6σ，分子态为$b^3\Sigma^+$和$B^1\Sigma^+$。

(14) HCl分子：它的基态电子组态是$(1\sigma)^2(2\sigma)^2(3\sigma)^2(1\pi)^4(4\sigma)^2(5\sigma)^2(2\pi)^4$，是满壳层，基态分子态为$X^1\Sigma^+$。$1\sigma$是Cl的$1s$轨道形成的，$2\sigma$是Cl的$2s$轨道形成的，$3\sigma$与$1\pi$是Cl的$2p$轨道形成的，它们都是芯壳层。$4\sigma$、$5\sigma$、$2\pi$是Cl的$3s$、$3p$轨道与H的$1s$轨道组合而成的价电子轨道。

需要说明的是，为了描述跃迁，国际光谱学联合委员会规定：在给定的电子跃迁中，高态写在前，低态写在后，吸收和发射分别用箭头$\leftarrow$或$\rightarrow$表示。例如，${}^1\Pi\rightarrow{}^1\Sigma$表示${}^1\Pi$到${}^1\Sigma$态的发射跃迁，${}^1\Pi\leftarrow{}^1\Sigma$则是从${}^1\Sigma$到${}^1\Pi$态的吸收跃迁。至于涉及振动量子数变化的跃迁，例如$\upsilon'=2$和$\upsilon=3$振动态之间的跃迁，记作2—3谱带或(2，3)带，前面数字表示高电子态振动量子数υ'，后面数字为低电子态振动量子数υ，带表示由许多转动能级之间跃迁形成的谱线结构。

附录 A　非刚性转子转动项表达式

在转动分子中，核间距取为r_c，使得离心力恰好被偏离平衡位置(r_e)的小位移r_c-r_e而产生的回复力$k(r_c-r_e)$所平衡。离心力F_c由下式给出：

$$F_c=\mu\omega^2 r_c=\frac{P^2}{\mu r_c^3} \tag{A1}$$

式中，ω是角速度；$P=I\omega=\mu r_c^3\omega$是角动量（$I$转动惯量）。令离心力与回复力相等，得到核间距的改变量

$$r_c-r_e=\frac{P^2}{\mu r_c^3 k}\approx\frac{P^2}{\mu r_e^3 k} \tag{A2}$$

转动的动能是$P^2/2I_c$。此外，在非刚性转子的情形中，还有势能$\frac{1}{2}k(r_c-r_e)^2$。因此，总的转动能量是

$$E=\frac{P^2}{2\mu r_c^2}+\frac{1}{2}k(r_c-r_e)^2 \tag{A3}$$

将从公式(A2)得到的r_c值代入式(A3)，并略去r_c-r_e的各个较高次项时，得

$$E=\frac{P^2}{2\mu r_e^2}-\frac{P^4}{2\mu^2 r_e^6 k}+\cdots \tag{A4}$$

在量子力学中，角动量为$\frac{\sqrt{J(J+1)}}{2\pi}$，因此，非刚性转子的能量公式为

$$E=\frac{h^2}{8\pi^2 r_2^2}J(J+1)-\frac{h^4}{32\pi^4\mu^2 r_e^6 k}J^2(J+1)^2+\cdots \tag{A5}$$

将$k=4\pi^2\omega^2c^2\mu$代入式(A5)，根据式(3.3-42)就可得出

$$F(J)=\frac{E}{hc}=B_eJ(J+1)-\tilde{D}J^2(J+1)^2+\cdots \tag{A6}$$

其中，

$$B_e=\frac{h}{8\pi^2 c\mu R_e^2}=\frac{h}{8\pi^2 cI},\quad \tilde{D}=\frac{4B_e^3}{\omega^2} \tag{A7}$$

附录 B　计算微扰 $\hat{H}'=aq^3+bq^4$ 中 q^3 与 q^4 的矩阵元

对于式(3.3-49)微扰

$$\hat{H}'=aq^3+bq^4 \tag{B1}$$

式中，

$$q = R - R_e; \quad a = \frac{1}{6}\left(\frac{d^3 u}{d R^3}\right)_{R=R_e}; \quad b = \frac{1}{24}\left(\frac{d^4 u}{d R^4}\right)_{R=R_e}$$

式(3.3-10)所定义的$\Phi(R) = \frac{G(R)}{R} y_{JM}(\theta,\varphi)$，实际上是双原子分子内核运动的近似波函数，根据这个表达式，可以定义未微扰的零级核波函数是

$$\Phi_{\upsilon JM}^{0} = \frac{G_\upsilon(q)}{R} Y_{JM}(\theta,\varphi) \tag{B2}$$

零级能量[式(3.3-41)]是

$$E^{(0)} = u(R_e) + (\upsilon + \frac{1}{2})\hbar\omega + \frac{J(J+1)\hbar^2}{2\mu R_e^2} \tag{B3}$$

由于M的值不影响$E^{(0)}$，未微扰能级是$(2J+1)$重简并的。因此，在作进一步计算之前，必须保证用正确的零级波函数来计算微扰式(B1)。式(B2)非对角元的形式为

$$\langle \Phi_{\upsilon JM'}^{(0)}(q,\theta,\varphi) | \hat{H}'(q) | \Phi_{\upsilon JM}^{(0)}(q,\theta,\varphi) \rangle \qquad (M' \neq M) \tag{B4}$$

因$\hat{H}'$只含有q，式(B4)的三重积分可遍及q的积分与下列积分的乘积

$$\int_0^{2\pi}\int_0^{2\pi} [Y_{JM}]^* Y_{JM} \sin\theta \, d\theta \, d\varphi \qquad (M' \neq M) \tag{B5}$$

由于球谐函数的正交性，此积分为零。因此，(B2)式是正确的零级波函数。量子数为υJM状态的能量的一级修正是

$$E^{(1)} = \langle \Phi_{\upsilon JM}^{(0)} | \hat{H}' | \Phi_{\upsilon JM}^{(0)} \rangle \tag{B6}$$

$$E^{(1)} = \int_0^\infty \frac{G_\upsilon^*}{R}\frac{G_\upsilon}{R}(aq^3 + bq^4) R^2 \, dR \int_0^{2\pi}\int_0^{\pi} |Y_{JM}|^2 \sin\theta \, d\theta \, d\varphi \tag{B7}$$

$$E^{(1)} = \int_{-R}^\infty |G_\upsilon(q)|^2 (aq^3 + bq^4) \, dq \tag{B8}$$

球谐函数是归一化的。当q小于$-R_e$时，谐振子函数$G(q)$是很小的，所以可将式(B8)积分的下限写为$-\infty$不会有严重的误差。$G(q)$也是实函数。方程(B8)变为

$$E^{(1)} = \int_{-\infty}^\infty aq^3 G_\upsilon^2 \, dq + \int_{-\infty}^\infty bq^4 G_\upsilon^2 \, dq \tag{B9}$$

因谐振子函数G_υ可为偶或奇函数，故G_υ^2为偶，于是式(B9)中第一积分项的被积函数为奇函数，并且积分为零。从而有

$$E^{(1)} = b\int_{-\infty}^\infty q^4 G_\upsilon^2 \, dq \tag{B10}$$

$$E^{(1)} = b\langle \upsilon | q^4 | \upsilon \rangle \tag{B11}$$

为求这些积分，需要从谐振子的矩阵元[式(3.3-54)]

$$\langle \upsilon' | q | \upsilon \rangle = (\frac{\upsilon}{2\alpha})^{\frac{1}{2}} \delta_{\upsilon', \upsilon-1} + [\frac{(\upsilon+1)}{2\alpha}]^{\frac{1}{2}} \delta_{\upsilon', \upsilon+1} \tag{B12}$$

出发，计算矩阵元$\langle \upsilon' | q^2 | \upsilon \rangle$，根据矩阵乘法规则：

$$\begin{aligned} \langle \upsilon' | q^2 | \upsilon \rangle &= \sum_k \langle \upsilon' | q | k \rangle \langle k | q | \upsilon \rangle \\ &= \sum_k [(\frac{\upsilon}{2\alpha})^{\frac{1}{2}} \delta_{\upsilon', k-1} + (\frac{k+1}{2\alpha})^{\frac{1}{2}} \delta_{\upsilon', k+1}] \cdot [(\frac{\upsilon}{2\alpha})^{\frac{1}{2}} \delta_{k, \upsilon-1} + (\frac{\upsilon+1}{2\alpha})^{\frac{1}{2}} \delta_{k, \upsilon+1}] \end{aligned} \tag{B13}$$

将上式右端各项乘出来，得四个加和项。第一加和项是

$$\frac{1}{2\alpha}\sum_{k}(k\upsilon)^{\frac{1}{2}}\delta_{\upsilon',k-1}\delta_{k,\upsilon-1} \tag{B14}$$

此加和项为零，除非 υ' 及 υ 之值为单一的 k 值同时所满足的 $k=\upsilon'+1$ 及 $k=\upsilon-1$，因此，υ' 必须等于 $\upsilon-2$，或者式(B14)为零。从而式(B14)等于

$$\frac{1}{2\alpha}[(\upsilon-1)\upsilon]^{\frac{1}{2}}\delta_{\upsilon',\upsilon-2} \tag{B15}$$

同理可求出其余的求和项，因此得到

$$\langle\upsilon'|q^2|\upsilon\rangle=\frac{[\upsilon(\upsilon+1)]^{\frac{1}{2}}}{2\alpha}\delta_{\upsilon',\upsilon-2}+\frac{2\upsilon+1}{2\alpha}\delta_{\upsilon',\upsilon}+\frac{[(\upsilon+1)(\upsilon+2)]^{\frac{1}{2}}}{2\alpha}\delta_{\upsilon',\upsilon+2} \tag{B16}$$

令 $\upsilon'=\upsilon$，则

$$\langle\upsilon|q^2|\upsilon\rangle=\frac{\left(\upsilon+\frac{1}{2}\right)}{\alpha} \tag{B17}$$

为求 $\langle\upsilon|q^4|\upsilon\rangle$，将 q^2 矩阵平方，并取 q^4 的对角元，结果是

$$\langle\upsilon|q^4|\upsilon\rangle=\frac{3}{4\alpha^2}(2\upsilon^2+2\upsilon+1) \tag{B18}$$

所以

$$\begin{aligned}\Delta E^{(1)}&=\langle\upsilon|\hat{H}'|\upsilon\rangle=\langle\upsilon|(aq^3+bq^4)|\upsilon\rangle=\langle\upsilon|(bq^4)|\upsilon\rangle\\&=b\langle\upsilon|(q^4)|\upsilon\rangle=\frac{3b}{4\alpha^2}(2\upsilon^2+2\upsilon+1)\end{aligned} \tag{B19}$$

由于 bq^3 项引起的一级能量修正为零，所以必须计算它们的二级能量修正。对状态 n 的二级能量修正为

$$E^{(2)}=\sum_{k>n}\frac{\left|\left\langle\psi_k^{(0)}\middle|\hat{H}\middle|\psi_n^{(0)}\right\rangle\right|^2}{E_n^{(0)}-E_k^{(0)}} \tag{B20}$$

式(B20)中的求和遍及所有的未微扰的状态，只是那些能量为 $E_n^{(0)}$ 的状态除外。在所讨论的问题中，状态由量子数 υ、J 和 M 决定，而能量却只与 J 及 υ 有关。因此，(B20)式变为

$$E^{(2)}=\sum_{\upsilon',J',M'}\frac{|\langle\psi_{\upsilon'J'M'}^{(0)}|\hat{H}'(q)|\psi_{\upsilon JM}^{(0)}\rangle|^2}{E_{\upsilon JM}^{(0)}-E_{\upsilon'J'M'}^{(0)}} \tag{B21}$$

注意到求和符号上的一撇表示三重求和，不包括那些同时具有 $\upsilon'=\upsilon$ 及 $J'=J$ 的项。从式(B2)知，出现在(B21)式中的积分为

$$\int_{-\infty}^{\infty}\Phi_{\upsilon'}\hat{H}'(q)\Phi_{\upsilon}\,\mathrm{d}q\int_0^{2\pi}\int_0^{\pi}[Y_{J'M'}]^*Y_{JM}\sin\theta\,\mathrm{d}\theta\,\mathrm{d}\varphi \tag{B22}$$

式(B22)中与角度有关的积分等于 $\delta_{J'J}\delta_{M'M}$。因此，式(B21)中只有那些 J' 及 M' 分别等于 J 及 M 的项才不为零。所以

$$E^{(2)}=\sum_{\upsilon'\neq\upsilon}\frac{|\int_{-\infty}^{\infty}\Phi'_{\upsilon'}\hat{H}'\Phi_{\upsilon}\,\mathrm{d}q|^2}{E_{\upsilon JM}^{(0)}-E_{\upsilon'JM}^{(0)}} \tag{B23}$$

用式(B23)的能级能量，以及只包括$\hat{H}'$的(aq^3)部分，且所涉及的量都是实数，所以有

$$E^{(2)}=\sum_{\upsilon'\neq\upsilon}\frac{[a(q^3)_{\upsilon'\upsilon}]^2}{h\nu(\upsilon-\upsilon')} \tag{B24}$$

$$(q^3)_{\upsilon'\upsilon}=\int_{-\infty}^{\infty}\Phi_{\upsilon'}q^3\Phi_{\upsilon}\,\mathrm{d}q \tag{B25}$$

将式(B24)写为

$$E^{(2)}=\frac{a^2}{h\nu}\sum_{\upsilon'\neq\upsilon}\frac{(q^3)_{\upsilon'\upsilon}}{\upsilon-\upsilon'} \tag{B26}$$

式(B12)已经给出了$q_{\upsilon'\upsilon}$，即$\langle\upsilon'|q|\upsilon\rangle=(\frac{\upsilon}{2\alpha})^{\frac{1}{2}}\delta_{\upsilon',\,\upsilon-1}+[\frac{(\upsilon+1)}{2\alpha}]^{\frac{1}{2}}\delta_{\upsilon',\,\upsilon+1}$，所以$(q^3)_{\upsilon'\upsilon}$是$q$及$q^2$(即$\langle\upsilon'|q^2|\upsilon\rangle=\frac{[\upsilon(\upsilon+1)]^{\frac{1}{2}}}{2\alpha}\delta_{\upsilon',\,\upsilon-2}+\frac{2\upsilon+1}{2\alpha}\delta_{\upsilon',\,\upsilon}+\frac{(\upsilon+1)(\upsilon+2)^{\frac{1}{2}}}{2\,\alpha}\delta_{\upsilon',\,\upsilon+2}$)矩阵相乘的结果

$$\begin{aligned}(q^3)_{\upsilon'\upsilon}=&[\frac{(\upsilon+1)(\upsilon+2)(\upsilon+3)}{8\alpha^3}]^{\frac{1}{2}}\delta_{\upsilon',\upsilon+3}+3[\frac{\upsilon+1}{2\alpha}]^{\frac{3}{2}}\delta_{\upsilon',\upsilon+1}\\&+3[\frac{\upsilon}{2\alpha}]^{\frac{3}{2}}\delta_{\upsilon',\upsilon-1}+[\frac{\upsilon(\upsilon-1)(\upsilon-2)}{8\alpha^3}]^{\frac{1}{2}}\delta_{\upsilon',\upsilon-3}\end{aligned} \tag{B27}$$

所以

$$\begin{aligned}[(q^3)_{\upsilon'\upsilon}]^2=&\frac{(\upsilon+1)(\upsilon+2)(\upsilon+3)}{8\alpha^3}\delta_{\upsilon',\upsilon+3}+\frac{9(\upsilon+1)^3}{8\alpha^3}\delta_{\upsilon',\upsilon+1}\\&+\frac{9\upsilon^3}{8\alpha^3}\delta_{\upsilon',\upsilon-1}+\frac{\upsilon(\upsilon-1)(\upsilon-2)}{8\alpha^3}\delta_{\upsilon',\upsilon+1}\end{aligned} \tag{B28}$$

将上式代入式(B24)中可得

$$\Delta E^{(2)}=-(\frac{1}{2\,\alpha})^3\frac{a^2}{\hbar\omega}[30(\upsilon+\frac{1}{2})^2+\frac{14}{4}] \tag{B29}$$

参 考 文 献

[1] 朱正和，俞华根. 分子结构与分子势能函数[M]. 北京：科学出版社，1997.

[2] Herzeberg G. Molecular Spectra and Molecular Structure I. Spectra of Diatomic Molecules[M]. New York：D.Van Nostrand，3rd Printing，1953.

[3] Born M，Oppenheimer J R. Zur Quantentheorie der Molekeln [J]. Ann. Physik，1927，(84)：457.

[4] 徐光宪，黎乐民，王德民. 量子化学基本原理和从头计算法(中册)[M]. 北京：科学出版社，2009.

[5] Murrell J N，Carter S S，Farantos C，et al. Molecular Potential Energy Functions[M]. John Wiley & Sons Ltd，1984.

[6] 唐敖庆，杨忠志，李前树. 量子化学[M]. 北京：科学出版社，1982.

[7] 金家俊. 分子化学反应动态学[M]. 上海：上海交通大学出版社，1988.

[8] 冯灏. 博士论文[D]. 成都：四川大学，2001.

[9] Levine M A，Marrys R E，Henderson J R，et al. The electron beam ion trap:a new instrument for atomic physics measurements [J]. Phys. Scr.,1988，T 22：157-153.

[10] Marrs R E. The electron beam ion trap[J]. Physics Today，1994，(10)：27.

[11] Dufresne E R，Grier D G. Optical tweezerarrays and optical substrates created with diffractive optical elements[J]. Rev.Sci.Instr，1998，(69). 1974-1977.

[12] 徐克尊. 高等原子分子物理学[M]. 第三版. 北京：科学出版社，2012.

[13] Rydberg R. Graphische darstellung einiger bandenspektroskopischer ergebnisse[J]. Zeitschrift für Physik，1931，(73)：376.

[14] Klein O. Zur berechnung von potentialkurven für zweiatomige moleküle mit hilfe von spektraltermen[J]. Zeitschrift für Physik，1932，(76)：226.

[15] Rees A L G. The calculation of potential-energy curves from band-spectroscopic data[J]. Proc. Phys. Soc，1947，(59)：998.

[16] Kaiser E W. Comment on “Dipole moment and hyperfine parameters of $H^{35}Cl$ and $D^{35}Cl$” [J]. J. Chem. Phys，1970，(53)：1686.

[17] Dunham J L. The energy levels of a rotating vibrator [J]. Physic Rev，1932，(41)：721.

[18] Kozman W M，Hinze J. Inverse perturbation analysis：Improving the accuracy of potential energy curves [J]. J. Mol. Spectrosc，1975，(56)：93.

[19] Vidal C R，Scheingraber H. A variational method combining the inverted perturbation approach of Vidal and Scheingraber[J]. J. Mol. Spectrosc，1977，(65)：46.

[20] Vidal C R. Accurate determination of potential energy curves[J]. Comments At. Mol. Phys，1986，(17)：173.

[21] Sehaefer III H F. Methods of Electronic Structure Theory [M]. New york and London: Plenum Press，1977.

[22] Sehaefer III H F. Applications of Electronic Structure Theory[M]. New york and London: Plenum Press，1977.

[23] Morse P M. Diatomic molecules according to the wave mechanics. II. Vibrational levels[J]. Phys. Rev，1929，(34)：57.

[24] Murrell J N，Sorbie K S. New analytic form for the potential energy curves of stable diatomic states[J]. J. Chem. Soc. Faraday Trans Ⅱ，1974，(70)：1552.

[25] Huxley P，Murrell J N. Ground-state diatomic potentials[J]. J. Chem. Soc. Faraday Trans. Ⅱ. 1983. (79)：323.

[26] Weiguo Sun. The energy-consistent method for the potential energy curves and the vibrational eigenfunctions of stable diatomic states[J]. Mol Phys，1997，(92)：105.

[27] Weiguo Sun，Hao Feng. An energy-consistent method for potential energy curves of diatomic molecules[J]. J. phys. B，1999，(32)：5109.

[28] 文静，冯灏，孙卫国，等. 用能量治法研究碱金属双原子分子的势能曲线[J]. 物理学报，2000，49(12)：2352.

[29] 刘启能，冯灏，孙卫国，等. 用新的双原子解析势能函数—ECM 势研究异核双原子分子势能[J]. 四川大学学报(自然科学版)，2001，38(5)：688.

[30] 李新喜，孙卫国，冯灏，用能量自治法研究异核双原子分子的势能曲线[J]. 物理学报，2003，52(2)：307.

[31] Feng H，Sun W G，Liu Q N. Potential energy curves of some electronic excited states of metal diatomic molecules using the energy consistent method [J]. J. Mol. Spectrosc，2000，204(1)：80.

[32] 刘国跃，孙卫国，冯灏. 双原子分子离子 XY^+势能函数的变分[J]. 中国科学 G 辑，2003，33(5)：439.

[33] 刘国跃. 双原子分子和双原子分子离子 XY^+精确势能的理论研究[D]. 成都：四川大学，2004.

[34] Levine Ira N. Molecular Spectroscopy[M]. New York:John Wiley & Sons，Inc，1975.

[35] 曾谨言. 量子力学[M]. 北京：科学出版社，1990.

[36] Pauling L，Wilson E B. Introduction to Quantum Mechanies[M]. New York：MeGraw-Hill，1935.

[37] 徐亦庄. 分子光谱理论[M]. 北京：清华大学出版社，1987.

[38] Kronig R de L. Zur deutung der bandenspektren [J]. Zeitschrift Für Physik，1928，(46)：814.

[39] Kronig R de L.Zur theorie des kerr- und faradayeffekts in gasen [J]. Zeitschrift Für Physik，1928，(50)：347.

[40] Van Vleck J H. On σ-type doubling and electron spin in the spectra of diatomic molecules[J]. Phys. Rev，1929，(33). 467.

[41] 张允武，陆庆正，刘玉中. 分子光谱学[M]. 合肥：中国科学技术大学出版社，1988.

[42] Barruw G M. Introduction to Molecular Spectroscopy[M]. New York：McGraw-Hill Book Company，1992.

[43] 郑能武，张鸿烈，赵维祟. 化学键的物理概念[M]，合肥：安徽科学技术出版社，1985.

[44] 江元生，结构化学[M]. 北京：高等教育出版社，1997.

[45] 徐光宪，王祥云. 物质结构[M].第二版. 北京：科学出版社，2010.

[46] 李俊清，何天敬，王俭，等. 物质结构导论[M]. 合肥：中国科学技术大学出版社，1990.

[47] 喀兴林. 量子力学与原于世界[M]. 太原：山西科学技术出版社，2000.

[48] 刘靖疆. 基础量子化学与应用[M]. 北京：高等教育出版社，2004.

[49] M. 奥钦，H. H. 雅费. 对称性、轨道和光谱[M]. 徐广智，译. 北京：科学出版社，1980.

[50] Zhong Z P, Xu K Z, Feng R F, et al. Optical oscillator strengths and angular variation of intensity distributions within the Lyman and Werner bands of molecular hydrogen[J]. J. of Electron Spectroscopy and Related Phenome，1998，(94)：127.

[51] 王国文. 原于与分子光谱导论(第二篇)：分子光谱学[M]. 北京：北京大学出版社，1985.

第 4 章　研究双原子分子振动能谱和离解能的理论方法

双原子分子振动能谱和分子态的离解能在原子、分子物理和化学物理等学科领域中有着举足轻重的地位，它一直是许多物理学家和化学家们十分关注的重要研究内容。

在分子光谱、热力学和原子分子碰撞物理中，分子的振动能谱和离解能通常视为基本的重要物理量，振动能谱和离解能的精确了解对长程分子光谱的研究、光耦合电离物理性质的研究、超精细预离解过程的物理现象的研究和过冷原子间的碰撞物理研究都是很重要的[1-5]，分子最高振动能级跃迁至非转动的基态的束缚能（离解能 D_0）决定 S 分波的散射长度，反过来，S 分波的散射长度决定低能弹性散射截面，而这个散射截面和冷原子间碰撞的玻色-爱因斯坦凝结有关，另外，当从光谱数据获得长程原子间的相互作用势时，精确的振动能谱和离解能通常是重要的参数之一[6]；在分子势能函数的研究中，无论是由量子力学计算还是按多体展开式理论来确定分子的势能函数，都必须要知道分子在整个离解区间内的离解极限的确切值，否则不可能得到正确的势能函数；在分子光谱和天体物理问题的研究中，如果确切知道 O_2 分子的振动能谱和光生离解能，将可以对高层大气中从 O_2 生成 O_3 的过程、臭氧的生成过程以及对氧、氮大气层中的各种光化学过程作深入的研究，更好地了解那些恒星中产生能量的原子核过程[7]；在化学反应中，如果准确地知道分子振动能谱和在各态中的离解能，就可以正确地了解该分子的反应途径、机理以及反应生成物，就有可能对化学键“动手术”，就能够定向选择化学反应，获得人类所需要的新物质，进而为生产人类所需要的新分子、新材料奠定理论基础。由此可见，分子振动能谱和离解能的研究不仅具有理论意义，而且还有重要的实际意义。

4.1　双原子分子振动能谱和离解能研究的进展

4.1.1　双原子分子振动能谱的研究进展

由于宇宙中存在着大量的氢原子，且其结构最为简单，因此人们从 19 世纪末就开始了对氢光谱的研究[8]。巴尔末（J.Balmer）于 1885 年把在可见光区已知的 14 条氢谱线归纳成一个经验公式；从 20 世纪开始，人们对原子分子光谱进行了系统研究，玻尔（A.Bohr）首先在 1913 年提出了一个分立能级状态的量子理论，并用该理论成功地解释了氢原子中的电子处于不同分立能级状态的氢原子光谱，建立了用光谱数据研究原子中不同电子能级的方法。由于玻尔理论是由经典力学与量子化条件混合而成的，它并没有真正揭示微观粒子运动的客观规律，所以玻尔理论难以解释氢原子的精细结构及多电子原子的光谱现象；1914 年，弗兰克-赫兹(Franck-Hertz)利用电子束与原子分子碰撞实验测定 Hg 原子分立能级结构，由此证实了原子的电子能级结构；20 世纪 20 年代量子力学建立，原子及分子光谱结构的研究工作由此得到大力发展，从而原子光谱获得了比较圆满地解释；后来人们在红外区域观测到了分子光谱，并且和原子光谱进行比较，发现原子光谱和分子光谱都存在着规则变化的线系或带系，原子光谱的一个线系中的谱线间隔减小得很快(Rydberg 系)，而分子的红外光谱线间距却变化很慢，对于这种情况，很难用原子的模型来解释这些分子的红外光谱，即不能用绕着分子中心旋转的电子的定态来解释这些红外分子光谱，对此人们假定了刚性转子模型与谐振子模型，来解释分子红外光谱的主要特征，进而建立起了非谐振子模型和非刚性转子模型及振动转子模型，从而较好地解释了双原子分子的振转能谱。1953 年，著名的物理学家赫兹堡(Herzberg)汇总了人们对分子结构和分子光谱进行深入研究的大量工作，发表了专著《分子光谱与分子结构》[7]，在其第一卷中，从理论和实验上系统地对双原子分子光谱作了深入细致的讨论与分析。

鉴于双原子分子振动能谱的重要性，人们一直在该领域内探索新的研究方法。使用较多的理论方法主要有：解析经验势方法[7, 9-13]，由 Rydberg、Klein 和 Rees 提出的 RKR 反演方法[10, 14, 15]，由 Coxon 等提出的直接势拟合法(DPF，direct potentialfitting) [16, 17]和量子力学从头计算法[18-26]。

RKR 反演方法[10, 14, 15]是对于给定的双原子分子电子态，利用光谱上观测到的振转能级，借助于一阶 WKB 近似，导出不同振动量子数 υ 下的振动能级所对应的经典拐点 $R_{\min}$ $(\upsilon, J=0)$ 和 $R_{\max}$ $(\upsilon, J=0)$，从而确定该电子态的势能曲线，再求解该势能的 Schrödinger 方程，从而获得体系的 RKR 振动能谱。LeRoy[27]于 1992 年公布了由实验光谱数据导出 RKR 振动能谱的计算方法和程序。由于该方法充分利用实验振转能级，且计算方法简便，随着实验技术和仪器分辨率的不断提高，测得的振转能级的精确度越来越高，所以 RKR 振动能级的精确度也越来越高，在很多情况下，人们已经将 RKR 振动能级等同于实验能级。目前，很大一部分实验工作者都把 RKR 方法作为一种处理双原子分子振动能谱的有力工具，在文献中公布的实验振动能级很多都是经 RKR 方法处理过的。然而该方法完全依赖实验数据，用 RKR 方法获得的振动能级的精度几乎完全决定于实验数据本身的精度，并且它只能获得实验上观测到的振动信息所对应的能级，而对于实验上观测不到的振动能级则无能为力，所以用 RKR 方法同样也不能得到现代实验技术往往很难获得的很多双原子分子电子态在离解极限附近的精确振动能级。

以加拿大的 Coxon 为代表的一批科研工作者也对双原子分子及离子体系的较低振动能级及部分高振动激发能级进行了很有成效的研究。Coxon 等[16, 17]于 1982 年提出了直接势拟合法(DPF，direct potential fitting)，并基于实验光谱学数据使用该方法首次获得了 $CO^+-X^2\Sigma^+$ [16]和 $O_2^+-A^2\Pi_u$ [18]这两个双原子分子、离子电子态的部分低阶振动能级数据。DPF 方法主要是基于最小二乘法，有效地将实验上所观测到的跃迁谱线位置精确地转化为振动能级数值。该团队用 DPF 方法曾经获得了 HI[28]、DI[28]、HBr[28]、DBr[28]、$T^{79}Br$[28]、$T^{81}Br$[28]和 BeH^+[29]这些双原子分子的 $X^1\Sigma^+$ 电子态的部分低阶振动能级数据。由于他们所使用的 DPF 方法只能将光谱实验上所观测到的跃迁谱线位置转换为振动能级数值，而不能产生实验上观测不到的振动能级数值，又由于当时实验仪器分辨率的客观限制，所以他们在论文中也指出，要获得更高阶的振动能级，还有待实验仪器分辨率的提高或计算方法的改进；到了 2004 年，随着实验仪器分辨率的提高，所观测到的谱线不断向高振转激发态部分发展，Coxon 等也相应地基于观测到的实验谱线，使用 DPF 方法获得了 CO−$X^1\Sigma^+$态[30]和 LiH−$X^1\Sigma^+$态[31]的高阶振动能级数据；该团队在 2006 年对 $^{6,7}Li_2$ 分子的 $X^1\Sigma_g^+$ 和 $A^1\Sigma_u^+$ 态做了最新数据报道[32]，其中 $^7Li_2$−$X^1\Sigma_g^+$ 态的最高振动能级与体系离解能的差距不到 3 cm^{-1}，同时由外插法拟合得到的 $^7Li_2$−$A^1\Sigma_u^+$ 态的最高振动能级与该体系离解能的差距也不到 3 cm^{-1}，$^6Li_2$ 的相应两个态的结果也与 $^7Li_2$ 一致。

量子力学从头计算法也是研究分子振动能谱的有效方法，很多理论研究工作者用该方法对双原子分子振动能谱做了大量的研究工作：在 1980 年和 1984 年间，Konowalow 等用多组态自洽场方法(MC-SCF，multi-configuration self-consistent field)分别研究了 Na_2 分子的 $1^1\Sigma_g^+$、$1^1\Sigma_u^+$ 等 8 个电子态[24]和 Li_2 分子的 26 个低阶电子态[25]的势能曲线和振动能谱；1985 年，Schmidt-Mink 等[21]用基于量子力学从头计算的自洽场组态相关法(SCF-CI，self-consistent field configuration interaction)，并利用中心极化势(CPP，core polarization potentials)考虑了闭壳层动力学相关效应，得到了 Li_2^+−$X^1\Sigma_g^+$ 电子态的振动能谱。随着计算机技术和各种数值计算方法的不断改进，该方法已经应用到了很多分子体系，均获得了满意的结果。然而由于从头计算理论的局限性，其得到的结果往往比实验值偏高，有时偏离实验值较远。此外，对很多分子电子态，用该方法往往只能精确地得到势能曲线中能级不太高的部分能量，而对于在分子离解极限附近的能级，则误差比较大甚至是错误的。

实验上，人们一直注重用光谱学方法研究原子分子的能级结构，然而对于大多数双原子分子，人们往往也只能观测分子的电子基态和部分电子激发态的部分较低的振动(转动)能谱。由于早期的光谱学方法一般都用单色性差、能量密度低，且频率固定不可调的经典光源[33]，采用光激发的方法难以把原子分子激发至所需要研究的高能量激发态；另外，由于高激发态的量子能级很密集，且受到光谱自身各种增宽机制和光谱分光能力的局限，传统光谱学方法很难分辨分子的高激发态。1960 年激光的问世，为传统光谱学注入了新的生命力，特别是 20 世纪 70 年代可调频激光器的蓬勃发展，涌现了许多高分辨能力的光谱技术(如激光光谱、X 光谱、同步辐射光谱、电子能谱、离子能谱等)，从而使光谱学发生了重大而深远的变革。由于激光光源较之经典光源具有独特的性质，所以用激光器作光源时，使光源的分辨率、灵敏度和精确度提高了几个数量级，开辟了激光光谱学的新领域，从而使分子的振转能谱的研究得到了新的发展。20 世纪 80 年代一项有代表性的实验技术就是双光共振光谱技术(OODR，optical-optical doubleresonance)，在 1983 年，Li[34]用该技术研究了 Na_2−$3^3\Pi_g$ 电子态的振动能谱，当窄波和连续波激光混合在一起时，该技术是无多普勒效应的，所以可以得到高激发态的光谱。2000 年，Huennekens 等[35]研究了 NaK−$1^3\Delta$

的振转能谱，并对双光共振光谱技术的研究进展作了总结，同时也有一些课题组用该技术研究了 NaK 分子的高激发电子态和其他异核的碱金属分子，由于对自旋的偶极选择定则为 $\Delta S=0$，所以所研究的电子态只能是单重态，然而由于微扰会耦合某些特定的单重态和三重态的振转能级，最明显的就是 $b^3\Pi$ 和 $A^1\Sigma$ 电子态，于是又发展了微扰增强双光共振光谱技术(PFOODR，perturbation facilitated optical-optical double resonance)，该技术是研究碱金属双原子分子高激发三重态振转能谱的有力工具，1989 年 Xie[36]用该技术对 $Na_2-2^3\Pi_g$ 的振转能谱进行了研究；2006 年，Qi 等[37]用该方法又对 $Na_2-2^3\Pi_g$ 电子态的能谱重新进行了研究。多年来，以 Li 为代表的一组实验工作者用该方法已经对 Na_2 分子的许多三重态进行了研究[36, 38-58]。由于电子自旋和自旋磁偶极矩之间的相互作用，碱金属的三重态又明显地呈现出超精细结构，人们用该技术还研究了 Na_2[37]，Li_2[59-62]和 NaRb[63, 64]分子的一些三重态的精细结构。在此基础上，又发展了全光三重共振光谱技术(AOTR，all optical triple resonance)，并用其研究了 Li_2[65]和 K_2[66]的一些电子态的振动能谱。然而这些方法只能观测到低阶振动能级和部分高阶振动能级，如 1990 年，Miller 等[67]用双光共振光谱技术研究了 $^7Li_2-1^1\Pi_g$ 电子态的振动能谱和离解能，观测到了 υ 从 0 到 31 共 32 个振动能级，最高振动能级 $E_{\upsilon=31}=1382.826\text{cm}^{-1}$，与实验离解能 $D_e(=1422.5\pm0.3\text{cm}^{-1})$ 相差 59 个波数。近些年来发展的过冷原子的光缔合光谱技术(PA，photoassociation of ultracold atoms)[68-71]是研究原子间长程相互作用和结合能的有力工具，可以观测到离解极限附近的振动和转动能级间隔，所以该技术不用外推也能得到分子比较精确的离解能。如 2003 年，Pichler 等[71]用该技术观测了 $K_2-1^1\Pi_g$ 电子态的高阶振动能级，得到了 υ 从 0 到 138 共 139 个振动能级，最高振动能级 $E_{\upsilon=138}=1289.541\text{cm}^{-1}$，与实验离解能 $D_e(=1290.292\pm0.3\text{cm}^{-1})$ 仅相差 0.751 个波数。然而，由于技术方面的限制，到目前为止，该技术仅对碱金属同核双原子分子[70]和 H_2[72]的部分电子态进行了研究。

4.1.2 双原子分子离解能的研究进展

随着科学和实验测量技术的发展，特别是光谱技术的改进、激光技术的问世和不断提高，使人们能从量子力学规律出发，弄清存在于原子、分子内部的各种复杂的相互作用，研究两个或多个原子(或离子)组成分子的机理，由此探索分子键的本质和离解过程制约化学反应的机理。很显然，分子振动能谱与离解能自然地成为原子分子物理和物理化学领域研究的重要问题，并且引起人们越来越多的重视。

几十年来，人们根据量子力学理论，通过逻辑思维和数学方法处理，凭借一些物理测试手段，如原子光谱、分子光谱和光电子能谱等，通过对物质的电学、磁学和光学等性质的测试来了解物质内部原子分子的相互作用规律和物理、化学性质，间接或直接地研究分子振动能谱与离解能这些重要的物理量。由于双原子分子还可以参与组建大分子，所以，双原子分子振动能谱与离解能是研究多原子分子结构的基础之一，多年来，人们在双原子分子振动能谱与离解能的研究方面作出了大量的努力，先后发表了很多研究成果。

早在 1927 年，海特勒(Heitler)和伦敦(London)等[73]用量子力学理论成功地研究了 H_2 分子的形成原因，有力地推动了化学反应理论的研究，与此同时，人们也开始了分子振动能谱和离解能的研究工作。从 1928 年开始，Hylleraas[74]应用量子理论变分方法计算了氦原子的电子总能量，反过来，人们又将该方法成功地运用于 BC 、BeN、BeF、CO 等分子以及 C_2^+ 、BeH^+ 等分子、离子的势能函数曲线、振动能级、离解能和相关的光谱常数的研究。同年，汤姆逊(Thomson)和泡利(Pauling)用线性变分法(LCAO-MO 法)[75]对 H_2 分子作了第一步近似处理，算得 H_2^+ 的基态和第一激发态的第一步近似能量，在此基础上，Ruedenberg[76]对 H_2^+ 的第一步近似分子轨道作了离域效应分析，计算出在 $R=2.5\,a_0$ 处的 H_2^+ 离解能的第二步近似值为 170.8kJ·mol^{-1}，与实验离解能 269.0 kJ·mol^{-1} 相比，误差达 36.5%左右，为此，Finkelstein 和 Horowitz[77]通过加入可调变分参数，计算出 H_2^+ 的离解能为 228.4 kJ·mol^{-1}，使离解能改进了 21%左右。1929 年，Guillemin 与 Zener [78]又加入两个可调变分参数，计算出 H_2^+ 的离解能为 268.85 kJ·mol^{-1}，与实验离解能仅相差约 0.1%。1947 年，Gaydon 出版了《双原子分子离解能与光谱》一书[79]，标志着人们正式将分子离解能的研究作为专门的课题，揭开了研究分子离解能的新篇章。1953 年，世界公认的光谱学权威、著名的物理学家 Herzberg 对分子结构和分子光谱作了深入的研究[7]，出版了《分子光谱与分子结构》一书，内容十分丰富。在他的著作中，以比较大的篇幅结合双原子分子连续光谱和弥漫分子光谱理论对分子振动能谱和离解能与预离解过程作了深入细致地讨论和分析，而且导出了分子离解能简单的表示形式，由此从分子振动频率就可以计算出分子的离解能，因而被广泛采用。但是，在大多数情况下，分子振动频率并不简单地是振动量子数 υ 的线性函数，因为分子光谱带系的降落非常快，实际上观察不到高 υ 值，只能利用所观察到的为数很少的头几个振动量子数，用外推法[80]导出所研究分子电子态的离解能的近似值，这种方法只能对少数分子离解能的确定较准确，而对大多数分子而言，其误差较大，若要精确计算，需要完全地并精确地识辨光谱，但这方面受光谱测量仪器的精度限制而困难很大，因此，用经典光谱技术确定的分子离解能的实验值之间往往误差较大。例如，对 CO 这样重要的分子的基态离解能在不同时期用不同的方法测量的值如表 4.1[81]所示。

1960 年激光的问世，特别是 20 世纪 70 年代可调频激光器的蓬勃发展，使光谱学发生了重大和深远的变革，由于激光源较之普通光源具有独特的性质，所以用激光器作光源时，光源的分辨率、灵敏度和精确度提高了几个数量级，开辟了激光光谱学的新领域，从而使分子振动能谱和离解能的研究得到了新的发展。70 多年代以来，由于近代光谱、分子束及激光等技术的应用以及大型快速电子计算机的相继出现，使得分子振动能谱和离解能这一领域的研究，无论在理论方面还是在实验方面都进入了一个崭新的时代。在理论方面[82，83]，由于量子力学计算方法的发展，特别是自洽场从头计算方法应用于某些简单体系的势能曲面计算的成功，使人们可以将很难求解的分子体系按其某个选定的完全基函数集合展开，适当选取基组，按一定精度要求逼近精确的分子轨道，得出分子轨道函数和轨道能量，从而促进了分子结构理论中的标准基集合与极化函数的研究，同时也促进了化学键理论以及键能(离解能)的研究。

表 4.1 CO 基态的离解能

离解能(电子伏特)	测定年份	方法
10.5	1934	光谱
9.85	1934	
8.43	1935	
6.921	1936	理论计算 及实验数据的讨论光谱
~10	1936	
9.144	1937	
8.8	1939	电子碰撞
9.6	1941	
9.1	1941	热力学
10.1	1943	光谱
11.111	1945	
9.6	1947	
9.4	1947	理论计算

在近三十年多的时间里，国际上对双原子分子的电子结构、各种电子态的振动能级、势能曲线、光谱性质以及离解行为等方面都进行了大量的理论和实验研究，并不断取得新进展。到目前为止，大多数理论研究基本上是使用量子力学 ab initio 方法，例如 Hartree-Fock 赝势和组态相关理论(hartree-fock-configuration interaction, HF-CI)[19, 84, 85]、有效中心势组态相关理论(efficient central potential configuration interaction, ECPCI)[21]、开壳层耦合-团簇理论(open shell coupling-cluster，OSCC)[22, 23]、多组态自洽场理论(multiconfiguration self-consistent field, MCSCF)[24, 25]和赝势-中心极化势理论(core polarization potentials, CPP)[85, 26]等。表 4.2 列出了这些方法对 Li_2 分子和 K_2 分子电子态的分子离解能研究的情况。

表 4.2 对 Li_2 分子和 K_2 分子少数电子态的分子离解能在不同时期的理论计算值

态	离解能/cm^{-1}	年份	参考文献	理论方法
$Li_2-X^1\Sigma_g^+$	8339.727	1983	85	CI(组态相关)
	8468.755	1985	87	ECPCI(有效中心势组态相关)
	8557.496	1990	89	CCSD(耦合团簇单-双激发)
$Li_2-B^1\Pi_u$	2443.846	1984	91	MCSCF(多组态自洽场)
	2903.58	1985	89	ECPCI(有效中心势组态相关)
	2822	1990	89	CCSD(耦合团簇单-双激发)
$K_2-X^1\Sigma_g^+$	3952	1983	86	Hartree-Fock 赝势
	4331	1984	86	CPP(中心极化势)
	4275	1986	86	Hartree-Fock 赝势
	4442	1988	86	Hartree-Fock 赝势
	4267	1990	86	ECPC(有效中心势计算)

1995 年，Ji 等[38]用 NDE 方法(near dissociation expansion technique)，采用合理多项式通过拟合实验振动能级对 Na_2 分子 $1^3\Delta_g$ 态的长程势和离解能进行了深入的分析和研究。4 年后，Liu 等[86]采用同一方法分析和计算了该分子 $1^3\Sigma_g^-$ 态的势能曲线、振动能级、光谱常数和离解能。为得到较满意的结果。上述理论工作一般都必须考虑很多组态函数和电子相关效应，根据经验选择基函数集合和很多变分参数，再经过烦冗的计算和合理的修正才能达到所要求的收敛度。实验方面，对分子电子结构研究的主要实验手段是激光光谱测量技术， Verma 等[87]、Effantin 等[88] 和 Richter 等[89]等课题组曾先后应用激光感生荧光光谱技术研究了 Na_2 分子一些电子态的振动能级和光谱数据；Kamp 等[90] 和 Ubachs 等[91] 应用高分辨率同步辐射光谱技术，研究了 N_2 分子激发态振动能级，从而获得了该分子的预离解机制；Wang 等[92]通过光耦合电离方法分别研究了 Li_2、Na_2、Rb_2 和 K_2 分子的离解行为，以了解这些分子的长程相互作用势。然而，在大多数情况下，用实验的方法很难直接精确测量分子处在高振动激发态特别是接近离解极限时的高阶振动能级，即或是在光谱实验技术中使用分辨率和灵敏度极高的激光作光源，也带有一些不确定的因素。以 K_2 分子为例，Li 等[85] 课题组于 1990 年用光谱技术对该分子基态离解能进行了测量，并将他们的测量结果和以前不同时期的光谱实验测量结果进行了比较(括号中的数值是绝对误差)，其比较对照的情况如表 4.3 所示。

表 4.3　K_2 分子基态离解能(cm^{-1})在不同时期的光谱实验测量值[85]

态	D_e	年 份	方法说明
$K_2-X^1\Sigma_g^+$	4440(5)	1986	激光光谱技术
	4447(15)	1987	激光光谱技术
	4444(10)	1988	激光光谱技术
	4450(2)	1990	激光光谱技术

大多数分子电子态离解能的实验值一般是利用势能曲线的拟合和光谱数据的外推而得到的间接数据，只有少数不依靠任何数据的外推而用较复杂的实验技术直接测量分子基态离解能 D_e 的情形。例如，Jones 等[6]于 1996 年成功地应用激光感生荧光光谱技术，使用三种荧光光谱测量了 Na_2 分子基态的离解能，获得了精确的结果。但目前还没有发现直接测量分子电子激发态离解能的报道。

4.2　研究双原子分子振动能级和离解能的物理机制

4.2.1　双原子分子电子状态的构造原理和离解极限描述

组成分子的基本粒子间存在着各种相互作用，这些相互作用的动态平衡形成了分子的结构，分子结构决定着分子的物理化学性质、振动和转动能级、离解通道、渐近行为和光谱数据等许多重要方面。例如，氮分子N_2，核之间的相互作用，电子之间的相互作用，电子和核之间的相互作用，电子自旋的简并作用，电子自旋与轨道间的相互作用等等，决定了氮分子N_2的振转能级、键长、电子云分布(轨道)、电偶极矩、离解产物、几何构型等。要深入分析分子的能级结构，就必须分析分子结构的对称性。对称性的重要性反映在，能量本征态可以按照对称性群的不可约表示来分类，标记不可约表示的指标可以作为描述体系的好量子数，而研究对称性群的不可约表示的维数对于了解体系能级的简并度是很有用的[93]。Wigner 指出，光谱中几乎所有的规则都可以由对称性导出。分子的平衡构型优化、波函数的构造和电子状态的分析等都和对称性密切联系。

4.2.1.1 原子分子对称性的群表示理论[82, 83, 93, 94]

原子和分子的对称性对研究原子和分子的能级结构与性质具有直接的重要意义。群表示理论是研究分子结构、分子电子状态、确定分子和分子离子的离解通道以及相应的离化势(或亲和势)等重要问题的重要工具。原子和分子的量子力学理论与群论不可分割，置换等同电子的对称性有对称群，反映几何和简并对称性也有相应的对称群。分子群的不可约表示或其分解约化组分具有基本意义，它们代表了分子的电子状态、相同的本征函数构成了相应群的不可约表示的基，即不可约表示可用于标识本征函数，由不可约表示即可看出态的简并度。所以，利用群论方法，不仅能使得本征值和本征函数的求解具有合理的物理意义，而且使求解方法大为简化。

双原子分子和线型多原子分子属于$C_{\infty v}$和$D_{\infty h}$群，在研究双原子分子电子状态的对称性和分子势能函数、能级结构以及原子分子反应静力学时，这两个群有重要作用。由于原子的电子轨道角动量为运动常数，故可以用于描述原子的电子状态，而对异核双原子分子和线性多原子分子，电子轨道角动量绕分子轴进动，不再是运动常数，在分子轴上的投影才是常数，这种情况下，就要用这个投影的量子数来描述分子的电子状态，对应的量子数大小和分子的电子状态为

$$\begin{gathered} |m| = 0,\ 1,\ 2,\ 3,\ \cdots \\ \Sigma, \Pi,\ \Delta,\ \Phi, \cdots \end{gathered} \tag{4.2-1}$$

当$|m|=0$时，有两个一维不可约表示，即Σ^+和Σ^-，对应于$\chi(\sigma_v)=\pm 1$，这表示当$|m|=0$时，有正(+)和负(−)两种对称性，而当$|m|\neq 0$时，均为二维表示，即双重简并。对于同核双原子分子和线性多原子分子，例如F_2、Cl_2、Br_2和I_2、$H-C\equiv C-H$、$O=C=O$，除具有$C_{\infty v}$的对称性外，还有水平对称面σ_h，它们通过分子中心，并垂直于和分子轴共线的无穷轴C_∞，同时还有无穷多个垂直于C_∞的C_2'轴和一个对称中心，这些元素的集合构成$D_{\infty h}$群。$D_{\infty h}$群是 $C_{\infty v}$群和 $C_i(E,i)$群的直积：

$$D_{\infty h} = C_{\infty v} \otimes C_i(E,i) = C_{\infty v} \otimes C_s(E,\sigma_h) \tag{4.2-2}$$

由此，可求出$D_{\infty h}$的特征标。由于存在对称中心，还应区分奇(u)偶(g)宇称，对应于$\chi(i)=\pm 1$。

分子由原子组成，原子的对称性比分子的对称性高得多。由两个原子组成的双原子分子其对称性比原子的对称性低，从群论的角度看，具有较高对称性的原子对称群空间中分解出了对称性降低了的分子点群子空间，于是，群表示的分解、直积与约化是我们正确确定分子离解极限的重要依据。

4.2.1.2 群表示的约化和分解[93, 94]

在研究分子结构时，点群是很重要的数学工具。对于任何点群，可以生成无穷多的表示，而且表示的维数也没有限制，因此表示矩阵的阶可以是不同的，但仅有极少一部分具有基本特征。这些最小的可能维数的表示为不可约表示，且几乎都是 1、2 或 3 维的表示，它们的数目是有限的，群的约化就是寻找群的可约表示和不可约表示之间关系的过程。如果表示 $\tilde{\boldsymbol{D}}'(G)$ 有一个等价表示 $\tilde{\boldsymbol{D}}(G)$，它的每一个矩阵都具有相同分块的对角矩阵，其中 $\tilde{\boldsymbol{D}}^{(1)}(R)$ 是 $n_1 \times n_1$ 矩阵，$\tilde{\boldsymbol{D}}^{(2)}(R)$ 是 $n_2 \times n_2$ 矩阵，……，则称 $\tilde{\boldsymbol{D}}'(G)$ 是完全可约的，每个 $\tilde{\boldsymbol{D}}^{(i)}(R)$ 矩阵也构成群 G 的一个表示。如果表示 $\tilde{\boldsymbol{D}}''(G)$ 没有任何一个等价表示具有以上性质，则称 $\tilde{\boldsymbol{D}}''(G)$ 是不可约的。下面的对角矩阵 $\tilde{\boldsymbol{D}}(G)$：

$$\tilde{\boldsymbol{D}}(G)=\begin{bmatrix} \tilde{\boldsymbol{D}}^{(1)}(R) & & & 0 \\ & \tilde{\boldsymbol{D}}^{(2)}(R) & & \\ & & \ddots & \\ 0 & & & \tilde{\boldsymbol{D}}^{(k)}(R) \end{bmatrix} \tag{4.2-3}$$

如果 $\tilde{\boldsymbol{D}}(G)$ 中的每个矩阵块都是不可约的，则称 $\tilde{\boldsymbol{D}}(G)$ 是已约化的。这样，可约表示可以分解为若干不可约表示的直和：

$$\tilde{\boldsymbol{D}}(G)=\tilde{\boldsymbol{D}}^{(1)}(G)\oplus\tilde{\boldsymbol{D}}^{(2)}(G)\oplus\cdots\oplus\tilde{\boldsymbol{D}}^{(k)}(G) \tag{4.2-4}$$

如果 $\tilde{\boldsymbol{D}}^{(i)}(G)$ 中有一些是等价的，则可认为是相同的，因为等价表示总能通过相似变换变成相同的表示。把相同的 $\tilde{\boldsymbol{D}}^{(i)}(G)$ 写在一起成为

$$\tilde{\boldsymbol{D}}(G)=\alpha_1\tilde{\boldsymbol{D}}^{(1)}(G)\oplus\alpha_2\tilde{\boldsymbol{D}}^{(2)}(G)\oplus\cdots\oplus\alpha_q\tilde{\boldsymbol{D}}^{(q)}(G) \tag{4.2-5}$$

相应的特征标则为加和的形式：

$$\chi(R)=\alpha_1\chi^{(1)}(R)+\alpha_2\chi^{(2)}(R)+\cdots+\alpha_q\chi^{(q)}(R) \tag{4.2-6}$$

其中，α_i 为非负整数。因此群表示的约化就是把群的表示矩阵准对角化。

一般情况下，分子所属对称群的对称性低于离解所得到的原子和原子团所属群的对称性，对称性较高的点群常常包含对称性较低的点群作为其子群。对称性较低的群 D_{2d}、D_{2h}、D_2、C_{4h}、C_{4v} 和 C_{2v} 等都是对称性较高的点群 D_{4h} 的子群，T、D_{2d}、C_{3v} 和 C_{2v} 都是 T_d 的子群。所以，对称性较高的点群可以分解成对称性较低的子群，而相反的过程则是不可能的。对称性较高的群的简并(即维数不小于 2)不可约表示，就对称性较低的子群而言，它可能不再是不可约的，而成为可约表示，并且可约化为如式(4.2-4)的直和形式。例如，T_d 群的不可约表示可分解为子群 C_{3v} 的不可约表示的直和。

4.2.1.3 群表示的直积

设群 $G(E, A, B, C, \cdots)$有两个矩阵表示

$$\tilde{\boldsymbol{\Gamma}}^{(a)}[\tilde{\boldsymbol{\Gamma}}^{(a)}(E), \tilde{\boldsymbol{\Gamma}}^{(a)}(A), \tilde{\boldsymbol{\Gamma}}^{(a)}(B), \tilde{\boldsymbol{\Gamma}}^{(a)}(C), \cdots]$$
$$\tilde{\boldsymbol{\Gamma}}^{(b)}[\tilde{\boldsymbol{\Gamma}}^{(b)}(E), \tilde{\boldsymbol{\Gamma}}^{(b)}(A), \tilde{\boldsymbol{\Gamma}}^{(b)}(B), \tilde{\boldsymbol{\Gamma}}^{(b)}(C), \cdots]$$

$\tilde{\boldsymbol{\Gamma}}^{(a)}$和$\tilde{\boldsymbol{\Gamma}}^{(b)}$可以是可约的或不可约的，由矩阵直积运算的规则，两个矩阵表示元素的某群元素 R 的表示矩阵的直积为

$$\tilde{\boldsymbol{\Gamma}}(R) = \tilde{\boldsymbol{\Gamma}}^{(a)}(R) \otimes \tilde{\boldsymbol{\Gamma}}^{(b)}(R) \quad (R \in G) \tag{4.2-7}$$

若 $AB = C \in G$，则有

$$\begin{aligned}\tilde{\boldsymbol{\Gamma}}(A)\tilde{\boldsymbol{\Gamma}}(B) &= [\tilde{\boldsymbol{\Gamma}}^{(a)}(A) \otimes \tilde{\boldsymbol{\Gamma}}^{(b)}(A)][\tilde{\boldsymbol{\Gamma}}^{(a)}(B) \otimes \tilde{\boldsymbol{\Gamma}}^{(b)}(B)] \\ &= [\tilde{\boldsymbol{\Gamma}}^{(a)}(A)\tilde{\boldsymbol{\Gamma}}^{(a)}(B)] \otimes [\tilde{\boldsymbol{\Gamma}}^{(b)}(A)\tilde{\boldsymbol{\Gamma}}^{(b)}(B)] \\ &= \tilde{\boldsymbol{\Gamma}}^{(a)}(C) \otimes \tilde{\boldsymbol{\Gamma}}^{(b)}(C) \\ &= \tilde{\boldsymbol{\Gamma}}(C)\end{aligned} \tag{4.2-8}$$

这表明群 G 的两个矩阵表示的直积的集合也是群 G 的表示，即 $\tilde{\boldsymbol{\Gamma}}$ 是群 G 的直积表示。由矩阵直积运算规则可知，直积表示的特征标等于组成表示的特征标的乘积。即：

$$\chi(R) = \chi^{(a)}(R)\chi^{(b)}(R) \quad (R \in G) \tag{4.2-9}$$

一般说来，若群的直积表示是可约的，而且当两个组成表示$\tilde{\boldsymbol{\Gamma}}^{(a)}$或$\tilde{\boldsymbol{\Gamma}}^{(b)}$为可约时，则直积表示$\tilde{\boldsymbol{\Gamma}}$也一定是可约的，直积表示可约化为不可约表示的直和，如式(4.2-5)和式(4.2-6)。群的直积和约化运算并不简单，但可查阅现成的直积表。

4.2.2 分子电子状态的构造原理

为了知道分子给定电子状态下的离解状况，必须知道分子在离解极限时的各种原子和原子团的电子状态。但是，一般情况下，分子所属点群的对称性总是低于离解产物的原子或原子离子所属群的对称性。所以，仅有群论方法是远远不够的。原子分子反应静力学[94]的基本原理提供了解决这类问题的方法。原子分子反应静力学研究原子分子的电子状态及其演化方向，它有四个基本原理。

4.2.2.1 电子状态构造的群论原理

根据电子状态构造的群论原理，可以确定许多双原子分子的离解极限。目前主要有三类方法，即分离原子或原子团法，联合原子法和电子组态法[94]。对于双原子分子来讲，分离原子法用得较多，为此主要对它进行讨论。原子和分子所属群的不可约表示或其约化组分表征了分子相应的电子状态和光谱项。例如，原子的 LS 耦合项，双原子分子及线性多原子分子的 ΛS 耦合项等。由于一般情况下电子自旋不受外场的影响，由原子自旋矢量的量子相加，可得到分子的自旋，即由原子的多重性可得到分子的自旋多重性。设已知两个

单原子的电子状态，即原子所属群的不可约表示，当两个较远的原子靠近时，由于各种相互作用使原子的电中性由于极化而发生改变，电子的重新分布形成了新的轨道、能级和对称性，一般说来，分子的对称性相对于原子的对称性降低，原子群表示可分解为子群 $C_{\infty v}$ 或 $D_{\infty h}$ 的群表示。

由于电子的自旋是电子的内禀属性，一般情况下与外界的电场无关，所以在 (Λ, S) 耦合或单个原子的自旋与轨道角动量耦合可忽略的情况下，分子电子的总自旋 S 等于两原子的电子自旋 S_A 和 S_B 的量子化矢量和[94]。即：

$$S = S_A + S_B,\quad S = S_A + S_B - 1, \cdots, |S_A - S_B| \tag{4.2-10}$$

这表明原子的多重性 $2S_i+1$ 决定了形成的分子电子状态的自旋多重性为 $2S+1$。异核双原子分子具有 $C_{\infty v}$ 对称性。若已知原子 A 和 B 的电子状态，则由分离原子法可得到分子 AB 的可能电子状态。由于原子的对称性一般总是高于分子的对称性，所以首先将原子的对称群的表示分解成相应于 $C_{\infty v}$ 群的表示，然后再用直积求得相应的分子电子的可能状态。例如，对两个不等的原子 A 和 B 形成的双原子分子，若给定原子 A 和 B 的电子状态，由分离原子法[103] 可得到分子 AB 的可能的电子状态：

$$\begin{array}{lcl} \text{A+B} & \xrightarrow{\qquad\qquad} & \text{A}\quad \text{B} \\ \text{原子所属对称群}\quad S_g \quad P_u & & \text{分子所属对称群}\quad \Sigma^+, \Pi \end{array} \tag{4.2-11}$$

同核双原子分子具有 $D_{\infty h}$ 对称性，两个原子有相同的电子结构，电子的状态可以相同也可不相同，这时双原子分子存在电荷对称中心和反演对称操作，故有奇 (u) 偶 (g) 性的区分。如果两个原子的电子状态相同，则不必区分原子的奇 (u) 偶 (g) 性，而生成的分子，对于不同的多重性，奇 (u) 偶 (g) 态交替出现。例如，两个基态氢原子生成 H_2 分子，则有

$$\text{H}(^2S_g) + \text{H}(^2S_g) \rightarrow \text{H}_2(^1\Sigma_g^+, {}^3\Sigma_u^+) \tag{4.2-12}$$

如果是两个激发态原子，则会产生更多的多重性。如果两个相同原子的电子状态不同，例如一个是基态另一个是激发态，那么其中任意一个原子都可以是激发态或基态，因此原子的激发能可以交换，为简单起见，还是以氢原子为例

$$\begin{array}{lcl} \text{H+H} & \xrightarrow{\qquad\qquad} & \text{H}_2 \\ {}^2S_g \quad {}^2P_g & & {}^{1,3}\Sigma^+, {}^{1,3}\Pi \end{array} \tag{4.2-13}$$

所生成的 H_2 分子，对 ${}^{1,3}\Sigma^+$ 和 ${}^{1,3}\Pi$ 分别都有两个态，当核间距大时，每对电子状态，如 ${}^1\Sigma^+$ 和 ${}^1\Sigma^+$，它们的能量相同，成为二重简并，但当核间距减小时，因为微扰而消去简并，两个 ${}^1\Sigma^+$ 态变为 ${}^1\Sigma_g^+$ 和 ${}^1\Sigma_u^+$ 态；同理，两个 ${}^3\Sigma^+$ 态变为 ${}^3\Sigma_g^+$ 和 ${}^3\Sigma_u^+$ 态，等等。由于等同原子的激发能交换，分子电子状态的数目增加一倍。

4.2.2.2　微观过程的可逆性原理

由上述分离原子法可构造出双原子分子的电子状态，但在实际工作中往往需要进行相反方向的操作，原子分子反应静力学不仅需要判断由给定电子状态的原子或较小原子团形成分子的可能电子状态，而且要能够反过来判断由给定电子状态的分子离解为原子(或离

子）或较小原子团的可能电子状态。例如，研究双原子分子C_2的势能函数时需要该分子某个电子态的离解能，而获得离解能正确数据的前提条件是要知道C_2分子离解产物的正确电子态，得到双原子分子C_2的离解产物的电子态的方法之一是逆向分析法，对该分子基态，根据分离原子法知道

$$\mathrm{C}(^3P_g)+\mathrm{C}(^3P_g)\rightarrow \mathrm{C}_2(X^1\Sigma_g^+) \tag{4.2-14}$$

原子群的对称性高于分子群的对称性，原子群不是分子点群的子群，因此直接用群论原理不能由分子对称性的群表示得到原子对称性的群表示。由于核运动的哈密顿对时间反演操作的不变性，表明由分离原子或原子团形成分子的可逆过程中时间反演的对称性，这就是微观过程的可逆性原理[38]。这个原理表明，由分离原子法两个原子形成分子的逆过程是可行的，相应的原子和分子的对称性和电子状态是一样的[94]。上述分离原子构成分子的逆过程

$$\mathrm{C}_2(X^1\Sigma_g^+)\rightarrow \mathrm{C}(^3P_g)+\mathrm{C}(^3P_g) \tag{4.2-15}$$

同样是正确的。

4.2.2.3 微观过程的传递性原理

传递性是静力学的基本特征之一。化学热力学中平衡态的存在性、唯一性、连续性、传递性和稳定性是客观存在的，热力学平衡态的传递性是指：若两个系统均与第三个系统处于平衡，则这两个系统之间也处于平衡，即若 $x\sim y$ 和 $z\sim y$，则 $x\sim z$。根据形式过程的加法群理论的证明[103]，若有过程(x, y)和(y, z)，则有过程(x, z)，这就是形式过程的传递性，这对宏观的热力学系统和单个原子分子的微观系统都是正确的[94]。

4.2.2.4 微观过程的能量最优原理[94]

根据分子电子状态构造的群论原理、微观过程的可逆性原理和微观过程的传递性原理，在若干个可能的离解通道中，以能量最低的过程最为有利，这就是原子分子反应静力学的能量最优原理。例如，对于基态的 HF，它有三个可能的离解通道：

$$\mathrm{HF}(X^1\Sigma^+)\rightarrow\begin{cases}\mathrm{F}(^2P_u)+\mathrm{H}(^2S_g)\\ \mathrm{F}(^2P_u)+\mathrm{H}(^2P_u)\\ \mathrm{F}(^2P_g)+\mathrm{H}(^2S_g)\end{cases} \tag{4.2-16}$$

尽管这三个过程都是可能的，但第一个可能过程中的两个原子 H 和 F 都处于基态，相应的离解能最小，根据微观过程的能量最优原理，它发生的可能性最大，即选最优能量的过程。

4.2.3 部分双原子分子的离解极限分析

下面以确定双原子分子 LaF 的离解极限过程为例来说明分子的离解极限原理。La 原

子和 F 原子的基态电子状态分别是 ^2D_g 和 ^2P_g，均属 $SU(n)$ 群，生成的分子 LaF 属于 $C_{\infty v}$ 群，对称性降低，因此，分别将原子所属的对称群 ^2D_g 和 ^2P_g 分解为分子所属的对称群 $C_{\infty v}$ 的不可约表示的直和：

$$^2D_g = {}^2\Sigma_g^+ \oplus {}^2\Pi_g \oplus {}^2\Delta_g \tag{4.2-17}$$

$$^2P_u = {}^2\Sigma_u^+ \oplus {}^2\Pi_u \tag{4.2-18}$$

这两个原子的 $C_{\infty v}$ 群表示的直和作直积并约化分解

$$\begin{aligned}&({}^2\Sigma_u^+ \oplus {}^2\Pi_u)\otimes({}^2\Sigma_g^+ \oplus {}^2\Pi_g)\oplus {}^2\Delta_g)\\&= {}^{1,3}\Sigma^+(2)\oplus {}^{1,3}\Sigma^- \oplus {}^{1,3}\Pi(3)\oplus {}^{1,3}\Delta(2)\oplus {}^{1,3}\Phi\end{aligned} \tag{4.2-19}$$

因此，LaF 的可能电子状态为 $^{1,3}\Sigma^+$、$^{1,3}\Sigma^-$、$^{1,3}\Pi$、$^{1,3}\Delta$ 和 $^{1,3}\Phi$ 等。根据微观过程的可逆性原理和能量最优原理，LaF 分子基态 $^1\Sigma^+$ 的离解极限应为

$$\mathrm{LaF}(X\,^1\Sigma^+)\rightarrow \mathrm{F}(^2P_u)+\mathrm{La}(^2D_g) \tag{4.2-20}$$

根据上面的思路，我们可以确定出卤素双原子分子的离解极限，例如：

$$\mathrm{Cl}_2(X\,^1\Sigma_g^+)\rightarrow \mathrm{Cl}(^1S_g)+\mathrm{Cl}(^3P_g) \tag{4.2-21}$$

$$\mathrm{I}_2(O_g^+)\rightarrow \mathrm{I}^-(^1S_g)+\mathrm{I}^+(^1D_g) \tag{4.2-22}$$

分子的离解极限在原子分子物理中有重要意义。不论用量子力学从头计算或半经验方法，还是从实验为基础的方法确定分子的势能函数，都必须首先确定出分子正确离解极限时的离解能，而正确的离解极限与分子反应动力学的正确离解通道是一致的。所以，在正确分析与确定了分子的离解能后，就能进行分子势能函数、能级结构等的研究工作了。

4.2.4　双原子分子的振动能级和离解物理机制

4.2.4.1　分立的振动能级与离解的能值连续区域描述

对于任何原子系统来说，能量值的连续区域是和每一个电子态系相连接的，并且是和原子失去一个具有某一相对动能的电子(电离)的情形相对应，或者相反，和离子俘获一个电子的情形(复合)相对应，按照波动力学理论，相应的波函数是向外发出或向内传入的球面波。和电离相应的能级的这种连续区域，在分子的情形中也是可能的。但是，在分子的情形中还有这样的连续区域：它们对应于分子分裂为两个原子组元(两个正常的或激发的原子，或一个正离子和一个负离子)，即离解，这些连续区域是和每个分子电子态的振动能级系相连接的，如果所考虑的分子电子态根本没有分立的振动能级(该电子态是不稳定态)，则有一个对应于离解的连续区域。Franck[95]首先指出，研究这些连续区域，对于了解离解过程和确定双原子分子离解能都是很重要的。

从分子的吸收光谱的角度去看，其离解连续光谱可能有三种情形：① 较高态是连续态的离解连续光谱；② 较低态是连续态的离解连续光谱；③ 较高态与较低态都是连续态的离解连续光谱。在吸收光谱中，离解连续光谱最重要的情形，是从一个稳定的较低态跃

迁到连续的较高态的情形。于是，在得到的连续光谱中，一个光量子的吸收便导致所考察的分子的离解(光生离解)。例如，较高的分子电子态具有分立的振动能级，则较低电子态的连续光谱可以和一个收敛谱带系(收敛带系)相连，在这些情形中能够以很大的精确度定出谱带的收敛限(连续光谱的起点)，它能给出较高态势能曲线渐近线的精确位置，即所谓的离解限的位置。Franck 和他的合作者们对 I_2 、Br_2 和 O_2 的吸收光谱进行了研究，对 I_2 的研究结果表明，在收敛限上，这个分子离解为一个在 $^2P_{3/2}$ 态中的正常原子和一个在稍微激发的亚稳态 $^2P_{1/2}$ 中的原子，这就是说，较高态的势能曲线的渐近线，不和基态势能曲线的渐近线重合，如图 4.1 所示。在图 (c) 中，AC 给出离解极限的能量，EF 给出基态的离解能，DE 给出离解产物的激发能；图(b)中的较低的曲线和(c)中的两条曲线是对应于范德瓦耳吸引力的，实际上比图中所画的要浅得多。

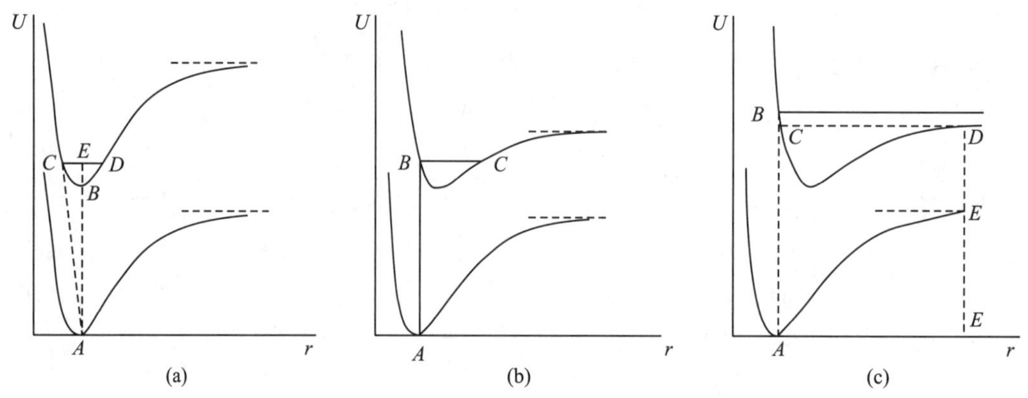

图 4.1 I_2 分子吸收光谱中强度分布的势能曲线

连续区域中的吸收光谱实际上对应于分子离解为两个原子的情形，这一点已被若干实验所证实，这些实验主要是和很容易研究的 I_2 分子的连续光谱有关的。Dymond[96]的研究表明，当用连续区域中的光照明 I_2 气体时，并不出现荧光，但是，当用分立的谱带区域中的光照明 I_2 气体时，却会出现很强的荧光，Turner[97]更精确地确定了两个原子的生成方式：当 I_2 被连续的分子吸收光谱区域中的光辐射时，I_2 气体能够吸收碘的紫外原子谱线，从而表明碘原子已经生成。Wood[98]通过测量被辐照的 I_2 气体的分子吸收光谱的强度，探测到 I_2 分子的数目由于有些分子的离解而减少；Senftleben 与 Germer[99]的研究表明，由于一部分分子的离解，I_2 气体的导热率有所改变，从收敛限的位置得出 I_2 离解能的值和根据高温蒸汽密度得出的纯热测定值的符合程度是极其令人满意的，其误差小于 0.1%[100]。这两种情形的势能曲线如图 4.2 中的(b)、(c)所示，在这两种情形中，除在较小距离上起作用的斥力外，两个基态原子之间相互作用的力只有范德瓦耳斯力，在压强不太低的情况下，由于碰撞足以把分子轰出这一很浅的极小值，大多数分子都被离解。这就是说，这种气体是单原子气体，于是吸收光谱便仅仅由原子谱线组成($A \to B$ 和各个更高能级的跃迁)，这些原子谱线对应于两条势能曲线的渐近线之间的能量差。但是，当压强足够高时，这些原子往往处在碰撞态(有时称为准分子态)中，这时它们的势能和两个分离原子的势能不同，按照夫兰克-康登原理，发生的跃迁主要是竖直向上的跃迁，从图 4.2 中的(b)与(c)可以看出，如果在碰撞期间发生吸收，则吸收的那些频率将和隔得很开的两个分离原子的吸收频率不同，由于两个互相碰撞的原子的动能与势能可取某一范围内的任何数值，结果就得到连续光谱。

如果较高态是稳定态[图 4.2(b)]，则能够发生从较低态到这个态的分立的振动能级之一的跃迁，但是由于在不同的个别碰撞中，有各种不同数值的动能[图 4.2(*b*)中的点 *C* 有各种不同的高度]，所以对于每一个给定的较高态来说，都能找到一个连续吸收光谱，各个不同的连续光谱互相重叠，给出一个扩展的连续光谱；如果较高态是推斥态，结果相应地得到一个连续光谱[图 4.2(c)中的 *C*~*D* 跃迁]，但是它的展度一般说来比起较高态是稳定态时要小得多，并且它通常是直接和原子谱线相连接的，在这一情形中，这个连续光谱是从原子谱线向长波方向还是向短波方向伸展，要视较高的势能曲线相对于较低的势能曲线的轮廓而定。

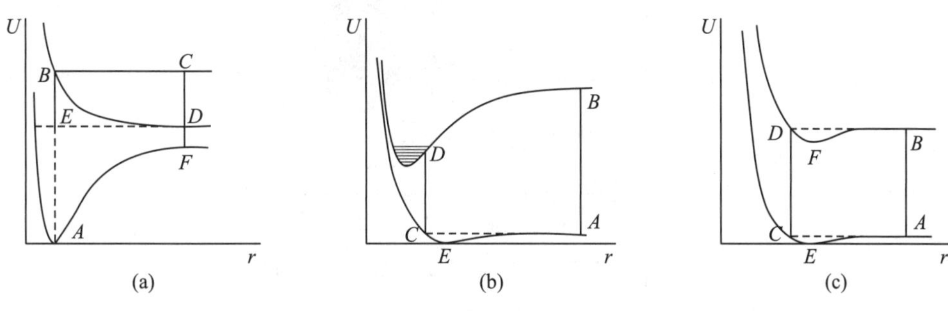

图 4.2　I_2 分子连续吸收光谱的势能曲线

4.2.4.2　自发无辐射分解过程的讨论

1. 俄歇过程

按照前面对微扰的讨论，当计算较高级近似的时候，一个原子系统属于不同项系但位置靠近的两个能级，它们是彼此影响的，这两个能级有一推斥性的移动，并且这两个态的本征函数是混合的，可以说，每一个实际能级都是原来近乎重合的两个能级的混合。

一般说来，一个项系只有一个或少数几个项受到这种微扰的影响，但是，如果分立的项系中有一个项和连续项谱的一个项能量相同时，则这个项系的所有较高项都和连续区域相应的较高项能量相同，因此这个项系的所有较高项都有可能受到微扰，如图 4.3 所示。能级 *A* 的三个最高能级和能级系 *B* 的连续区域是重叠的，图的最左边示意地画出了这些能级的宽度，水平箭头表示从分立态到连续态的无辐射跃迁在连续项所引起的这种微扰中，原来分立的能级的位移可以取一系列连续的数值，这就是说，这个能级变弥漫了，原子或分子可以在一个颇窄的区域中取所有的能值(依赖于微扰的强度而定)。图 4.3 的左边示意地画出了这些能值的几率分布，且画出了到这种弥漫能级的跃迁或从弥漫能级发生跃迁相应的谱线，其不是锐线，而是变大增宽的(弥漫的)谱线。在普通微扰的情形中，上述情形也会发生本征函数的混合，以致真正的态是一个混合态。这个系统一部分时间在分立的“态”中，但是连续态意味着这个系统的分裂与分裂成两部分以或大或小的动能互相飞开(本征函数是一个向外传播的球面波)。所以，作为相互扰动的结果，当这个系统一旦从分立的“态”跃迁到连续的“态”中以后，就不能回到分立的“态”，因为分裂成的两部分很快就彼此离得很远了，这样，如果一个原子系统跃迁到这种弥漫态中(例如通过吸收光)，则在经过某一寿命期之后，就发生无辐射分解，这个过程是俄歇首先在 X 射线区域中观察到的，通常称为俄歇过程。把这个过程和直接跃迁到连续所引起的这个系统的分解(电离或离解)区别开来，在弥漫的情形中，这个系统可以不分解，通过发射光而跃迁到较低的分立态，而在连续态的情形中，这是不可能的。用精确性较差但更为形象的说法，我们可以把俄歇过程看作是一个分立态到一个连续态的无辐射跃迁(量子跃迁)。

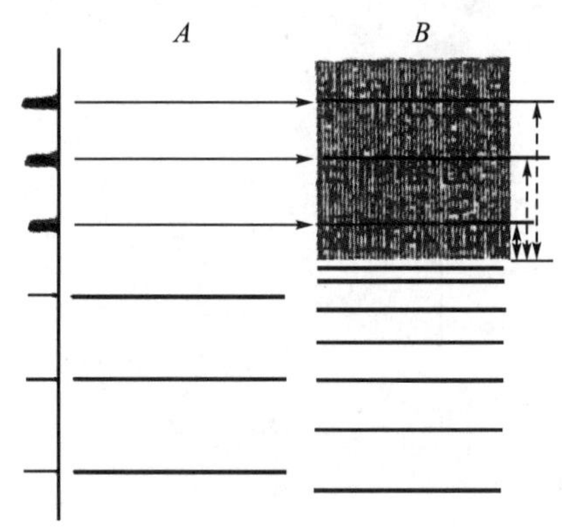

图 4.3 俄歇过程的能级图

从上述考察中，可以得出俄歇过程的三个判据：

(1)这个系统在经历平均寿命 τ_l 之后，即以几率 $r=1/\tau_l$ 发生无辐射分解(电离或离解)；

(2)所考察的分立能级以及以这些能级为较高态或较低态的相应谱线有所增宽；

(3)从这些能级发生的发射光谱有所减弱，因为只有不分解的分子才能辐射。

2. 势垒的穿透

现考察一个振子，其势能曲线的形状如图 4.4(a)所示，在两个极小值之间有一个势垒，按照量子力学理论，如果振子的能量(图中用 E 表示)小于这个势垒的高度，但是却大于这两个极小值的高度，那么，如果质点起初在左边的极小值附近，则经过一段时间以后，这个质点有一定的几率在右边的极小值附近，反之亦然。之所以如此，是由于这个振子的本征函数在左边的区域中和在右边的区域中都有不等于零这一事实。从量子力学的观点看来，势垒的穿透是能够发生的，而从经典力学的观点看来，只有在质点的能量大于势能在极大值的能量时，这个质点才能从左边的势阱进入右边的势阱，反之亦然。这种势垒的量子穿透也称“隧道效应”。

如果势能曲线如图 4.4(b)所示的形状，从图右边趋近于比 E 低的渐近线，则也会发生相同的现象，所不同的是，现在从左到右的势垒穿透，意味着这个质点将飞开到无穷远处。这就是说，结果是这个系统的无辐射分解。这个过程在许多方面都和俄歇效应相似：如果只考虑势能曲线的左边部分，则有一系列分立的能级；如果只考虑右边部分，则有一个连续区域。正如俄歇过程那样，即得到分立能级和能级的连续区域相重叠的情形。但是，势垒的穿透和俄歇过程的区别是，前者是一体过程(要发生这样的过程，必须有数个质点的相互作用才行)，正如分立能级由于俄歇过程而增宽那样，由于势垒的穿透，分立能级同样地有所增宽，其宽度和平均寿命成反比[按照海森伯测不准关系式，寿命为 τ 的态半宽度 b 由 $b = {}^{h}\!/_{2\pi} \cdot {}^{1}\!/_{\tau}$ 确定，势垒被代表能级的直线所割出的那部分面积 F 越小、振动频率越大，则平均寿命越短，因此能级的弥漫程度也越大。

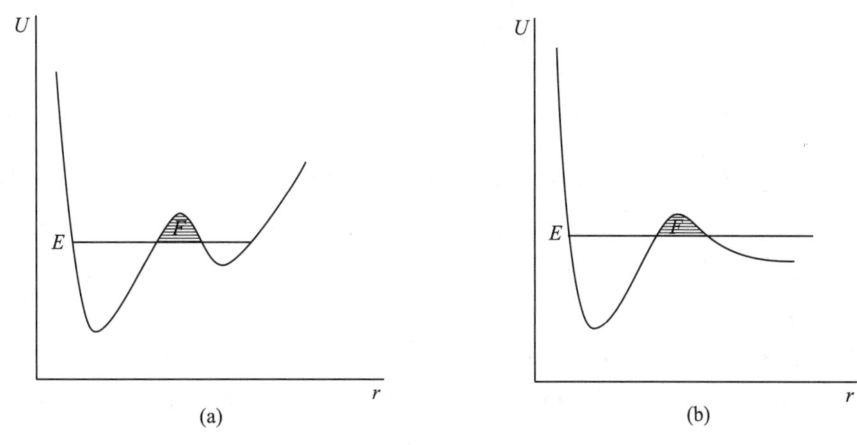

图 4.4　量子力学的势垒穿透

3. 分子中的无辐射分解过程

Born 和 Franck[101]等指出，在许多弥漫分子光谱的情形中，俄歇效应是发生弥漫的原因，分立能级与能级的连续区域重叠的情况(它是产生俄歇过程所必需的)，在分子中是经常存在的。在原子的情形中，当分立的电子态和对应于一个电子被分离(电离)的电子态的连续区域重叠时，预电离是可能发生的。但是在分子的情形中，更常见的是分立能级和能级的连续区域之一重叠的情形，这些连续区域和分子离解为两个原子(或离子)相应，并且是每个电子态都有的，如图 4.5 所示，不管这个电子态是稳定态还是不稳定态。按照 Bonhoeffer 和 Farkas 等[102]的理论，从一个分立态无辐射地跃迁到这种离解态的可能性，是谱带弥漫的原因。如在图 4.5 中，较高态 B 的振动能级，从 $\upsilon = 4$ 起，是和较低态的连续区域重叠的，正如图 4.3 中那样，这个系统能够无辐射地从分立态跃迁到同一高度的连续态，所不同的只是这里的连续态对应于分子的离解，即分子在无辐射跃迁之后就离解了，这个过程称为预离解。

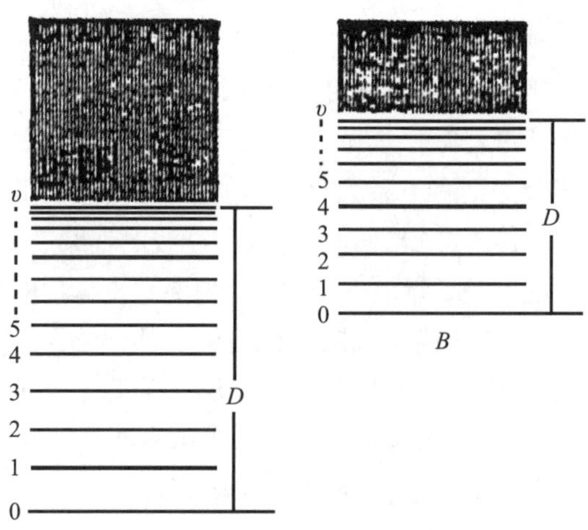

图 4.5　分子的可能发生预离解的两个电子态

4. 预离解的三种不同的类型

按照分子能量的三种形式(电子能、振动能和转动能)，分子能级和离解连续区域的重叠可能有三种情形，即预离解可能有三种情形：

(1) 某一电子态(即其振动能级或转动能级)和属于另一电子态的离解连续区域重叠。在这种情形中，会发生从前者到另一个离解电子态的无辐射跃迁，如图 4.3 所示。

(2) 多原子分子的一个电子态的那些较高的振动能级，和毗邻同一电子态的较低的离解限的离解连续区域重叠。在这种情形中，会无辐射地分裂出个别原子或一群原子(振动引起的预离解)。

(3) 双原子分子给定的振动能级的那些较高的转动能级和属于同一电子态的离解连续区域重叠。在这种情形中，分子不改变其电子态而发生无辐射分解(转动引起的预离解)。

对于双原子分子来说，情形(1)是最重要的，情形(2)只适用于多原子分子，对于一个电子态的位于离解限附近的那些振动能级来说，由于这种振动能级较高的分立转动能级的位置可以高于这个离解限，所以能发生情形(3)。从前面的讨论中可以清楚地看出，在分子的能级图中，开始预离解的那个地方(预离解限)，至少可以给出相应的离解限的上限值。但是，我们将要看到，在某些环境下，预离解限可以高于属于它的离解限。

5. 预离解中的夫兰克-康登原理

在无辐射跃迁和有辐射跃迁中都必须考虑到夫兰克-康登原理(Franck-Condon)，从夫兰克-康登原理表述方式的原始基础的半经典观点看来，对于无辐射跃迁来说，在发生跃迁的瞬间，原子核的位置与速度也不能有明显的改变。以 NO 分子为例，如图 4.6 所示，AB 是较高的($\upsilon=1$) $^2\Pi$ 态的振动能级，两条虚线是这个振动能级的本征函数和较低的 $^2\Pi$ 态具有相同能量的连续能级的本征函数。如果到较低态的无辐射跃迁是在较高态中的振动 AB 期间发生的，则能量 AC 或 AB，或某一居间的能量，必须在一瞬间转化为动能，或者核间距必须在一瞬间改变 AE 或 BE，或某一居间的数值，按照夫兰克-康登原理，这是不可能的，所以在这种情形中不能发生无辐射跃迁。但是，如果有关的两个态的势能曲线是相交的(如图 4.7 所示)，或者至少是互相很靠近的，则即使考虑到夫兰克-康登原理，无辐射跃迁仍是可能的。当居于 α 态的分子在交点 C 附近时，这个分子显然有可能不显著改变其位置与动量而跃迁到 α' 态，从而发生分解。自然，这种跃迁并不是当分子一旦位于交点附近时就立即发生，而是以某一几率发生，这几率依赖于这两个电子态的类型，一般地说，在分子越过两条势能曲线的交点而跃迁到不稳定态之前，这个分子将在稳定态 BC 中振动许多次。

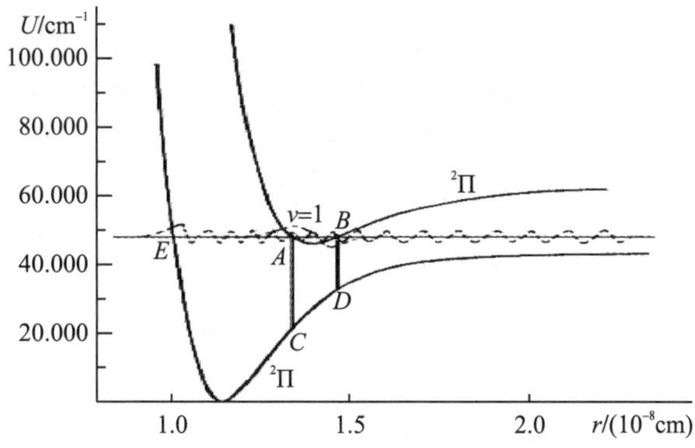

图 4.6　NO 的 $^2\Pi$ 基态与第一激发态的 $^2\Pi$ 的势能曲线

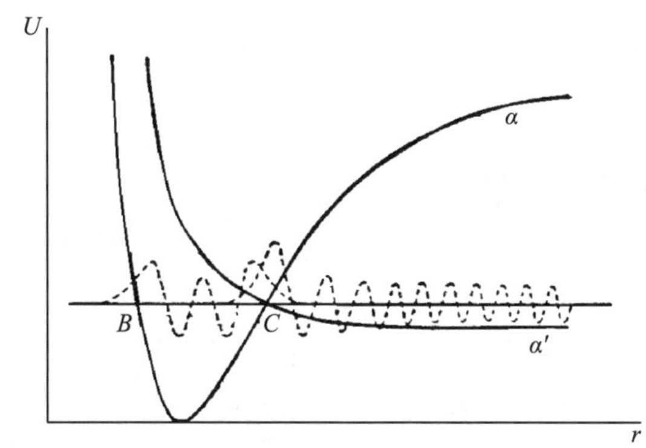

图 4.7　夫兰克-康登原理在预离解的作用的势能曲线(虚线代表本征函数)

按照两条势能曲线的交点是和产生预离解的那个态的渐近线一样高还是低于或高于这条渐近线的情形，预离解还可以细分为三小类，这三小类如图 4.8 中的(a)、(b)与(c)所示。在每一种情形中，势能曲线 n 跃迁到势能曲线 α 的区域 A~B 和势能曲线 α' 的区域 F~H 区域，因此，对于图中的那些势能曲线的相对位置来说，在吸收光谱中，如果到 α' 的跃迁是容许的，则到 α' 的跃迁将比到 α 的跃迁有短得多的波长，到 α' 的 F~H 区域的跃迁给出一个连续光谱，而到 α 的跃迁却给出一组分立的谱带，只要较高的振动能级低于 C

的渐近线，即低于 D，这些分立的谱带的外观就是很正常的。如果分子吸收了光谱而被激发到 α 的一个略高于 D 的能级上，则到 α' 态的无辐射跃迁在能量上是可能的(而在相同的波长区域中，从基态跃迁到 α' 态的直接跃迁当然是不可能的)，而且，由于两条势能曲线的相交，在不违反夫兰克-康登原理的条件下，预离解是可能的。如果跃迁几率的电子部分不是反常地小，就可以观察到吸收谱带变为弥漫和发射谱带的断裂，对应于吸收谱带断裂点的能量，称为预离解限。在图 4.8(a)与(b)中，预离解限是和引起预离解的 α' 态的离解限重合的，即预离解限具有势能曲线 α' 的渐近线的能量。图 4.8 中(c)与(a)与(b)的区别在于交点 C 高于 α' 的渐近线，虽然只要一高出渐近线，能量就足以产生预离解了，但是只有 α 高于交点 C 的那些振动能级，才能在实际上以颇大的几率发生预离解。因此，在这种情形中，预离解限不是和 α' 的渐近线重合，即不是和离解限重合，而是高于 α' 的渐近线。在低于交点但高于渐近线的区域，核间距必须有很明显的改变才能使无辐射跃迁得以发生，而按照夫兰克-康登原理，这是不可能的。

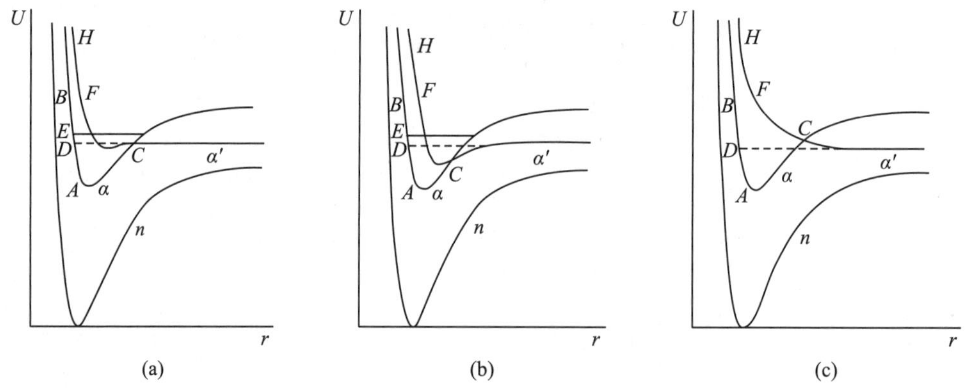

图 4.8 预离解情形的三小类(在每一小类中，虚线都给出势能曲线 α' 的渐近线的位置)

6. 转动所引起的预离解

对于转动所引起的预离解来说，由于分子仍旧处在同一电子态中，总有 $\Delta\Lambda=0$ 与 $\Delta S=0$，并且对相等的 J 来说，对称性条件是满足的。相应的，能量一旦达到离解限，就能够出现预离解。尽管这样，在许多情形中，仍然在远高于离解限的区域中可以观察到锐的转动能级[7]。以 HgH 为例，如图 4.9 所示[103]，是 HgH 的实验观察[7]到的转动能级。这些转动能级发生的断裂点仅仅略高于离解限，并且对不同的振动能级，断裂点的高度是不同的。

对于一个无振动态中的转动分子，根据经典力学理论，若核间距 r 取值为 r_c，使得离心力等于回复力，即：

$$\frac{P^2}{\mu r_c^3}=U_0'(r_c) \tag{4.2-23}$$

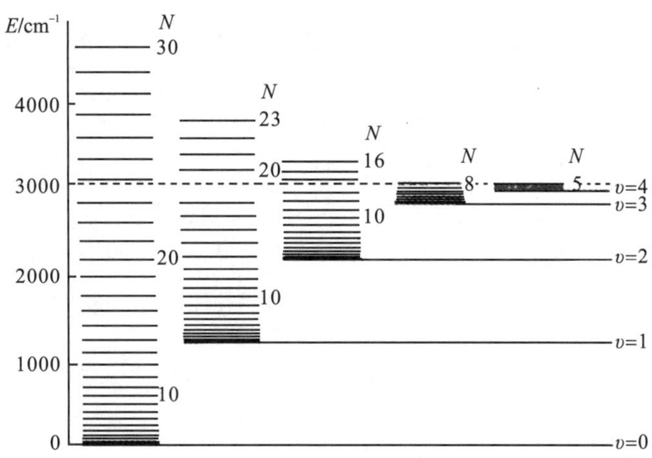

图 4.9　HgH $^2\Sigma$ 基态各个不同振动能级观察到的(稳定的)转动能级

(图中没有画出双重分裂，虚线给出离解限的位置)

式(4.2-8)中 P 是角动量；μ 是折合质量；$U_0'(r_c)$ 是势能 $U_0(r)$ 在 r_c 的导数，即核间距为 r_c 的不转动分子中的回复力。从关系式(4.2-8)式中，能够定出转动分子的平衡核间距 r_c，这个 r_c 是大于 r_e 的，如果分子在新的平衡位置附近振动，则在位移后的位置上的回复力是

$$U_0'(r)-\frac{P^2}{\mu r^3} \tag{4.2-24}$$

这个量是

$$U(r)=U_0(r)+\frac{P^2}{2\mu r^2} \tag{4.2-25}$$

的导数，所以就其对 r 的依赖关系来看，$U(r)$ 对转动分子的意义，必定和 $U_0(r)$ 对不转动分子的意义相同，$U(r)$ 是这个转动系统的有效势能，它的极小值给出平衡位置 r_c，它的导数给出振动的回复力。

按照波动力学，式(4.2-10)右边第二项应该是 $(h/8\pi^2 c\mu r^2)J(J+1)$ (以 cm^{-1} 为单位)，于是，如果角动量是 J，就可以求出有效势能：

$$U_J(r)=U_0(r)+\frac{h}{8\pi^2 c\mu r^2}J(J+1) \tag{4.2-26}$$

图 4.10[103]是按照这一公式给出 HgH 基态($^2\Sigma$)各个不同 J 值(该图中的 N 值)的有效势能曲线。图中指出的那些振动能级，属于 N=0 最多的曲线，对于其余的曲线来说，它们向上有一个位移，这位移的量值等于有关的两个极小值的能量差。在大 r 下，所有这些曲线都渐近地趋近于同一数值 $U_0(\infty)$，即这个态的离解限。但是和 $U_0(r)$ 不同，$U_J(r)$ 曲线在 $J>0$ 时，从大 r 值向小 r 值方向，通常首先达到一个极大值，然后才达到对应于平衡位置的极小值。随着 J 的增大，这个极小值变得越来越浅，最后在拐点上和极大值重合，更高的转动态不会有极大值和极小值。在这些态中，分子是力学上不稳定的，正如在不稳定的电子态中一样。图 4.10 中的那些实际的转动能级，是把振动能加在特定 $U_J(r)$ 曲线极

小值的能量上而得到的，可以看出，有些稳定的转动能级远高于离解限，这些转动能级是稳定的，这即是说，在这些能级上的分子被一个高势垒从离解态隔开而这个势垒的波动力学的穿透实际上是不可能的，或者说，如果能发生从这些能级到离解态的跃迁，则核间距势必突然大大增加，而按照夫兰克-康登原理，这是不可能的。图 4.10 进一步表明，分子的振动越强，则分子可能穿透势垒即分子可能分解时的 J 值就越小，由此可见，最后一个稳定的转动能级的能量(与 J 值)是随着 υ 的增大而减小的，并且对最后一个振动能级来说，这一能量只是稍微高于离解限，这完全符合对 HgH 所作的实验观察(参见图 4.9)。

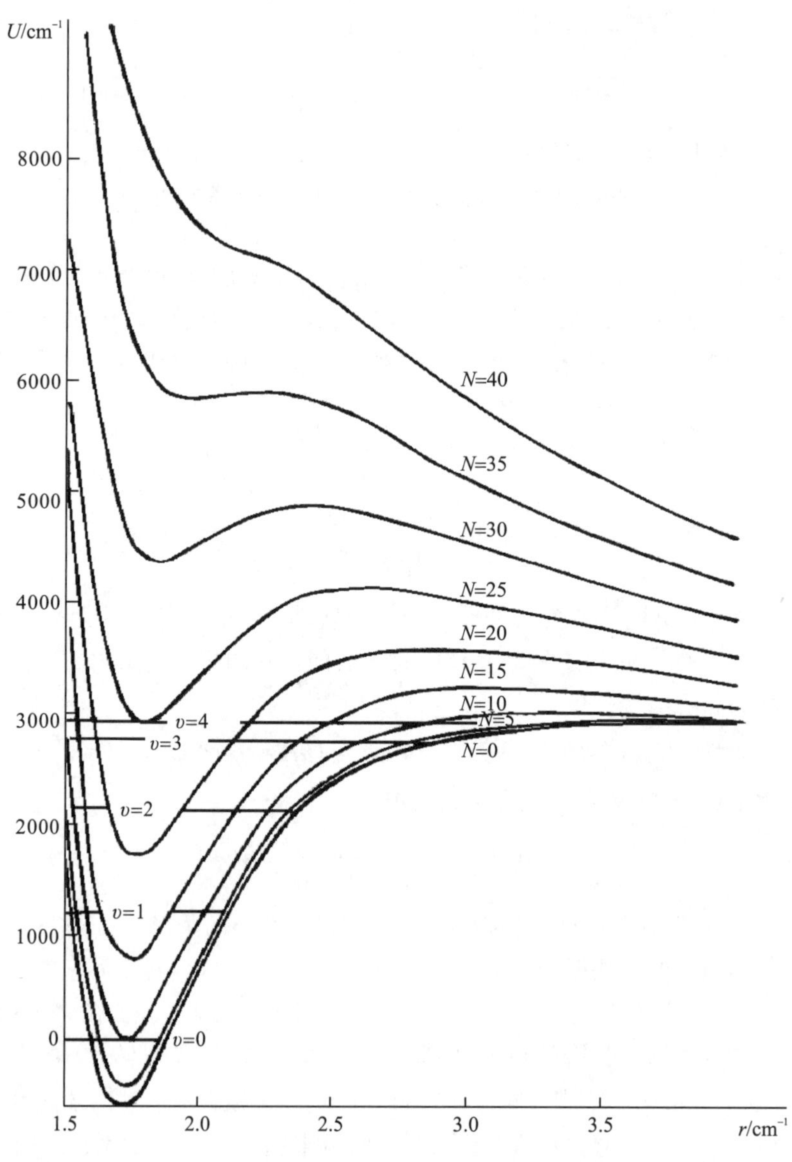

图 4.10 HgH $^2\Sigma$ 的有效势能曲线

4.3　研究双原子分子振动能谱和离解能的一些重要方法

4.3.1　研究振动能谱的理论方法

从理论上研究分子振动能谱，常用的方法有两大类[8]：解析经验势方法和量子力学从头计算法。在给定分子电子态的情况下，理论上该电子态的分子振动能量和转动能量可以通过求解原子核运动的薛定谔方程得到。

4.3.1.1　解析经验势方法

根据哈密顿量中势能的不同，可以得到不同近似程度的振动能级和转动能级及相应的表达式。因此，很多研究都是从对势能的修正出发来研究分子结构和能级。对于双原子分子，常用的解析势能函数有简谐振子(simple harmonic oscillator, SHO)[7]、Morse 函数[9]、Rydberg 势能函数[10]、Murrell-Sorbie 函数[11，12]、高斯赝势[13]等。构造这些经验势能函数要用到一些分子参数，如低阶的振动常数和低阶的转动常数以及分子的平衡离解能，因此势能函数本身的正确性和精度受这些实验数据精度的影响。例如，1929 年，Morse[9]提出了适用于稳定双原子分子的三参数 Morse 函数：

$$U_m(R) = D_e[\mathrm{e}^{-2\beta x} - 2\mathrm{e}^{-\beta x}] \tag{4.3-1}$$

在原子单位下，参数 β 可以由谐性力常数 f_2 和离解能 D_e 确定，这里 $\beta = \sqrt{f_2/2D_e}$，$f_2 = \mu\omega^2$，μ 是双原子分子的折合质量。由此可见，通过力常数可以将势能与光谱常数(能谱)联系起来。Morse 势对应的能级表达式为

$$E = \omega_e(\upsilon + \frac{1}{2}) - \frac{\omega^2}{4D_e}(\upsilon + \frac{1}{2})^2 \tag{4.3-2}$$

对绝大多数双原子分子体系，Morse 振动能级虽然比 SHO 能级要精确一些，但也只能在较低的部分能级有较好的结果，而对大量的高振动激发能级则误差很大。除了 SHO 和 Morse 势外，上述其他解析经验势能都只能求得其数值振动能级，而它们的几乎所有高振动激发能级都有较大甚至很大的误差，或者是完全错误的。除简谐振子外，这些解析势能大都能描述双原子电子体系平衡位置及无穷远处的性质，但对于极其重要的分子渐进区的性质却很难正确描述。

4.3.1.2　从头计算法

从第 3 章推导 Born-Oppenheimer 近似的过程中可以知道，对于某一给定的分子电子态，当忽略所有电子和原子核的耦合作用时，分子势能函数为该电子态下电子运动的本征能量[参见式(3.1-10)]。因此，在 Born-Oppenheimer 近似下，求解分子势能函数就转化为

求解分子中电子运动的径向薛定谔方程，即 Hartree-Fock 方程。由于分子是一个非球对称的多中心电子体系，该方程在数学上不能严格求解。为了解决这个困难，人们把分子轨道按照某一选定的基组展开，取基组的有限项展开式按照一定的精度要求逼近精确的分子轨道。根据变分原理，人们可以用迭代法求解由非线性的 Hartree-Fock 方程转化而来的一组数目有限的代数方程　Hartree-Fock-Roothann 方程，从而计算得到分子的势能函数、分子能量等物理量。由于人们所研究的分子体系和物理化学性质各不相同，所以人们在此基础上对不同的分子体系采取了不同的物理近似和数学技巧，形成了不同的计算方法，如 Hartree-Fork 赝势和组态相关理论(HF-CI)、有效中心势组态相关理论(ECPCI)、开壳层耦合-团簇理论(OSCC)[22，23]、多组态自洽场方法(MCSCF)[24，25]和赝势-中心极化势理论(CPP)。进行量子力学从头计算首先要选定一组合适的构造分子轨道波函数的原子轨道基函数，最常用的有 Slater 型轨道基函数(slater-type orbit, STO)、Gauss 型轨道基函数(Gauss-type orbit, GTO)以及两者结合起来的 STO-GTO 基组等。常用的非相对论从头计算法被认为是量子力学计算方法中的严格方法，但与分子的真实物理图像和实验测量相比仍然采取了以下三个重要的基本近似：

(1)非相对论近似；

(2)Born-Oppenheimer 近似，即将电子的运动同核的运动分开处理，并假定核是固定的；

(3)单电子轨道近似，即规定电子在某一轨道上运动，并将总电子波函数看成所有单电子波函数的乘积，或不同乘积的组合函数。

这些近似极大地方便了量子力学的理论计算，明显地简化了繁杂的计算工作量。但基于这些基本近似的不同近似模型除了带有共同的物理缺陷外，还会有不同的信息缺失，因此给量子力学计算造成了一定的物理误差和累计数值误差。

4.3.2　研究振动能谱的实验方法

随着一些高分辨能力的光谱技术不断问世，如常用的碰撞诱导的荧光光谱技术(collison induced fluorescence，CIF)，激光诱导的荧光光谱技术(laser inducedfluorescence，LIF)[104，105]，双光共振光谱技术(optical-optical double resonance，OODR)[34，35]，微扰增强双光共振光谱技术(Perturbation facilitated optical-optical doubleresonance，PFOODR)[36-63]，全光三重共振光谱技术(all optical triple resonance，AOTR)[64，65]，全光多重共振光谱技术(AOMR-All optical multiple resonance)[106]，无多普勒效应的激光极化光谱技术(doppler-free laser polarization，DFLP)[107]，过冷原子的光缔合光谱技术(Photoassociationof ultracold atoms)[67，71]等，为双原子分子电子体系提供了越来越精确的光谱数据。现代科学技术所需要的数据质量对这些实验技术也提出了越来越高的要求。虽然人们使用上述现代光谱实验方法研究了一些分子电子态的振动能谱，但不同的实验技术受到自身实验原理、技术条件和适用范围的限制，使得不同的光谱实验技术有不同的优缺点。即使在各种选择定则的制约下实验测得的谱线常常也有成千上万条，而且谱带之间往往重叠，辨认这些谱线无论对理论分析还是实验技术都提出了很高的要求，除实验技术本身的制约外，由于很多分子电子激发态不稳定，且其高振动激发能级太紧密，或者是电子激发跃迁或散射激发所需的能量较高，使得得到其中部分谱线的几率太小，以至于测量难度太大，所以已发表的很多分子电子态的振动能谱数据大多是其完全振动能谱$\{E_\upsilon\}$中能量较低的能级子集合$[E_\upsilon]$，很多都很难得到其完全振动能谱，这种现象很不利于化学反应的正确研究和很多涉及高振动激发能级的高科技研究的深入进行。

4.3.3　研究离解能的理论方法

目前研究分子离解能的理论方法较多，从已发表的大量有关文献中，可以获知研究分子振动能谱的理论方法主要有：从头计算法，外推法，热化学理论方法，NDE 方法，光谱理论方法，等等。

4.3.3.1　从头计算法

从头计算的一般过程为[108]：先计算出单电子积分和双电子积分，然后用一个假定的起始密度矩阵来构造起始的 Fock 矩阵，由此求得第一轮的理论本征值和本征矢；由得到的本征矢构造新的密度矩阵和第二轮的 Fock 矩阵，……，这样循环计算下去，直到相邻两次计算的密度矩阵或体系总能量的差别满足自洽标准为止，这时就得到了 H-F-R (hartree-fock- roothaan) 方程的解 (即本征矢和本征值)，再由求得的分子轨道构造出体系的总状态波函数，从而计算所需的物理量。例如，Kolos 等[72]以 Roothaan-Hartree-Fock 方程为出发点，用多组态自洽场理论和非正交组态相关理论相结合的量子力学 ab initio 方法，正确选择有限项基组，利用变分法和计算机技术，对 H_2 分子的基态离解能进行了计算，在计算中，电子波函数假定为

$$\Psi(1,2)=\sum_i c_i[\Phi_i(1,2)+\Phi_i(2,1)] \tag{4.3-3}$$

其中，基函数在球坐标中表示为

$$\begin{aligned}\Phi_i(1,2)=&\exp(-\alpha\,\xi_1-\bar{\alpha}_1\xi_2)\xi_1^{n_i}\eta_1^{k_i}\xi_2^{m_i}\eta_2^{l_i}\left(\frac{2r_{12}}{R}\right)^{u_i}\\&\cdot[\ \exp(\beta\eta_1+\bar{\beta}\eta_2)+(-1)^{k_i+l_i}\cdot\exp(-\beta\eta_1-\bar{\beta}\eta_2)]\end{aligned} \tag{4.3-4}$$

其中，α、β、$\bar{\alpha}$、$\bar{\beta}$ 是振动参数，η_i、k_i、m_i、l_i 和 u_i 是整数，r_{12} 和 R 分别是电子间距离和核间距。对于 $R=4a_0$，Kolos 等将基函数选到 155 项构成波函数，算出 H_2 分子结合能 $E=3597.232\,\text{cm}^{-1}$，和精确值相差 $0.051\,\text{cm}^{-1}$；对 $R=6a_0$，将基函数选到 134 项，计算得 $E=183.187\,\text{cm}^{-1}$，选 155 项，计算得 $E=183.411\,\text{cm}^{-1}$，若进一步扩大基函数对此核间距对应的能量则没有什么影响，因此把 155 项构成的波函数作为计算所有核间距相应能量的理想函数。在此基础上，Kolos 等[72]用完备活化空间自洽场 (complete active space self-consistent field，CASSCF) 方法计算了 H_2 分子基态离解能 $D_0=36118.041\,\text{cm}^{-1}$，和实

验值（$D_0 = 36118.11 \pm 0.08\,\text{cm}^{-1}$）相差仅 $0.069\,\text{cm}^{-1}$；用类似的方法，Li 等[85] 以 6-311G 为键函数基组，用 Gaussiant 92 程序包对 H_2、HeH^+、LiF 等 24 种双原子分子在某些态的离解能作了计算，其结果与实验值的符合率为 95%；Almöf 等[111] 以[5*s* 4*p* 3*d* 2*f* 1*g*]作为基函数，算得 N_2 分子基态离解能 D_e=226.8kcal/mol； Charles 等[112] 以 CI 波函数为基函数，用 Gaussiant 程序算得 He_2^+ 分子离子基态离解能 D_e=2.466±0.005eV。由于这种方法对于简单的分子体系有较高的精确性，因此，它已成为一种重要的量子化学计算方法被物理和化学工作者广泛采用。

然而从头计算方法是建立在 Born-Oppenheimer 近似基础上的，当分子处于高振转能级(此时核运动的动能较大)，或不同电子态之间的耦合作用较强时，Born-Oppenheimer 近似不再成立，这将导致计算得到的结果误差较大或不正确。

另外，对于大多数分子电子态而言，由于计算机条件的限制，一般都没有把相对论修正、核振动、核自旋辐射、非绝热修正等因素全部考虑进去，而只考虑了其中部分因素，因而使计算结果与其实际情况也有一定的误差。

4.3.3.2 外推法[8]

当吸收光谱中能够观察到谱带收敛限及其相连的连续区域时，这个收敛限的位置，即连续区域的开端，相当于所研究的分子电子态的离解能。不过对于大多数分子电子态，则观察不到其收敛限，Birge 和 Sponer[113]提出了从观察到的各谱带外推到收敛限位置的外推法。从能够观察到的振动能谱收敛的情形中，我们大致可以知道振动量子 $\Delta G_{\upsilon+1/2}$（相邻的振动能级差）与振动量子数 υ 的依赖关系。一般来说，相邻的振动能级差随着振动量子数的增加而逐渐减小，并最终趋近于零。从图 4.11 中可以看出，离解能 D_0 等于所有振动量子 $\Delta G_{\upsilon+1/2}$ 之和，即 $D_0 = \sum\limits_{\upsilon} \Delta G_{\upsilon+1/2}$，即很接近图 4.12 中 $\Delta G_{\upsilon} - \upsilon$ 曲线下面的面积。因此，可以预测，即使在只能观测到为数不多的前几个振动量子 ΔG_{υ} 的情形中，外推法至少可以导出所研究分子态的离解能 D_0 的近似值。显然，用这种方法求出的离解能的可靠性和精确度是随着被观测到的 ΔG_{υ} 的数目和其总数的比率的增大而变化的。

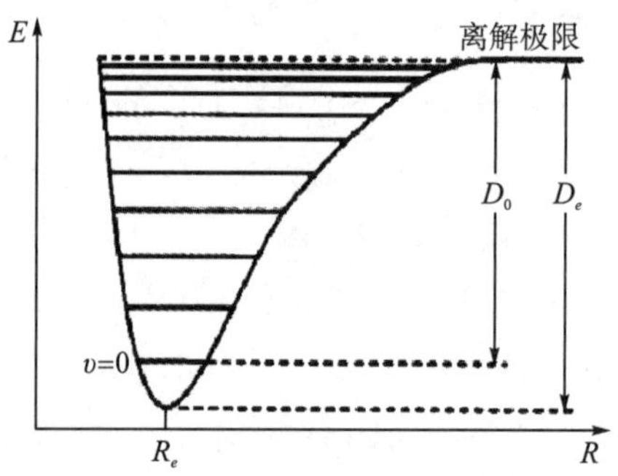

图 4.11 离解能示意图

外推法的优点在于它能够应用于几乎所有电子态，只要知道了该电子态的一部分振动能级就可以，如图 4.12 所示。然而不同电子态的 $\Delta G_{\upsilon}-\upsilon$ 曲线的形状是不大一致的，有很多还是非线性的，因而对有的分子电子态来说，应用外推法得到的离解能与实际离解能可能相差甚远。例如对碱金属氢化物的 $A^1\Sigma^+$ 电子态，它们相邻的振动能级差就出现了反常情况[114]，如图 4.13 所示，因此仅由前几个振动能级外推将不能得到正确的离解能。

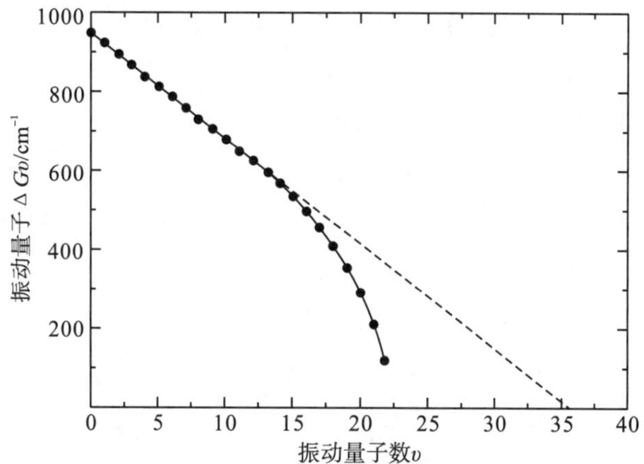

图 4.12 KH−$X^1\Sigma^+$ 电子态的 Birge-Sponer 示意图

数据来源：Stwaller W C, Zemke WT, Yang S C. 1911. Spectroscopy and structure of the alkali hydride diatomic molecules and their ions [J]. J. phys. Chem. Ref. Data, 20(1):153-187

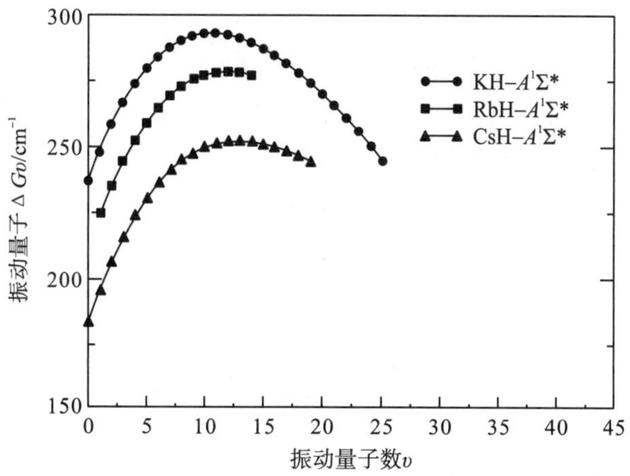

图 4.13 KH、RbH、CsH 分子 $A^1\Sigma^+$ 电子态的 $\Delta G-\upsilon$ 图

数据来源：Stwaller W C, Zemke WT, Yang S C. 1911. Spectroscopy and structure of the alkali hydride diatomic molecules and their ions [J]. J. phys. Chem. Ref. Data, 20(1):153-187

4.3.3.3 热化学理论方法

通过热化学理论[115]来确定分子在某些态的离解能，在文献[115]中，根据热化学理论，对 NH^+ 分子在 $^2\Pi$ 和 $^4\Sigma^-$ 态，其离解能 D_0 精确的定义式为

$$D_0(NH^+,{}^2\Pi)=\Delta H_{f.0}(N^+)+\Delta H_{f.0}(H)-\Delta H_{f.0}(NH^+) \tag{4.3-5}$$

$$D_0(NH^+,{}^4\Sigma^-)=\Delta H_{f.0}(N)+\Delta H_{f.0}(H^+)-\Delta H_{f.0}(NH^+)-T_{00}^{\Pi-\Sigma}(NH^+) \tag{4.3-6}$$

式(4.3-5)和式(4.3-6)右端各量都是热化学焓的变化量，它们可以由实验确定[115] $[\Delta H_{f,0}(N^+)=19.413\pm0.005\text{eV},\Delta H_{f,0}(H)=2.23905\pm0.00005\text{eV},\Delta H_{f,0}(NH^+)\leqslant17.175\pm0.006\text{eV}$ $T_{00}^{\Pi-\Sigma}(NH^+)=0.04016\text{eV}]$，也可以采用 ab initio 计算方法而获得，从而分子的离解能将可确定[125] $[D_0(NH^+,{}^2\Pi)\geqslant4.477\pm0.008\text{eV}$，$D_0(NH^+,{}^4\Sigma)\geqslant3.500\pm0.009\text{eV}]$，利用这个结果，可导出 NH 分子在 $^3\Sigma^-$ 态的离解能的关系式为

$$D_0(NH,{}^3\Sigma^-)=D_0(NH^+,{}^2\Pi)+IP(NH)-IP(N) \tag{4.3-7}$$

式中，$D_0(NH^+,{}^2\Pi)$ 已经求得，IP 是电离能，也由实验确定[110]：

$$IP(NH)=13.476\pm0.002\text{eV} \qquad IP(N)=14.534\pm0.005\text{eV}$$

所以，可求得 NH 分子在 $^3\Sigma^-$ 态的离解能为 $D_0(NH,{}^3\Sigma^-)\geqslant3.419\pm0.010\text{eV}$。

4.3.3.4 NDE 方法

用 NDE (near dissociation expansion technique) 方法[116]确定分子的离解能。在文献[116]中，LeRoy 等认为 $^7Li_2$ 分子的 $a^3\Sigma_u^+$ 态，在较大的核间距时，其势能可以用下式描述

$$V(R)=D-\sum_n\frac{C_n}{R^n} \qquad (n=6,\ 8,\ 10,\ \cdots) \tag{4.3-8}$$

式中，D 是离解能，对于 $a^3\Sigma_u^+$ 态，式中最重要的参数 C_6 常常代表振动能和转动常数的全部集合。LeRoy[116] 采用合理多项式来描述振动能级发展到离解极限的规律，他们认为振动能级的离解行为可展开为合理的多项式

$$G(\upsilon)=D-X_6(0)(\upsilon_D-\upsilon)^3[L/M]^s \tag{4.3-9}$$

其中，υ_D 是离解极限时的振动量子数，$X_6(0)$ 为

$$X_6(0)=\frac{7931.950}{\mu^{3/2}C_6^{1/2}} \tag{4.3-10}$$

式中，μ 是分子的约化质量；C_6 用 ab initio 法计算[117]，它的值取 $C_6=6.715\times10^6\,\text{cm}^{-1}\,\text{Å}^6$，合理的多项式 $[L/M]$ 为

$$\frac{L}{M}=\frac{1+P_{t+1}(\upsilon_D-\upsilon)^{t+1}+P_{t+2}(\upsilon_D-\upsilon)^{t+2}+\cdots+P_{t+l}(\upsilon_D-\upsilon)^{t+L}}{1+q_{t+1}(\upsilon_D-\upsilon)^{t+1}+q_{t+2}(\upsilon_D-\upsilon)^{t+2}+\cdots+q_{t+l}(\upsilon_D-\upsilon)^{t+,M}} \tag{4.3-11}$$

在式(4.3-9)和式(4.3-11)中，P_{t+i} 和 q_{t+i} 是系数，指数 s 可取 1 或 3，t 为可调参数，它的值(按精度要求取)决定多项式的性质。LeRoy[116] 由式(4.3-9)和式(4.3-11)给出了令人满意的 G_υ，然后再由 G_υ (有限项)的表达式，用 LeRoy 方程程序拟合他们的实验数据，

求得 $^7Li_2$ 分子在 $a^3\Sigma_u^+$ 态的离解能为 $D_e = 333.69\text{cm}^{-1}$。

4.3.3.5　光谱理论方法

应用建立在量子力学基础之上的光谱理论，研究电磁辐射与分子的相互作用，直接导出分子的各个分立的能级，再依靠分子的振动和转动光谱测量数据，就可以很准确地计算出分子中原子间的相互作用力和分子的离解能。因此，光谱理论被认为是确定分子离解能最有效的方法之一。

上述方法中，量子力学 ab initio 方法不借助任何实验参数，为理论上研究分子离解能开辟了新的道路。随着计算机技术的发展和各种数值计算方法的不断提出、改进，ab initio 方法已经应用到了各种分子体系，从大分子到小分子，从基态到激发态，很多都有一些理论计算值的相关报道。对于许多目前实验还无法测量的分子态，从头计算法也给出了较好的预测结果。但是，ab initio 方法主要有以下几个方面的缺点：①由于计算机条件的限制，对绝大多数分子态没有考虑完全的相对论修正、核振动、核自旋辐射等因素，使得计算结果有偏差；②除 H_2 分子等极少数分子外，对绝大多数 ab initio 方法都是基于 Hartree-Fock 自洽场方法的，存在着自洽极限，因此 ab initio 方法的结果一般高于实验值；③ab initio 方法一般是基于 Born-Oppenheimer 近似的，当分子处于高振转能级(即此时核运动的动能较大)，或不同电子态之间的耦合作用较强时，Born-Oppenheimer 近似失效，由于计算条件的限制，许多分子态无法进行非绝热校正。利用热化学焓变化量的实验值来确定分子在某些态的离解能，这种方法虽然简单，但因热量在实验上难以精确控制而导致结果误差较大。NDE 方法采用合理多项式来描述振动能级发展到离解极限的规律，再通过拟合实验数据来确定分子的离解能，这种方法虽然精确度较高，但在拟合实验数据过程中，一般都必须考虑很多组项和诸多因素修正才能达到所考虑的精确度的要求。光谱理论是确定分子离解能有效的方法，分子的振-转光谱测量数据，特别是高激发态振-转光谱数据，对光谱理论确定分子离解能是至关重要的，一般情况下，实验上很难获得高激发态的振-转光谱数据，特别是接近离解极限区域附近的光谱数据(除非实验代价很高)，因此光谱理论确定分子离解能也有一定的局限性。

4.3.4　研究离解能的实验方法

4.3.4.1　光谱法

由于近代光谱、分子束和激光等技术的应用以及快速电子计算机的相继出现，使得确定分子离解能的实验方法有很大的改进和提高，相继出现了用激光器作光源的多种新的分子光谱技术[128]：分子的激光吸收光谱技术，分子的激光器感生荧光光谱技术，以及近年来发展的微微秒时间分辨的荧光光谱技术，使分子中动力学过程的研究跃进到新的水平。对于分子，与它的吸收光谱相比，激光感生荧光光谱的特点是光谱结构的简单性，例如 Na_2

分子在可见光区域有成千条吸收线，使得转动线不易明确归类，然而它激光感生的荧光光谱却十分简单，用可调激光器的单色光束激发时，因为分子中跃迁受选择定则 $\Delta J=\pm1$ 或 $\Delta J=0,\pm1$ 的限制，所以对各个振动能级只有两条或三条荧光光谱线，在这种情况下，进行光谱分析很容易，而且其他物质的干扰谱线很容易辨认，因此，激光感生荧光光谱技术是一种非常灵敏的技术[118]。1996 年，Jones 等[6]成功地应用这项技术对 Na_2 分子基态离解能进行了直接测量，获得的结果为 $D_0=5942\cdot6880(49)\text{cm}^{-1}$，其测量的基本思想是基于关系式

$$D_0=[E(31,0)-E(0,0)]+\Delta E_{XA}-\Delta E_{PAS}+\text{修正量} \tag{4.3-12}$$

通过测量各个振动能级差而确定 D_0 的，如图 4.14 所示。用激光 1 和 2 产生的双感生光谱决定 X 态 $\upsilon=0\to\upsilon=31$ 的跃迁，X（$\upsilon=31$）→A（$\upsilon'=165$）的跃迁用激光 XA 激发，激光 PA 测量 A（$\upsilon'=165$）相对于两个自由基态原子的能级。该方法唯一不足的是它确定离解能 D_0 时要受修正量精确度的影响。

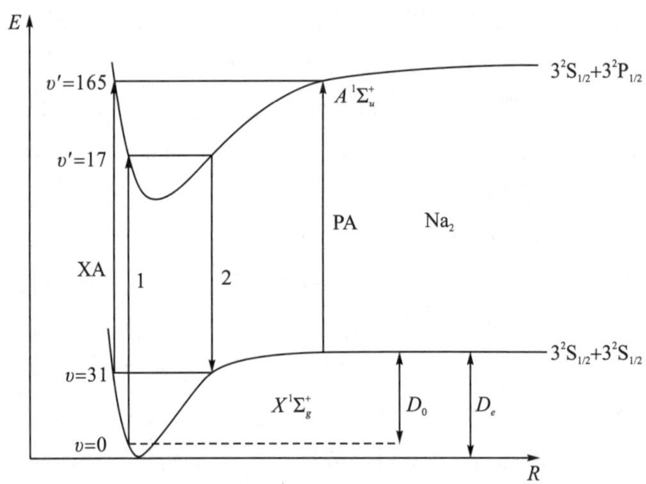

图 4.14 说明决定 Na_2 分子 $^1\Sigma_g^+$ 态的离解能的能级跃迁

4.3.4.2 热化学法

在有些情况下，人们也从化学平衡的角度去测量分子的离解能[7, 119]，在文献[119]中，Hildenbr 等用热平衡测量实验装置测定了 AlBr 分子在基态的离解能。在测量中，把 AlBr 分子的离解能定义为使分子从电子基态的最低能级（$\upsilon=0,\ J=\Omega$）离解为两个正常原子 Al+Br 所需要的功，这个功相当于热测量中焓的变化值 ΔH_0^0，因而，只要测得这个焓的变化量，分子的离解能将可获得。

根据热化学理论，当温度 T=273K 时，在理想气体条件下发生的气相反应式为

$$\text{AlBr}(g)=\text{Al}(g)+\text{Br}(g) \tag{4.3-13}$$

从这个关系式出发，Hildenbrand 等将 AlBr 分子气体装入钼室中，通过加热(对分子气体输入热能)，使该分子获得能量而激发，当探测到分子数目由于有些分子离解而减少

时，该分子气体的导热率就有所改变，最后必然有一个收敛限的位置，根据这个极限位置，再通过一个光学装置，用光谱测出相应的温度 T、平衡常数 K_{eq} 和压力 P，将可确定出式(4.3-13)的焓变化 $\Delta H_0^0(AlBr)$[130] $(425.9 \pm 6.0 kJ \cdot mol)$，因此，AlBr 分子在基态的离解能为 $D_0^0(AlBr) = \Delta H_0^0 = 425.9 \pm 6 kJ \cdot mol^{-1}$。

从热化学角度去测量分子的离解能，因涉及热平衡温度、压力、分子气体的导热率和收敛限的位置等需间接测量的量较多，所以难免给测量结果带来较大的系统误差。

此外，测定分子离解能的实验方法还有碰撞法、热学法等，在此不再赘述。

参 考 文 献

[1] Cline R A, Miller J D, Heinzen D J. Study of Rb_2 long-range states by high-resolution photoassociation spectroscopy[J]. Phys. Rev. Lett，1994，(73)：632.

[2] Molenaar P A，Van Der Straten P. Long-range predissociation in two-color photoassociation of ultracold Na atoms[J]. Phys. Rev. Lett，1996，(77)：1460.

[3] Heather R W，Julienne P S. Theory of laser-induced associative ionization of ultracold Na[J]. Phys. Rev. A，1993，(47)：1887.

[4] Bagnato V，Marcassa L，Taso C，et al. High densities of cold atoms in a dark spontaneous-force optical trap[J]. Phys. Rev. Lett，1993，(70)：3225.

[5] Julienne P S，Vigue J. Cold collisions of ground- and excited-state alkali-metal atoms[J]. Phys. Rev. A，1991，(44)：4464.

[6] Jones K M，Maleki S，Bize S，et al. Direct measurement of the ground-state dissociation energy of Na_2[J]. Phys. Rev. A，1996，(54)：R1006.

[7] Herzberg G. Molecular Spectra，and Molecular Structure I. Spectra of Diatomic Molecules[M]. 3rd. Princeton:Van Nostrand，1953.

[8] 孙卫国，刘秀英，王宇杰，等. 物理学进展[J]. 2007，27 (2)：151.

[9] Morse P. M. Diatomic molecules according to the wave mechanics. II. Vibrational levels[J]. Phys Rev，1929，(34)：57.

[10] Rydberg R. Graphische darstellung einiger bandspectroskopischer ergebnisse[J]. Z. Phys，1932，(73)：376.

[11]Murrell J N，Sorbie K S. New analytic form for the potential energy curves of stable diatomic states[J]. J Chem Soc Faraday Trans II，1974，70(9)：1552.

[12] Huxley P，Murrell J N. Ground-state diatomic potentials[J]. J. Chem. Soc. Far. Trans. II，1983，79(2)：323.

[13] Sage M L. High overtone C–H and O–H transitions in gaseous methanol：theory[J]. J. Chem. Phys.，1984，(80)：2872.

[14] Klein O. Zur berechnung von potentialkurven für zweiatomige moleküle mit hilfe von spektraltermen[J]. Zeitschrift für Phys.，1932，(76)：226.

[15] Rees A L G. The calculation of potential-energy curves from band-spectroscopic data[J]. Phys. Soc.，1947，(59)：998.

[16] Coxon J A，Foster S C. Deperturbation analysis for the $A^2\Pi_i$ state of CO^+：A，v' ~ X，v'' perturbation matrix elements for v' = 0，5，10 and improved RKR potential for the $X^2\Sigma^+$ state[J]. J. Mol. Spectrosc.，1982，93(1)：117.

[17] Coxon J A，Haley M P. Rotational analysis of the $A^2\Pi_u \rightarrow X^2\Pi_g$ second negative band system of $^{16}O_2^+$[J]. J. Mol. Spectrosc.，1984，108(1)：119.

[18] Jeung G. J. Theoretical study on low-lying electronic states of Na_2[J]. J Phys B，1983，（16）：4289.

[19] Partridge H，Bauschlicher C W，Siegbahn P E M. Theoretical study of the litium dimer and its anion[J]. Chem. Phys. Lett.，1983，97（2）：198.

[20] Li L，Lyrra A M，Luh W T，et al. Observation of the $^{39}K_2\ a\ ^3\Sigma^+_u$ state by perturbation facilitated optical–optical double resonance resolved fluorescence spectroscopy[J]. J. Chem. Phys.，1990，93（12）：8452.

[21] Schmidt-Mink I，Mùller W，Meyer W. Ground- and excited-state properties of Li_2 and Li_2^+ from ab initio calculations with effective core polarization potentials[J]. Chem. Phys.，1985，（92）：263.

[22] Kaldor U. Na_2 ground and excited states by the open shell coupled cluster method[J]. Isr. J. Chem.，1991，31（4）：345.

[23] Kaldor U. Li_2 ground and excited states by the open-shell coupled-cluster method[J]. J. Chem. Phys.，1990，140（1）：1.

[24] Konowalow D D，Rosenkrantz M E，Olson M L. The molecular electronic structure of the lowest $^1\Sigma^+_g$，$^3\Sigma^+_u$，$^1\Sigma^+_u$，$^3\Sigma^+_g$，$^1\Pi_u$，$^1\Pi_g$，$^3\Pi_u$，and $^3\Pi_g$ states of Na_2[J]. J. Chem. Phys.，1980，72（4）：2612.

[25] Konowalow D D，Fish J L. The molecular electronic structure of the twenty-six lowestlying states of Li_2 at short and intermediate internuclear separations[J].J. Chem. Phys.，1984，84：463.

[26] Magnier S，Millié P，Dulieu O，et al. Potential curves for the ground and excited states of the Na_2 molecule up to the（3s+5p）dissociation limit：results of two differenteffective potential calculations[J]. J. Chem. Phys.，1994，98（9）：7113.

[27] LeRoy R. Chemical physics researgh report[J] J.Chem. Phys. Res. Rep.，1992，CP-425.

[28] Coxon J A，Hajigeorgiou P G. Isotopic dependence of Born-Oppenheimer breakdown effects in diatomic hydrides：the $X^1\Sigma^+$states of HIDI and HBrDBr[J]. J. Mol. Spectrosc.，1991，150（1）：1.

[29] Coxon J A，Colin R J. Born–Oppenheimer breakdown effects from rotational analysis of the $A^1\Sigma^+$–$X^1\Sigma^+$band system of BeH^+，BeD^+，and BeT^+Mol Spectrosc[J]. J.Mol. Spectrosc., 1997，181（2）：215.

[30] Coxon J A，Hajigeorgiou P G. Direct potential fit analysis of the $X\ ^1\Sigma^+$ ground state of CO[J].J. Chem. Phys.，2004，121（7）：2992.

[31] Coxon J A，Dickinson C S. Application of direct potential fitting to line potition data for the $X\ ^1\Sigma^+$ and $A\ ^1\Sigma^+$ states of LiH[J]. J. Chem. Phys.，2004，121（19）：9378.

[32] Coxon J A，Melville T C. Application of direct potential fitting to line position data for the $X^1\Sigma^+_g$ and $A^1\Sigma^+_u$ states of Li_2[J]. J. Mol. Spectrosc.，2006，235（2）：235.

[33] 徐克尊. 高等原子分子物理学[M]. 北京：科学出版社，2000.

[34] Li L，Field R W. Direct observation of high-lying $3^3\Pi_g$ states of the Na_2 molecule by optical-optical double-resonance[J]. J. Chem. Phys.，1983，87（16）：3020.

[35] Huennekens J，Prodan I，Marks A ，et al. Experimental studies of the NaK $1\ ^3\Delta$ state[J]. J. Chem. Phys.，2000，113（17）：7384.

[36]. Xie X B，Field R W，Li L，et al. Absolute vibrational numbering of the Na_2 $2^3\Sigma^+_g$ state [J]. J. Mol. Spectrosc.，1989，134（1）：119.

[37] Qi P，Lazarov G，Lyyra A M，et al. The Na_2 $2^3\Pi_g$ state：new observations and hyperfinestructure [J]. J. Chem. Phys.，2006，124（18）：184304.

[38] Ji B，Tsai C C，Li L，et al. Determination of the long-range potential and dissociation energy of the $1\Delta_g$ state of Na_2 [J]. J. Chem. Phys.，1995，103（17）：7240.

[39] Li L，A. Lyyra M，Stwalley W C，et al. The Na_2 $4^1\Sigma^+_g \sim 2^3\Pi_g \sim 1^3\Delta_g$ triple perturbation（$\upsilon\Sigma$，$\upsilon\Pi$，$\upsilon\Delta$）=(6，2，7) and（7，3，8）interactions [J]. J Mol Spectrosc，1991，147（1）：215.

[40] Wang H, Whang TJ, Lyyra A M, et al. Electronic absorption spectra in a polar fluid: theory and simulation [J]. J. Chem. Phys., 1991, 94(7): 4756.

[41] Whang T-J, Lyyra A M, Stwalley W C, et al. The Na2 $2^3\Delta g$ state: CW perturbation -facilitated optical-optical double resonance spectroscopy[J]. J. Mol. Spectrosc., 1991, 149: 505.

[42] Whang T J, Stwalley W C, Li L, et al. Observatoins of the $3\,^3\Sigma_g^+$ state of Na_2[J]. J. Mol. Spectrosc., 1992, 155(1): 184.

[43] Whang T J, Stwalley W C, Li L, et al. The Na_2 $4^3\Sigma_g^+$ state[J]. J. Mol. Spectrosc., 1993, 157(2): 544.

[44] Whang T J, Tsai C C, Stwalley W C, et al. Spectroscopic study of the $Na_2\,2^3\Sigma_g^+$ state by cw perturbation-facilitated optical-optical double-resonance spectroscopy[J]. J. Mol. Spectrosc., 1993, 160(2): 411.

[45] Li L, Li M. Deperturbation of the Na_2 $4^3\Sigma_g^+$ v=4 ~ $3^3\Pi g$ v=6 and $43\Sigma g+$ v=14 ~ $2^3\Pi g$ v=68 interactions[J]. J. Mol. Spectrosc., 1995, 173(1): 25.

[46] Liu Y, Li J, Xue M, et al. The doubly excited $1^3\Pi_g$ state of Na_2: observation and calculation[J]. J. Chem. Phys., 1995, 103(17): 7213.

[47] Li J, Liu Y, Gao H, et al. Pulsed perturbation facilitated OODR spectroscopy of the 4, 7, 10 $3\Delta g$ rydberg states of Na_2[J].J. Mol. Spectrosc., 1996, 175(1): 13.

[48] Liu Y, Li J, Gao H, et al. Predissociation of the Na2 $3^3\Pi_g$ state[J]. J. Chem. Phys., 1998, 108(6): 2269.

[49] Li J, Liu Y, Chen H, et al. Predissociation of the Na_2- $4^3\Sigma_g^+$ state[J]. J. Chem. Phys., 1998, 108(18): 7707.

[50] Liu Y, Li J, Chen H, et al.The RKR potential function of the Na_2-$4^3\Pi g$ state determined [J]. J. Mol. Spectrosc., 1998, 192(1): 32.

[51] Lazarov G, Lyyra A M, Li L, et al. The $4^3\Pi_g$ state of Na_2: vibrational numbering and hyperfine structure[J]. J. Mol. Spectrosc., 1999, 196(2): 259.

[52] Li L, Lyyra A M. Triplet states of Na_2 and Li_2 by perturbation facilitated optical–optical double resonance spectroscopy[J]. Spectrochim Acta Part A, 1999, 55A(11): 2147.

[53] Ivanov V S, Sovkov V B, Gallice N, et al. Use of bound-free structured spectra in determining RKR potentials: the $4^3\Pi_g$ State of Na_2[J]. J. Mol. Spectrosc., 2001, 209 (1): 116.

[54] Liu Y, Ji B, Cheung A S C, et al. The hyperfine structure of the $1^3\Delta_g$ state of Na_2[J]. J. Chem. Phys., 2001, 115(8): 3647.

[55] Ivanov V S, Sovkov V B, Li L, et al. Analysis of the Na_2 2_{3S}→ a_{3S} Continua：Potentials and Transition Moment function[J]. J. Chem. Phys., 2001, 114(14): 6077.

[56] Liu Y, Li L, Lazarov G, et al, Hyperfine structure of the $2^3\Sigma_g^+$,$3\Sigma_g^+$ and $4^3\Sigma_g^+$ states of the Na_2 dimer [J].J. Chem. Phys., 2004, 21(12): 5821.

[57] Yi P, Dai X, Li J, et al. The $6^3\Sigma g+$ state of Na_2: observation and assignment[J]. J. Mol. Spectrosc., 2004, 225(1): 33.

[58] Ivanov V S, Sovkov V B, Gallice N, Li L, et al. Use of bound–free structured spectra in determining RKR potentials: the $4^3\Pi_g$ state of Na_2 [J]. J. Mol. Spectrosc., 2001, 209(1): 116.

[59] Li L, An T, Whang T J, et al. $A^1\Sigma_u^+ \sim b^3\Pi_u$ mixed levels of $^7Li_2$[J]. J. Chem. Phys., 1992, 96(4): 3342.

[60] Li L, Yiannopoulou A, Urbanski K, et al. Hyperfine structures of the $^7Li_2$ $b^3\Pi_u$, $2^3\Pi_g$, and $3^3\Pi_g$ states: continuous wave perturbation facilitated optical–optical double resonance spectroscopy[J]. J. Chem. Phys., 1996, 105(15): 6192.

[61] Li L, Yiannopoulou A, Urbanski K, et al. The hyperfine structure of the $b\ ^3\Pi_u$, $2\ ^3\Pi_g$, and $3\ ^3\Pi_g$ states of $^7Li_2$[J]. J. Chem. Phys., 1997, 106(20): 8626.

[62] Yiannopoulou A，Urbanski K，Lyyra A M，et al. The $1^3\Delta_g$ State of $^7Li_2$[J]. J Mol Spectrosc，1995，172(2)：567.

[63] Kasahara S, Ebi T, Tanimura M, et al. High-resolution laser spectroscopy of the $X^1\Sigma^+$ and $(1)^3\Sigma^+$ states of $^{23}Na^{85}Rb$ molecule[J]. J. Chem. Phys.，1996，105(4)：1341.

[64] Wang Y C, Matsubara K, Katô H. Perturbation analysis of the B $^1\Pi$ state of $^{23}Na^{85}Rb$ molecule[J]. J. Chem. Phys., 1992, 97(2)：811.

[65] Urbanski K, Antonova S, Yiannopoulou A, et al. All optical triple resonance spectroscopy of the A $^1\Sigma^+_u$state of $^7Li_2$[J]. J. Chem. Phys.，1996，104(8)：2813.

[66] Jong G，Li L，Whang T J，et al. CW all-optical triple-resonance spectroscopy of K_2：deperturbation analysis of the $A^1\Sigma_u^+$ ($v \leqslant 12$) and $b^3\Pi_u$ ($13 \leqslant v \leqslant 24$) states[J]. J Mol. Spectrosc.，1992，155(1)：115.

[67] Miller D A，Gold L P，Tripodi P D，et al. A pulsed optical–optical double resonance study of the 1 $^1\Pi_g$ state of $^7Li_2$[J]. J. Chem. Phys.，1990，92(10)：5822.

[68] Thorsheim H R，Weiner J，Julienne P S. Laser-induced photoassociation of ultrcold sodium atoms[J].Phys. Rev. Lett.，1987，58(23)：2420.

[69] Lett P D，Helmerson K，Phillips W D，et al. Spectroscopy of Na_2 by photoassociation of laser-cooled Na[J]. Phys. Rev. Lett.，1993，71(14)：2200.

[70] Stwalley W C, Wang H. Photoassociation of ultracold atoms：a new spectroscopic Technique[J]. J Mol Spectrosc, 1999, 195(1)：194.

[71] Pichler M，Chen H M，Wang H，et al，Photoassociation of ultracold K atoms：observation of high lying levels of the $1_g \sim 1^1\Pi_g$ molecular state of K_2[J]. J. Chem. Phys.，2003，118(17)：7837.

[72] Kolos W，Rychlewski J. Improved theoretical dissociation energy and ionization potential for the ground state of the hydrogen molecule [J]. J. Chem. Phys.，1993，98(5)：3960.

[73] Heitler W，London F. Wechselwirkung neutraler atome und homöopolare bindung nach der quantenmechanik[J]. Z. Phys.，1927，44：455.

[74] Hylleraas E A. Über den grundzustand des heliumatoms[J]. Z. Phys.，1928，48：469.

[75] Pauling L. The application of the quantum mechanics to the structure of the hydrogen molecule and hydrogen molecule-lon and to related problems[J]. Chem. Rev.，1928，5：173.

[76] Ruedenberg K.The application of the quantum mechanics to the structure of the hydrogen molecule and hydrogen molecule-ion and to related problems[J]. Rev. Mod. Hysics.，1962，34：326.

[77] Finkelstein B N，Horowitz G E. Calculations of H_2^+ system in a single-center approximation[J]. Z Phys，1928，48：118.

[78] Guillemin V，Zener C. Hydrogen-ion wave function[J]. PNAS April，1929，15(4)：314.

[79] Gaydon A G.，Dissociation Energies and Spectra of Diatomic Molecules[M].London:Chapman and Hall，1947.

[80] Ira N. Levine，Molecular Spectroscopy[M]. New York: John Wiley & Sons，Inc，1975.

[81] M.B.伏肯斯坦. 分子结构及物理性质[M]. 北京：科学出版社，1960.

[82] 朱正和，俞华根. 分子结构与分子势能函数[M]. 北京：科学出版社，1997.

[83] 徐光宪，黎乐民，王德民. 量子化学基本原理和从头计算法，(上、中册)[M]. 北京：科学出版社，1999.

[84] Jeung G. Theoretical study on low-lying electronic states of Na_2[J]. J. Phys. B：At. Mol. Phys.，1983，16：4289.

[85] Li L，Lyyra A M，Luh T，et al. Observation of the $^{39}K_2$ a $^3\Sigma^+_u$ state by perturbation facilitated optical–optical double resonance resolved fluorescence spectroscopy[J]. J. Chem. Phys.，1990，93：8452.

[86] Liu Y, Li J, Chen D, Li L, et al. Molecular constants and Rydberg–Klein–Rees（RKR）potential curve for the Na_2 $1^3\Sigma_g^-$ state[J]. J. Chem. Phys.，1999，111：3494.

[87] Verma K K，J. Bahna T，Relgei-Rizi A R，et al. First observation of bound–continuum transitions in the laser - induced $A^1\Sigma_u^+ - X^1\Sigma_g^+$ fluorescence of Na_2[J]. J. Chem. Phys.，1983，78：3599.

[88] Effantin C，d'Incan J，Ross A J，et al. Laser-induced fluorescence spectra of Na_2：the（3s，3p）$^1\Sigma_g^+$，（3s，3p）$^1\Pi_g$ and（3s，4s）$^1\Sigma_g^+$ states[J]. J. Phys. B：At. Mol. Phys.，1984，17：1515.

[89] Richter H，Knöckel H，Tiemann E. The potential of the Na_2 B $^1\Pi_u$ state[J]. Chemical Physics，1991，157：217.

[90] Kamp A B V D，Siebbeles L D A，Zande W J V D，et al. Evidence for predissociation of N_2a $1a^1\Pi_g$(v≥7) by direct coupling to the $A'\Sigma_g^+$ state[J]. J. Chem. Phys.，1994，101：9271.

[91] Ubachs W，Velchev I，de Lange.A Predissociation in $b^1\Pi_u$ （υ=1，4，5，6）levels of N_2[J]. J. Chem. Phys.，2000，112：5711.

[92] Wang H，Gould P L，Stwalley W C. optical-optical double resonance photoassociative spectroscopy of ultracold 39K atoms near highly excited asymptotes[J]. Phys. Rev. Leet.，1997，78：4173.

[93] 曾谨言. 量子力学(卷Ⅱ)[M]. 北京：科学出版社，1995.

[94] 朱正和. 原子分子反应静力学[M]. 北京：科学出版社，1996.

[95] Franck J. Elementary processes of photochemical reactions [J]. Trans. Faraday Soc.，1926，21：536.

[96] Dymond E G. Dissoziation und Fluoreszenz von Joddampf [J]. Z. Physik.，1925，34：553.

[97] Turner L A. The Electronic States of the Helium Molecule[J].Physic. Rev.，1926，27：158.

[98] Wood W C. Damping and reflection of ion-acoustic waves[J]. J. Chem. Phys.，1936，4：592.

[99] Senftleben H，Germer E. Die wärmeleitfähigkeit des gedopten moleküls-atom- gemisches wird berechnet[J]. Ann. Physik.，1929，2：847.

[100] Perlman M L，Rollefson G K. The vapor density of iodine at high temperatures [J]. J. Chem. Phys.，1941，9：362.

[101] Born M，Franck J. Quantentheorie und molekelbildung [J]. Z. Physik.，1925，31：411.

[102] Bonhoeffer K F，Arkas L F. The interpretation of diffuse molecular [J]. Z. Physik. Chem. A，1927，134：337.

[103] Hulthén E. Spektren der bestellten hydrid（HgH）Materialien [J]. Z. Physik.，1925，32：32.

[104] Katô H，Noda C. Laser-induced fluorescence of NaK and the dissociated atoms [J]. J. Chem. Phys.，1980，73(10)：4940.

[105] Engelke F，Ennen G，Meiwes K H. Laser induced fluorescence spectroscopy of NaLi in beam and bulk[J]. Chem. Phys.，1982，66：391.

[106] Ji B，Kleiber P D，Stwalley W C，et al. Quantum state-selected photodissociation of K_2(B $^1\Pi_u$←X $^1\Sigma^+_g$)：a case study of final state alignment in all-optical multiple resonance Photodissociation[J]. J. Chem. Phys.，1995，102：2440.

[107] Katô H，Sakano M，Yoshie N，et al. High resolution laser spectroscopy of the B $^1\Pi$–X $^1\Sigma^+$ transition of $^{23}Na^{39}K$，and the perturbation between the B $^1\Pi$ and c $^3\Sigma^+$ states[J]. J. Chem. Phys.，1990，93(4)：2228.

[108] 徐光宪，黎乐民. 量子化学基本原理和从头计算法(中册)[M].北京：科学出版社，2001.

[109] Li Z，Tao F-M，Pan Y-K. Calculation of bond dissociation energies of diatomic molecules using bond function basis sets with counterpoise corrections[J]. Int. J. Quantum. Chem.，1996，57：207.

[110] Merchán M，Pou-Amérigo R，Roos B. A theoretical study of the dissociation energy of Ni_2^+ A case of broken symmetry [J]. Chemical Physics Letter，1996，252：405.

[111] Almlöf J，Deleeuw B J，Taylor P R，et al. The dissociation energy of N_2 [J]. Int. J. Quantum Chem.，1989，36(S23)：345-354.

[112] Charles W，Bauschlicher J，Partridge H. The dissociation energy of He_2^+[J]. J. Chem. Phys. Lett.，1989，160：183.

[113] Birge R T，Sponer H. The heat of dissociation of non-polar molecules[J]. Phys. Rev.， 1926，28：259.

[114] Yang S C，Nelson D D J，Stwalley W C. The dissociation energies of the diatomic alkali hydrides [J]. J. Chem. Phys.，1983，78(7)：4541.

[115] Tarroni R，Palmieri P. Helium dimer potential from symmetry-adapted perturbation theory calculations using large Gaussian geminal and orbital basis sets[J]. J. Chem. Phys.，1997， 106：10265.

[116] LeRoy R. J. Near-dissociation expansions and dissociation energies for Mg^{+}–(rare gas) bimers[J]. J. Chem. Phys.，1994，101：10217.

[117] Yan Z C，Babb J F，Dalgarno A，et al. Variational calculations of dispersion coefficients for interactions among H，He，and Li atoms[J]. Phys. Rev. A，1996，54：2824.

[118] 王国文. 原子与分子光谱导论[M]. 北京：北京大学出版社，1984.

[119] Hildenbrand D L，Lau K H.Dissociation energy of the molecule AcBr form eguilibrium measuremees[J]. J. Chem. Phys.，1989，91：4909.

第 5 章　研究双原子分子振动能谱和离解能的新方法

上一章简要介绍了研究双原子分子振动能谱和离解能的理论和实验方法。大量的研究结果表明，无论是碰撞物理的理论研究或者是分子结构的研究，都需要获得分子高振动激发态的振动能级和分子电子态的离解能的数据。然而，对于大多数双原子分子电子态，往往很难直接用现代实验技术或精确的量子理论方法获得体系精确的全部高激发态振动能级和分子离解能。而且从理论上推导分子离解能的精确表达式也很困难[1]。因此，仍然很有必要在理论上进一步研究双原子分子电子态的完全振动能谱和在离解区域内的物理行为，寻求计算双原子分子电子态的精确分子离解能的物理新方法，从而适应现代高科技发展的要求。本章将首先阐述精确研究完全振动能谱$\{E_\upsilon\}$的代数方法(AM)的理论基础，然后介绍获得分子振动能谱和离解能的代数能量方法(AEM)本身，最后在代数方法(AM)和 LeRey 与 Bernstein 工作的基础上，描述精确计算分子离解能的新解析表达式的研究方法。

5.1　双原子分子振转能量的新表达式

精确的双原子分子电子态的振动能量 E_υ 和振转能量 $E_{\upsilon J}$ 在双原子分子结构、振动及转动态的研究中是很重要的。在精确散射理论[2-4]的研究中也要涉及分子高阶振动或转动能量函数。最简单的解析振动能量公式是从最简单的谐振子(SHO)模型获得的，而这个模型使用方便但很粗糙。一个较好的选择是基于 Morse 振动势能函数，而这个势能函数对于高振动激发态也有很大的误差。

在通常情况下，人们往往根据需要将双原子分子的振转能谱近似展开成振转光谱常数相对于振动量子数和转动量子数的有限幂级数形式，其中有两类常用表达式，一类是 Herzberg 的一般普遍解析能量经验公式[5]：

$$\begin{aligned}E_{\upsilon J} &= \omega_e(\upsilon+\frac{1}{2})-\omega_e x_e(\upsilon+\frac{1}{2})^2+\omega_e y_e(\upsilon+\frac{1}{2})^3+\omega_e z_e(\upsilon+\frac{1}{2})^4+\cdots \\ &\quad +J(J+1)[B_e-\alpha_e(\upsilon+\frac{1}{2})+\gamma_e(\upsilon+\frac{1}{2})^2+\cdots]-J^2(J+1)^2[\tilde{D}_e+\beta_e(\upsilon+\frac{1}{2})+\cdots]\end{aligned} \tag{5.1-1}$$

另一类是前面所讨论的 Dunham 能量公式[6]，即：

$$E_{\upsilon J}=\sum_l\sum_m Y_{lm}(\upsilon+\frac{1}{2})^l J^m(J+1)^m \tag{5.1-2}$$

展开系数 Y_{lm} 与下列光谱常数有关：

$$Y_{10}=\omega_e,\ Y_{20}=-\omega_e x_e,\ Y_{30}=\omega_e y_e,\ Y_{40}=\omega_e z_e,\ Y_{50}=\omega_e t_e,\ Y_{60}=\omega_e s_e,$$
$$Y_{01}=B_e,\ Y_{11}=-\alpha_e,\ Y_{21}=\gamma_e,\ Y_{31}=-\delta_e,\ Y_{02}=\tilde{D}_e,\ Y_{12}=\beta_e,\ Y_{13}=-\eta_e,\ \cdots$$

虽然式(5.1-1)与式(5.1-2)已广泛用于大量分子态，但人们仍然发现，将实验能级代入式(5.1-1)与式(5.1-2)，仍难拟合出高阶的振-转光谱常数。对于很多双原子分子系统，在一些精确研究中，没有足够的光谱数据用于计算精确的分子振动或转动能量。然而，对于大多数双原子分子电子态，虽然目前实验上很难得到其高激发振动态的能级，但是总能得到一些量子数不太高的低阶精确的实验能级，这些精确的实验能级往往包含了包括相对论效应在内的几乎所有重要的量子效应和几乎所有重要的非谐性振动信息，图 5.1 显示了 $^7Li_2$ 分子的 $3^3\Sigma_g^+$ 振动能谱的情况。图 5.1 表明，低阶振动能级由实验获得，一般情况下是可靠的，而高激发态振动能级是未知的，从实验上获得也是比较困难的，对于大多数双原子分子都有类似的情况。利用上述事实，孙卫国等使用了理论与实验相结合的思想，建立了精确计算双原子分子完全振动能谱的代数方法(AM)[7, 8]。该方法从基于量子力学的二阶微扰理论所获得的振动能级与振动量子数之间的正确关系式出发，使用了一组判断数据收敛性与正确性的物理判据，从已知实验能级子集合中挑选出那些包含所有重要物理效应和非谐性振动信息的精确实验能级，不使用任何数学近似和物理模型而通过严格求解振动能级的代数方程以获得双原子分子电子体系的精确振动光谱常数集合和完全振动能谱 $\{E_\upsilon\}$。这种新方法不仅能够完全重复已知实验能级，而且能获得实验上未知的所有高激发振动能级，如图 5.2 所示(仍然以 $^7Li_2$ 分子的 $3^3\Sigma_g^+$ 为例)。

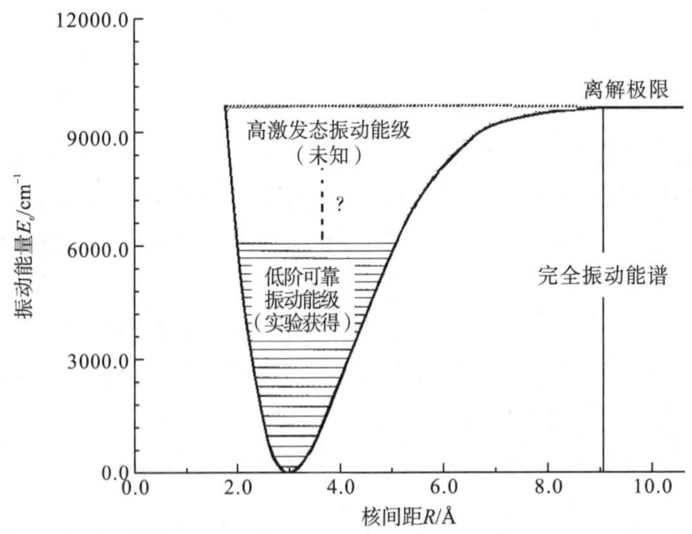

图 5.1 $^7Li_2$ 分子的 $3^3\Sigma_g^+$ 的振动能谱示意图

(低阶振动能级由实验获得，高激发态振动能级是未知的)

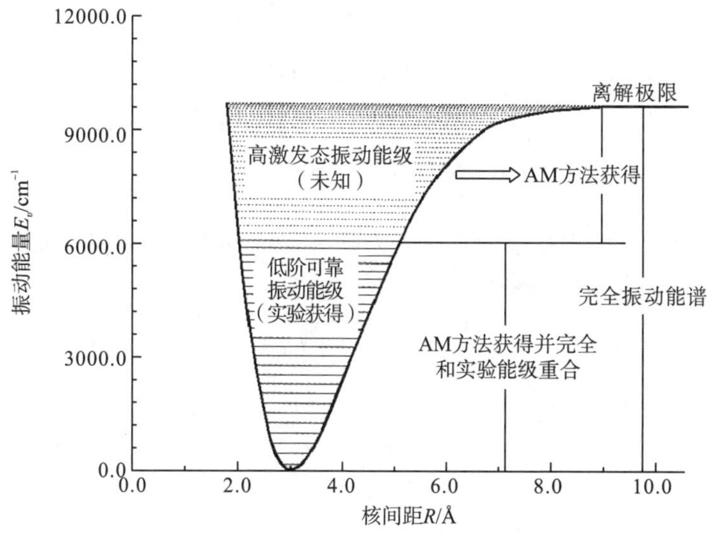

图 5.2　用 AM 方法获得 $^7Li_2$ 分子的 $3^3\Sigma_g^+$ 的完全振动能谱示意图

由此，在孙卫国的指导下，所属课题组的冯灏、侯世林和任维义用二阶微扰理论对双原子分子系统的振-转能量新的表达式开展了深入的研究，其研究的基本方案和工作思路如图 5.3 所示。

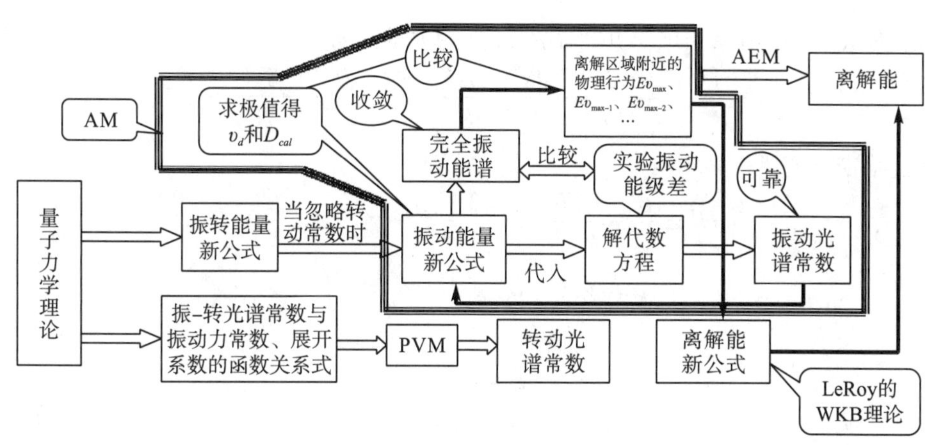

图 5.3　研究方案和工作思路

具体实现这一方案的研究过程简介如下：

根据量子力学理论，双原子分子体系的非相对论径向 Schrödinger 方程可以表示为

$$[-\frac{\hbar^2}{2\mu}\frac{d^2}{dR^2}+V(R)+\frac{\{J(J+1)-\Lambda^2\}\hbar^2}{2\mu R^2}]\Psi(R)=E_{vJ}\Psi(R) \tag{5.1-3}$$

其中，$V(R)$为分子核运动的有效势场(即核运动的势能)；Λ 是电子的总轨道角动量 L 的 z 轴分量的本征值。在具体求解上述 Schrödinger 方程时为了简便而又不失合理性和可靠

性，他们用量子力学的二阶微扰理论作如下处理：

取势函数在平衡核间距时的极小值为零点[（$V(R_e)=0$， $f_1=0$）]，则双原子分子的两个原子核振动势场可以在平衡核间距附近展开为泰勒级数(Taylor series)的形式：

$$V(R)=\sum_{n=2}^{n_{\max}}\frac{1}{n!}f_n(R-R_e)^n \tag{5.1-4}$$

其中，R 为核间距；R_e 为平衡核间距； f_n 为第 n 阶振动力常数，通常定义为势函数在 R 为平衡核间距 R_e 时的第 n 阶导数，即：

$$(\frac{\mathrm{d}^n V}{\mathrm{d}R^n})_{R=R_e}=V^{(n)}(R_e)=f_n \tag{5.1-5}$$

式(5.1-3)中的哈密顿量可以写为

$$-\frac{\hbar^2}{2\mu}\frac{\mathrm{d}^2}{\mathrm{d}R^2}+V(R)+\frac{\{J(J+1)-\Lambda^2\}\hbar^2}{2\mu R^2}=H^0+H' \tag{5.1-6}$$

其中零级近似的哈密顿取为简单谐振子的哈密顿，即：

$$H^0=-\frac{\hbar^2}{2\mu}\frac{\mathrm{d}^2}{\mathrm{d}R^2}+\frac{1}{2}f_2(R-R_e)^2 \tag{5.1-7}$$

并且当式(5.1-4)中 $n_{\max}=8$ 时，所取势函数的微扰哈密顿为

$$H'=\frac{1}{6}f_3x^3+\frac{1}{24}f_4x^4+\frac{1}{120}f_5x^5+\frac{1}{720}f_6x^6+\frac{1}{5040}f_7x^7+\frac{1}{40320}f_8x^8+\frac{\{J(J+1)-\Lambda^2\}\hbar^2}{2\mu R^2} \tag{5.1-8}$$

其中，$x=R-R_e$。 采用原子单位并将 $1/R^2$ 展开为 R_e 附近的级数形式：

$$\frac{1}{R^2}=\frac{1}{R_e^2}-\frac{2x}{R_e^3}+\frac{3x^2}{R_e^4}-\frac{4x^3}{R_e^5}+\frac{5x^4}{R_e^6}-\frac{6x^5}{R_e^7}+\frac{7x^6}{R_e^8}-\frac{8x^7}{R_e^9}+\frac{9x^8}{R_e^{10}} \tag{5.1-9}$$

微扰哈密顿变为

$$\begin{aligned}H'=&\frac{B}{R_e^2}-\frac{2B}{R_e^3\sqrt{\alpha}}\xi+\frac{3B}{R_e^4\alpha}\xi^2-\alpha^{-3/2}g_3\xi^3+\alpha^{-2}g_4\xi^4\\&-\alpha^{-5/2}g_5\xi^5+\alpha^{-3}g_6\xi^6-\alpha^{-7/2}g_7\xi^7+\alpha^{-4}g_8\xi^8\end{aligned} \tag{5.1-10}$$

其中，

$$\xi=x\sqrt{\alpha} \tag{5.1-11}$$

$$\alpha=\mu\omega_e \tag{5.1-12}$$

$$B=\frac{J(J+1)-\Lambda^2}{2\mu} \tag{5.1-13}$$

$$g_3=\frac{-1}{6}f_3+\frac{4B}{R_e^5} \tag{5.1-14}$$

$$g_4=\frac{1}{24}f_4+\frac{5B}{R_e^6} \tag{5.1-15}$$

$$g_5=\frac{-1}{120}f_5+\frac{6B}{R_e^7} \tag{5.1-16}$$

$$g_6 = \frac{1}{720} f_6 + \frac{7B}{R_e^8} \tag{5.1-17}$$

$$g_7 = \frac{-1}{5040} f_7 + \frac{8B}{R_e^9} \tag{5.1-18}$$

$$g_8 = \frac{1}{40320} f_8 + \frac{9B}{R_e^{10}} \tag{5.1-19}$$

应用二阶微扰理论，式(5.1-3)中振转能量可以展开成下述形式：

$$E_{\upsilon J} = E_{\upsilon}^{(0)} + H'_{\upsilon\upsilon} + \sum_{m \neq \upsilon} \frac{\left|H'_{\nu\nu}\right|^2}{E_{\nu}^{(0)} - E_m^{(0)}} \tag{5.1-20}$$

零级波函数可以取简谐振子波函数，

$$\Psi_{\upsilon}^{(0)} = N_{\upsilon} \mathrm{e}^{-\xi^2/2} H_{\upsilon}(\xi) \tag{5.1-21}$$

再利用递推公式

$$\xi \Psi_{\upsilon}^{(0)} = \sqrt{\frac{\upsilon}{2}} \Psi_{\upsilon-1}^{(0)} + \sqrt{\frac{\upsilon+1}{2}} \Psi_{\upsilon+1}^{(0)} \tag{5.1-22}$$

可以得到

$$E_{\upsilon}^{(0)} = \left\langle \Psi_{\upsilon}^{(0)} \middle| H^0 \middle| \Psi_{\upsilon}^{(0)} \right\rangle = \omega_e \left(\upsilon + \frac{1}{2}\right) \tag{5.1-23}$$

$$\begin{aligned} H'_{\upsilon\upsilon} &= \left\langle \Psi_{\upsilon}^{(0)} \middle| H' \middle| \Psi_{\upsilon}^{(0)} \right\rangle \\ &= \left[\left(\frac{3}{8} b_4 f_4 + \frac{315}{128} b_8 f_8 \right) + \frac{25}{8} b_6 f_6 \left(\upsilon + \frac{1}{2}\right) + \left(\frac{3}{2} b_4 f_4 + \frac{245}{16} b_8 f_8 \right) \left(\upsilon + \frac{1}{2}\right)^2 \right. \\ &\quad \left. + \frac{5}{2} b_6 f_6 \left(\upsilon + \frac{1}{2}\right)^3 + \frac{35}{8} b_8 f_8 \left(\upsilon + \frac{1}{2}\right)^4 \right] \\ &\quad + B \left[\left(a_0 + \frac{3}{8} a_4 + \frac{315}{128} a_8 \right) + \left(a_2 + \frac{25}{8} a_6 \right) \left(\upsilon + \frac{1}{2}\right) + \left(\frac{3}{2} a_4 + \frac{245}{16} a_8 \right) \left(\upsilon + \frac{1}{2}\right)^2 \right. \\ &\quad \left. + \frac{5}{2} a_6 \left(\upsilon + \frac{1}{2}\right)^3 + \frac{35}{8} a_8 \left(\upsilon + \frac{1}{2}\right)^4 \right] \end{aligned} \tag{5.1-24}$$

式(5.1-20)中二阶微扰部分的贡献很长，为简化表达，将这些结果代入式(5.1-20)，应用式(5.1-13)~式(5.1-19)，将得到的关系式同 Herzberg 的能量表达式[5]相比较，便可得到如下表达式[7]

$$\begin{aligned} E_{\upsilon J} &= \omega_0 + (\omega_e + \omega_{e0}) \left(\upsilon + \frac{1}{2}\right) - \omega_e x_e \left(\upsilon + \frac{1}{2}\right)^2 + \omega_e y_e \left(\upsilon + \frac{1}{2}\right)^3 + \omega_e z_e \left(\upsilon + \frac{1}{2}\right)^4 \\ &\quad + \omega_e t_e \left(\upsilon + \frac{1}{2}\right)^5 + \omega_e s_e \left(\upsilon + \frac{1}{2}\right)^6 + \omega_e r_e \left(\upsilon + \frac{1}{2}\right)^7 + \cdots + \{J(J+1)\} \\ &\quad \cdot [B_e - \alpha_e \left(\upsilon + \frac{1}{2}\right) + \gamma_e \left(\upsilon + \frac{1}{2}\right)^2 - \sum_{i=3}^{7} \eta_{ei} \left(\upsilon + \frac{1}{2}\right)^i] - \{J(J+1)\}^2 \end{aligned} \tag{5.1-25}$$

$$\cdot[\tilde{D}_e+\beta_e\left(\upsilon+\frac{1}{2}\right)-\sum_{k=2}^{7}\delta_{ek}\left(\upsilon+\frac{1}{2}\right)^k]+\cdots$$

式(5.1-25)与熟悉的 Herzberg[5]的振转能量经验公式[式(5.1-1)]不同之处在于出现了新的项 ω_0 与 ω_{e0}，ω_0 是关于 $(\upsilon+1/2)$ 的第 0 阶振动常数，与 Dunham 的振转能量公式［式(5.1-2)］中的 Y_{00} 一致，ω_{e0} 是关于 $(\upsilon+1/2)$ 的第一阶谐振常数 ω_e 的修正项。振动常数 ω_0、ω_{e0}、$\omega_e x_e$、$\omega_e y_e$、$\omega_e z_e$、$\omega_e t_e$、$\omega_e s_e$ 和 $\omega_e r_e$ 的解析表达式为[7]：

$$\begin{aligned}\omega_0=&-\frac{7}{16\omega_e}b_3^2f_3^2+\frac{3}{8}b_4f_4-\frac{1107}{256\omega_e}b_5^2f_5^2-\frac{945}{128\omega_e}b_4b_6f_4f_6-\frac{1155}{128\omega_e}b_3b_7f_3f_7\\&-\frac{180675}{2048\omega_e}b_7^2f_7^2-\frac{89775}{512\omega_e}b_6b_8f_6f_8+\frac{315}{128}b_8f_8\end{aligned}\tag{5.1-26}$$

$$\begin{aligned}\omega_{e0}=&-\frac{95}{8\omega_e}b_3b_5f_3f_5-\frac{67}{16\omega_e}b_4^2f_4^2+\frac{25}{8}b_6f_6-\frac{19277}{256\omega_e}b_6^2f_6^2-\frac{22029}{128\omega_e}b_5b_7f_5f_7\\&-\frac{10521}{64\omega_e}b_4b_8f_4f_8-\frac{5450499}{2048\,\omega_e}b_8^2f_8^2\end{aligned}\tag{5.1-27}$$

$$\begin{aligned}\omega_e x_e=&\frac{15}{4\,\omega_e}b_3^2f_3^2-\frac{3}{2}b_4f_4+\frac{1085}{32\,\omega_e}b_5^2f_5^2+\frac{885}{16\,\omega_e}b_4b_6f_4f_6+\frac{1365}{16\,\omega_e}b_3b_7f_3f_7\\&+\frac{444381}{512\,\omega_e}b_7^2f_7^2-\frac{245}{16}b_8f_8+\frac{204771}{128\,\omega_e}b_6b_8f_6f_8\end{aligned}\tag{5.1-28}$$

$$\begin{aligned}\omega_e y_e=&-\frac{17}{4\omega_e}b_4^2f_4^2-\frac{35}{2\omega_e}b_3b_5f_3f_5+\frac{5}{2}b_6f_6-\frac{4145}{32\omega_e}b_6^2f_6^2\\&-\frac{5355}{16\omega_e}b_5b_7f_5f_7-\frac{2205}{8\omega_e}b_4b_8f_4f_8-\frac{2947595}{512\omega_e}b_8^2f_8^2\end{aligned}\tag{5.1-29}$$

$$\begin{aligned}\omega_e z_e=&-\frac{315}{16\omega_e}b_5^2f_5^2-\frac{165}{8\omega_e}b_4b_6f_4f_6-\frac{315}{8\omega_e}b_3b_7f_3f_7-\frac{82005}{128\omega_e}b_7^2f_7^2\\&-\frac{33845}{32\omega_e}b_6b_8f_6f_8+\frac{35}{8}b_8f_8\end{aligned}\tag{5.1-30}$$

$$\omega_e t_e=-\frac{393}{16\omega_e}b_6^2f_6^2-\frac{693}{8\omega_e}b_5b_7f_5f_7-\frac{189}{4\omega_e}b_4b_8f_4f_8-\frac{239841}{128\omega_e}b_8^2f_8^2\tag{5.1-31}$$

$$\omega_e s_e=-\frac{3003}{32\omega_e}b_7^2f_7^2-\frac{889}{8\omega_e}b_6b_8f_6f_8\tag{5.1-32}$$

$$\omega_e r_e=-\frac{3985}{32\omega_e}b_8^2f_8^2\tag{5.1-33}$$

$$\begin{aligned}B_e=\frac{1}{2\mu}\Bigg(&a_0+\frac{3}{8}a_4+\frac{315}{128}a_8-\frac{7}{8\omega_e}a_3b_3f_3-\frac{1155}{128\omega_e}a_7b_3f_3-\frac{3}{4\omega_e}a_2b_4f_4\\&-\frac{945}{128\omega_e}a_6b_4f_4-\frac{15}{8\omega_e}a_1b_5f_5-\frac{1107}{128\omega_e}a_5b_5f_5-\frac{945}{128\omega_e}a_4b_6f_6\\&-\frac{89775}{512\omega_e}a_8b_6f_6-\frac{1155}{128\omega_e}a_3b_7f_7-\frac{180675}{1024\omega_e}a_7b_7f_7-\frac{315}{32\omega_e}a_2b_8f_8\\&-\frac{89775}{512\omega_e}a_6b_8f_8\Bigg)\end{aligned}\tag{5.1-34}$$

$$\alpha_e = \frac{-1}{2\mu}\left(a_2 + \frac{25}{8}a_6 - \frac{3}{\omega_e}a_1 b_3 f_3 - \frac{95}{8\omega_e}a_5 b_3 f_3 - \frac{67}{8\omega_e}a_4 b_4 f_4 \right.$$
$$- \frac{10521}{64\omega_e}a_8 b_4 f_4 - \frac{95}{8\omega_e}a_3 b_5 f_5 - \frac{22029}{128\omega_e}a_7 b_5 f_5 - \frac{75}{8\omega_e}a_2 b_6 f_6$$
$$- \frac{19277}{128\omega_e}a_6 b_6 f_6 - \frac{175}{8\omega_e}a_1 b_7 f_7 - \frac{22029}{128\omega_e}a_5 b_7 f_7 - \frac{10521}{64\omega_e}a_4 b_8 f_8 \tag{5.1-35}$$
$$\left. - \frac{5450499}{1024\omega_e}a_8 b_8 f_8 \right)$$

$$\gamma_e = \frac{1}{2\mu}\left(\frac{3}{2}a_4 + \frac{245}{16}a_8 - \frac{15}{2\omega_e}a_3 b_3 f_3 - \frac{1365}{16\omega_e}a_7 b_3 f_3 - \frac{3}{\omega_e}a_2 b_4 f_4 \right.$$
$$- \frac{885}{16\omega_e}a_6 b_4 f_4 - \frac{15}{2\omega_e}a_1 b_5 f_5 - \frac{1085}{16\omega_e}a_5 b_5 f_5 - \frac{885}{16\omega_e}a_4 b_6 f_6$$
$$- \frac{204771}{128\omega_e}a_8 b_6 f_6 - \frac{1365}{16\omega_e}a_3 b_7 f_7 - \frac{444381}{256\omega_e}a_7 b_7 f_7 - \frac{245}{4\omega_e}a_2 b_8 f_8 \tag{5.1-36}$$
$$\left. - \frac{204771}{128\omega_e}a_6 b_8 f_8 \right)$$

$$\eta_{e3} = \frac{1}{2\mu}\left(\frac{5}{2}a_6 - \frac{35}{2\omega_e}a_5 b_3 f_3 - \frac{17}{2\omega_e}a_4 b_4 f_4 - \frac{2205}{8\omega_e}a_8 b_4 f_4 - \frac{35}{2\omega_e}a_3 b_5 f_5 \right.$$
$$- \frac{5355}{16\omega_e}a_7 b_5 f_5 - \frac{15}{2\omega_e}a_2 b_6 f_6 - \frac{4145}{16\omega_e}a_6 b_6 f_6 - \frac{35}{2\omega_e}a_1 b_7 f_7 \tag{5.1-37}$$
$$\left. - \frac{5355}{16\omega_e}a_5 b_7 f_7 - \frac{2205}{8\omega_e}a_4 b_8 f_8 - \frac{2947595}{256\omega_e}a_8 b_8 f_8 \right)$$

$$\eta_{e4} = \frac{1}{2\mu}\left(\frac{35}{8}a_8 - \frac{315}{8\omega_e}a_7 b_3 f_3 - \frac{165}{8\omega_e}a_6 b_4 f_4 - \frac{315}{8\omega_e}a_5 b_5 f_5 - \frac{165}{8\omega_e}a_4 b_6 f_6 \right.$$
$$\left. - \frac{33845}{32\omega_e}a_8 b_6 f_6 - \frac{315}{8\omega_e}a_3 b_7 f_7 - \frac{82005}{64\omega_e}a_7 b_7 f_7 - \frac{35}{2\omega_e}a_2 b_8 f_8 - \frac{33845}{32\omega_e}a_6 b_8 f_8 \right) \tag{5.1-38}$$

$$\eta_{e5} = \frac{1}{2\mu}\left(-\frac{189}{4\omega_e}a_8 b_4 f_4 - \frac{693}{8\omega_e}a_7 b_5 f_5 - \frac{393}{8\omega_e}a_6 b_6 f_6 - \frac{693}{8\omega_e}a_5 b_7 f_7 \right.$$
$$\left. - \frac{189}{4\omega_e}a_4 b_8 f_8 - \frac{239841}{64\omega_e}a_8 b_8 f_8 \right) \tag{5.1-39}$$

$$\eta_{e6} = \frac{1}{2\mu}\left(-\frac{889}{8\omega_e}a_8 b_6 f_6 - \frac{3003}{16\omega_e}a_7 b_7 f_7 - \frac{889}{8\omega_e}a_6 b_8 f_8 \right) \tag{5.1-40}$$

$$\eta_{e7} = -\frac{3985}{32\mu\omega_e}a_8 b_8 f_8 \tag{5.1-41}$$

$$\tilde{D}_e = \frac{1}{4\mu^2}\left(\frac{1}{2\omega_e}a_1^2 + \frac{7}{16\omega_e}a_3^2 + \frac{3}{4\omega_e}a_2 a_4 + \frac{15}{8\omega_e}a_1 a_5 + \frac{1107}{256\omega_e}a_5^2 + \frac{945}{128\omega_e}a_4 a_6 \right.$$
$$\left. + \frac{1155}{128\omega_e}a_3 a_7 + \frac{180675}{2048\omega_e}a_7^2 + \frac{315}{32\omega_e}a_2 a_8 + \frac{89775}{512\omega_e}a_6 a_8 \right) \tag{5.1-42}$$

$$\beta_e = \frac{1}{4\mu^2}\left(\frac{1}{2\omega_e}a_2^2 + \frac{3}{\omega_e}a_1a_3 + \frac{67}{16\omega_e}a_4^2 + \frac{95}{8\omega_e}a_3a_5 + \frac{75}{8\omega_e}a_2a_6 + \frac{19277}{256\omega_e}a_6^2 + \frac{175}{8\omega_e}a_1a_7 + \frac{22029}{128\omega_e}a_5a_7 + \frac{10521}{64\omega_e}a_4a_8 + \frac{5450499}{2048\omega_e}a_8^2\right) \tag{5.1-43}$$

$$\delta_{e2} = \frac{1}{4\mu^2}\left(\frac{15}{4\omega_e}a_3^2 + \frac{3}{\omega_e}a_2a_4 + \frac{15}{2\omega_e}a_1a_5 + \frac{1085}{32\omega_e}a_5^2 + \frac{885}{16\omega_e}a_4a_6 + \frac{1365}{16\omega_e}a_3a_7 + \frac{444381}{512\omega_e}a_7^2 + \frac{245}{4\omega_e}a_2a_8 + \frac{204771}{128\omega_e}a_6a_8\right) \tag{5.1-44}$$

$$\delta_{e3} = \frac{1}{4\mu^2}\left(\frac{17}{4\omega_e}a_4^2 + \frac{35}{2\omega_e}a_3a_5 + \frac{15}{2\omega_e}a_2a_6 + \frac{4145}{32\omega_e}a_6^2 + \frac{35}{2\omega_e}a_1a_7 + \frac{5355}{16\omega_e}a_5a_7 + \frac{2205}{8\omega_e}a_4a_8 + \frac{2947595}{512\omega_e}a_8^2\right) \tag{5.1-45}$$

$$\delta_{e4} = \frac{1}{4\mu^2}\left(\frac{315}{16\omega_e}a_5^2 + \frac{165}{8\omega_e}a_4a_6 + \frac{315}{8\omega_e}a_3a_7 + \frac{82005}{128\omega_e}a_7^2 + \frac{35}{2\omega_e}a_2a_8 + \frac{33845}{32\omega_e}a_6a_8\right) \tag{5.1-46}$$

$$\delta_{e5} = \frac{1}{4\mu^2}\left(\frac{393}{16\omega_e}a_6^2 + \frac{693}{8\omega_e}a_5a_7 + \frac{189}{4\omega_e}a_4a_8 + \frac{239841}{128\omega_e}a_8^2\right) \tag{5.1-47}$$

$$\delta_{e6} = \frac{1}{4\mu^2}\left(\frac{3003}{32\omega_e}a_7^2 + \frac{889}{8\omega_e}a_6a_8\right) \tag{5.1-48}$$

$$\delta_{e7} = \frac{3985}{128\mu^2\omega_e}a_8^2 \tag{5.1-49}$$

所有这些振动、转动光谱常数都是振动力常数 f_n 和展开系数 a_n 和 b_n 的函数。a_n 和 b_n 的表达式如表 5.1 所示。

表 5.1　a_n、b_n 的表达式

N	0	1	2	3	4	5	6	7	8
a_n	$\frac{1}{R_e^2}$	$\frac{-2}{R_e^3\alpha^{1/2}}$	$\frac{3}{R_e^4\alpha}$	$\frac{-4}{R_e^5\alpha^{3/2}}$	$\frac{5}{R_e^6\alpha^2}$	$\frac{-6}{R_e^7\alpha^{5/2}}$	$\frac{7}{R_e^8\alpha^3}$	$\frac{-8}{R_e^9\alpha^{7/2}}$	$\frac{9}{R_e^{10}\alpha^4}$
b_n				$\frac{1}{6\alpha^{3/2}}$	$\frac{1}{24\alpha^2}$	$\frac{1}{120\alpha^{5/2}}$	$\frac{1}{720\alpha^3}$	$\frac{1}{5040\alpha^{7/2}}$	$\frac{1}{40320\alpha^4}$

其中，$\alpha = \mu\omega_e$。在已知 R_e、D_e 和 ω_e 的情况下就可以利用式(5.1-25)~式(5.1-49)以及势能变分法(potential variational method，PVM)[7]求出合理的力常数 f_n，从而求解出分子的已知电子态的从平衡振动态直到分子离解的全程振转能量。

5.2 代数方法(AM)和代数能量方法(AEM)

如上所述，为了获得双原子分子的精确振动完全能谱和离解能，孙卫国、冯灏、候世林和任维义用二阶微扰理论导出了双原子分子振转能量的精确表达式[7]，即式(5.1-25)。由此式出发，他们建立了获得精确振动完全能谱$\{E_\upsilon\}$的代数方法(algebraic method，AM)[7]。其工作思路如下：当不考虑分子的转动运动时，式(5.1-25)变为

$$E_\upsilon=\omega_0+(\omega_e+\omega_{e0})(\upsilon+\frac{1}{2})-\omega_e x_e(\upsilon+\frac{1}{2})^2+\omega_e y_e(\upsilon+\frac{1}{2})^3+\omega_e z_e(\upsilon+\frac{1}{2})^4+\omega_e t_e(\upsilon+\frac{1}{2})^5+\omega_e s_e(\upsilon+\frac{1}{2})^6+\omega_e r_e(\upsilon+\frac{1}{2})^7+\cdots \tag{5.2-1}$$

将此解析理论能级和 Herzberg[6]的经验振动能级相比较，只有ω_0和ω_{e0}是新出现的项，虽然ω_0和ω_{e0}都是小量，但它们在计算高激发态的振转能级$E_{\upsilon J}$时是很重要的。ω_0和ω_{e0}的解析式为式(5.1-26)和式(5.1-27)。可将上式写成矩阵形式：

$$\tilde{\boldsymbol{A}}\tilde{\boldsymbol{B}}=\tilde{\boldsymbol{E}} \tag{5.2-2}$$

其中，振动光谱常数的向量矩阵$\tilde{\boldsymbol{A}}$和振动能量矩阵$\tilde{\boldsymbol{E}}$分别为

$$\tilde{\boldsymbol{X}}=\begin{pmatrix}\omega_0\\ \omega_e'\\ -\omega_e x_e\\ \omega_e y_e\\ \vdots\\ \omega_e r_e\end{pmatrix},\qquad \tilde{\boldsymbol{E}}=\begin{pmatrix}E_\upsilon\\ E_{\upsilon+i}\\ E_{\upsilon+j}\\ \vdots\\ E_{\upsilon+s}\end{pmatrix},\quad \upsilon=0,1,2,\cdots \tag{5.2-3}$$

而$\tilde{\boldsymbol{A}}$是$n\times 8$阶系数矩阵，其矩阵元的形式$A_{\upsilon k}=(\upsilon+\frac{1}{2})^k$，$k=0,1,2,3,\cdots,7$。在式(5.2-3)中，$\omega_e'=\omega_e+\omega_{e0}$。

AM 方法基于这样的物理事实：对于绝大多数双原子分子的稳定电子态，现代实验技术总能获得某电子态振动完全能谱$\{E_\upsilon\}$中的一部分量子态不太高的振动能级的精确数据，即可获得 m 个能级的子集合$[E_\upsilon]$。这些精确实验数据基本上包含了所有重要的分子振动信息和所有重要的微观量子效应，如电子–电子相关，自旋–轨道耦合，电子–核耦合，核–核耦合，电磁效应，相对论效应，等等。因此，用 AM 方法在数学和物理上不加近似地从这些精确实验能级子集合萃取出一组包含了所有重要的高阶非谐性效应和分子振动信息的振动光谱常数$\tilde{\boldsymbol{X}}$，再将这组常数代入振动能级的正确表达式[式(5.2-1)]，即可得到某电子态的真实振动完全能谱的一个正确表象$\{E_\upsilon\}$。所以，基于有限的精确实验数据和严格的微扰理论表达式[式(5.2-1)]所获得的这个振动能级的完全集合$\{E_\upsilon\}$不仅能精确地重复已知实验能级子集合$[E_\upsilon]$，而且能正确地获得该电子态所有高激发振动量子态的能级。而这些能级往往是实验上很难得到的。当应用 AM 方法于双原子分子的电子态时，可以从由 m 个已知实验能级组成的能级子集合$[E_\upsilon]$中选取 N 个小能级组，每组 8 个能级，

然后解方程［式(5.2-2)］N 次，并获得 N 组振动光谱常数 X'_s。这 N 组常数中，总有一组常数 $\tilde{\boldsymbol{X}}$ 能最好地满足下列要求：

$$\overline{\Delta E(e,c)} = \sqrt{\frac{1}{m}\sum_{\upsilon=0}^{m-1}|E_{\upsilon,\exp} - E_{\upsilon,cal}|^2} \quad \to 0 \tag{5.2-4}$$

$$\Delta E(\upsilon_{\max},\upsilon_{\max}-1) = E_{\upsilon_{\max}} - E_{\upsilon_{\max}-1} \quad \to \text{尽可能地小} \tag{5.2-5}$$

这组常数就是该分子体系真实振动光谱常数集合的最佳物理表象之一。从而可以由其计算出该体系所有真实振动能级的一组最佳能级表象$\{E_\upsilon\}$。

值得指出的是，对于分子离解能 D_e，理论上的上界可由正确的振动能谱$\{E_\upsilon\}$给出，如：

$$E_{\upsilon_{\max}} \leqslant D_e \leqslant E_{\upsilon_{\max}} + \sum_{j=J_{\min}}^{J_{\max}-1}(E_{\upsilon_{\max},\,j+1} - E_{\upsilon_{\max},\,j}) \tag{5.2-6}$$

对于绝大多数双原子分子稳定电子态而言，其振动能级差 $\Delta E(\upsilon,\upsilon-1)$ 满足：

$$\Delta E(\upsilon,\upsilon-1) \leqslant \Delta E(\upsilon-1,\upsilon-2) = E_{\upsilon-1} - E_{\upsilon-2} \tag{5.2-7}$$

和

$$\Delta E(\upsilon_{\max},\upsilon_{\max}-1) \geqslant \sum_{j=J_{\min}}^{J_{\max}-1}(E_{\upsilon_{\max}-1,\,j+1} - E_{\upsilon_{\max}-1,\,j}) \geqslant \sum_{j=J_{\min}}^{J_{\max}-1}(E_{\upsilon_{\max},\,j+1} - E_{\upsilon_{\max},\,j}) \tag{5.2-8}$$

其中，$E_{\upsilon,\,j}$ 是相对于振动态为 υ 时的第 j 个振转能级，$J_{\max}$ 和 $J_{\min}$ 分别为振动态为 υ 时对应的最高转动态和最低转动态，由式(5.2-6)和式(5.2-8)，可得到：

$$E_{\upsilon_{\max}} \leqslant D_e \leqslant D_e^u = E_{\upsilon_{\max}} + \Delta E(\upsilon_{\max},\upsilon_{\max}-1) \tag{5.2-9}$$

其中，D_e^u 是分子离解能 D_e 的上界，振动能级 $E_\upsilon = E_{\upsilon,cal}$ 是用式(5.2-1)计算而得到的，而最好的一组解 $\tilde{\boldsymbol{X}}$ 中的精确的振动光谱常数是由 AM 方法获得的。式(5.2-6)和式(5.2-9)分别给出了 D_e 的上界。如果用式(5.2-6)决定 D_e，则可以用式(5.1-25)和势能变分方法(PVM)[7] 求得转动光谱常数和振转能量 $E_{\upsilon J}$。如果在最高振动态 $\upsilon_{\max}$ 没有转动激发态，则在式(5.2-6)中的求和项为 0，于是可得

$$D_e = E_{\upsilon_{\max}} \tag{5.2-10}$$

由式(5.2-8)可知，式(5.2-9)给出了 D_e 的一个稍微大一点的理论上界。即便如此，由式(5.2-5)知，对于许多双原子分子电子态而言，式(5.2-9)右边第二项的最高振动能级差仍然很小，所以，这些电子态的真实离解能 D_e 也应当是等于或非常接近于式(5.2-6)和式(5.2-9)中的下界 $E_{\upsilon_{\max}}$，即式(5.2-10)是一个正确表达式或很好的近似式。对于相当一部分势阱很浅或不很稳定的双原子分子电子激发态，实验上常常很难得到某分子离解能的精确数值，因而有时文献上缺乏一些态的 D_e 数据。不过，我们的经验表明可用下式[8]：

$$D_e^{ap} \approx \frac{E_{\upsilon_{\max}}^{\mathrm{AM}}}{0.99} \tag{5.2-11}$$

获得这类电子态的误差在 1.0%以内的近似离解能。而体系的真实 D_e 一般应在 $E_{\upsilon_{\max}}^{\mathrm{AM}}$ 和 D_e^{ap} 之间。

由于 AM 方法加上式(5.2-6)~式(5.2-10)所表示的分子离解能的理论数值的上、下界，

以及(5.2-11)式所表示的近似离解能的关系式，能精确计算完全振动能谱$\{E_\upsilon\}$，并且给出D_e的能界，因此我们可以把这种描述上述双原子分子完全振动能谱和离解能的方法称为代数能量方法(AEM)。应用 AM 和 AEM 方法，孙卫国课题组的侯世林、任维义、舒纯军、胡士德、刘一丁、樊群超等先后计算出了H_2[7]、O_2[7]、Br_2[7]、N_2[7, 8]、Li_2[9]、Na_2[9, 10]、K_2[9]、Rb_2[9]、Cs_2[9]等同核双原子分子，和 DF[11]、DC l[11]、^{6}LiH[12]、^{7}LiH[12]、NaH[12]、KH[11, 12]、CsH[12]、NaLi[13]、NaK[13]、NaRb[13]等异核双原子分子，以及BeH^+[14]、CO^+[14]、F_2^+[14]、O_2^+[14]、Li_2^+[14]等双原子分子离子的一批电子态的精确振动光谱常数集合和完全振动能谱$\{E_\upsilon\}$和离解能，均获得了比其他理论方法更为满意的结果。

5.3 计算精确分子离解能新解析公式的建立

上述研究结果表明，AM 和 AEM 方法对于精确计算分子电子态的振动光谱常数、完全振动能谱$\{E_\upsilon\}$和最大振动量子数υ_{max}比其他理论方法具有更显著的优点，为了进一步挖掘该方法的优势，研究和探索获得分子精确离解能的物理新方法，任维义和孙卫国等于 2005 年基于 LeRoy 和 Bernstein 工作的基础上，创造性地提出了一个计算双原子分子体系离解能的新解析表达式[8]，并用此式对N_2分子部分电子态的离解能进行了研究(其结果优于 AEM 方法)，这一研究工作简介如下：

对于很多双原子分子体系的势能 $V(R)$，LeRoy 和 Bernstein 使用一阶 WKB (Wentzel-Kramers-Brillouin)量子条件[15]：

$$\upsilon+\tfrac{1}{2}=\frac{(2\mu)^{1/2}}{\pi\hbar}\int_{R_1(\upsilon)}^{R_2(\upsilon)}[E_\upsilon-V(R)]^{\frac{1}{2}}\,\mathrm{d}R \tag{5.3-1}$$

其中，E_υ是振动量子数为υ的振动能量；$R_1(\upsilon)$和$R_2(\upsilon)$是能量E_υ的经典转向点。将式(5.3-1)对E_υ微商得

$$\frac{\mathrm{d}\upsilon}{\mathrm{d}E_\upsilon}=(\pi\hbar)^{-1}\left(\frac{1}{2}\mu\right)^{1/2}\int_{R_1(\upsilon)}^{R_2(\upsilon)}[E_\upsilon-V(R)]^{-\frac{1}{2}}\,\mathrm{d}R \tag{5.3-2}$$

当接近分子的离解极限时，如果振动体系真实的势能 $V(R)$被精确地接近势能的外转向点$R(\upsilon)$的近似函数代替，则式(5.3-2)的积分几乎不变。在离解极限附近符合该要求的$V(R)$可用渐近的近似[15]表示为

$$V(R)=D_e-\frac{C_n}{R^n} \tag{5.3-3}$$

其中，D_e是分子电子态的离解能，即势能的离解极限，C_n由下式确定[15]：

$$E_\upsilon=D_e-\frac{C_n}{[R_2(\upsilon)]^n} \tag{5.3-4}$$

改变积分变量为$y=\dfrac{R_2(\upsilon)}{R}$，式(5.3-2)变为

$$\frac{\mathrm{d}\upsilon}{\mathrm{d}E_\upsilon}=-(\pi\hbar)^{-1}(\frac{1}{2}\mu)^{1/2}\frac{C_n^{1/n}}{[D_e-E_\upsilon]^{(1/2+1/n)}}\int_1^{R_2/R_1}y^{-2}(y^n-1)^{1/2}\,\mathrm{d}y \tag{5.3-5}$$

当 $\frac{R_2(\upsilon)}{R_1(\upsilon)} \to \infty$（即 $R_2(\upsilon) \to \infty$）时，$\frac{\mathrm{d}\upsilon}{\mathrm{d}E_\upsilon}$ 接近于离解极限[15]：

$$\begin{aligned}\frac{\mathrm{d}\upsilon}{\mathrm{d}E_\upsilon} &= \hbar\left(\tfrac{2\pi}{\mu}\right)^{1/2}\frac{\Gamma(1+1/n)}{\Gamma(1/2+1/n)}\cdot\frac{n}{C_n^{1/n}}[D_e - E_\upsilon]^{[(n+2)/2n]} \\ &= K_n[D_e - E_\upsilon]^{[(n+2)/2n]}\end{aligned} \tag{5.3-6}$$

式(5.3-6)表明：一个确定的双原子分子的最高振动能级，其能级间隔仅仅取决于长程势能参数 D_e、n、和 C_n。当渐近指数 n=2 时，式(5.3-6)变为[15]

$$D_e - E_\upsilon = [D - E_0]\exp[-\pi\hbar\upsilon(\frac{2}{\mu C_2})^{1/2}] \tag{5.3-7}$$

再由式(5.3-6)和它的导数，可以得到[15]

$$D_e = E_\upsilon - (\frac{n+2}{2n})\frac{[E'_\upsilon]^2}{E''_\upsilon} \tag{5.3-8}$$

将式(5.3-7)分别对 υ 求一阶导数和二阶导数，有

$$E'_\upsilon = \frac{\mathrm{d}E_\upsilon}{\mathrm{d}\upsilon} = (\pi\hbar)(\frac{2}{\mu C_2})^{1/2}[D_e - E_0]\exp[-\pi\hbar\upsilon(\frac{2}{\mu C_2})^{1/2}] \tag{5.3-9}$$

$$E''_\upsilon = \frac{\mathrm{d}^2 E_\upsilon}{\mathrm{d}\upsilon^2} = -(\pi\hbar)^2(\frac{2}{\mu C_2})[D_e - E_0]\exp[-\pi\hbar\upsilon(\frac{2}{\mu C_2})^{1/2}] \tag{5.3-10}$$

所以，

$$\frac{E'_\upsilon}{E''_\upsilon} = (-\pi\hbar)^{-1}(\frac{1}{2}\mu C_2)^{1/2} \tag{5.3-11}$$

当振动能级十分密集时(实际上是接近离解极限区域)，则可以使用下面的近似[16]：

$$E'_\upsilon = \frac{\mathrm{d}E_\upsilon}{\mathrm{d}\upsilon} \approx \frac{1}{2}[E_{\upsilon+1} - E_{\upsilon-1}] + \cdots \tag{5.3-12}$$

将式(5.3-11)、式(5.3-12)代入式(5.3-8)中得到

$$D_e^{cal} = E_\upsilon + \frac{1}{2}(\frac{n+2}{2n})[E_{\upsilon+1} - E_{\upsilon-1})](\pi\hbar)^{-1}(\frac{1}{2}\mu C_2)^{1/2} \tag{5.3-13}$$

很显然，式(5.3-13)成立的条件是分子必须处于能量密集的高阶振动状态，特别是接近分子离解极限的振动状态，否则，式(5.3-13)将导致不精确甚至错误的结果。因此，在式(5.3-13)中，可令 $\upsilon+1=\upsilon_{\max}$，则方程(5.3-13)变为

$$D_e^{\mathrm{cal}} = E_{\upsilon_{\max}-1} + \frac{1}{2}(\frac{n+2}{2n})[E_{\upsilon_{\max}} - E_{\upsilon_{\max}-2}](\pi\hbar)^{-1}(\frac{1}{2}\mu C_2)^{1/2} \tag{5.3-14}$$

式(5.3-14)即计算双原子分子体系离解能的新解析表达式。

因近似式[式(5.3-12)]的右端始终比左端小一个很小的量，所以，使用式(5.3-12)导出的式(5.3-13)或式(5.3-14)始终应比正确的实验离解能 $D_e^{\exp t}$ 小一点，即：

$$D_e^{\mathrm{cal}} < D_e^{\exp t} \tag{5.3-15}$$

若不满足式(5.3-15)，则用于计算 D_e^{cal} 的振动能级或势能参数(n，C_2)含有不可忽略的误差。

在应用式(5.3-14)时，需要考虑两方面的因素，既要考虑低阶色散系数 C_2 的取值，又

要考虑高阶色散系数 C_n 所对应的渐近指数 n 的取值，n 越大，C_n 对应的阶数越高；另一方面，色散系数 C_n 随着原子间距的减小而减小[17]，因此，式(5.3-14)中的 C_2 的值应该很小。Chang[18]早在 1967 年就对 C_2 作了计算，它的取值和具体组成分子的原子态有关，当原子态为 np 类型时，C_2=0.63246，……，当原子态为 nd 类型时，C_2=0.22131，……。因此，对于一个双原子分子电子态，如果知道它正确的最高振动能级 $E_{\upsilon_{\max}}$、第一次高振动能级 $E_{\upsilon_{\max}-1}$、第二次高振动能级 $E_{\upsilon_{\max}-2}$、分子的约化质量 μ、分子的渐近指数 n 和分子的低阶色散系数 C_2，则可根据式(5.3-14)计算正确的分子离解能 D_e^{cal}，在计算过程中，该式没有采用数值拟合而直接使用分子参数 n 和 C_2 的已知值。然而，绝大多数分子电子态的分子参数 n 和 C_2 是未知的，所以(5.3-14)式难以推广，于是，在该表达式的基础上，孙卫国和任维义相继建立了一个不需要使用任何数值拟合和分子参数的计算体系离解能的新公式[19]，其推导过程如下：

根据式(5.3-16)的物理意义，该式还可以表示为

$$D_e^{\text{cal}} = E_{\upsilon_{\max}-2} + \frac{1}{2}\left(\frac{n+2}{2n}\right)[E_{\upsilon_{\max}-1} - E_{\upsilon_{\max}-3}](\pi\hbar)^{-1}\left(\frac{1}{2}\mu C_2\right)^{1/2} \tag{5.3-16}$$

式(5.3-14)减去式(5.3-16)得

$$0 = [E_{\upsilon_{\max}-1} - E_{\upsilon_{\max}-2}] + \frac{1}{2}\left(\frac{n+2}{2n}\right)(\pi\hbar)^{-1}\left(\frac{1}{2}\mu C_2\right)^{1/2} \cdot \{[E_{\upsilon_{\max}} - E_{\upsilon_{\max}-1}] - [E_{\upsilon_{\max}-2} - E_{\upsilon_{\max}-3}]\} \tag{5.3-17}$$

由此有

$$\frac{1}{2}\left(\frac{n+2}{2n}\right)(\pi\hbar)^{-1}\left(\frac{1}{2}\mu C_2\right)^{1/2}\{[\Delta E_{\upsilon_{\max}-2,\upsilon_{\max}-3} - \Delta E_{\upsilon_{\max},\upsilon_{\max},-1}\} = \Delta E_{\upsilon_{\max}-1,\upsilon_{\max}-2}$$

$$\frac{1}{2}\left(\frac{\mu C_2}{2}\right)^{1/2} = \left(\frac{2(2n)}{(n+2)}\right)(\pi\hbar)\frac{\Delta E_{\upsilon_{\max}-1,\upsilon_{\max}-2}}{\Delta E_{\upsilon_{\max}-2,\upsilon_{\max}-3} - \Delta E_{\upsilon_{\max},\upsilon_{\max},-1}}$$

$$C_2 = \frac{2}{\mu}\left\{\left(\frac{2n}{n+2}\right)\frac{2\pi\hbar\Delta E_{\upsilon_{\max}-1,\upsilon_{\max}-2}}{\Delta E_{\upsilon_{\max}-2,\upsilon_{\max}-3} - \Delta E_{\upsilon_{\max},\upsilon_{\max},-1}}\right\}^2$$

$$C_2 = \frac{2}{\mu}\left(\frac{2n}{n+2}\cdot 2\pi\hbar\right)^2\left\{\frac{\Delta E_{\upsilon_{\max}-1,\upsilon_{\max}-2}}{\Delta E_{\upsilon_{\max}-2,\upsilon_{\max}-3} - \Delta E_{\upsilon_{\max},\upsilon_{\max},-1}}\right\}^2$$

$$C_2^{1/2} = 2\pi\hbar\left(\frac{2n}{n+2}\right)\left(\frac{2}{\mu}\right)^{1/2}\left\{\frac{\Delta E_{\upsilon_{\max}-1,\upsilon_{\max}-2}}{\Delta E_{\upsilon_{\max}-2,\upsilon_{\max}-3} - \Delta E_{\upsilon_{\max},\upsilon_{\max},-1}}\right\}^2$$

最后得到一个更简明、更有普遍意义的计算体系离解能的新公式：

$$D_e^{\text{cal}} = E_{\upsilon_{\max}-1} + [E_{\upsilon_{\max}} - E_{\upsilon_{\max}-2}]\left\{\frac{\Delta E_{\upsilon_{\max}-1,\upsilon_{\max}-2}}{\Delta E_{\upsilon_{\max}-2,\upsilon_{\max}-3} - \Delta E_{\upsilon_{\max},\upsilon_{\max},-1}}\right\}^2 \tag{5.3-18}$$

式(5.3-18)表明，对一给定的双原子分子电子态，该表达式只是该电子态的最高三个振动能级的函数，只要知道了其三个正确的最高振动能级，就可以根据该式得到正确的分子离解能。由于我们建立的 AM 方法能够得到双原子分子的完全振动能谱，因此也能够得到其最高的三个振动能级的正确数值，进而用该解析新公式就可以得到精确的分子离解能。任维义、孙卫国结合 AM 方法，运用式(5.3-18)对 $^7\text{Li}_2$ 分子的 5 个电子态

($X^1\Sigma_g^+$，$A^1\Sigma_u^+$，$2^3\Sigma_g^+$，$3^3\Sigma_g^+$，$b^3\Pi_u$)和 $^6Li_2$ 分子的 3 个电子态($B^1\Pi_u$，$X^1\Sigma_g^+$，$1^1\Pi_g$)的完全振动能谱和离解能进行了计算[19]，获得了满意的结果，然后孙卫国、刘秀英、王宇杰、詹妍、樊群超又用他们新改进的 AM 方法计算程序分别计算了$^6Li_2$分子的$1^1\Pi_g$，Na_2分子的$X^1\Sigma_g^+$、$2^3\Sigma_g^+$、$4^3\Sigma_g^+$、$2^1\Pi_g$、$2^3\Pi_g$，K_2分子的$X^1\Sigma_g^+$、$2^1\Pi_g$、$3^3\Pi_g$和Br_2分子的$X^1\Sigma_g^+$一共 10 个电子态的振动光谱常数和完全振动能谱。在此基础上，他们又分别利用各电子态的三个最高振动能级，用式(5.3-18)计算了这些电子态的离解能，均得到了满意的结果[20]。

5.4 本章小结

综上所述，本章在研究双原子分子振动能谱和离解能的理论和方法中，主要体现了以下两个方面具有创新意义的工作：

(1) 对于大多数双原子分子的电子态，用现代实验方法或精确的量子理论方法往往可以获得含 m 个振动能级的能谱子集合[E_υ]，而不易得到包含最高振动能级在内的所有高振动量子态能级的完全振动能谱[E_υ]。本章针对文献上已发表的大多数双原子分子电子态的振动光谱常数以及目前已知的几种解析振动模型都不能产生接近分子离解极限的精确振动能级的情况，建立了基于微扰理论的代数方法(AM)，获得了部分双原子分子一些电子态的振动光谱常数和完全振动能谱；运用基于 AM 的代数能量方法(AEM)获得了这些电子态的正确离解能。AM 方法之所以能够圆满地解决这一难题，主要是基于这样的物理事实：对于绝大多数双原子分子电子态而言，其完全振动光谱特别是高振动激发能级还非常缺乏，并且由于处于高振动激发态的分子运动太快且常不稳定，要从实验上获得这些体系的高振动激发能级往往很困难，但现代实验测量技术总能获得足够精确的一组有限的能级子集合[E_υ]，这些精确的实验振动能级子集合在物理上基本包含了包括相对论效应在内的全部重要的量子效应和所有重要的非谐性振动信息，而用现代量子理论和目前已知的几种解析振动物理模型完全得到这些重要信息是很困难的，AM 方法紧紧抓住精确的、有限的实验振动能级子集合[E_υ]这个重要基础，不使用任何数学近似或物理模型，利用经微扰理论证明的振动能级 E_υ 与各阶非谐性振动信息(振动光谱常数)之间的客观物理函数关系及其代数表达式，用标准的数学方法严格地求解该振动能级的代数方程，获得了分子各电子态的一组精确的振动光谱常数集合，从而成功地获得了这些电子态的完全振动能谱{E_υ}。这些 AM 振动能谱{E_υ}不仅重复了相应电子态的已知实验能级子集合[E_υ]中的每个能量，而且正确地产生了实验未曾获得的所有高振动激发态的能级，从而为一切需要分子高振动激发态和能级的科学研究提供了正确的物理量。用 AM 和 AEM 方法计算结果的百分误差比由文献值得到的结果要小得多，充分证明了 AM 方法和 AEM 方法的可靠性。由此可见，AM 方法研究双原子分子的振动能级结构、AEM 方法研究分子离解能的效果是不少量子理论计算所难以比拟的，该方法也为用现代实验技术难以精确测量或实验代价太高的一部分双原子分子体系提供了一条获得精确的分子振动完全能谱和分子离解能的简便易行的新途径。

(2)本章以 LeRoy 和 Bernstein 在 WKB 量子条件下导出的接近分子离解极限时的振动势能公式为基础，建立了利用精确的高振动激发能级来计算精确的双原子分子离解能 D_e 的解析表达式[式(5.3-14)]和不需要使用任何数值拟合和分子参数的计算体系离解能的新公式[式(5.3-18)]。该新表达式能够精确计算或正确预言分子离解能的关键条件是必须预先知道非常靠近分子离解极限的三个最高振动能级的精确数据，否则，将给出误差较大甚至错误的离解能。然而，对于双原子分子，现在已知的几种解析振动模型都不能产生接近分子离解极限的精确振动能级，文献上已发表的大多数双原子分子电子态的振动光谱常数一般都不能产生足够精确的高振动的能级，但是，我们建立的代数方法(AM)方法却能正确地产生了实验未曾获得的所有高振动激发态的能级，从而为一切需要分子高振动激发态能级的精确研究提供了重要的物理数据基础。正因为建立了 AM 方法，获得了 AM 完全振动能谱$\{E_\upsilon\}$，我们才在这条能量思路的指导下，基于 LeRoy 和 Bernstein 的工作，建立了使用精确振动能级来求分子离解能 D_e 的新公式[式(5.3-14)和式(5.3-18)]。通过 AM 能获得分子在高振动激发态的精确能级的这个重要事实，将 AM 获得的三个最高振动激发能级 $E_{\upsilon_{\max}}$、$E_{\upsilon_{\max}-1}$、和 $E_{\upsilon_{\max}-2}$ 代入新公式(5.3-14)或式(5.3-18)，具体计算了一些分子电子态的分子离解能，均获得了很满意的结果，这说明 AM 方法和新建立的离解能解析式相结合的理论方法，对研究双原子分子的振动能级结构和分子离解能是非常有效的。该方法在理论上为实验技术难以精确测量其高激发振动能级和离解能的双原子分子或离子体系提供了一种获得精确的完全振动能谱和体系离解能的新方法。

参考文献

[1] Hou S L, Sun W G. Studies on dissociation energies of diatomic molecules using vibrational spectroscopic constants[J]. Science in China G，2003，46：321.

[2] Huo W G，Gibson T L，Lima M A P，et al. Correlation effects in elastic e-N_2 scattering[J]. Phys. Rev. A，1987，36：1642.

[3] Weiguo S, Morrison M A, Isaacs W A, et al. Detailed theoretical and experimental analysis of low-energy electron-N_2 scattering[J]. Phys. Rev. A，1995，52：1229.

[4] Weiguo S，Morrison M A. Vibrational excitation differential cross sections of low-energy electron scattering from N_2 molecule[J]. Science in China A，1999，42：1003.

[5] Herzeberg G. Molecular Spectra, and Molecular Structure I[M]. 3rd. Spectra of Diatomic Molecules，New York: D.Van Nostrand, 1953.

[6] Dunham J L. The energy levels of a rotating vibrator[J]. Physic Rev，1932，41：721.

[7] Sun W G, Hou S L, Feng H, et al. Studies on the vibrational and rovibrational energies and vibrational force constants of diatomic molecular states using algebraic and variational[J]. Methods J Mol Spectrosc，2002，215(1)：93.

[8] Ren W Y，Sun W G，Hou S L，et al. Accurate studies on the full vibrational energy spectra and molecular dissociation energies

for some electronic states of N_2 molecule[J]. Sci China Ser G，2005，48(4)：655.

[9] Sun W G，Ren W Y，Hou S L，et al. Studies on full vibrational spectra and dissociation energies of some diatomic molecular electronic states using algebraic approaches[J]. Mol Phys，2005，103：2335.

[10] 任维义，孙卫国. Na_2分子部分电子态的完全振动能谱和离解能的精确研究[J]. 物理学报，2005，54(2)：594.

[11] 舒纯军，孙卫国，任维义，等. 用代数能量方法研究氢化物双原子分子的完全振动能谱和离解能[J]. 原子与分子物理学报，2005，22(2)：204.

[12] 胡士德，孙卫国，任维义，等. 碱金属氢化物双原子分子部分电子态的完全振动能谱和分子离解能的精确研究[J]. 物理学报，2006，55(5)：2185.

[13] 舒纯军.异核双原子分子完全振动能谱和离解能的理论研究[D].成都：四川大学，2005.

[14] 刘一丁，孙卫国，任维义. 双原子分子离子 XY^+部分电子态完全振动能谱的精确研究[J]. 原子与分子物理学报，2005，22(4)：634.

[15] LeRoy R J，Bernstein R B. Dissociation energy and long - range potential of diatomic molecules from vibrational spacings of higher levels [J]. J. Chem. Phys.，1970，52：3869.

[16] LeRoy R J，Bernstein R B. Dissociation energies and long-range potentials of diatomic molecules from vibrational spacings：the halogens [J]. J. Mol. Spectrosc.，1971，37：109.

[17] Wheatley R J，Meath W J. Dispersion energy damping functions，and their relative scale with interatomic separation，for (H，He，Li)-(H，He，Li) interactions[J]. Mol. Phys.，1993，80：25.

[18] Chang T Y. Moderately long-range interatomic forces[J]. Reviws of Modern Physics，1967，39：911.

[19] Ren W Y，Sun W G. Accurate studies on the full vibrational energy spectra and molecular dissociation energies for some electronic states of Li2 molecule[J].Mol. Phys., 2007，105 (10)：1307.

[20] 孙卫国，刘秀英，王宇杰，等. 理论离实验有多远——用代数方法精确研究双原子分子的完全振动能谱和离解能 [J]. 物理学进展，2007，27(2)：151.

第6章　新理论方法对部分双原子分子体系的应用

6.1　代数方法(AM)和代数能量方法(AEM)对同核双原子分子的应用

为了表明研究双原子分子振动能谱和离解能新方法的优越性，我们用代数方法(AM)和代数能量方法(AEM)分别计算了$^7Li_2$分子的$X^1\Sigma_g^+$、$A^1\Sigma_u^+$、$2^3\Sigma_g^+$、$a^3\Sigma_u^+$、$3^3\Sigma_g^+$、$1^1\Pi_g$、$2^3\Pi_g$、$b^3\Pi_u$、$B^1\Pi_u$和$1^3\Delta_g$态，$^6Li_2$分子的$X^1\Sigma_g^+$和$1^1\Pi_g$态，Na_2分子的$X^1\Sigma_g^+$、$A^1\Sigma_u^+$、$1^3\Sigma_g^-$、$6^1\Sigma_g^+$、$2^3\Sigma_g^+$、$4^3\Sigma_g^+$、$2^1\Pi_g$、$2^3\Pi_g$、$4^3\Pi_g$、$6^3\Pi_g$、$1^3\Delta_g$、$2^3\Delta_g$和$7^3\Delta_g$态，K_2分子的$X^1\Sigma_g^+$和$a^3\Sigma_u^+$态，Rb_2分子的$X^1\Sigma_g^+$、$1^1\Pi_g$态和Sr_2分子的$X^1\Sigma_g^+$态共30个电子态的光谱性质、振动能谱、最高振动能级，并用AEM方法对相应的离解能作了定量计算和深入地分析，均得到了满意的结果，并将其结果分别列于表6.1~表6.8中。

表6.1~表6.5列出了上述各电子态的AM振动光谱常数($\omega_0, \omega_{e0}, \omega_e, \omega_e x_e, \omega_e y_e, \omega_e z_e, \omega_e t_e, \omega_e s_e, \omega_e r_e$)、最大振动量子数$\upsilon_{\max}$和AEM分子离解能。从表6.1~表6.5中可以看出，AM谐振常数ω_e与这些电子态的文献值非常吻合，AM非谐振常数$\omega_e x_e$虽然不如ω_e与文献值符合得那样好，但就多数电子态而言，一般还是符合得比较好，部分电子态存在较大误差的主要原因在于文献所给的$\omega_e x_e$值是在类似于式(5.2-1)的振动能级展开表达式中取较少的项而得到的，例如Li_2分子的$X^1\Sigma_g^+$、$A^1\Sigma_u^+$、$a^3\Sigma_u^+$、$B^1\Pi_u$态，Na_2分子的$1^3\Sigma_g^-$、$6^3\Pi_g$、$7^3\Delta_g$态，K_2分子的$a^3\Sigma_u^+$态，Rb_2分子的$1^1\Pi_g$态等电子态只取到2阶，所以其误差较大，这表明，对于双原子分子的大多数电子态，文献中还缺乏高阶振动常数，如果用文献中的低阶振动常数去计算这些电子态的振动能量E_υ，则将会得到不正确的最高振动能量$E_{\upsilon_{\max}}$（见表6.1~表6.5中$E_{\upsilon_{\max}}$所在的列，数值上有“≠”符号），其值与离解能D_e之间有较大的误差，如果用AM计算的振动光谱常数去计算这些电子态的振动能量E_υ，所得到的离解能D_e^{AEM}（$D_e^{\mathrm{AEM}} = D_{\upsilon_{\max}}^{\mathrm{AM}}$）与实验离解能$D_e$符合得相当好，其百分误差不大于1%，为了详细反映这些误差的比较情况，表6.6~表6.8中列出了参考文献给出的最大能量$E_{\upsilon_{\max}}^{\mathrm{inp}}$、用参考文献所给的振动光谱常数计算的最高振动能量$E_{\upsilon_{\max}}^{\mathrm{cal}}$、AM计算的最高振动能量$E_{\upsilon_{\max}}^{\mathrm{AM}}$（$E_{\upsilon_{\max}}^{\mathrm{AM}} = D_e^{\mathrm{AEM}}$）分别与实验离解能$D_e$之间的百分误差。从表6.6~表6.8中可以进一步说明，AM的最高振动能量$E_{\upsilon_{\max}}^{\mathrm{AM}}$与实验离解能$D_e$之间最大的百分误差也只有0.96%，最小的仅0.00055%，而$E_{\upsilon_{\max}}^{\mathrm{inp}}$、$E_{\upsilon_{\max}}^{\mathrm{cal}}$与$D_e$之间的百分误差最小的为0.37%，最大的高达102.25%。

表 6.1 Li_2 分子部分电子态的振动光谱常数、最大振动量子数 υ_{max} 和分子离解能 D_e [所有量（υ_{max} 除外）均以 cm^{-1} 为单位]

态		ω_0	ω_{e0}	ω_e	$\omega_e x_e$	$10^2\omega_e y_e$	$10^3\omega_e z_e$	$10^4\omega_e t_e$	$10^5\omega_e s_e$	$10^{10}\omega_e r_e$	υ_{max}	$E_{\upsilon_{max}}$	D_e	$D_e^{u\,\#}$
$X^1\Sigma_g^+$	AM	−0.01421	0.2254	351.3900	2.6650	0.5406	−0.6111	−0.1719	0.1204	−201.4213	38	8492.9600	8492.9600	8499.6300
	文献[1]			351.39	2.58						$67^{\neq}$	$11963.7^{\neq}$		
	文献[1,2]										$18^{\Delta,a}$	$5551.4^{\Delta,a}$	8516.78 ±$0.54^{*,b}$	
$2^3\Sigma_g^+$	AM	−0.000073	0.000440	269.3560	1.495868	−0.06214	−0.009894	−0.007510	0.0091497	−37.3458	45	8346.4289	8346.4289	8356.3028
	文献[3]			269.356	1.49563	−0.0711					$84^{\neq}$	$11652.4272^{\neq\neq}$		
	文献[3,4]										$19^{\Delta,c}$	$4678.4595^{\Delta,c}$	(8428，8379)$^{\diamond,d}$	
$3^3\Sigma_g^+$	AM	0.1535	−0.000702	271.550	1.58522	−0.6532	0.08405	−0.06323	0.02324	−33.2712	48	8388.9671	8388.9671	8402.9210
	文献[5]			271.55	1.5868	−0.597					$62^{\neq}$	$9315.9179^{\neq}$		
	文献[5,6]										$20^{\Delta,e}$	$4848.591^{\Delta,e}$	$8401^{*,f}$	
$A^1\Sigma_u^+$	AM	−0.23301	−0.043445	255.500	1.5821	0.19430	0.31142	−0.30064	0.09024	−84.2553	53	9371.5900	9371.5900	9402.1300
	文献[1]			255.500	1.58						$80^{\neq}$	$10328.9550^{\neq}$		
	文献[1]										20^{Δ}	4588.8^{Δ}	9400^{*}	
$a^3\Sigma_u^+$	AM	0.02127	0.28373	65.13000	3.52548	8.76331	−12.09011	13.46155	−12.28191	52149.47	10	333.2690	333.2690 (AEM)	336.3040
	文献[7]			65.13	3.267						$10^{\neq}$	$323.6783^{\neq}$		
	文献[8]										10^{Δ}	333.269^{Δ}	333.69 ±0.10^{*}	
$1^1\Pi_g$	AM	−0.002513	0.009641	93.350000	1.877372	3.344707	−2.365469	0.785856	−0.097515	33.722318	41	1422.3010	1422.3010 (AEM)	1422.8460
	文献[9]			93.353897	1.8740047	3.25706	−2.24926	0.70570	−0.0706769		$36^{\neq}$	$1402.9465^{\neq}$		
	文献[9]										31^{Δ}	1382.826^{Δ}	1422.5±0.3^{*}	

续表

态		ω_0	ω_{e0}	ω_e	$\omega_e x_e$	$10^2\omega_e y_e$	$10^3\omega_e z_e$	$10^4\omega_e t_e$	$10^5\omega_e s_e$	$10^{10}\omega_e r_e$	υ_{max}	$E_{\upsilon_{max}}$	D_e	$D_e^{u\#}$
$B^1\Pi_u$	AM	−0.028906	−0.3613235	270.6899	2.365833	−39.66583	97.02380	−136.5740	95.23809	−264550.2	15	3046.6910	3046.6910	3046.7033
	文献[1]			270.69	2.95						$45^{\neq}$	$6209.1575^{\neq}$		
	文献[1]										13^{Δ}	2980.3^{Δ}	3070^{*}	
$b^3\Pi_u$	AM	0.0005819	0.001621	346.28530	2.025412	0.25287	−0.07068	−0.002279	−0.005381	6.189862	60	12165.8788	12165.8788	12171.842 1
	文献[10]			346.2853	2.02440	0.2295	−0.0411	−0.02032			$53^{\neq}$	$11856.0278^{\neq}$		
	文献[10,11] [87,88]										$27^{\Delta,g}$	$7984.137^{\Delta,g}$	$12178.905^{*,h}$	
$2^3\Pi_g$	AM	−0.00274	−0.20067	187.65400	0.97615	0.07803	0.24644	−0.09229	0.01468	−9.47815	69	8481.6270	8481.6270 (AEM)	8485.089
	文献[12]			187.654	1.0266	0.6171	−0.05480				$88^{\neq}$	$9482.5864^{\neq}$		
	文献[6,12]										$40^{\Delta,i}$	$6178.47^{\Delta,i}$	$8484^{*,j}$	
$1^3\Delta_g$	AM	0.03150	−0.03424	279.82459	1.67218	0.28968	0.03135	−0.07261	0.01885	−19.39914	55	9709.2307	9709.2307 (AEM)	9713.2980
	文献[10]			279.804	1.6792	0.432	−0.1091				$64^{\neq}$	$10276.8335^{\neq}$		
	文献[6,10]										$25^{\Delta,k}$	$6068.576^{\Delta,k}$	$9710^{*,l}$	
$1^1\Pi_g$	AM	−0.09732	0.07016	100.1930	1.99561	1.421379	−1.28218	0.50140	−0.05452	4.58000	40	1421.20289	1421.20289	1421.72848
($^6Li_2$)	文献[13]			100.193	1.9480	未知	0.85	−1.19	0.644	−1410	$21^{\neq}$	$1225.2846^{\neq}$		
	文献[13]										34^{Δ}	1409.0156^{Δ}	1421.98 $\pm 0.55^{*}$	
$X^1\Sigma_g^+$	AM	−0.030188	−0.00464	379.47555	2.9844883	−1.33065732	0.2971408	−0.322056	0.179749	−403.7147	34	8522.27017	8522.27017	8537.4289
($^6Li_2$)	文献[14]			379.47555	2.9884223	−1.18135545					$48^{\neq}$	$10027.3088^{\neq}$		
	文献[14]										12^{Δ}	4253.3984^{Δ}	$8633.1645^{\square}$	

注：# $D_e^u = E_{\upsilon_{max}} + \Delta E(\upsilon_{max}, \upsilon_{max}-1)$ 是离解能 D_e 的理论上界。≠根据参考文献中提供的振动光谱常数计算的振动能量。*实验的离解能数据。Δ实验所获得的最高振动能级。◇来自文献[3]的其他理论计算值。□根据式(5.2-11)计算的值。a.来自文献[1]；b.来自文献[2]；c.来自文献[3]；d.来自文献[4]；e.来自文献[5]；f.来自文献[6]；g.来自文献[10]；h.来自文献[11]；i.来自文献[12]；j.来自文献[6]；k.来自文献[10]；l.来自文献[7]。

表 6.2 Na_2 分子部分电子态的振动光谱常数、最大振动量子数 υ_{max} 和分子离解能 D_e [所有量（υ_{max} 除外）均以 cm^{-1} 为单位]

态		ω_0	ω_{e0}	ω_e	$\omega_e x_e$	$10^2\omega_e y_e$	$10^3\omega_e z_e$	$10^4\omega_e t_e$	$10^5\omega_e s_e$	$10^{10}\omega_e r_e$	υ_{max}	$E_{\upsilon_{max}}$	D_e	$D_e^{u\ \#}$
$X\,^1\Sigma_g^+$	AM	−0.06924	0.090056	159.102578	0.7452002	0.1098037	−0.17014	0.0406099	−0.00664	3.7456659	62	6020.40720	6020.40720 (AM)	6021.58220
	文献[15]			159.102577	0.718973	−0.180519	−0.010512	−0.006247	0.000397	−0.504721	$61^{\neq}$	$5992.4461^{\neq}$		
	文献[16,15]										$45^{\Delta,a}$	$5428.5727^{\Delta,a}$	$6022.03\pm0.03^{*,b}$	
$6^1\Sigma_g^+$	AM	−0.14271	0.00095	123.74137	0.8153492	1.3917016	−0.779164	0.1855495	−0.017658	5.7235597	90	6655.4869	6655.4869 (AEM)	6658.5626
	文献[17]			123.74137	0.8147604	1.3762452	−0.758633	0.1713934	−0.012958		$63^{\neq}$	$4961.6254^{\neq}$		
	文献[17]										39^{Δ}	3773.7075^{Δ}	$6659.73\pm0.05^{*}$	
$1^3\Sigma_g^-$	AM	0.46183	−0.30196	93.74	0.6163	1.8928	−1.0348	0.2685	−0.03608	18.6793	59	3383.1490	3383.149 (AEM)	3383.41
	文献[18]			93.74	0.452						$103^{\neq}$	$4860.1530^{\neq}$		
	文献[18]										57^{Δ}	3378.32^{Δ}	$3385.70\pm0.2^{*}$	
$2^3\Sigma_g^+$	AM	−0.76643	0.16331	126.685	0.4932	0.6522	−0.2888	0.06306	−0.007095	709.5326	73	6209.0455	6209.0455 (AEM)	6210.2995
	文献[19]			126.685	0.4590	0.3479	−0.1466	0.02651	−0.002216		$71^{\neq}$	$6144.7512^{\neq}$		
	文献[19]										55^{Δ}	5569.442^{Δ}	$6211.5\pm0.1^{*}$	

续表

态		ω_0	ω_{e0}	ω_e	$\omega_e x_e$	$10^2\omega_e y_e$	$10^3\omega_e z_e$	$10^4\omega_e t_e$	$10^5\omega_e s_e$	$10^{10}\omega_e r_e$	υ_{max}	$E_{\upsilon_{max}}$	D_e	$D_e^{u\#}$
$4^3\Sigma_g^+$	AM	0.000238	−0.001727	122.463	0.48917	0.3311	0.085196	−0.15458	0.057972	−0.79512	44	4162.9904	4162.9904（AEM）	4170.4499
	文献[20]			122.463	0.4914	0.431	−0.0994				$65^{\neq}$	$5294.6759^{\neq}$		
	文献[20,21]										$26^{\Delta,c}$	$2931.332^{\Delta,c}$	$4164^{*,d}$	
$A^1\Sigma_u^+$	AM	−0.01197	0.02441	117.2703	0.3577513	0.0029936	−0.006238	0.0014275	−0.000242	0.099787	117	8063.8899	8063.8899（AEM）	8064.8945
	文献[22]			117.2703	0.3534801	−0.000967	0.0053128	−0.000909			$110^{\neq}$	$7923.7980^{\neq}$		
	文献[22]										$70^{\Delta,e}$	$6480.291^{\Delta,e}$	$8066^{*,f}$	
$2^1\Pi_g$	AM	−0.11684	0.32041	102.4403	0.4543	1.238	−0.06504	0.1690	−0.02281	11.4578	71	4607.72327	4607.72327（AEM）	4607.8821
	文献[23]			102.4403	0.3498	0.122	−0.0825	0.0170	−0.002036		$63^{\neq}$	$4173.4622^{\neq}$		
	文献[23]										43^{Δ}	3725.8512^{Δ}	$4612.7\pm0.1^{*}$	
$2^3\Pi_g$	AM	−0.05178	−0.00088	94.35	0.3760	0.191	−0.0136	0.0000021	0.0000002	−0.00284	115	6405.6721	6405.6721（AEM）	6405.6732
	文献[24]			94.35	0.3760	0.191	−0.0134				$116^{\neq}$	$6440.2782^{\neq}$		
	文献[24,25]										$52^{\Delta,g}$	$4090.910^{\Delta,g}$	$6406^{*,h}$	
$4^3\Pi_g$	AM	0.01526	0.00610	119.192280	0.4906335	0.3526657	−0.162155	0.018089	0.0043400	4.160431	83	5131.76236	5131.76236（AEM）	5137.8011
	文献[26]			119.19228	0.488102	0.309013	−0.123785				$57^{\neq}$	$4474.1031^{\neq}$		
	文献[25,26]										$28^{\Delta,i}$	$2990.3729^{\Delta,i}$	$5147^{+,h}$,$5162^{+,h}$	

续表

态		ω_0	ω_{e0}	ω_e	$\omega_e x_e$	$10^2\omega_e y_e$	$10^3\omega_e z_e$	$10^4\omega_e t_e$	$10^5\omega_e s_e$	$10^{10}\omega_e r_e$	υ_{max}	$E_{\upsilon_{max}}$	D_e	$D_e^{u\,\#}$
$6^3\Pi_g$	AM	0.067167	0.0000163	119.7308	0.436684	-0030834	0.014090	−0.024169	0.018105	−0.496032	43	4324.83462	4324.83462 (AEM)	4399.7104
	文献[26]			119.7308	0.436683						$136^{\neq}$	$8206.8674^{\neq}$		
	文献[25,26]										$10^{\Delta,l}$	$1209.0906^{\Delta,i}$	$4328^{+,h}$	
$1^3\Delta_g$	AM	0.02144	−1.01601	131.01000	0.47406	0.05934	0.02787	−0.01495	0.00199	0.98814	87	7163.0430	7163.0430 (AEM)	7164.65
	文献[10]			131.01	0.4806	0.1457	−0.02425				$93^{\neq}$	$7385.5088^{\neq}$		
	文献[6,10]										$52^{\Delta,j}$	$5527.56^{\Delta,j}$	$7165^{*,k}$	
$2^3\Delta_g$	AM	0.002684	0.000066	124.5788	0.42939	0.02288	−0.00596	−0.000013	0.0000132	−0.031324	102	7612.7295	7612.7295 (AEM)	7614.9052
	文献[27]			124.5788	0.42939	0.0229	−0.00597				$113^{\neq}$	$7952.2778^{\neq}$		
	文献[27]										23^{Δ}	2691.6275^{Δ}	$7614.0\pm0.2^{*}$	
$7^3\Delta_g$	AM	0.04489	−0.12473	121.956	0.29425	−6.26289	14.65438	−18.19668	11.45337	−28769.84	19	2000.4380	2000.4380 (AEM)	2013.011
	文献[28]			121.956	0.4293						$141^{\neq}$	$8661.2220^{\neq}$		
	文献[28]										10^{Δ}	1233.22^{Δ}	$2020.644^{\square}$	

注：# $D_e^u = E_{\upsilon_{max}} + \Delta E(\upsilon_{max}, \upsilon_{max}-1)$ 是离解能 D_e 的理论上界。≠根据参考文献中提供的振动光谱常数计算的振动能量。*实验的离解能数据。Δ实验所获得的最高振动能级。□根据(5.2-11)式计算的值。+参考文献中由其他理论研究提供的结果。a.来自文献[15]；b.来自文献[16]；c.来自文献[20]；d.来自文献[21]；e.来自文献[22]；f.来自文献[22]；g.来自文献[26]；h.来自文献[10]；i.来自文献[27]；j.来自文献[28]；k.来自文献[6]。

表 6.3 K_2 分子部分电子态的振动光谱常数、最大振动量子数 υ_{max} 和分子离解能 D_e [所有量（υ_{max} 除外）均以 cm^{-1} 为单位]

态		ω_0	ω_{e0}	ω_e	$\omega_e x_e$	$10^2\omega_e y_e$	$10^3\omega_e z_e$	$10^4\omega_e t_e$	$10^5\omega_e s_e$	$10^{10}\omega_e r_e$	υ_{max}	$E_{\upsilon_{max}}$	D_e	$D_e^{u\#}$
$X^1\Sigma_g^+$	AM	−0.394828	0.836371	92.4020004	0.5425624	1.8653829	−0.783476	0.1559052	−0.015461	5.934110	83	4448.0301	4448.0301（AEM）	4448.0846
	文献[29]			92.3976600	0.3248478	−0.078081	0.0093274	−0.005615			$65^{\neq}$	$3933.6847^{\neq}$		
	文献[30,31]										$73^{\Delta,a}$	$4404.8772^{\Delta,a}$	$4450.674\pm0.072^{*,b}$	
$a^3\Sigma_u^+$	AM	0.03841	0.0005724	21.632479	0.4707087	0.0328975	−0.071722	0.0796776	−0.043443	91.798083	25	251.5571	251.5571（AEM）	251.5924
	文献[32]			21.632479	0.4699959						$22^{\neq}$	$248.7954^{\neq}$		
	文献[32]										17^{Δ}	234.6707^{Δ}	$254\pm2^{*}$	

注：$^{\#}D_e^u = E_{\upsilon_{max}} + \Delta E(\upsilon_{max},\upsilon_{max}-1)$ 是离解能 D_e 的理论上界。≠根据参考文献中提供的振动光谱常数计算的振动能量。*实验的离解能数据。Δ实验所获得的最高振动能级。

a.来自文献[30]；b.来自文献[31]。

表 6.4 Rb_2 分子部分电子态的振动光谱常数、最大振动量子数 υ_{max} 和分子离解能 D_e [所有量（υ_{max} 除外）均以 cm^{-1} 为单位]

态		ω_0	ω_{e0}	ω_e	$\omega_e x_e$	$10^2\omega_e y_e$	$10^3\omega_e z_e$	$10^4\omega_e t_e$	$10^5\omega_e s_e$	$10^{10}\omega_e r_e$	υ_{max}	$E_{\upsilon_{max}}$	D_e	$D_e^{u\#}$
$X^1\Sigma_g^+$	AM	−0.009892	−0.015811	57.788999	0.1382084	−0.027300	−0.000313	−0.000060	−0.000028	0.015682	114	3993.5082	3993.5082（AEM）	3993.8741
	文献[33]			57.780677	0.1391097	−0.023335	−0.000689	−0.000184			$111^{\neq}$	$3966.0407^{\neq}$		
	文献[33,34]										$72^{\Delta,a}$	$3313.143^{\Delta,a}$	$3993.53\pm0.06^{*,b}$	
$1^1\Pi_g$	AM	0.0005389	−0.002189	22.3030	0.15232	0.10904	−0.01333	0.0009324	−0.000022	−0.000958	147	1287.4634	1287.4634（AEM）	1287.5786
	文献[34]			22.303	0.1525						$73^{\neq}$	$815.4247^{\neq}$		
	文献[34]										68^{Δ}	987.288^{Δ}	$1290\pm30^{*}$	

注：$^{\#}D_e^u = E_{\upsilon_{max}} + \Delta E(\upsilon_{max},\upsilon_{max}-1)$ 是离解能 D_e 的理论上界。≠根据参考文献中提供的振动光谱常数计算的振动能量。*实验的离解能数据。Δ实验所获得的最高振动能级。

a.来自文献[33]；b.来自文献[34]。

表 6.5　Sr_2 分子部分电子态的振动光谱常数、最大振动量子数 υ_{max} 和分子离解能 D_e [所有量（υ_{max} 除外）均以 cm^{-1} 为单位]

态		ω_0	ω_{e0}	ω_e	$\omega_e x_e$	$10^2\omega_e y_e$	$10^3\omega_e z_e$	$10^4\omega_e t_e$	$10^5\omega_e s_e$	$10^{10}\omega_e r_e$	υ_{max}	$E_{\upsilon_{max}}$	D_e	$D_e^{u\#}$
$X^1\Sigma_g^+$	AM	0.0002429	0.003904	40.3200	0.4050	0.0375	0.005579	−0.002712	0.0006279	−0.5565	53	1059.8702	1059.8702（AEM）	1060.1685
	文献[35]			40.32	0.405	0.0429					$54^{\neq}$	$1063.9347^{\neq}$		
	文献[35]										35^{Δ}	940.095^{Δ}	$1060\pm30^{*}$	

注：$^{\#}D_e^u = E_{\upsilon_{max}} + \Delta E(\upsilon_{max}, \upsilon_{max}-1)$ 是离解能 D_e 的理论上界。≠根据参考文献中提供的振动光谱常数计算的振动能量。*实验的离解能数据。Δ实验所获得的最高振动能级。

表 6.6　Li_2 分子部分电子态的离解能 D_e^{AM} 和文献的最大振动能量 $E_{\upsilon_{max}}$ 与实验离解能 D_e^{exp} 的百分误差　（能量单位：cm^{-1}）

态	D_e^{exp}	$D_e^{AEM}=E_{\upsilon_{max}}^{AM}$	$\Delta D^{AEM}\%$	$E_{\upsilon_{max}}^{cal}$	$\Delta E^{cal}\%$	$E_{\upsilon_{max}}^{inp}$	$\Delta E^{inp}\%$
$Li_2-X\Sigma_g^+$	8516.78±0.54	8492.96	0.28	11963.7^{Δ}	40.47	5551.4（文献[1]）	34.82
$Li_2-3^3\Sigma_g^+$	8401	8388.9671	0.14	9315.9179^{Δ}	10.89	4848.591（文献[5]）	42.28
$Li_2-A^1\Sigma_u^+$	9400	9371.59	0.30	10328.9550^{Δ}	9.88	4588.8（文献[1]）	51.18
$Li_2-a^3\Sigma_u^+$	333.69±0.10	333.269	0.13	323.6783	3.00	333.269（文献[8]）	.13.00
$Li_2-b^3\Pi_u$	12178.905	12165.8788	0.11	11856.0278	2.65	7984.137（文献[10]）	34.44
$Li_2-B^1\Pi_u$	3070	3046.691	0.76	6209.1575^{Δ}	102.25	2980.3（文献[1]）	2.92
$Li_2-1^1\Pi_g$	1422.5±0.3	1422.301	0.014	1402.9465	1.37	1382.826（文献[9]）	2.79
$Li_2-2^3\Pi_g$	8484	8481.627	0.028	9482.5864^{Δ}	11.77	6178.47（文献[12]）	27.18
$Li_2-1^3\Delta_g$	9710	9709.2307	0.0079	10276.8335^{Δ}	5.84	6068.576（文献[10]）	37.50
$^6Li_2-1^1\Pi_g$	1421.98±0.55	1421.20289	0.0055	1225.2846	13.83	1409.0156（文献[13]）	0.91

注：$\Delta D^{AEM}\%=100\times |D_e^{exp}-D_e^{AEM}|/D_e^{exp}$；$\Delta E^{cal}\%=100\times |D_e^{exp}-E_{\upsilon_{max}}^{cal}|/D_e^{exp}$；$\Delta E^{inp}\%=100\times |D_e^{exp}-E_{\upsilon_{max}}^{inp}|/D_e^{exp}$。$E_{\upsilon_{max}}^{cal}$ 是用表 6.1 指定的参考文献所给出的振动光谱常数计算的最高振动能量；$E_{\upsilon_{max}}^{inp}$ 是本表所列参考文献所给出的最大振动能量；D_e^{exp} 是表 6.1 中相关文献所给出各分子态离解能的实验值；Δ 这些数据违背式(5.2-10)。

表 6.7　Na_2 分子部分电子态的离解能 D_e^{AM} 和文献的最大振动能量 $E_{\upsilon_{max}}$ 与实验离解能 D_e^{exp} 的百分误差　（能量单位：cm^{-1}）

态	D_e^{exp}	$D_e^{AEM}=E_{\upsilon_{max}}^{AM}$	$\Delta D^{AEM}\%$	$E_{\upsilon_{max}}^{cal}$	$\Delta E^{cal}\%$	$E_{\upsilon_{max}}^{inp}$	$\Delta E^{inp}\%$
$Na_2-X^1\Sigma_g^+$	6022.03±0.03	6020.4072	0.027	5992.4461	0.49	5428.5727（文献[15]）	9.85
$Na_2-6^1\Sigma_g^+$	6659.73±0.05	6655.4869	0.064	4961.6254	25.50	3773.7075（文献[17]）	43.34
$Na_2-2^3\Sigma_g^+$	6211.5±0.1	6209.0455	0.040	6144.7512	1.10	5569.442（文献[19]）	10.34
$Na_2-2^1\Pi_g$	4612.7±0.1	4607.7233	0.11	4173.4622	9.52	3725.8512（文献[23]）	19.23
$Na_2-2^3\Pi_g$	6406	6405.6721	0.0051	6440.2782^{Δ}	0.54	4090.910（文献[24]）	36.14
$Na_2-1^3\Delta_g$	7165	7163.0430	0.027	7385.5088^{Δ}	3.08	5527.56（文献[10]）	22.85
$Na_2-2^3\Delta_g$	7614.0±0.2	7612.7295	0.017	7952.2778^{Δ}	4.44	2691.6275（文献[27]）	64.65
$Na_2-A^1\Sigma_u^+$	8066	8063.8899	0.026	7923.7980	1.76	6480.291（文献[22]）	19.66
$Na_2-2^3\Sigma_g^+$	3385.70±0.2	3383.1490	0.075	4860.1530^{Δ}	43.55	3378.32（文献[17]）	0.22
$Na_2-4^3\Sigma_g^+$	4164	4162.9904	0.024	5294.6759^{Δ}	27.15	2931.332（文献[18]）	29.60

注：$\Delta D^{AEM}\%=100\times|D_e^{exp}-D_e^{AEM}|/D_e^{exp}$；$\Delta E^{cal}\%=100\times|D_e^{exp}-E_{\upsilon_{max}}^{cal}|/D_e^{exp}$；$\Delta E^{inp}\%=100\times|D_e^{exp}-E_{\upsilon_{max}}^{inp}|/D_e^{exp}$。

$E_{\upsilon_{max}}^{cal}$ 是用表 6.1 指定的参考文献所给出的振动光谱常数计算的最高振动能量；$E_{\upsilon_{max}}^{inp}$ 是本表所列参考文献所给出的最大振动能量；D_e^{exp} 是表 6.1 中相关文献所给出各分子态离解能的实验值；

$^{\Delta}$ 这些数据违背式(5.2-10)。

表 6.8 K_2 、 Rr_2 和 Sr_2 分子部分电子态的离解能 D_e^{AM} 和文献的最大振动能量 $E_{\upsilon_{max}}$ 与实验离解能 D_e^{exp} 的百分误差 （能量单位：cm^{-1}）

态	D_e^{exp}	$D_e^{AEM}=E_{\upsilon_{max}}^{AM}$	$\Delta D^{AEM}\%$	$E_{\upsilon_{max}}^{cal}$	$\Delta E^{cal}\%$	$E_{\upsilon_{max}}^{inp}$	$\Delta E^{inp}\%$
$K_2-X^1\Sigma_g^+$	4450.674±0.072	4448.0124	0.060	3933.6847	11.62	4404.8772（文献[30]）	1.03
$K_2-a^3\Sigma_u^+$	254±2	251.5571	0.96	248.7954	2.05	234.6707（文献[32]]	7.61
$Rb_2-X^1\Sigma_g^+$	3993.53±0.06	3993.5082	0.00055	3966.0407	0.69	3313.143（文献[33]]	17.04
$Rb_2-1^1\Pi_g$	1290±30	1287.4634	0.20	815.4247	36.79	987.288（文献[36]]	23.47
$Sr_2-X^1\Sigma_g^+$	1060±30	1059.8702	0.012	1063.9347$^{\Delta}$	0.37	940.095（文献[35]]	11.31

注：$\Delta D^{AEM}\%=100\times\left|D_e^{exp}-D_e^{AEM}\right|/D_e^{exp}0$；$\Delta E^{cal}\%=100\times\left|D_e^{exp}-E_{\upsilon_{max}}^{cal}\right|/D_e^{exp}$；$\Delta E^{inp}\%=100\times\left|D_e^{exp}-E_{\upsilon_{max}}^{inp}\right|/D_e^{exp}$。

$E_{\upsilon_{max}}^{cal}$ 是用表 6.1 指定的参考文献所给出的振动光谱常数计算的最高振动能量；$E_{\upsilon_{max}}^{inp}$ 是本表所列参考文献所给出的最大振动能量；D_e^{exp} 是表 6.1 中相关文献所给出各分子态离解能的实验值；

$^{\Delta}$ 这些数据违背式(5.2-10)。

表 6.9~表 6.11 给出了所列各电子态的 AM 完全振动能谱 $\{E_\upsilon\}$。它们都是使用 AM 方法,利用各电子态的已知实验能级子集合$[E_\upsilon]$求解式(5.2-3)而不用任何数学近似和物理模型得到的。因此，这些分子态的振动光谱常数、振动能谱不仅能很好地重复已知实验能级或 RKR 数据，而且能够合理地产生实验难以得到的所有高激发态振动能级，从而获得非常接近于离解极限的最高振动能级和最大振动量子数$\upsilon_{\max}$。实验上往往很难直接测得离解极限处的分子离解能D_e。比较典型的例子是表 6.10 中Na_2分子的电子激发态$2^3\Delta_g$态和$4^3\Sigma_g^+$态，Whang 等[27]于 1991 年从实验中对$2^3\Delta_g$态仅仅获得 24 个振动能级，即最高振动能级$E(\upsilon_{\max}=23)=2691.6275\,\text{cm}^{-1}$，这个值远小于离解能的实验值$D_e=7614\,\text{cm}^{-1}$，而用 AM 方法得到的该分子态完全振动能谱$\{E_\upsilon\}$的能级数为 103 个，最高振动能级$E_{\text{AM}}(\upsilon_{\max}=102)=7612.7295\,\text{cm}^{-1}$，此值和$D_e$相比，其百分误差仅为 0.017%。两年后，即 1993 年，Whang 等[20]又对该分子的$4^3\Sigma_g^+$态进行了实验研究，他们从实验中对这个态仅仅获得 27 个振动能级，即最高振动能级$E(\upsilon_{\max}=26)=2931.332\,\text{cm}^{-1}$，这个结果也远小于其实验离解能的值($D_e=4164\,\text{cm}^{-1}$)，而用 AM 方法得到的该分子态完全振动能谱$\{E_\upsilon\}$的能级数为 45 个，最高振动能级$E_{\text{AM}}(\upsilon_{\max}=44)=4162.9904\,\text{cm}^{-1}$，此值和$D_e$相比，其百分误差仅为 0.024%。此外，Babaky 和 Hussein[15]于 1989 年通过实验的方法获得该分子电子基态$X^1\Sigma_g^+$的振动能谱的能级数为 46 个(见表 6.10 中$E_\upsilon^{\text{exp.1}}$所在的列)，最高振动能级$E(\upsilon_{\max}=45)=5428.5727\,\text{cm}^{-1}$，为了获得该电子态高阶激发态振动能谱，他们利用自己的实验数据对这个电子态进行了理论拟合，其拟合的振动能级数为 63 个，拟合的最高振动能级值为$E_{\upsilon_{\max}}^{\text{fit}}=6017.8555\,\text{cm}^{-1}$(见表 6.10 中$E_\upsilon^{\text{lit.}}$所在的列)。1998 年，Camacho 等[37]再次对这个电子态进行了实验研究，他们获得的振动能级数为 63 个，最高振动能级值为$E_{\upsilon_{\max}}^{\text{exp}}=6017.97\,\text{cm}^{-1}$(见表 6.10 中$E_\upsilon^{\text{exp.2}}$所在的列)。与此相比，通过 AM 得到的这个电子态完全振动能谱$\{E_\upsilon\}$的能级数(63 个)不但同 Camacho 的实验结果完全相同(见表 6.10 中E_υ^{AM}所在的列)，而且 AM 得到的最高振动能级($E_{\upsilon_{\max}}^{\text{AM}}=6020.4072\,\text{cm}^{-1}$)十分接近离解能的实验值($D_e=6022.03\,\text{cm}^{-1}$)(百分误差仅为 0.027%),比 Babaky 和 Hussein[15]的理论拟合值($E_{\upsilon_{\max}}^{\text{fit}}=6017.8555\,\text{cm}^{-1}$)和 Camacho 等[37]的实验值($E_{\upsilon_{\max}}^{\text{exp}}=6017.97\,\text{cm}^{-1}$)都要好。在表 6.9~6.11 中所列的其他分子的电子态的 AM 能谱与文献中的实验能级相比较，也有类似的情况。由此可知，AM 能谱的精确度完全取决于实验能级的精确度，只要实验能级精确可靠，则 AM 将产生一组十分准确的光谱常数，由此计算而得到的 AM 振动能谱将必然很好地再现实验能谱并正确地产生包括最高振动能级在内的全部高阶振动能级,从而获得的离解能的准确度也应该是相当高的。在表 6.10 中，Na_2分子的$2^3\Pi_g$态的 AM 能谱可以进一步说明这一点:在表 6.10 中,该态的 AM 能谱除了几乎完全和已知的 53 个实验能级[23]重合外，还精确地产生了高于第 53 个态之上的 63 个 AM 振动能级，其最大振动量子数为 $\upsilon_{\max}=115$，最高振动能级$E_{\upsilon_{\max}}^{\text{AM}}=6405.6721\,\text{cm}^{-1}$，这个值和该分子态离解能的实验值($D_e^{\text{exp}}=6406\,\text{cm}^{-1}$)仅仅相差 0.0051%。鉴于这样的精确度，我们对表 6.1 和表 6.2 中的既

没有实验离解能数值又缺乏其理论值的$^6Li_2$分子的$X^1\Sigma_g^+$态、Na_2分子的$7^3\Delta_g$态分别作了 AM 计算和 AEM 分析。由表 6.9、表 6.10 可知，这两个电子态的 AM 能谱和已知的实验能级重合得相当好。在表 6.1、表 6.2 中也给出了该态的 AM 振动光谱常数、AM 离解能D_e^{AM}和离解能的 AEM 参考值(数值上有“□”符号)。可以预言，若实验测得了该分子态的离解能D_e，则它与D_e^{AM}之间的百分误差将不会大于 0.1%。

为了将各电子态的 AM 计算结果与文献结果进行比较，在表 6.6~表 6.8 中分别列出了用参考文献给出的振动光谱常数计算的最高振动能量$E_{\upsilon_{max}}^{cal}$、参考文献直接给出的最大振动能量$E_{\upsilon_{max}}^{inp}$和 AM 离解能D_e^{AEM}分别与各电子态离解能D_e的实验值比较的百分误差。图 6.1~图 6.3 中直观反映了这些误差的比较情况。表 6.6~表 6.8 和图 6.1~图 6.3 都表明各 AM 计算结果的百分误差比由文献得到的结果要小得多，充分证明了 AM 方法和 AEM 方法的可靠性。

表 6.9 $^7Li_2$分子部分电子态的 AM 振动能谱和文献发表的振动能量值 (能量单位：cm^{-1})

υ	$X^1\Sigma_g^+$		$a^3\Sigma_u^+$		$2^3\Sigma_g^+$		$1^1\Pi_g$	
	E_υ^{exp} (文献[1])	E_υ^{AM}	E_υ^{exp} (文献[9])	E_υ^{AM}	E_υ^{exp} (文献[3])	E_υ^{AM}	E_υ^{exp} (文献[10])	E_υ^{AM}
0	175.0	175.00	31.857	31.857	134.3041	134.30410	46.212	46.2120
1	521.3	521.30	90.453	90.453	400.6667	400.66670	135.913	135.9144
2	862.3	862.30	142.523	142.523	664.0316	664.03160	222.100	222.1007
3	1198.0	1198.00	188.240	188.240	924.3946	924.39460	304.877	304.8770
4	1528.4	1528.38	227.679	227.679	1181.7514	1181.75140	384.314	384.3140
5	1853.5	1853.41	260.837	260.837	1436.0977	1436.09770	460.454	460.4542
6	2173.1	2173.04	287.665	287.665	1687.4293	1687.42930	533.319	533.3190
7	2487.2	2487.20	308.098	308.098	1935.7419	1935.74218	602.914	602.9144
8	2795.8	2795.80	322.155	322.155	2181.0313	2181.03255	669.237	669.2370
9	3098.7	3098.76	330.170	330.234	2423.2931	2423.29682	732.279	732.2786
10	3395.8	3395.98	333.269	333.269	2662.5232	2662.53154	792.031	792.0306
11	3687.1	3687.32			2898.7172	2898.73319	848.488	848.4880
12	3972.5	3972.68			3131.8708	3131.89789	901.652	901.6525
13	4251.8	4251.92			3361.9799	3362.02100	951.532	951.5353
14	4524.8	4524.91			3589.0402	3589.09650	998.154	998.1593
15	4791.5	4791.50			3813.0473	3813.11628	1041.552	1041.5607
16	5051.6	5051.54			4033.9971	4034.06917	1081.781	1081.7901
17	5304.9	5304.90			4251.8852	4251.93984	1118.908	1118.9155
18	5551.4	5551.40			4466.7074	4466.70740	1153.018	1153.0180
19		5790.87			4678.4595	4678.45950	1184.211	1184.1964

续表

υ	$X^1\Sigma_g^+$		$a^3\Sigma_u^+$		$2^3\Sigma_g^+$		$1^1\Pi_g$	
	E_υ^{exp} (文献[1])	E_υ^{AM}	E_υ^{exp} (文献[9])	E_υ^{AM}	E_υ^{exp} (文献[3])	E_υ^{AM}	E_υ^{exp} (文献[10])	E_υ^{AM}
20		6023.15				4886.81190	1212.605	1212.5644
21		6248.04				5092.06345	1238.329	1238.2504
22		6465.31				5294.03647	1261.528	1261.3960
23		6674.72				5492.65259	1282.355	1282.1550
24		6876.01				5687.81384	1300.971	1300.6902
25		7068.84				5879.39923	1317.542	1317.1731
26		7252.83				6067.26091	1332.236	1331.7800
27		7427.56				6251.21986	1345.214	1344.6893
28		7592.48				6431.06128	1356.631	1356.0789
29		7746.99				6606.52947	1366.629	1366.1226
30		7890.36				6777.32232	1375.329	1374.9867
31		8021.70				6943.08522	1382.826	1382.8260
32		8140.02				7103.40464		1389.7800
33		8244.10				7257.80105		1395.9683
34		8332.54				7405.72140		1401.4872
35		8403.71				7546.53105		1406.4043
36		8455.69				7679.50509		1410.7543
37		8486.29				7803.81912		1414.5342
38		8492.96				7918.53940		1417.6986
39						8022.61240		1420.1544
40						8114.85372		1421.7563
41						8193.93629		1422.3015
42						8258.37794		
43						8306.52833		
44						8336.55501		
45						8346.42890		
D_e^{exp}	8516.78±0.54(文献[2])		333.69±0.10(文献[2])		(8428，8379)◇		1422.5±0.3(文献[9])	

注：E_υ^{exp} 是实验值；E_υ^{AM} 是 AM 计算值；来自文献[4]的其他理论计算值。

续表

υ	$A^1\Sigma_u^+$		$b^3\Pi_u$		υ	$A^1\Sigma_u^+$		$b^3\Pi_u$	
	E_υ^{exp} (文献[7])	E_υ^{AM}	E_υ^{exp} (文献[11])	E_υ^{AM}		E_υ^{exp} (文献[7])	E_υ^{AM}	E_υ^{exp} (文献[11])	E_υ^{AM}
0	127.1	127.10	172.638	172.6380	46		8735.32		11345.5422
1	379.4	379.40	514.882	514.8820	47		8856.80		11456.0296
2	628.6	628.56	853.096	853.0960	48		8971.89		11558.8577
3	874.6	874.60	1187.292	1187.2917	49		9079.39		11653.9049
4	1117.6	1117.54	1517.479	1517.4790	50		9177.90		11741.0605
5	1357.4	1357.40	1843.666	1843.6657	51		9285.75		11820.2262
6	1594.2	1594.19	2165.858	2165.8576	52		9341.05		11891.3182
7	1828.0	1827.93	2484.058	2484.0580	53		9371.59		11954.2693
8	2058.6	2058.64	2798.268	2798.2676	54				12009.0310
9	2286.3	2286.30	3108.485	3108.4845	55				12055.5760
10	2510.8	2510.92	3414.704	3414.7036	56				12093.9003
11	2732.4	2732.50	3716.917	3716.9167	57				12124.0258
12	2950.9	2951.03	4015.112	4015.1120	58				12146.0034
13	3166.4	3166.51	4309.274	4309.2739	59				12159.9155
14	3378.8	3378.92	4599.383	4599.3829	60				12165.8788
15	3588.1	3588.26	4885.415	4885.4150					
16	3794.4	3794.52	5167.340	5167.3417					
17	3997.7	3997.70	5445.127	5445.1297					
18	4197.8	4197.80	5718.737	5718.7406					
19	4394.9	4394.83	5988.126	5988.1306					
20	4588.8	4588.80	6253.245	6253.2505					
21		4779.74	6514.0453	6514.039					
22		4967.67	6770.4539	6770.448					
23		5152.65	7022.4094	7022.405					
24		5334.72	7269.8383	7269.836					
25		5513.94	7512.6610	7512.661					
26		5690.39	7750.7914	7750.793					
27		5864.14	7984.1370	7984.137					
28		6035.29		8212.6018					
29		6203.93		8436.0794					
30		6370.17		8654.4589					
31		6534.10		8867.6232					
32		6695.83		9075.4496					
33		6855.46		9277.8099					
34		7013.06		9474.5705					
35		7168.72		9665.5932					
36		7322.48		9850.7353					

续表

υ	$A^1\Sigma_u^+$		$b^3\Pi_u$		υ	$A^1\Sigma_u^+$		$b^3\Pi_u$	
	E_υ^{exp} (文献[7])	E_υ^{AM}	E_υ^{exp} (文献[11])	E_υ^{AM}		E_υ^{exp} (文献[7])	E_υ^{AM}	E_υ^{exp} (文献[11])	E_υ^{AM}
37		7474.36		10029.8506					
38		7624.36		10202.7894					
39		7772.42		10369.3994					
40		7918.42		10529.5269					
41		8062.18		10683.0169					
42		8203.46		10829.7146					
43		8341.92		10969.4660					
44		8477.12		11102.1194					
45		8608.48		11227.5261					
D_e^{exp}				9400(文献[7])					12178.905(文献[12])

υ	$2^3\Pi_g$		$3^3\Sigma_g^+$		υ	$2^3\Pi_g$		$3^3\Sigma_g^+$	
	E_υ^{exp} (文献[13])	E_υ^{AM}	E_υ^{exp} (文献[5])	E_υ^{AM}		E_υ^{exp} (文献[13])	E_υ^{AM}	E_υ^{exp} (文献[5])	E_υ^{AM}
0	93.48	93.480	135.531	135.5310	44		6645.865		8250.4881
1	279.10	278.985	403.889	403.8890	45		6758.263		8304.5425
2	462.72	462.551	668.019	669.0197	46		6868.771		8346.4391
3	644.37	644.192	930.886	930.8867	47		6977.318		8375.0132
4	824.10	823.927	1189.454	1189.4540	48		7083.820		8388.9671
5	1001.92	1001.775	1444.686	1444.6860	49		7188.182		
6	1177.88	1177.759	1696.548	1696.5472	50		7290.294		
7	1351.99	1351.904	1945.003	1945.0018	51		7390.030		
8	1524.29	1524.232	2190.015	2190.0142	52		7487.246		
9	1694.81	1694.770	2431.549	2431.5485	53		7581.780		
10	1863.56	1863.541	2669.569	2669.5686	54		7673.445		
11	2030.58	2030.570	2904.038	2904.0384	55		7762.034		
12	2195.88	2195.880	3134.922	3134.9220	56		7847.300		
13	2359.49	2359.493	3362.183	3362.1835	57		7929.007		
14	2521.43	2521.429	3585.787	3585.7870	58		8006.832		
15	2681.71	2681.710	3805.698	3805.6970	59		8080.453		
16	2840.35	2840.352	4021.879	4021.8779	60		8149.503		
17	2997.38	2997.373	4234.294	4234.2940	61		8213.574		
18	3152.79	3152.788	4442.909	4442.9095	62		8272.212		
19	3306.61	3306.610	4647.687	4647.6877	63		8324.918		
20	3458.85	3458.851	4848.591	4848.5910	64		8371.142		
21	3609.52	3609.522		5045.5800	65		8410.276		

续表

υ	$2^3\Pi_g$		$3^3\Sigma_g^+$		υ	$2^3\Pi_g$		$3^3\Sigma_g^+$	
	E_υ^{exp} (文献[13])	E_υ^{AM}	E_υ^{exp} (文献[5])	E_υ^{AM}		E_υ^{exp} (文献[13])	E_υ^{AM}	E_υ^{exp} (文献[5])	E_υ^{AM}
22	3758.63	3758.633		5238.6129	66		8441.655		
23	3906.19	3906.190		5427.6442	67		8464.551		
24	4052.20	4052.200		5612.6242	68		8478.165		
25	4196.67	4196.669		5793.4971	69		8481.627		
26	4339.60	4339.600		5970.1995					
27	4480.99	4480.997		6142.6588					
28	4620.86	4620.860		6310.7911					
29	4759.19	4759.191		6474.4986					
30	4895.99	4895.989		6633.6672					
31	5031.25	5031.252		6788.1632					
32	5164.98	5164.977		6937.8306					
33	5297.16	5297.160		7082.4869					
34	5427.79	5427.794		7221.9193					
35	5556.86	5556.872		7355.8805					
36	5684.36	5684.383		7484.0837					
37	5810.28	5810.315		7606.1974					
38	5934.62	5934.654		7721.8401					
39	6057.35	6057.379		7830.5740					
40	6178.47	6178.470		7931.8984					
41		6297.899		8025.2431					
42		6415.634		8109.9604					
43		6531.637		8185.3176					
D_e^{exp}						8484(文献[6])		8401(文献[6])	

υ	E_υ^{exp}		$1^3\Delta_g$		$^6Li_2-X^1\Sigma_g^+$		$^6Li_2-1^1\Pi_g$	
	$B^1\Pi_u$ (文献[7])	E_υ^{AM}	E_υ^{exp} (文献[11])	E_υ^{AM}	E_υ^{exp} (文献[15])	E_υ^{AM}	E_υ^{exp} (文献[14])	E_υ^{AM}
0	134.5	134.50	139.509	139.5090	188.9575	188.95750	49.7317	49.73170
1	399.2	399.25	415.968	415.9645	562.4179	562.41745	146.0459	146.04379
2	657.4	657.39	689.105	689.1021	929.7950	929.79500	238.4594	238.45940
3	909.1	909.16	958.939	958.9390	1291.0181	1291.01822	327.0141	327.01444
4	1153.9	1153.96	1225.489	1225.4914	1646.0163	1646.01630	411.7278	411.72780
5	1391.6	1391.66	1488.771	1488.7741	1994.7186	1994.71860	492.6062	492.60620
6	1621.8	1621.86	1748.797	1748.7998	2337.0543	2337.05430	569.6484	569.64866
7	1844.1	1844.16	2005.577	2005.5791	2672.9524	2672.95242	642.8506	642.85060
8	2058.1	2058.16	2259.119	2259.1200	3002.3420	3002.34200	712.2075	712.20750
9	2263.1	2263.37	2509.428	2509.4280	3325.1523	3325.15230	777.7147	777.71827

续表

υ	E_υ^{exp}		$1^3\Delta_g$		$^6Li_2-X^1\Sigma_g^+$		$^6Li_2-1^1\Pi_g$	
	$B^1\Pi_u$ (文献[7])	E_υ^{AM}	E_υ^{exp} (文献[11])	E_υ^{AM}	E_υ^{exp} (文献[15])	E_υ^{AM}	E_υ^{exp} (文献[14])	E_υ^{AM}
10	2458.7	2458.76	2756.506	2756.5057	3641.3124	3641.31270	839.3712	839.38818
11	2644.1	2641.82	3000.353	3000.3530	3950.7514	3950.75223	897.1830	897.23144
12	2818.3	2817.16	3240.967	3240.9670	4253.3984	4253.39840	951.1660	951.27341
13	2980.3	2974.23	3478.341	3478.3420		4549.17525	1001.3503	1001.55243
14		3034.36	3712.467	3712.4697		4838.00030	1047.7834	1048.12131
15		3046.67	3943.336	3943.3388		5119.78029	1090.5330	1091.04841
16			4170.932	4170.9359		5394.40545	1129.6891	1130.41844
17			4395.241	4395.2449		5661.74209	1165.3644	1166.33277
18			4616.244	4616.2470		5921.62340	1197.6943	1198.90955
19			4833.919	4833.9211		6173.83810	1226.8346	1228.28330
20			5048.243	5048.2438		6418.11690	1252.9594	1254.60432
21			5259.189	5259.1890		6654.11643	1276.2570	1278.03759
22			5466.728	5466.7279		6881.40052	1296.9258	1298.76145
23			5670.829	5670.8290		7099.41865	1315.1698	1316.96586
24			5871.457	5871.4577		7307.48123	1331.1938	1332.85034
25			6068.576	6068.5760		7504.73163	1345.1999	1346.62157
26				6262.1420		7690.11480	1357.3833	1358.49066
27				6452.1095		7862.34205	1367.9295	1368.67005
28				6638.4272		8019.85210	1377.0130	1377.37013
29				6821.0381		8160.76786	1384.7955	1384.79550
30				6999.8783		8282.84910	1391.4262	1391.14086
31				7174.8763		8383.44043	1397.0421	1396.58665
32				7345.9517		8459.41470	1401.7693	1401.29432
33				7513.0137		8507.11144	1405.7241	1405.40130
34				7675.9595		8522.27017	1409.0156	1409.01560
35				7834.6729				1412.21017
36				7989.0223				1415.01687
37				8138.8582				1417.42019
38				8284.0115				1419.35063
39				8424.2904				1420.67773
40				8559.4780				1421.20289
41				8689.3292				
42				8813.5671				
…				……				
54				9705.1634				
55				9709.2307				
D_e^{exp}	3070(文献[7])		9710(文献[6])		未知		1421.98±0.55(文献[4])	

表 6.10　Na_2 分子部分电子态的 AM 振动能谱和文献发表的振动能量值　（能量单位：cm^{-1}）

$X^1\Sigma_g^+$									
υ	$E_\upsilon^{exp.1}$ (文献[15])	E_υ^{AM}	$E_\upsilon^{exp.2}$ (文献[40])	E_υ^{lit} (文献[15])	υ	$E_\upsilon^{exp.1}$ (文献[15])	E_υ^{AM}	$E_\upsilon^{exp.2}$ (文献[39])	E_υ^{lit} (文献[15])
0	79.3409	79.34090	79.37	79.3678	47		5555.33871	5555.19	5555.1368
1	236.9996	237.04588	237.02	237.0455	48		5613.64065	5613.29	5613.2351
2	393.2038	393.26573	393.23	393.2453	49		5668.43327	5667.80	5667.7490
3	547.9414	547.99983	547.96	547.9739	50		5719.62405	5718.63	5718.5693
4	701.2021	701.24455	701.22	701.2267	51		5767.12009	5765.65	5765.5866
5	852.9718	852.99359	852.99	852.9934	52		5810.82860	5808.76	5808.6933
6	1003.2383	1003.23830	1003.26	1003.2600	53		5850.65735	5847.86	5847.7876
7	1151.9877	1151.96795	1152.01	1152.0113	54		5886.51527	5882.85	5882.7797
8	1299.2059	1299.16996	1299.23	1299.2313	55		5918.31303	5913.67	5913.5990
9	1444.8777	1444.83011	1444.90	1444.9041	56		5945.96373	5940.29	5940.2058
10	1588.9873	1588.93271	1589.01	1589.0133	57		5969.38355	5962.69	5962.6055
11	1731.5180	1731.46069	1731.54	1731.5426	58		5988.49260	5980.96	5980.8684
12	1872.4520	1872.39577	1872.47	1872.4746	59		6003.21569	5995.25	5995.1549
13	2011.7708	2011.71849	2011.79	2011.7915	60		6013.48323	6005.85	6005.7479
14	2149.4546	2149.40829	2149.47	2149.4740	61		6019.23221	6013.20	6013.0942
15	2285.4825	2285.44346	2285.50	2285.5020	62		6020.40720	6017.97	6017.8555
16	2419.8327	2419.80119	2419.85	2419.8534					
17	2552.4819	2552.45789	2552.50	2552.5049					
18	2683.4056	2683.38828	2683.42	2683.4318					
19	2812.5778	2812.56626	2812.59	2812.6075					
20	2939.9715	2939.96437	2939.58	2940.0043					
21	3065.5577	3065.55383	3065.57	3065.5927					
22	3189.3061	3189.30439	3189.32	3189.3422					
23	3311.1848	3311.18431	3311.19	3311.2204					
24	3431.1602	3431.16020	3431.17	3431.1938					
25	3549.1969	3549.19690	3549.21	3549.2271					
26	3665.2574	3665.25740	3665.27	3665.2836					
27	3779.3027	3779.30270	3779.31	3779.3247					
28	3891.2915	3891.29170	3891.31	3891.3098					
29	4001.1804	4001.18107	4001.20	4001.1963					
30	4108.9239	4108.92517	4108.95	4108.9393					
31	4214.4740	4214.47592	4214.50	4214.4913					
32	4317.7805	4317.78269	4317.82	4317.8023					
33	4418.7906	4418.79226	4418.83	4418.8193					
34	4517.4487	4517.44870	4517.50	4517.4867					
35	4613.6967	4613.69332	4613.76	4613.7454					
36	4707.4735	4707.46464	4707.54	4707.5335					

续表

$X^1\Sigma_g^+$									
υ	$E_\upsilon^{exp.1}$ (文献[15])	E_υ^{AM}	$E_\upsilon^{exp.2}$ (文献[40])	E_υ^{lit} (文献[15])	υ	$E_\upsilon^{exp.1}$ (文献[15])	E_υ^{AM}	$E_\upsilon^{exp.2}$ (文献[39])	E_υ^{lit} (文献[15])
37	4798.7149	4798.69833	4798.79	4798.7858					
38	4887.3537	4887.32723	4887.44	4887.4339					
39	4973.3195	4973.28134	4973.41	4973.4061					
40	5056.5380	5056.48787	5056.63	5056.6276					
41	5136.9319	5136.87128	5137.02	5137.0199					
42	5214.4196	5214.35328	5214.51	5214.5015					
43	5288.9160	5288.85344	5289.00	5288.9870					
44	5360.3316	5360.28833	5360.41	5360.3878					
45	5428.5727	5428.57270	5428.64	5428.6112					
46		5493.61920	5493.61	5493.5609					
D_e^{exp}								6022.03±0.03(文献[26])	

注：$E_\upsilon^{exp.1}$ 和 $E_\upsilon^{exp.2}$ 是实验值；E_υ^{AM} 是 AM 计算值；E_υ^{lit} 是文献 15 根据 RKR 势能曲线拟合而产生的振动能级。

υ	$1^3\Sigma_g^-$		$2^3\Sigma_g^+$		υ	$1^3\Sigma_g^-$		$2^3\Sigma_g^+$	
	E_υ^{exp} (文献[18])	E_υ^{AM}	E_υ^{exp} (文献[19])	E_υ^{AM}		E_υ^{exp} (文献[18])	E_υ^{AM}	E_υ^{exp} (文献[19])	E_υ^{AM}
0	0.00	0.000	63.225	63.2250	46	3156.82	3157.170	4915.119	4914.7989
1	92.75	92.750	189.003	189.1066	47	3189.87	3190.127	4995.020	4994.6437
2	184.65	185.012	313.890	314.0526	48	3220.57	3220.701	5073.324	5072.8939
3	275.68	276.184	437.901	438.0897	49	3248.84	3248.840	5149.955	5149.4795
4	365.83	366.336	561.048	561.2396	50	3274.60	3274.445	5224.830	5224.3250
5	455.09	455.521	683.339	683.5193	51	3297.73	3297.459	5297.859	5297.3500
6	543.46	543.772	804.782	804.9416	52	3318.17	3317.815	5368.946	5368.4685
7	630.93	631.113	925.381	925.5161	53	3335.83	3335.462	5437.983	5437.5890
8	717.48	717.588	1045.140	1045.2492	54	3350.65	3350.357	5504.857	5504.6145
9	803.13	803.163	1164.060	1164.1448	55	3362.62	3362.471	5569.442	5569.4420
10	887.85	887.850	1282.142	1282.2043	56	3371.79	3371.790		5631.9630
11	971.64	971.640	1399.384	1399.4276	57	3378.32	3378.320		5692.0631
12	1054.49	1054.520	1515.784	1515.8129	58		3382.888		5749.6219
13	1136.39	1136.475	1631.340	1631.3569	59		3383.149		5804.5133
14	1217.32	1217.484	1746.047	1746.0557	60				5856.6053
15	1297.29	1297.528	1859.901	1859.9043	61				5905.7600
16	1376.26	1376.584	1972.897	1972.8970	62				5951.8340

续表

υ	$1^3\Sigma_g^-$		$2^3\Sigma_g^+$		υ	$1^3\Sigma_g^-$		$2^3\Sigma_g^+$	
	E_υ^{exp} (文献[18])	E_υ^{AM}	E_υ^{exp} (文献[19])	E_υ^{AM}		E_υ^{exp} (文献[18])	E_υ^{AM}	E_υ^{exp} (文献[19])	E_υ^{AM}
17	1454.24	1454.628	2085.029	2085.0276	63				5994.6782
18	1531.19	1531.639	2196.292	2196.2898	64				6034.1379
19	1607.11	1607.593	2306.678	2306.6765	65				6070.0535
20	1681.96	1682.467	2416.182	2416.1805	66				6102.2597
21	1755.75	1756.238	2524.795	2524.7946	67				6130.5870
22	1828.43	1828.888	2632.511	2632.5110	68				6154.8608
23	1899.98	1900.384	2739.322	2739.3217	69				6174.9025
24	1970.39	1970.712	2845.219	2845.2186	70				6190.5294
25	2039.63	2039.848	2950.193	2950.1930	71				6201.5555
26	2107.65	2107.769	3054.236	3054.2357	72				6207.7915
27	2174.45	2174.450	3157.337	3157.3370	73				6209.0455
28	2239.97	2239.866	3259.487	3259.4865					
29	2304.20	2303.990	3360.673	3360.6730					
30	2367.09	2366.794	3460.884	3460.8842					
31	2428.61	2428.248	3560.106	3560.1066					
32	2488.72	2488.317	3658.325	3658.3255					
33	2547.38	2546.967	3755.524	3755.5246					
34	2604.56	2604.157	3851.686	3851.6860					
35	2660.21	2659.844	3946.792	3946.7895					
36	2714.28	2713.983	4040.821	4040.8131					
37	2766.74	2766.522	4133.747	4133.7322					
38	2817.52	2817.407	4225.546	4225.5198					
39	2866.58	2866.580	4316.188	4316.1460					
40	2913.87	2913.978	4405.641	4405.5777					
41	2959.32	2959.535	4.493870	4493.7789					
42	3002.88	3003.183	4.580834	4580.7096					
43	3044.48	3044.846	4.666492	4666.3265					
44	3084.05	3084.451	4.750794	4750.5821					
45	3121.53	3121.918	4.833689	4833.4249					
D_e^{exp}						3385.70±0.2($D_0^{lit.}$)^※^(文献[18])		6211.5±0.1(文献[18])	

注：※ 因文献[1]发表的此态无零点振动能量值，故由 AM 产生的 $E_{\upsilon_{max}}^{AM}$ 只与文献发表的实验值 D_0^{lit} 作比较。

续表

υ	$2^1\Pi_g$		$2^3\Pi_g$		υ	$2^1\Pi_g$		$2^3\Pi_g$	
	$E_\upsilon^{\exp}$ (文献[23])	E_υ^{AM}	$E_\upsilon^{\exp}$ (文献[24])	E_υ^{AM}		$E_\upsilon^{\exp}$ (文献[24])	E_υ^{AM}	$E_\upsilon^{\exp}$ (文献[24])	E_υ^{AM}
0	51.1514	51.15140	47.029	47.0290	56		4378.99556		4337.5600
1	152.8956	153.04043	140.632	140.6321	57		4412.58489		4397.6880
2	253.9489	254.11467	233.499	233.4990	58		4443.44489		4457.1890
3	354.3151	354.42129	325.643	325.6432	59		4471.53902		4516.0554
4	453.9964	453.99640	417.072	417.0725	60		4496.84500		4574.2795
5	552.9937	552.86661	507.798	507.7980	61		4519.35778		4631.8532
6	651.3066	651.05044	597.829	597.8295	62		4539.09206		4688.7682
7	748.9337	748.55962	687.176	687.1766	63		4556.08493		4745.0156
8	845.8726	845.40021	775.848	775.8484	64		4570.39894		4800.5864
9	942.1202	941.57367	863.854	863.8539	65		4582.12515		4855.4711
10	1037.6722	1037.07770	951.202	951.2021	66		4591.38654		4909.6600
11	1132.5241	1131.90706	1037.900	1037.9000	67		4598.34151		4963.1428
12	1226.6705	1226.05426	1123.956	1123.9560	68		4603.18770		5015.9092
13	1320.1053	1319.51007	1209.378	1209.3782	69		4606.16591		5067.9482
14	1412.8219	1412.26408	1294.174	1294.1736	70		4607.56440		5119.2486
15	1504.8134	1504.30502	1378.349	1378.3490	71		4607.72327		5169.7989
16	1596.0718	1595.62106	1461.911	1461.9111	72				5219.5871
17	1686.5891	1686.20006	1544.866	1544.8662	73				5268.6009
18	1776.3562	1776.02974	1627.220	1627.2201	74				5316.8276
19	1865.3636	1865.09758	1708.978	1708.9786	75				5364.2542
20	1953.6012	1953.39105	1790.147	1790.1470	76				5410.8671
21	2041.0577	2040.89744	1870.730	1870.7302	77				5456.6528
22	2127.7212	2127.60379	1950.732	1950.7329	78				5501.5968
23	2213.5789	2213.49671	2030.159	2030.1595	79				5545.6847
24	2298.6167	2298.56225	2109.013	2109.0140	80				5588.9016
25	2382.8193	2382.78564	2187.299	2187.3001	81				5631.2320
26	2466.1700	2466.15105	2265.021	2265.0212	82				5672.6603
27	2548.6508	2548.64133	2342.180	2342.1804	83				5713.1702
28	2630.2415	2630.23770	2418.780	2418.7803	84				5752.7453
…	…	…	…	…	…				…
39	3460.9275	3460.91928	3224.937	3224.9358	99				6221.6714
40	3529.3508	3529.33842	3294.924	3294.9224	100				6243.6969
41	3596.3608	3596.34580	3364.358	3364.3563	101				6264.4410
42	3661.8866	3661.87392	3433.237	3433.2356	102				6283.8792
43	3725.8512	3725.85120	3501.560	3501.5583	103				6301.9866
44		3788.20226	3569.323	3569.3220	104				6318.7376
45		3848.84818	3636.525	3636.5240	105				6334.1063

续表

υ	$2^1\Pi_g$		$2^3\Pi_g$		υ	$2^1\Pi_g$		$2^3\Pi_g$	
	E_υ^{exp} (文献[23])	E_υ^{AM}	E_υ^{exp} (文献[24])	E_υ^{AM}		E_υ^{exp} (文献[24])	E_υ^{AM}	E_υ^{exp} (文献[24])	E_υ^{AM}
46		3907.70691	3703.162	3703.1611	106				6348.0661
47		3964.69374	3769.231	3769.2300	107				6360.5900
48		4019.72199	3834.727	3834.7270	108				6371.6505
49		4072.70331	3899.648	3899.6480	109				6381.2196
50		4123.54919	3963.989	3963.9887	110				6389.2685
51		4172.17120	4027.744	4027.7444	111				6395.7682
52		4218.48234	4090.910	4090.9100	112				6400.6890
53		4262.39817	4153.4802	113				6404.0005	
54		4303.83817	4215.4493	114				6405.6710	
55		4342.72669	4276.8112	115				6405.6721	
D_e^{exp}						4612.7±0.1(文献[23])		6406(文献[25])	

υ	$A^1\Sigma_u^+$		$4^3\Pi_g$		υ	$A^1\Sigma_u^+$		$4^3\Pi_g$	
	E_υ^{exp} (文献[22])	E_υ^{AM}	E_υ^{exp} (文献[26])	E_υ^{AM}		E_υ^{exp} (文献[22])	E_υ^{AM}	E_υ^{exp} (文献[26])	E_υ^{AM}
0	58.546	58.5460	59.4617	59.46170	56	5497.457	5497.4708		4621.32069
1	175.110	175.1262	177.6872	177.68948	57	5573.476	5573.4861		4651.84906
2	290.966	290.9934	294.9608	294.96317	58	5648.650	5648.6555		4682.06984
3	406.116	406.1491	411.2949	411.29656	59	5722.968	5722.9680		4712.00280
4	520.559	520.5948	526.6993	526.69999	60	5796.419	5796.4123		4740.32108
5	634.296	634.3318	641.1805	641.18050	61	5868.990	5868.9766		4768.35521
6	747.327	747.3614	754.7424	754.74191	62	5940.669	5940.6487		4795.09732
7	859.654	859.6846	867.3856	867.38494	63	6011.442	6011.4157		4821.20550
8	971.276	971.3025	979.1078	979.10725	64	6081.297	6081.2647		4846.40842
9	1082.193	1082.2162	1089.9039	1089.90350	65	6150.219	6150.1820		4870.51011
10	1192.408	1192.4266	1199.7655	1199.76540	66	6218.193	6218.1536		4893.39492
11	1301.920	1301.9345	1308.6817	1308.68170	67	6285.203	6285.1653		4915.03273
12	1410.730	1410.7408	1416.6381	1416.63823	68	6351.234	6351.2022		4936.48436
13	1518.838	1518.8464	1523.6178	1523.61788	69	6416.269	6416.2493		4956.90715
14	1626.246	1626.2518	1629.6006	1629.60060	70	6480.291	6480.2910		4975.87391
15	1732.954	1732.9578	1734.5634	1734.56340	71		6543.3114		4993.68462
16	1838.963	1838.9650	1838.4804	1838.48031	72		6605.2945		5010.79217
17	1944.273	1944.2739	1941.3224	1941.32240	73		6666.2236		5026.64262
18	2048.885	2048.8850	2043.0575	2043.05772	74		6726.0821		5041.72190
19	2152.799	2152.7990	2143.6507	2143.65133	75		6784.8528		5055.84127
20	2256.016	2256.0153	2243.0643	2243.06527	76		6842.5187		5068.82572

续表

υ	$A^1\Sigma_u^+$		$4^3\Pi_g$		υ	$A^1\Sigma_u^+$		$4^3\Pi_g$	
	E_υ^{exp} (文献[22])	E_υ^{AM}	E_υ^{exp} (文献[26])	E_υ^{AM}		E_υ^{exp} (文献[22])	E_υ^{AM}	E_υ^{exp} (文献[26])	E_υ^{AM}
21	2358.536	2358.5351	2341.2572	2341.25858	77		6899.0621		5080.75832
22	2460.359	2460.3581	2438.1856	2438.18730	78		6954.4655		5091.63288
23	2561.485	2561.4850	2533.8028	2533.80450	79		7008.7110		5101.65329
24	2661.914	2661.9143	2628.0589	2628.06030	80		7061.7807		5110.48912
25	2761.647	2761.6472	2720.9012	2720.90196	81		7113.6566		5118.34563
26	2860.683	2860.6830	2812.2739	2812.27390	82		7164.3209		5125.72361
27	2959.021	2959.0211	2902.1183	2902.11784	83		7213.7553		5131.76236
28	3056.661	3056.6610	2990.3729	2990.37290	84			7261.9421	
29	3153.602	3153.6019	3076.97891	85			7308.8633		
30	3249.843	3249.8429	3161.87169	86			7354.5012		
31	3345.383	3345.3829	3244.98647	87			7398.8383		
32	3440.221	3440.2205	3326.25768	88			7441.8574		
33	3534.355	3534.3543	3405.61952	89			7483.5415		
34	3627.783	3627.7824	3483.00650	90			7523.8739		
35	3720.503	3720.5030	3558.35412	91			7562.8386		
36	3812.514	3812.5137	3631.59962	92			7600.4200		
37	3903.812	3903.8120	3702.68277	93			7636.6024		
38	3994.394	3994.3952	3771.54676	94			7671.3719		
39	4084.258	4084.2602	3838.13924	95			7704.7145		
40	4173.401	4173.4036	3902.41336	96			7736.6173		
41	4261.818	4261.8218	3964.32898	97			7767.0679		
42	4349.505	4349.5107	4023.85397	98			7796.0552		
43	4436.459	4436.4660	4080.96554	99			7823.5691		
…	…	…		…	…		…		
54	5342.926	5342.9442	4557.90610	116			8062.8853		
55	5420.604	5420.6202	4590.11449	117			8063.8899		
D_e^{exp}						8066(文献 24)		(5147[a]，5162[b]) (文献[10])	

注：a.文献[25]给出的中心极化势方法 A 的理论离解能；b.文献[25]给出的中心极化势方法 B 的理论离解能。

υ	$4^3\Sigma_g^+$		$6^1\Sigma_g^+$		$6^3\Pi_g$		$7^3\Delta_g$	
	E_υ^{exp} (文献[20])	E_υ^{AM}	E_υ^{exp} (文献[17])	E_υ^{AM}	E_υ^{exp} (文献[26])	E_υ^{AM}	E_υ^{exp} (文献[28])	E_υ^{AM}
0	61.109	61.1090	61.5263	61.5263	59.8234	59.82340	60.88	60.880
1	182.603	182.6030	183.6792	183.6793	178.6808	178.68080	181.98	181.980
2	303.150	303.1500	304.3058	304.3059	296.6648	296.66480	302.22	302.226

续表

υ	$4^3\Sigma_g^+$		$6^1\Sigma_g^+$		$6^3\Pi_g$		$7^3\Delta_g$	
	E_υ^{exp} (文献[20])	E_υ^{AM}	E_υ^{exp} (文献[17])	E_υ^{AM}	E_υ^{exp} (文献[26])	E_υ^{AM}	E_υ^{exp} (文献[28])	E_υ^{AM}
3	422.770	422.7700	423.4566	423.4566	413.7755	413.77546	421.60	421.600
4	541.483	541.4830	541.1684	541.1684	530.0128	530.01280	540.12	540.115
5	659.306	659.3060	657.4668	657.4668	645.3768	645.37680	657.78	657.780
6	776.251	776.2535	772.3673	772.3673	759.8673	759.86741	774.59	774.590
7	892.332	892.3374	885.8769	885.8769	873.4846	873.48460	890.53	890.536
8	1007.556	1007.5662	997.9961	997.9961	986.2284	986.22840	1005.62	1005.620
9	1121.931	1121.9458	1108.7198	1108.7198	1098.0989	1098.09890	1119.85	1119.850
10	1235.460	1235.4791	1218.0389	1218.0389	1209.0960	1209.09600	1233.22	1233.220
11	1348.147	1348.1669	1325.9413	1325.9413		1319.22131		1345.641
12	1459.990	1460.0075	1432.4131	1432.4134		1428.47911		1456.818
13	1570.986	1570.9975	1537.4397	1537.4403		1536.87872		1566.063
14	1681.132	1681.1320	1641.0067	1641.0078		1644.43769		1672.014
15	1790.418	1790.4045	1743.1010	1743.1022		1751.18605		1772.263
16	1898.836	1898.8074	1843.7107	1843.7118		1857.17180		1862.867
17	2006.372	2006.3312	1942.8269	1942.8269		1962.46768		1937.734
18	2113.012	2112.9651	2040.4435	2040.4409		2067.17952		1987.865
19	2218.740	2218.6955	2136.5579	2136.5506		2171.45619		2000.438
20	2323.535	2323.5058	2231.1714	2231.1563		2270.50138		
21	2427.375	2427.3750	2324.2893	2324.2626		2371.58730		
22	2530.237	2530.2761	2415.9214	2415.8786		2471.07050		
23	2632.094	2632.1744	2506.0815	2506.0176		2570.40989		
24	2732.917	2733.0247	2594.7893	2594.6978		2668.18720		
25	2832.674	2832.7688	2682.0667	2681.9422		2765.12990		
26	2931.332	2931.3320	2767.9409	2767.7784		2861.13688		
27		3028.6190	2852.4436	2852.2387		2954.30692		
28		3124.5096	2935.6086	2935.3601		3048.97012		
29		3218.8532	3017.4741	3017.1842		3141.72247		
30		3311.4630	3098.0796	3097.7565		3233.46370		
31		3402.1094	3177.4678	3177.1267		3323.43855		
32		3490.5127	3255.6812	3255.3482		3412.28156		
33		3576.3348	3332.7632	3332.4777		3500.06563		
34		3659.1700	3408.7566	3408.5750		3587.35440		
35		3738.5354	3483.7026	3483.7026		3676.25863		
36		3813.8600	3557.6392	3557.9249		3761.40240		
37		3884.4718	3630.6006	3631.3084		3845.09640		
38		3949.5875	3702.6162	3703.9205		3928.87879		
39		4008.2958	3773.7075	3775.8297		4010.57133		

续表

υ	$4^3\Sigma_g^+$		$6^1\Sigma_g^+$		$6^3\Pi_g$		$7^3\Delta_g$	
	E_υ^{exp} (文献[20])	E_υ^{AM}	E_υ^{exp} (文献[17])	E_υ^{AM}	E_υ^{exp} (文献[26])	E_υ^{AM}	E_υ^{exp} (文献[28])	E_υ^{AM}
40		4059.5441		3847.1045		4091.84359		
41		4102.1220		3917.8132		4171.19883		
42		4134.6440		3988.0231		4249.95885		
43		4155.5309		4057.8003		4324.83462		
44		4162.9904		4127.2086				
…				…				
89				6652.4112				
90				6655.4869				
D_e^{exp}		4164(文献[21])		6659.73±0.05(文献[17])		4328*		未知

注：*来自参考文献[25]中由其他理论研究提供的结果。

υ	$1^3\Delta_g$		$2^3\Delta_g$		υ	$1^3\Delta_g$		$2^3\Delta_g$	
	E_υ^{exp} (文献[10])	E_υ^{AM}	E_υ^{exp} (文献[27])	E_υ^{AM}		E_υ^{exp} (文献[10])	E_υ^{AM}	E_υ^{exp} (文献[27])	E_υ^{AM}
0	64.90	64.900	62.1848	62.1848	58		5969.479		5791.4533
1	193.95	193.948	185.9056	185.9056	59		6038.272		5862.4201
2	322.06	322.054	308.7695	308.7695	60		6105.605		5932.3026
3	449.23	449.222	430.7776	430.7776	61		6171.446		6001.0883
4	575.46	575.457	551.9308	551.9308	62		6235.761		6068.7640
5	700.76	700.765	672.2300	672.2300	63		6298.513		6135.3159
6	825.15	825.150	791.6757	791.6757	64		6359.662		6200.7298
7	948.61	948.616	910.2686	910.2686	65		6419.164		6264.9906
8	1071.17	1071.170	1028.0089	1028.0089	66		6476.974		6328.0827
9	1192.81	1192.814	1144.8970	1144.8970	67		6533.043		6389.9897
10	1313.55	1313.552	1260.9328	1260.9328	68		6587.315		6450.6946
11	1433.39	1433.390	1376.1164	1376.1164	69		6639.733		6510.1796
12	1552.33	1552.328	1490.4476	1490.4476	70		6690.233		6568.4261
13	1670.38	1670.369	1603.9259	1603.9259	71		6738.748		6625.4147
14	1787.52	1787.517	1716.5510	1716.5510	72		6785.205		6681.1253
15	1903.77	1903.770	1828.3221	1828.3221	73		6829.524		6735.5366
16	2019.13	2019.130	1939.2386	1939.2385	74		6871.620		6788.6268
17	2133.59	2133.596	2049.2994	2049.2994	75		6911.400		6840.3728
18	2247.15	2247.168	2158.5036	2158.5036	76		6948.765		6890.7507
19	2359.81	2359.844	2266.8499	2266.8499	77		6983.608		6939.7356
20	2471.57	2471.621	2374.3371	2374.3371	78		7015.813		6987.3015

续表

υ	$1^3\Delta_g$ E_υ^{exp} (文献[10])	$1^3\Delta_g$ E_υ^{AM}	$2^3\Delta_g$ E_υ^{exp} (文献[27])	$2^3\Delta_g$ E_υ^{AM}	υ	$1^3\Delta_g$ E_υ^{exp} (文献[10])	$1^3\Delta_g$ E_υ^{AM}	$2^3\Delta_g$ E_υ^{exp} (文献[27])	$2^3\Delta_g$ E_υ^{AM}
21	2582.43	2582.496	2480.9635	2480.9635	79		7045.256		7033.4214
22	2692.38	2692.466	2586.7276	2586.7276	80		7071.803		7078.0668
23	2801.41	2801.525	2691.6275	2691.6275	81		7095.310		7121.2086
24	2909.53	2909.669		2795.6613	82		7115.623		7162.8159
25	3016.73	3016.891		2898.8269	83		7132.576		7202.8571
26	3123.00	3123.186		3001.1221	84		7145.992		7241.2987
27	3228.34	3228.546		3102.5444	85		7155.679		7278.1064
28	3332.73	3332.962		3203.0912	86		7161.436		7313.2441
29	3436.18	3436.427		3302.7598	87		7163.043		7346.6743
30	3538.67	3538.933		3401.5472	88				7378.3583
…	…	…		…	89				7408.2555
42	4690.17	4690.237		4516.9524	90				7436.3238
43	4779.22	4779.248		4603.9329	91				7462.5195
44	4867.13	4867.130		4689.9707	92				7486.7972
45	4953.90	4953.866		4775.0594	93				7509.1094
46	5039.50	5039.444		4859.1925	94				7529.4073
47	5123.92	5123.845		4942.3634	95				7547.6398
48	5207.13	5207.055		5024.5649	96				7563.7541
49	5289.12	5289.056		5105.7896	97				7577.6951
50	5369.87	5369.830		5186.0298	98				7589.4059
51	5449.36	5449.360		5265.2773	99				7598.8272
52	5527.56	5527.625		5343.5237	100				7605.8978
53		5604.607		5420.7601	101				7610.5539
54		5680.284		5496.9773	102				7612.7295
55		5754.634		5572.1656					
56		5827.633		5646.3148					
57		5899.257		5719.4144					
D_e^{exp}							7165(文献[6])	7614.0±0.2(文献[27])	

表 6.11　K_2、Rb_2 和 Sr_2 分子部分电子态的 AM 振动能谱和文献发表的振动能量值　（能量单位：cm^{-1}）

K_2							
$X^1\Sigma_g^+$						$a^3\Sigma_u^+$	
υ	E_υ^{exp} (文献[30])	E_υ^{AM}	υ	E_υ^{exp} (文献[30])	E_υ^{AM}	E_υ^{exp} (文献[32])	E_υ^{AM}
0	46.0910	46.09100	45	3429.1634	3425.86895	10.7373	10.7373

续表

K$_2$							
$X^1\Sigma_g^+$						$a^3\Sigma_u^+$	
υ	E_υ^{exp} (文献[30])	E_υ^{AM}	υ	E_υ^{exp} (文献[30])	E_υ^{AM}	E_υ^{exp} (文献[32])	E_υ^{AM}
1	137.8337	138.30107	46	3483.2915	3479.87472	31.4297	31.4297
2	228.9214	229.57243	47	3536.2435	3532.75338	51.1822	51.1821
3	319.3490	319.98320	48	3587.9945	3584.48118	69.9947	69.9947
4	409.1120	409.59702	49	3638.5189	3635.03230	87.8673	87.8673
5	498.2055	498.46458	50	3687.7899	3684.37878	104.7998	104.7998
6	586.6251	586.62510	51	3735.7802	3732.49054	120.7923	120.7923
7	674.3662	674.10768	52	3782.4614	3779.33543	135.8448	135.8448
8	761.4238	760.93252	53	3827.8042	3824.87931	149.9574	149.9574
9	847.7932	847.11215	54	3871.7785	3869.08617	163.1299	163.1301
10	933.4691	932.65243	55	3914.3535	3911.91831	175.3625	175.3627
11	1018.4461	1017.55360	56	3955.4973	3953.33655	186.6551	186.6551
12	1102.7183	1101.81117	57	3995.1775	3993.30052	197.0077	197.0068
13	1186.2796	1185.41673	58	4033.3609	4031.76897	206.4202	206.4182
14	1269.1237	1268.35874	59	4070.0139	4068.70015	214.8928	214.8902
15	1351.2436	1350.62316	60	4105.1023	4104.05230	222.4254	222.4254
16	1432.6323	1432.19409	61	4138.5916	4137.78409	229.0181	229.0294
17	1513.2822	1513.05430	62	4170.4476	4169.85524	234.6707	234.7122
18	1593.1857	1593.18570	63	4200.6362	4200.27161		239.4898
19	1672.3346	1672.56974	64	4229.1242	4228.86366		243.3867
20	1750.7204	1751.18779	65	4255.8796	4255.73174		246.4388
21	1828.3344	1829.02141	66	4280.8722	4280.80249		248.6969
22	1905.1676	1906.05261	67	4304.0744	4304.05199		250.2302
23	1981.2104	1982.26403	68	4325.4624	4325.46240		251.1314
24	2056.4531	2057.63909	69	4345.0175	4345.02306		251.5218
25	2130.8854	2132.16210	70	4362.7287	4362.73171		251.5571
26	2204.4967	2205.81832	71	4378.5958	4378.59580		
27	2277.2759	2278.59397	72	4392.6339	4392.63390		
28	2349.2115	2350.47623	73	4404.8772	4404.87720		
29	2420.2913	2421.45319	74		4415.37112		
30	2490.5027	2491.51378	75		4424.17703		
31	2559.8328	2560.64768	76		4431.37406		
32	2628.2676	2628.84520	77		4437.06105		
33	2695.7931	2696.09700	78		4441.35857		
34	2762.3943	2762.39430	79		4444.41112		
35	2828.0559	2827.72824	80		4446.38941		
36	2892.7620	2892.09000	81		4447.49274		

续表

K_2							
$X^1\Sigma_g^+$						$a^3\Sigma_u^+$	
υ	E_υ^{exp} (文献[30])	E_υ^{AM}	υ	E_υ^{exp} (文献[30])	E_υ^{AM}	E_υ^{exp} (文献[32])	E_υ^{AM}
37	2956.4958	2955.47054	82		4447.95156		
38	3019.2404	3017.86036	83		4448.03014		
39	3080.9774	3079.24933					
40	3141.6889	3139.62648					
41	3201.3555	3198.97983					
42	3259.9572	3257.29615					
43	3317.4736	3314.56085					
44	3373.8830	3370.75774					
D_e^{exp}				4450.674±0.072(文献[31])		254±2(文献[32])	

υ	Sr_2		Rb_2		υ	Sr_2		Rb_2	
	$X^1\Sigma_g^+$		$X^1\Sigma_g^+$			$X^1\Sigma_g^+$		$X^1\Sigma_g^+$	
	E_υ^{exp} (文献[38])	E_υ^{AM}	E_υ^{exp} (文献[33])	E_υ^{AM}		E_υ^{exp} (文献[38])	E_υ^{AM}	E_υ^{exp} (文献[33])	E_υ^{AM}
0	20.061	20.0610	28.841	28.8421	45		1035.9365	2312.468	2312.4592
1	59.576	59.5762	86.338	86.3380	46		1041.5519	2355.296	2355.2849
2	98.285	98.2850	143.555	143.5550	47		1046.4337	2397.726	2397.7128
3	136.189	136.1898	200.492	200.4915	48		1050.5757	2439.753	2439.7382
4	173.293	173.2932	257.146	257.1457	49		1053.9704	2481.372	2481.3562
5	209.597	209.5977	313.516	313.5161	50		1056.6087	2522.580	2522.5620
6	245.106	245.1059	369.601	369.6009	51		1058.4800	2563.369	2563.3505
7	279.820	279.8204	425.398	425.3984	52		1059.5719	2603.735	2603.7165
8	313.744	313.7440	480.907	480.9070	53		1059.8702	2643.673	2643.6545
9	346.879	346.8790	536.125	536.1248	54			2683.177	2683.1594
10	379.229	379.2283	591.050	591.0501	55			2722.242	2722.2253
11	410.795	410.7943	645.081	645.6812	56			2760.862	2760.8465
12	441.580	441.5798	700.016	700.0162	57			2799.031	2799.0173
13	471.588	471.5871	754.053	754.0533	58			2836.742	2836.7315
14	500.819	500.8190	807.790	807.7906	59			2873.991	2873.9832
15	529.278	529.2778	861.226	861.2263	60			2910.771	2910.7659
16	556.966	556.9664	914.359	914.3584	61			2947.076	2947.0733
17	583.887	583.8870	967.185	967.1850	62			2982.899	2982.8990
18	610.042	610.0423	1019.705	1019.7039	63			3018.235	3018.2362
19	635.435	635.4350	1071.914	1071.9134	64			3053.075	3053.0782

续表

υ	Sr_2 $X^1\Sigma_g^+$ E_υ^{exp} (文献[38])	E_υ^{AM}	Rb_2 $X^1\Sigma_g^+$ E_υ^{exp} (文献[33])	E_υ^{AM}	υ	Sr_2 $X^1\Sigma_g^+$ E_υ^{exp} (文献[38])	E_υ^{AM}	Rb_2 $X^1\Sigma_g^+$ E_υ^{exp} (文献[33])	E_υ^{AM}
20	660.067	660.0674	1123.812	1123.8110	65			3087.415	3087.4180
21	683.942	683.9422	1175.396	1175.3948	66			3121.246	3121.2487
22	707.062	707.0620	1226.664	1226.6625	67			3154.561	3154.5631
23	729.429	729.4294	1277.613	1277.6119	68			3187.354	3187.3540
24	751.047	751.0470	1328.242	1328.2407	69			3219.616	3219.6140
25	771.918	771.9174	1378.547	1378.5465	70			3251.340	3251.3356
26	792.044	792.0433	1428.527	1428.5267	71			3282.519	3282.5113
27	811.428	811.4273	1478.179	1478.1790	72			3313.143	3313.1334
28	830.072	830.0720	1527.501	1527.5007	73				3343.1941
29	847.980	847.9800	1576.489	1576.4891	74				3372.6856
30	865.153	865.1538	1625.141	1625.1415	75				3401.5999
31	881.595	881.5961	1673.454	1673.4551	76				3429.9291
32	897.307	897.3091	1721.425	1721.4270	77				3457.6650
33	912.293	912.2951	1769.052	1769.0541	78				3484.7995
34	926.554	926.5564	1816.331	1816.3333	79				3511.3243
35	940.095	940.0950	1863.259	1863.2615	80				3537.2313
36		952.9125	1909.833	1909.8354	81				3562.5121
37		965.0104	1956.050	1956.0515	82				3587.1583
38		976.3900	2001.905	2001.9064	83				3611.1618
39		987.0521	2047.396	2047.3965	84				3634.5139
40		996.9969	2092.518	2092.5180	85				3657.2066
41		1006.2245	2137.269	2137.2671	86				3679.2312
42		1014.7340	2181.643	2181.6399	…				……
43		1022.5241	2225.637	2225.6324	113				3993.1423
44		1029.5926	2269.247	2269.2402	114				3993.5082
D_e^{exp}						1060±30(文献[38])		3993.53±0.06(文献[34])	

υ	Rb_2 $1^1\Pi_g$ E_υ^{exp} (文献[36])	E_υ^{AM}	υ	E_υ^{exp} (文献[36])	E_υ^{AM}	υ	E_υ^{exp} (文献[36])	E_υ^{AM}	υ	E_υ^{exp} (文献[36])	E_υ^{AM}
0	11.113	11.1130	45	761.132	761.1323	90		1126.3145	135		1275.4224
1	33.113	33.1126	46	772.963	772.9630	91		1131.2367	136		1277.1525
2	54.817	54.8171	47	784.603	784.6034	92		1136.0587	137		1278.7759

续表

υ	E_υ^{exp} (文献[36])	E_υ^{AM}	υ	E_υ^{exp} (文献[36])	E_υ^{AM}	υ	E_υ^{exp} (文献[36])	E_υ^{AM}	υ	E_υ^{exp} (文献[36])	E_υ^{AM}
Rb_2											
$1^1\Pi_g$											
3	76.232	76.2323	48	796.055	796.0546	93		1140.7831	138		1280.2862
4	97.364	97.3638	49	807.318	807.3177	94		1145.4126	139		1281.6763
5	118.217	118.2170	50	818.394	818.3938	95		1149.9498	140		1282.9387
6	138.797	138.7970	51	829.284	829.2841	96		1154.3973	141		1284.0655
7	159.109	159.1086	52	839.990	839.9896	97		1158.7577	142		1285.0481
8	179.156	179.1564	53	850.512	850.5117	98		1163.0335	143		1285.8776
9	198.945	198.9447	54	860.851	860.8516	99		1167.2272	144		1286.5443
10	218.477	218.4776	55	871.010	871.0105	100		1171.3412	145		1287.0381
11	237.759	237.7590	56	880.990	880.9898	101		1175.3779	146		1287.3482
12	256.792	256.7925	57	890.791	890.7910	102		1179.3396	147		1287.4634
13	275.581	275.5816	58	900.415	900.4153	103		1183.2286			
14	294.129	294.1296	59	909.864	909.8644	104		1187.0468			
15	312.439	312.4396	60	919.139	919.1397	105		1190.7965			
16	330.514	330.5145	61	928.242	928.2428	106		1194.4795			
17	348.356	348.3570	62	937.175	937.1754	107		1198.0977			
18	365.969	365.9697	63	945.938	945.9392	108		1201.6529			
19	383.354	383.3551	64	954.535	954.5358	109		1205.1465			
20	400.515	400.5154	65	962.966	962.9671	110		1208.5802			
21	417.452	417.4529	66	971.234	971.2350	111		1211.9552			
22	434.169	434.1695	67	979.340	979.3413	112		1215.2728			
23	450.667	450.6673	68	987.288	987.2880	113		1218.5339			
24	466.974	466.9480	69		995.0771	114		1221.7394			
25	483.013	483.0134	70		1002.7100	115		1224.8900			
26	498.865	498.8650	71		1010.1909	116		1227.9864			
27	514.504	514.5044	72		1017.5198	117		1231.0285			
28	529.933	529.9331	73		1024.6998	118		1234.0167			
29	545.152	545.1524	74		1031.7330	119		1236.9508			
30	560.164	560.1637	75		1038.6217	120		1239.8305			
31	574.968	574.9683	76		1045.3684	121		1242.6550			
32	589.567	589.5672	77		1051.9754	122		1245.4237			
33	603.962	603.9618	78		1058.4452	123		1248.1355			
34	618.153	618.1531	79		1064.7802	124		1250.7888			
35	632.142	632.1421	80		1070.9831	125		1253.3822			
36	645.930	645.9300	81		1077.0563	126		1255.9135			
37	659.518	659.5177	82		1083.0024	127		1258.3807			
38	672.906	672.9062	83		1088.8234	128		1260.7810			
39	686.097	686.0966	84		1094.5238	129		1263.1117			
40	699.090	699.0898	85		1100.1045	130		1265.3693			

续表

υ	E_υ^{exp} (文献[36])	E_υ^{AM}	υ	E_υ^{exp} (文献[36])	E_υ^{AM}	υ	E_υ^{exp} (文献[36])	E_υ^{AM}	υ	E_υ^{exp} (文献[36])	E_υ^{AM}
Rb_2											
$1^1\Pi_g$											
41	711.887	711.8869	86		1105.5686	131		1267.5503			
42	724.489	724.4886	87		1110.9190	132		1269.6507			
43	736.896	736.8961	88		1116.1583	133		1271.6661			
44	749.110	749.1104	89		1121.2892	134		1273.5918			
D_e^{exp}											1290±30(文献[36])

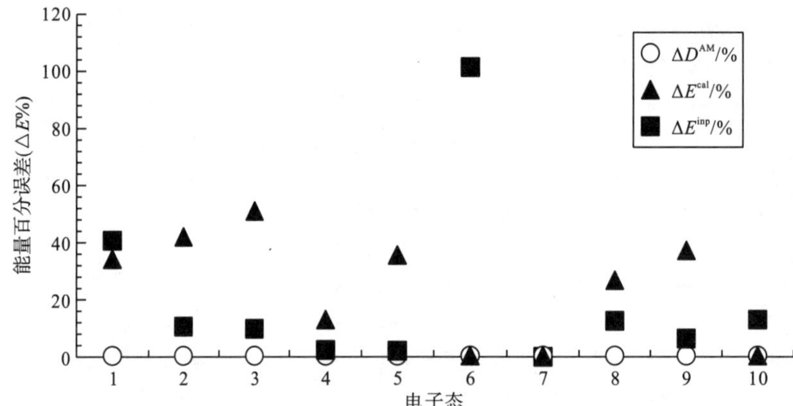

图 6.1 Li_2 分子部分电子态的 AEM 分子离解能 D_e^{AEM} 、 $E_{\upsilon_{max}}^{cal}$ 、 $E_{\upsilon_{max}}^{inp}$ 与实验离解能 D_e 比较的百分误差

1. $X^1\Sigma_g^+$； 2. $3^3\Sigma_g^+$； 3. $A^1\Sigma_u^+$； 4. $a^3\Sigma_u^+$； 5. $b^3\Pi_u$； 6. $B^1\Pi_u$； 7. $1^1\Pi_g$； 8. $2^3\Pi_g$； 9. $1^3\Delta_g$. 10. $Li_2-1^1\Pi_g$.

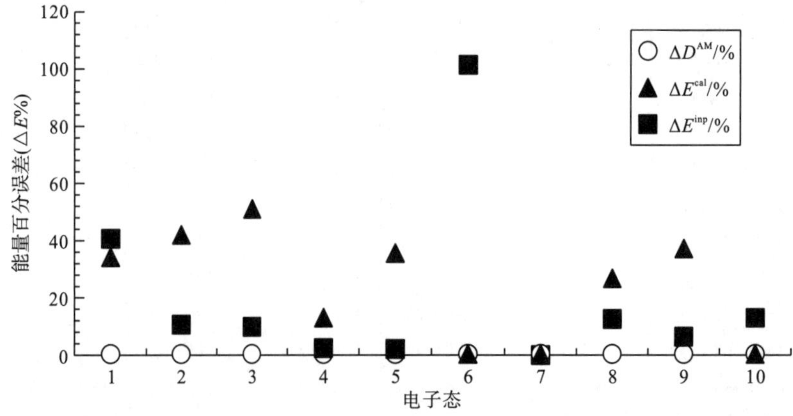

图 6.2 Na_2 分子部分电子态的 AEM 分子离解能 D_e^{AEM} 、 $E_{\upsilon_{max}}^{cal}$ 、 $E_{\upsilon_{max}}^{inp}$ 与实验离解能 D_e 比较的百分误差

1. $X^1\Sigma_g^+$； 2. $6^1\Sigma_g^+$； 3. $2^3\Sigma_g^+$； 4. $2^1\Pi_g$； 5. $2^3\Pi_g$； 6. $1^3\Delta_g$； 7. $2^3\Delta_g$； 8. $A^1\Sigma_u^+$； 9. $2^3\Sigma_g^+$； 10. $4^3\Sigma_g^+$.

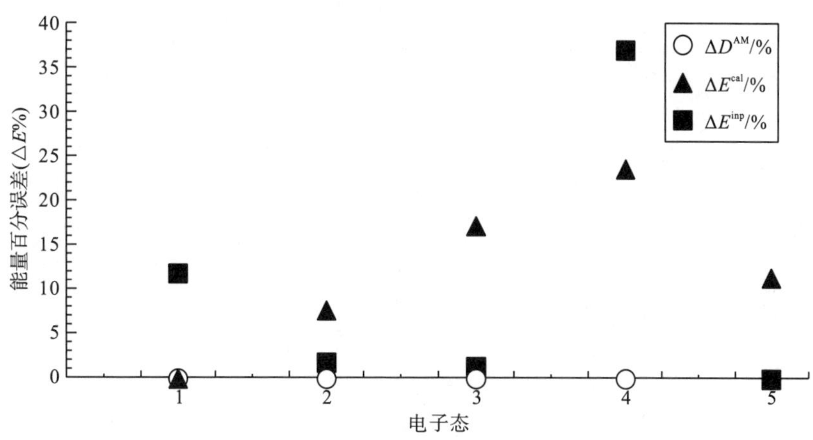

图 6.3　K_2、Rb_2 和 Sr_2 分子部分电子态的 AEM 分子离解能 D_e^{AEM}、$E_{\upsilon_{max}}^{cal}$、$E_{\upsilon_{max}}^{inp}$ 与实验离解能 D_e 比较的百分误差

1. $K_2-X^1\Sigma_g^+$；2. $K_2-a^3\Sigma_u^+$；3. $Rb_2-X^1\Sigma_g^+$；4. $Rb_2-1^1\Pi_g$；5. $Sr_2-X^1\Sigma_g^+$

6.2　代数能量方法(AEM)对异核双原子分子的应用

和同核双原子分子一样，稳定的异核双原子分子电子态的离解能也是多年来人们进行理论研究和实验研究的重要课题[38-41]。

与同核双原子分子相比，构成异核双原子分子的元素有不同的电负性，分子整体上往往表现出一定的极性。尤其是对于电负性差别较大的元素,形成离子型分子的倾向往往比较大，这种情形有可能在分子势能曲线的长程渐近区形成一定的势垒。形成势垒还有以下几种可能[39, 42, 43]：①由范德瓦尔作用力引起的极大；②分子的预离解引起的极大；③不相交规则引起的极大等。如果这种情况发生，则对应高振动能级结构的行为也同无能垒或能垒较小的体系有一定的差别。即对应最高振动能级有可能大于其离解能 D_e，但不会超过离解能 D_e 与能垒之和，即势能曲线的极大值点。对于某些分子的势阱上有能垒的情况，AM 最高能级标准[式(5.2-11)]就相应调整为 $E_{\upsilon_{max}} < D_e + E_{bar}$，$E_{bar}$ 表示能垒的大小，对应着势能曲线吸引支上的最高点同离解极限之差。这种具有能垒和亚稳定电子态的体系对于研究化学反应动力学是很重要的。根据前面章节对同核双原子的讨论和研究结果可知，对于能垒不太明显的体系通常无需作这种调整，因为离解能仅仅作为能谱收敛的参考标准之一，而对能谱本身没有什么限制。因此，对异核双原子分子也可以利用 AM 方法来研究分子离解能。

在本节中，我们应用 AM 方法对一些无明显能垒的部分异核双原子分子的 12 个电子态，即：NaK 分子的 $a^3\Sigma^+$ 态和 $c^3\Sigma^+$ 态、XeBr 分子的 $X^2\Sigma^+$ 态、HgI 分子的 $X^2\Sigma^+$ 态、LiH 的 $X^1\Sigma^+$ 态、ICl 分子的 $A^3\Pi(1)$ 态、CsH 分子的 $X^1\Sigma^+$ 态、ClF 分子的 $A(^3\Pi_1)$ 态和 $B0^+(^3\Pi)$ 态、KRb 分子的 $2^1\Pi$ 态、LaF 分子的 $(1)^1\Pi$ 和 IBr 的 $X^1\Sigma^+$ 态的光谱性质、振动能谱、最高振动能级以及用 AEM 方法对相应的离解能作了深入地分析和定量地计算，也都得到了满意的结果，并将研究结果列于表 6.12 和表 6.13 中。

表 6.12　一些异核双原子分子部分电子态的振动光谱常数、最大振动量子数 υ_{max} 和分子离解能 D_e [所有量（υ_{max} 除外）均以 cm^{-1} 为单位]

态		ω_0	ω_{e0}	ω_e	$\omega_e x_e$	$10^2\omega_e y_e$	$10^3\omega_e z_e$	$10^4\omega_e t_e$	$10^5\omega_e s_e$	$10^{10}\omega_e r_e$	υ_{max}	$E_{\upsilon_{max}}$	D_e	D_e^{u} #
NaK$-a^3\Sigma^+$	AM	−0.05470	−0.01578	22.8160	0.5772	−0.9509	1.1679	−1.2029	0.5534	−797.4777	19	203.070	203.070 (AEM)	203.270
	文献[44]			22.816	0.5916	−0.346	0.047				$17^{\neq}$	$203.967^{\neq}$		
	文献[44]										$19^{\triangle}$	$203.070^{\triangle}$	$203.1\pm0.5^{*}$	
XeBr$-X^2\Sigma^+$	AM	−0.01515	0.1999	25.70	0.7302	1.4575	−1.4755	0.5837	−0.05884	−23.9478	23	254.2870	254.2870 (AEM)	254.3883
	文献[45]			25.7	0.622	−0.55	0.18				$20^{\neq}$	$249.8611^{\neq}$		
	文献[45]										$23^{\triangle}$	$254.287^{\triangle}$	$254\pm2^{*}$	
HgI$-X^2\Sigma^+$	AM	0.02023	−0.05390	126.0710	1.2391	0.8366	−0.6926	−0.2582	0.1576	−178.2625	43	2750.266	2750.266 (AEM)	2756.01
	文献[46]			126.071	1.2704	1.5899	−1.5785	0.27681			$34^{\neq}$	$2606.9093^{\neq}$		
	文献[46][78, 79]										$30^{\triangle}$	$2478.64^{\triangle}$	$2750\pm80^{*}$	
LiH$-X^1\Sigma^+$	AM	0.8841	−0.0905	1406.24	23.4547	19.7103	3.6250	−12.8697	7.9429	−19320.186	23	20263.331	20263.331 (AEM)	20342.938
	文献[47]			1406.24	23.5505	24.174	−6.8				$28^{\neq}$	$22058.715^{\neq}$		
	文献[47]										$12^{\triangle}$	$14204.55^{\triangle}$	$20286.8\pm0.5^{*,a}$	
ICl$-A^3\Pi(1)$	AM	−0.04499	−0.2648	211.0	1.9342	−7.5330	6.1588	−3.7141	0.9717	−868.8323	39	3814.730	3814.730 (AEM)	3816.174
	文献[48]			211.0	2.12	−2.4	0.2				$36^{\neq}$	$4065.0570^{\neq}$		

续表

态		ω_0	ω_{e0}	ω_e	$\omega_e x_e$	$10^2\omega_e y_e$	$10^3\omega_e z_e$	$10^4\omega_e t_e$	$10^5\omega_e s_e$	$10^{10}\omega_e r_e$	υ_{max}	$E_{\upsilon_{max}}$	D_e	$D_e^{u\ \#}$
	文献[48]										$35^{\triangle}$	$3789.63^{\triangle}$	3814.7 $\pm0.6^{*}$	
CsH$-X^1\Sigma^+$	AM	0.06946	3.3732	886.09	12.4065	0.1869	12.9646	−12.8317	5.9708	−1107.886	26	14800.99	14800.99 (AEM)	14875.25
	文献[49]			880.09	13.676	19.723	−5.6323				$29^{\neq}$	$14858.940^{\neq}$		
	文献[50]										$14^{\triangle}$	$10352.4^{\triangle}$	$14805\pm30^{*}$	
KRb$-2^1\Pi$	AM	−0.0456	0.0001567	51.7004	0.420703	−0.37545	0.01555	−0.03817	0.02953	−76.6980	31	1043.1154	1043.1154 (AEM)	1045.1831
	文献[41]	−0.046		51.7004	0.420405	−0.37896					$39^{\ddagger}$	$1152.6303^{\ddagger}$		
	文献[41]										$13^{\triangle}$	$611.967^{\triangle}$	1050.0 $\pm0.8^{*}$	
ClF$-A(^3\Pi_1)$	AM	−0.1874	0.4484	361.23	8.0907	−22.4646	−17.4485	29.3063	−15.5032	31866.28	16	2979.06	2979.06 (AEM)	2982.79
	文献[51]			361.23	7.74	−36	10				$11^{\ddagger}$	$2757.9156^{\ddagger}$		
	文献[51]										$11^{\triangle}$	$2757.9^{\triangle}$	2988.4^{+}	
ClF$-B0^+(^3\Pi)$	AM	−0.009142	0.02645	362.578	8.2648	−21.8050	5.5828	9.8727	−14.1204	46296.296	16	3066.653	3066.653 (AEM)	3068.056
	文献[51]			362.578	8.227	−24.5	15	−6.7			$14^{\ddagger}$	$3014.3649^{\ddagger}$		
	文献[51]										$9^{\triangle}$	$2562.28^{\triangle}$	3078.7^{+}	

表 6.12 和表 6.13 表明，对于异核双原子分子的一些电子态，用 AM 计算的振动光谱常数去计算这些电子态的振动能量 E_υ，所得到离解能 D_e^{AEM} （$D_e^{\text{AEM}} = E_{\upsilon_{\max}}^{\text{AM}}$）与实验离解能 D_e 符合程度与同核双原子的情形相同，其百分误差不大于 1%。从表 6.13 中可知，AM 的最高振动能量 $E_{\upsilon_{\max}}^{\text{AM}}$ 与实验离解能 D_e 之间最大的百分误差也只有 0.66%，最小的仅 0.00079%，而 $E_{\upsilon_{\max}}^{\text{inp}}$ 、$E_{\upsilon_{\max}}^{\text{cal}}$ 与 D_e 之间的百分误差最小的为 0.015%，最大的高达 42%。为了直观反映这些误差的比较情况，特将其比较结果列在图 6.4 中。

表 6.14 给出了所列各电子态的 AM 完全振动能谱$\{E_\upsilon\}$，这些电子态的 AM 振动能谱除了能很好地重复已知实验能级或 RKR 数据外，还能够合理地产生实验难以得到的所有高激发态振动能级，从而获得非常接近于离解极限的最高振动能级、最大振动量子数 $\upsilon_{\max}$ 和分子离解能 D_e。

通过本节对一些异核双原子分子的光谱性质、振动能级和离解行为的研究和计算结果，再一次表明了 AM 方法和 AEM 方法的可靠性。

表 6.13　一些异核双原子分子部分电子态的离解能 D_e^{AM} 和文献的最大振动能量 $E_{\upsilon_{\max}}$ 与实验离解能 $D_e^{\exp}$ 的百分误差#(能量单位：cm^{-1})

电子态	$D_e^{\exp}$	$D_e^{\text{AEM}} = E_{\upsilon_{\max}}^{\text{AM}}$	$\Delta D^{\text{AEM}}\%$ #	$E_{\upsilon_{\max}}^{\text{cal}}$	$\Delta E^{\text{cal}}\%$ #	$E_{\upsilon_{\max}}^{\text{inp}}$	$\Delta E^{\text{inp}}\%$ #
NaK–$a^3\Sigma^+$	203.1±0.5	203.070	0.015	203.967△	0.43	203.070 (文献[44])	0.015
XeBr–$X^2\Sigma^+$	254±2	254.2870	0.11	249.8611	1.6	254.287 (文献[45])	0.11
HgI–$X^2\Sigma^+$	2750±80	2750.266	0.0097	2606.9093	5.2	2478.64 (文献[46])	9.9
LiH–$X^1\Sigma^+$	20286.8±0.5	20263.331	0.12	22058.7154△	8.7	14204.55 (文献[47])	29.9
ICl–$A^3\Pi(1)$	3814.7±0.6	3814.730	0.00079	4065.0570△	6.6	3789.63 (文献[48])	0.66
CsH–$X^1\Sigma^+$	14805±30	14800.99	0.027	14858.9402△	0.36	10352.4 (文献[50])	30
KRb–$2^1\Pi$	1050.0±0.8	1043.1154	0.66	1152.6303△	9.8	611.967 (文献[51])	42
ClF–$A^3(\Pi_1)$	2988.4	2979.06	0.31	2757.9156	7.7	2757.9 (文献[41])	7.7
ClF–$B0^+(^3\Pi)$	3078.7	3066.653	0.39	3014.3649	2.1	2562.28 (文献[41])	16.8
CO–$X^1\Sigma^+$	90674	90672.88230	0.0012	88496.775	2.4	68042.4899 (文献[53])	25
NaK–$c^3\Sigma^+$	2508	2505.973	0.081	2473.1592	1.4	1991.62 (文献[54])	21

注：# $\Delta D^{\text{AEM}}\% = 100\times |D_e^{\exp} - D_e^{\text{AEM}}| / D_e^{\exp}$；$\Delta E^{\text{cal}}\% = 100\times |D_e^{\exp} - E_{\upsilon_{\max}}^{\text{cal}}| / D_e^{\exp}$；$\Delta E^{\text{inp}}\% = 100\times |D_e^{\exp} - E_{\upsilon_{\max}}^{\text{inp}}| / D_e^{\exp}$。

$E_{\upsilon_{\max}}^{\text{cal}}$ 是用表 6.1 指定的参考文献所给出的振动光谱常数计算的最高振动能量；$E_{\upsilon_{\max}}^{\text{inp}}$ 是本表所列参考文献所给出的最大振动能量；$D_e^{\exp}$ 是表 6.1 中相关文献所给出各分子态离解能的实验值；Δ 这些数据违背式(5.2-10)。

表6.14　一些异核双双原子分子部分电子态的AM振动能谱和文献发表的振动能量值　(能量单位:cm^{-1})

υ	NaK		XeBr		HgI		LiH	
	$a^3\Sigma^+$		$X^2\Sigma^+$		$X^2\Sigma^+$		$X^1\Sigma^+$	
	E_υ^{exp} (文献[53])	E_υ^{AM}	E_υ^{exp} (文献[54])	E_υ^{AM}	E_υ^{exp} (文献[55])	E_υ^{AM}	E_υ^{exp} (文献[47])	E_υ^{AM}
0	11.20	11.200	12.754	12.7540	62.72	62.720	698.12	698.120
1	32.82	32.820	37.234	37.2340	186.29	186.282	2058.01	2058.010
2	53.22	53.225	60.347	60.3467	307.42	307.420	3372.78	3372.780
3	72.39	72.390	82.123	82.1230	426.14	426.144	4643.54	4643.540
4	90.29	90.292	102.574	102.5743	542.44	542.448	5871.27	5871.260
5	106.91	106.910	121.699	121.6985	656.30	656.300	7056.74	7056.740
6	122.22	122.218	139.485	139.4850	767.65	767.650	8200.60	8200.606
7	136.19	136.190	155.920	155.9194	876.43	876.430	9303.32	9303.320
8	148.79	148.799	170.988	170.9880	982.56	982.553	10365.19	10365.183
9	160.02	160.023	184.681	184.6812	1085.92	1085.920	11386.35	11386.350
10	169.84	169.847	196.997	196.9970	1186.42	1186.419	12366.78	12366.814
11	178.27	178.270	207.943	207.9435	1283.93	1283.931	13306.30	13306.371
12	185.33	185.309	217.541	217.5413	1378.33	1378.335	14204.55	14204.550
13	191.04	191.005	225.825	225.8250	1469.50	1469.507		15060.494
14	195.47	195.428	232.844	232.8438	1557.33	1557.330		15872.789
15	198.69	198.676	238.662	238.6630	1641.71	1641.691		16639.233
16	200.86	200.883	243.360	243.3628	1722.53	1722.494		17356.517
17	202.19	202.215	247.032	247.0383	1799.72	1799.655		18019.842
18	202.87	202.870	249.786	249.7979	1873.20	1873.112		18622.417
19	203.07	203.070	251.743	251.7615	1942.93	1942.824		19154.884
20			253.032	253.0575	2008.88	2008.775		19604.600
21			253.792	253.8203	2071.05	2070.980		19954.820
22			254.163	254.1857	2129.48	2129.480		20183.724
23			254.287	254.2870	2184.24	2184.345		20263.331
24					2235.41	2235.679		
25					2283.16	2283.613		
26					2327.66	2328.307		
27					2369.14	2369.944		
28					2407.90	2408.730		
29					2444.27	2444.885		
30					2478.64	2478.640		
31						2510.224		
32						2539.862		
33						2567.755		
34						2594.076		
35						2618.948		

续表

υ	NaK $a^3\Sigma^+$ E_υ^{exp} (文献[53])	NaK $a^3\Sigma^+$ E_υ^{AM}	XeBr $X^2\Sigma^+$ E_υ^{exp} (文献[54])	XeBr $X^2\Sigma^+$ E_υ^{AM}	HgI $X^2\Sigma^+$ E_υ^{exp} (文献[55])	HgI $X^2\Sigma^+$ E_υ^{AM}	LiH $X^1\Sigma^+$ E_υ^{exp} (文献[47])	LiH $X^1\Sigma^+$ E_υ^{AM}
36						2642.431		
37						2664.506		
38						2685.048		
39						2703.810		
40						2720.393		
41						2734.225		
42						2744.522		
43						2750.266		
D_e^{exp}	203.1±0.5(文献[44])		254±2(文献[45])		2750±80(文献[46])		20286.8±0.5(文献[47])	

υ	ICl $A^3\Pi(1)$ E_υ^{exp} (文献[48])	ICl $A^3\Pi(1)$ E_υ^{AM}	CsH $X^1\Sigma^+$ E_υ^{exp} (文献[50])	CsH $X^1\Sigma^+$ E_υ^{AM}	ClF $A(^3\Pi_1)$ E_υ^{exp} (文献[51])	ClF $A(^3\Pi_1)$ E_υ^{AM}	ClF $B0^+(^3\Pi)$ E_υ^{exp} (文献[51])	ClF $B0^+(^3\Pi)$ E_υ^{AM}
0	104.83	104.830	438.7	438.70	178.6	178.60	179.20	179.200
1	311.48	311.480	1297.4	1297.40	523.3	523.30	524.60	524.600
2	513.67	513.733	2131.5	2131.55	849.5	849.50	851.72	851.722
3	711.24	711.350	2941.5	2941.50	1155.6	1155.60	1159.64	1159.640
4	904.05	904.148	3727.7	3727.66	1440.1	1440.14	1447.59	1447.590
5	1091.92	1091.977	4490.4	4490.40	1701.9	1701.90	1714.90	1714.900
6	1274.70	1274.700	5230.2	5230.11	1940.0	1939.92	1960.89	1960.890
7	1452.21	1452.175	5947.2	5947.11	2153.6	2153.52	2184.77	2184.779
8	1624.30	1624.250	6641.7	6641.70	2342.4	2342.25	2385.62	2385.620
9	1790.78	1790.750	7314.2	7314.14	2505.9	2505.90	2562.28	2562.280
10	1951.48	1951.480	7964.7	7964.70	2644.4	2644.40		2713.500
11	2106.18	2106.220	8593.6	8593.60	2757.9	2757.90		2838.046
12	2254.66	2254.734	9201.1	9201.07		2846.77		2934.986
13	2396.68	2396.772	9787.3	9787.30		2911.70		3004.100
14	2532.08	2532.080	10352.4	10352.40		2953.91		3046.470
15	2660.59	2660.407		10896.33		2975.33		3065.250
16	2782.01	2781.517		11418.83		2979.06		3066.653
17	2896.12	2895.200		11919.23				
18	3002.66	3001.284		12396.29				
19	3101.47	3099.642		12847.99				
20	3192.39	3190.208		13271.24				

续表

υ	ICl		CsH		ClF			
	$A^3\Pi(1)$		$X^1\Sigma^+$		$A(^3\Pi_1)$		$B0^+(^3\Pi)$	
	E_υ^{exp} (文献[48])	E_υ^{AM}	E_υ^{exp} (文献[50])	E_υ^{AM}	E_υ^{exp} (文献[51])	E_υ^{AM}	E_υ^{exp} (文献[51])	E_υ^{AM}
21	3275.32	3272.982		13661.49				
22	3350.20	3348.039		14012.37				
23	3417.22	3415.537		14315.17				
24	3476.62	3475.716		14558.33				
25	3528.90	3528.900		14726.73				
26	3574.69	3575.497		14800.99				
27	3614.93	3615.988						
28	3649.79	3650.921						
29	3680.12	3680.890						
30	3706.52	3706.520						
31	3729.26	3728.436						
32	3748.75	3747.236						
33	3765.16	3763.451						
34	3778.72	3777.498						
35	3789.63	3789.630						
36		3799.875						
37		3807.972						
38		3813.286						
39		3814.730						
D_e^{exp}		3814.7±0.6 (文献[48])		14805±30 (文献[50])		2988.4(文献[51])		3078.7(文献[51])

υ	KRb		CO		NaK		IBr	
	$2^1\Pi$		$X^1\Sigma^+$		$c^3\Sigma^+$		$X^1\Sigma^+$	
	E_υ^{exp} (文献[41])	E_υ^{AM}	E_υ^{exp} (文献[53])	E_υ^{AM}	E_υ^{exp} (文献[54])	E_υ^{AM}	E_υ^{exp} (文献[55])	E_υ^{AM}
0	25.699	25.6990	1081.77097	1081.77097	36.59	36.590	134.14	134.140
1	76.546	76.5460	3225.04215	3225.03853	109.02	109.024	401.19	401.186
2	126.518	126.5180	5341.83337	5341.82950	180.49	180.490	666.58	666.580
3	175.593	175.5925	7432.21043	7432.20813	250.98	250.981	930.31	930.311
4	223.747	223.7470	9496.24084	9496.24084	320.49	320.492	1192.38	1192.377
5	270.959	270.9585	11533.99385	11533.99610	389.02	389.017	1452.77	1452.770
6	317.204	317.2041	13545.54043	13545.54460	456.55	456.550	1711.49	1711.487
7	362.461	362.4610	15530.95326	15530.95860	523.08	523.083	1968.52	1968.520
8	406.706	406.7061	17490.30668	17490.31250	588.61	588.612	2223.86	2223.861

续表

υ	KRb		CO		NaK		IBr	
	$2^1\Pi$		$X^1\Sigma^+$		$c^3\Sigma^+$		$X^1\Sigma^+$	
	E_υ^{exp} (文献[41])	E_υ^{AM}	E_υ^{exp} (文献[53])	E_υ^{AM}	E_υ^{exp} (文献[54])	E_υ^{AM}	E_υ^{exp} (文献[55])	E_υ^{AM}
9	449.917	449.9170	19423.67665	19423.68240	653.13	653.131	2477.50	2477.500
10	492.072	492.0710	21331.14065	21331.14570	716.63	716.632	2729.62	2729.424
11	533.147	533.1459	23212.77766	23212.78170	779.11	779.112	2979.62	2979.621
12	573.119	573.1190	25068.66794	25068.67080	840.56	840.563	3228.08	3228.078
13	611.967	611.9670	26898.89302	26898.89480	900.98	900.980	3474.78	3474.782
14		649.6652	28703.53547	28703.53620	960.35	960.356	3719.72	3719.720
15		686.1868	30482.67875	30482.67880	1018.69	1018.687	3962.88	3962.878
16		721.5010	32236.40702	32236.40650	1075.97	1075.966	4204.24	4204.240
17		755.5721	33964.80492	33964.80430	1132.19	1132.187	4443.77	4443.787
18		788.3569	35667.95734	35667.95670	1187.35	1187.345	4681.47	4681.493
19		819.8026	37345.94912	37345.94880	1241.44	1241.434	4917.32	4917.320
20		849.8438	38998.86480	38998.86480	1294.45	1294.447		5151.212
21		878.3992	40626.78827	40626.78860	1346.38	1346.380		5383.092
22		905.3675	42229.80246	42229.80300	1397.23	1397.225		5612.848
23		930.6227	43807.98895	43807.98960	1446.98	1446.978		5840.324
24		954.0095	45361.42760	45361.42800	1495.63	1495.631		6065.311
25		975.3371	46890.19610	46890.19610	1543.18	1543.180		6287.526
26		994.3728	48394.36958	48394.36890	1589.62	1589.619		6506.602
27		1010.8347	49874.02009	49874.01860	1634.94	1634.940		6722.063
28		1024.3837	51329.21615	51329.21370	1679.14	1679.140		6933.304
29		1034.6149	52760.02219	52760.01900	1722.21	1722.210		7139.566
30		1041.0477	54166.49803	54166.49420	1764.15	1764.146		7339.910
31		1043.1154	55548.69831	55548.69420	1804.95	1804.942		7533.182
32			56906.67185	56906.66790	1844.60	1844.592		7717.983
33			58240.46101	58240.45760	1883.09	1883.090		7892.630
34			59550.10102	59550.09860	1920.44	1920.430		8055.113
35			60835.61922	60835.61800	1956.61	1956.609		8203.051
36			62097.03427	62097.03430	1991.62	1991.620		8333.647
37			63334.35530	63334.35620		2025.458		8443.627
38			64547.58089	64547.58210		2058.119		8529.191
39			65736.69808	65736.69890		2089.600		8585.947
40			66901.68108	66901.68110		2119.895		8608.844
41			68042.48990	68042.48990		2149.003		
42				69159.07200		2176.920		
43				70251.35860		2203.644		
…				…		…		

续表

υ	KRb		CO		NaK		IBr	
	$2^1\Pi$		$X^1\Sigma^+$		$c^3\Sigma^+$		$X^1\Sigma^+$	
	E_υ^{exp} (文献[41])	E_υ^{AM}	E_υ^{exp} (文献[53])	E_υ^{AM}	E_υ^{exp} (文献[54])	E_υ^{AM}	E_υ^{exp} (文献[55])	E_υ^{AM}
68				88978.00170		2505.804		
69				89329.15160		2505.973		
…				…				
76				90660.75150				
77				90672.88230				
D_e^{exp}	1050.0±0.8		90674(文献[41])		2508(文献[53])		未知(文献[54])	

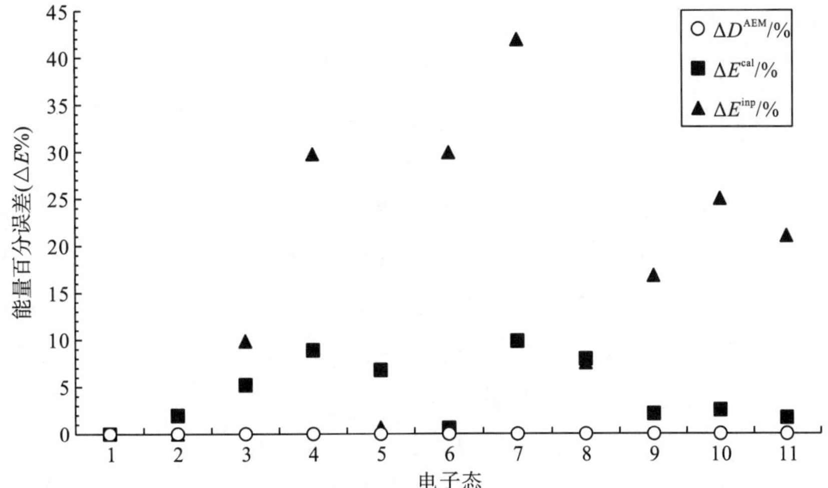

图 6.4　一些异核双原子分子部分电子态的 AEM 分子离解能 D_e^{AEM}、$E_{\upsilon_{max}}^{cal}$、$E_{\upsilon_{max}}^{inp}$ 与实验离解能 D_e 比较的百分误差

1. NaK−$a^3\Sigma^+$；2. XeBr−$X^2\Sigma^+$；3. HgI−$X^2\Sigma^+$；4. LiH−$X^1\Sigma^+$；5. ICl−$A^3\Pi(1)$；6. CsH−$X^1\Sigma^+$；7. KRb−$2^1\Pi$；8. ClF−$A(^3\Pi_1)$；9. ClF−$B0^+(^3\Pi)$；10. CO−$X^1\Sigma^+$；11. NaK−$c^3\Sigma^+$

6.3　新解析公式对同核双原子分子的应用

在上一章中，我们已经导出了基于代数方法(AM)的精确计算分子离解能的新解析表达式，即式(5.3-14)。在本节中，我们以 N_2 分子为例，将 AM 完全振动能谱与建立的新解析表达式[式(5.3-14)]相结合，计算该分子部分电子态的完全振动能谱和分子离解能。

根据获得的精确振动能谱和式(5.3-14)，对 N_2 分子而言，由于共价键的形成将要改变原子状态，而且 N_2 分子的能级序列颠倒是同核双原子分子中最可能的一种，氮原子除了生成 ^2S、^2P 和 ^4D 等谱项外(次序不遵从洪特定则)，还可能产生 $np2(n+2)s$ 和

np2$(n+1)d$(或 nd)电子组态[22]，所以，结合上述的一些物理要求，本书将式(5.3-14)中的 C_2 取值为最小的正实数(C_2=0.22131)。将 n、C_2 和 N_2 分子的约化质量 μ 的值代入式(5.3-14)中，则可得到计算 N_2 分子离解能 D_e 的简洁表达式：

$$D_e^{\mathrm{cal}} = E_{\upsilon_{\max}-1} + 0.50886(E_{\upsilon_{\max}} - E_{\upsilon_{\max}-2}) \tag{6.3-1}$$

首先，我们应用 AM 方法计算了 N_2 分子的 $X^1\Sigma_g^+$、$A^3\Sigma_u^+$、$B'^3\Sigma_u^-$、$a'^1\Sigma_u^-$、$b'^1\Sigma_u^+$、$c_4'^1\Sigma_u^+$、$B^3\Pi_g$ 和 $a^1\Pi_g$ 共八个电子态的 AM 振动光谱常数、AM 完全振动能谱$\{E_\upsilon\}$，获得了这些电子态在整个离解区域内部分准确的物理信息，如最大振动量子数 $\upsilon_{\max}$、最高振动能级 $E_{\upsilon_{\max}}$ 等，并将计算结果和振动能谱分别列于表 6.15 和表 6.16 中。其次，根据 AM 所获得的描述分子离解极限区域附近物理行为的正确物理量 $\upsilon_{\max}$、$E_{\upsilon_{\max}}$、$E_{\upsilon_{\max}-1}$、和 $E_{\upsilon_{\max}-2}$，运用式(6.3-1)分别计算了这些电子态相应的离解能 D_e，并将计算结果和 AM 振动能谱分别列于表 6.15 和表 6.16 中。

由于 AM 振动光谱常数(ω_0, ω_{e0}, ω_e, $\omega_e x_e$, $\omega_e y_e$, $\omega_e z_e$, $\omega_e t_e$, $\omega_e s_e$, $\omega_e r_e$)和 AM 振动能谱是正确可靠的，所以表 6.15 列出了各个电子态的最大振动量子数 $\upsilon_{\max}$、最大振动能级 $E_{\upsilon_{\max}}$、分子离解能 D_e 及其相对于实验离解能的百分误差 $\Delta D_e\%$ 其值均小于 0.3%。为了加以比较，在表 6.15 中也列出了文献给出的 N_2 分子各电子态的振动光谱数据及由其算得的最大振动能级 $E_{\upsilon_{\max}}^{\neq}$ (并在其旁注以"≠"符号)。表 6.15 显示，使用 AM 振动能谱由式(6.3-1)算出的离解能 $D_e^{\Diamond}$ 与实验离解能 D_e^* 符合得非常好，所列各电子态中最大的百分误差仅为 0.018%，即小于万分之二，并且所有的 $D_e^{\Diamond}$ 满足式(5.3-15)。$D_e^{\Diamond}$ 的误差远小于不同实验测量值之间的允许误差。但使用文献给出的光谱常数产生的振动能谱，并由其经式(6.3-1)算出的离解能 $D_e^{\neq}$ 则与实验值 D_e^* 相差很大，其最大的百分误差为 28.71%，最小的也有 4.00%，均比 AM 结果的百分误差大至少 2 个数量级。而且多数电子态的 $D_e^{\neq}$ 值都不满足式(5.3-15)，这个事实进一步说明了这些文献中的光谱常数及其振动能谱内含了较大甚至很大的误差。若将这样的数据用于需要分子高振动激发态及振动能级的物理量的精确定量研究，势必对该物理量引入较大甚至很大的误差。表 6.15 还显示，即便用 AM 振动能谱的最大振动能级 $E_{\upsilon_{\max}}^{\mathrm{AM}}$ 作为实验离解能 D_e^* 的近似值，其最大的百分误差也仅为 0.22%，也远小于文献中结果的最小百分误差(4.00%)。表 6.15 进一步表明，当不知道某个分子电子态的精确离解能时，由上一章节中所建立的式(5.3-14)和 AM 振动能谱可以给出足够好的理论离解能数值，如表 6.15 中列出的最后一个电子态 $c_4'^1\Sigma_u^+$ 的情形所示。为了进一步说明问题，图 6.5 将这些电子态的 $E_{\upsilon_{\max}}^{\mathrm{AM}}$ 和 $E_{\upsilon_{\max}}^{\neq}$ 与实验离解能 D_e 进行了直观的比较。因没有查到 N_2 分子 $c_4'^1\Sigma_u^+$ 电子态的实验离解能 D_e，所以图 6.5 中没有该态的数据。图 6.5 再次清楚地显示了 AM 振动能级 $E_{\upsilon_{\max}}^{\mathrm{AM}}$ ("□")与实验值 D_e ("●")符合得很好，而文献中的能级 $E_{\upsilon_{\max}}^{\neq}$ ("○")与 D_e 则符合得较差甚至很差。

表 6.16 列出了由 AM 方法计算的 N_2 分子各电子态的完全振动能谱$\{E_\upsilon\}$。由表 6.16 可知，这些态的完全振动能谱$\{E_\upsilon\}$不仅能非常好地再现(几乎是完全重合)了已知的有限实验能级，而且能够正确地产生文献上缺乏的所有高激发态振动能级，从而获得接近于离解极限的最大

振动量子数$\upsilon_{\max}$和最高振动能级$E_{\upsilon_{\max}}^{AM}$。而要在实验中直接测量或用目前的量子力学从头计算方法算出这些真正描述分子离解极限区域附近物理行为的重要物理量$\upsilon_{\max}$和$E_{\upsilon_{\max}}$，一般来说是很困难的。很有代表性的例子是N_2分子的电子激发态$a'^1\Sigma_u^-$。Lofthus 和 Krupenie[56]从实验中仅仅获得了 19 个振动能级，最高振动能级$E(\upsilon_{\max}=18)=25512.84\text{cm}^{-1}$，这个值远小于他们自己在同一文献中给出这个态的离解能$D_e=50186.286\text{cm}^{-1}$，而用 AM 方法得到的该电子态完全振动能谱$\{E_\upsilon\}$的能级数为 57 个，最高振动能级$E(\upsilon_{\max}=56)=50158.86\text{cm}^{-1}$，该结果和 Lofthus 与 Krupenie 的实验离解能D_e相比，其百分误差仅为 0.055%。

在考察应用式(5.3-14)或式(6.3-1)计算的分子离解能是否正确可靠时，最关键的问题是所用的振动能谱$\{E_\upsilon\}$的精确性。研究表明，如果没有 AM 方法所产生的包含最高振动能级在内的精确可靠的全部高阶振动能级，式(6.3-1)就得不到正确的理论离解能。我们最近的研究[57]表明，只要已知的有限实验能级子集合精确可靠，则 AM 方法利用这些实验能级产生的各阶光谱常数就足够精确，由此而计算的 AM 振动能谱也必然能够很好地再现实验能谱(表 6.16 中每一个电子态的 AM 能谱几乎完全与相对应的实验能级重合)，并能正确地产生包括最高振动能级在内的所有高阶振动能级，从而获得描述分子离解极限区域附近物理行为的正确物理量$\upsilon_{\max}$、$E_{\upsilon_{\max}}$、$E_{\upsilon_{\max}-1}$、和$E_{\upsilon_{\max}-2}$。所以，基于 AM 振动能谱，使用式(5.3-14)[对N_2分子而言，它具体为式(6.3-1)]确定的分子离解能的精确度是很高的。表 6.15 中所列N_2分子 7 个电子态离解能的计算结果与实验离解能的值相差极小(百分误差均小于 0.02%)这一事实就充分说明了这一点。对于N_2分子的另外一个电子激发态($C_4'^1\Sigma_u^+$)的离解能，虽然既没有查到实验值又没有其他理论值相比较，但由于这个态的 AM 振动能谱和已有的实验能级几乎完全重合，所以由此产生的所有高阶振动能级及理论离解能D_e^{AM}都是正确的。可以预言，若实验测得了该电子态的离解能D_e，则它与D_e^{AM}之间的百分误差将小于 0.1%，且该D_e应仅略微大于 AM 方法的D_e^{AM}。为了进一步做直观的比较，我们用参考文献所给出的振动光谱常数计算的振动能量和式(6.3-1)产生的离解能$D_e^{\neq}$、参考文献直接给出的实验得到的最大振动能量$E_{\max}^{\Delta}$、用 AM 振动能谱和式(6.3-1)计算的 AM 离解能D_e^{AM}分别与各电子态离解能的实验值D_e作了比较，并将比较的百分误差表示在图 6.6 中。从图 6.6 中可以看出各电子态的三种百分误差的相对大小为$\Delta E\% > \Delta D^{\neq}\% >> \Delta D^{AM}\%$，即 AM 离解能$D_e^{AM}$的误差最小，精确度最高。

表 6.15 N_2 分子部分电子态的振动光谱常数、最大振动量子数 υ_{max} 和分子离解能 D_e [所有量（υ_{max} 除外）均以 cm^{-1} 为单位]

态		ω_0	ω_{e0}	ω_e	$\omega_e x_e$	$10^2\omega_e y_e$	$10^3\omega_e z_e$	$10^4\omega_e t_e$	$10^5\omega_e s_e$	$10^{10}\omega_e r_e$	υ_{max}	$E_{\upsilon_{max}}$	D_e	$\Delta D_e\%$ □
$X^1\Sigma_g^+$	AM	0.0384	−0.5923	2358.5685	14.0920	−2.9166	1.5116	−0.8328	0.2417	−241.724	52	79818.6	79887.6102$^{\diamond}$	(0.089,0.0027$^{\diamond}$)
	文献[6]			2358.5685	14.3244	−0.2258	−0.235				69$^{\neq}$	88489.2026$^{\neq}$	88511.7085$^{\neq}$	(10.79$^{\neq}$)
	文献[56]										21$^{\Delta}$	44014.1$^{\Delta}$	79889.767*	
$A^3\Sigma_u^+$	AM	−0.005352	−0.1434	1460.638	13.8090	−0.3138	0.0596	−1.972	1.0423	−2164.5	32	29620.699	29684.7596$^{\diamond}$	(0.2193,0.0035$^{\diamond}$)
	文献[56]			1460.638	13.8723	−1.030	−1.965				36$^{\neq}$	30843.3969$^{\neq}$	30874.7296$^{\neq}$	(4.00$^{\neq}$)
	文献[56]										13$^{\Delta}$	17149.44$^{\Delta}$	29685.809*	
$B'^3\Sigma_u^-$	AM	0.01014	−0.03238	1516.883	12.1600	3.6175	0.03958	−0.5627	0.2098	−313.615	45	42400.28	42450.1922$^{\diamond}$	(0.1325,0.015$^{\diamond}$)
	文献[56]			1516.883	12.1811	4.1864	−0.7325				56$^{\neq}$	46904.9410$^{\neq}$	46924.5872$^{\neq}$	(10.52$^{\neq}$)
	文献[56]										18$^{\Delta}$	24072.62$^{\Delta}$	42456.539*	
$a'^1\Sigma_u^-$	AM	−0.000448	−0.02209	1530.2675	12.0690	3.9933	−0.1301	−0.1030	0.0352	−49.8633	56	50158.86	50183.4374$^{\diamond}$	(0.0546,0.0057$^{\diamond}$)
	文献[56]			1530.2675	12.0778	4.1534	−2.96				40$^{\neq}$	36960.6877$^{\neq}$	36996.2727$^{\neq}$	(26.28$^{\neq}$)
	文献[56]										19$^{\Delta}$	25512.84$^{\Delta}$	50186.286*	

注：*实验的离解能 $D_e = D_0 + E(0)$，D_0 和 $E(0)$ 均来自文献[56]；Δ实验获得的最高振动能级；≠根据参考文献中提供的振动光谱常数计算得到的数据 υ_{max} 和 $E_{\upsilon_{max}}$；

$\Delta D_e\% = \frac{|D_e^* - D_e^{cal}|}{D_e^*}\times 100\%$，$D_e^*$ 是文献[56]给出的实验值。D_e^{cal} 是由式(6.3-1)得到的计算值：$D_e^{cal} = D_e^{\diamond}$ 由 AM 振动能级算得，$D_e^{cal} = D_e^{\neq}$ 由文献给出的振动光谱常数产生的能级 $E_\upsilon^{\neq}$ 算得。

$\Delta D_e\%$ 所在列给出的 (a,b) 两个数据，a 表示所在行相应的 $E_{\upsilon_{max}}$ 相对于 D_e^* 的百分误差，b 表示相应的 D_e^{cal} 相对于 D_e^* 的百分误差。

续表

态		ω_0	ω_{e0}	ω_e	$\omega_e x_e$	$10^2\omega_e y_e$	$10^3\omega_e z_e$	$10^4\omega_e t_e$	$10^5\omega_e s_e$	$10^{10}\omega_e r_e$	υ_{max}	$E_{\upsilon_{max}}$	D_e	$\Delta D_e\%^{\square}$
$b'^1\Sigma_u^+$	AM	1.9760	−0.9579	760.08	4.186	7.611	−2.696	−0.628	0.242	−185.933	56	24169.3	$24180.5415^{\diamond}$	$(0.0647,0.018^{\diamond})$
	文献[56]			760.08	4.418	10.93	−5.42				$33^{\neq}$	$17787.5617^{\neq}$	$17816.9964^{\neq}$	$(26.33^{\neq})$
	文献[56]										28^{Δ}	18052.0^{Δ}	24184.95^{*}	
$B^3\Pi_g$	AM	0.00622	−0.0152	1733.391	14.1058	−6.383	4.999	−2.492	0.663	−1215.55	35	39413.77	$39493.1273^{\diamond}$	$(0.2035,0.0026^{\diamond})$
	文献[56]			1733.391	14.1221	−5.688	3.612				$34^{\neq}$	$45774.5635^{\neq}$	$45790.2657^{\neq}$	$(15.94^{\neq})$
	文献[56]										17^{Δ}	25861.32^{Δ}	39494.14^{*}	
$a^1\Pi_g$	AM	−0.0004	0.0244	1694.1895	13.9500	0.7368	0.4767	−0.2063	0.0995	−176.906	47	49009.98	$49051.9844^{\diamond}$	$(0.093,0.0074^{\diamond})$
	文献[56]			1694.1895	13.9480	0.7864	0.295				$83^{\neq}$	$63134.7860^{\neq}$	$63138.5685^{\neq}$	$(28.71^{\neq})$
	文献[56]										15^{Δ}	22955.31^{Δ}	49055.621^{*}	
$c_4'^1\Sigma_u^+$	AM	0.1966	−4.5352	2201.78	18.933	−274.28	983.095	−145.425	1097.96	−3323412	14	27020.0	$\underline{27339.1965}^{\diamond}$	
	文献[56]			2201.78	25.199	78.74					$10^{\neq}$	$21252.0142^{\neq}$	$21289.0954^{\neq}$	
	文献[56]										8^{Δ}	17379.2^{Δ}		

“______”线上的数据是用式(6.3-1)和 AM 振动能谱算得的正确的离解能数据，它预言该电子态的精确实验离解能 D_e 仅比它略大一点。

表 6.16 N_2 分子部分电子态的 AM 振动能谱和文献发表的振动能量值 (能量单位：cm^{-1})

υ	$X^1\Sigma_g^+$		$A^3\Sigma_u^+$		$B'^3\Sigma_u^-$		$a'^1\Sigma_u^-$	
	E_υ^{exp}	E_υ^{AM}	E_υ^{exp}	E_υ^{AM}	E_υ^{exp}	E_υ^{AM}	E_υ^{exp}	E_υ^{AM}
27	1175.5	1175.50	726.80	726.800	755.40	755.400	762.11	762.110
28	3505.2	3505.20	2159.67	2159.665	2248.05	2248.048	2268.35	2268.347
29	5806.5	5806.50	3564.87	3564.870	3716.70	3716.700	3750.80	3750.800
30	8079.2	8079.27	4942.36	4942.357	5161.56	5161.560	5209.70	5209.701
31	10323.3	10323.40	6292.03	6292.030	6582.82	6582.825	6645.27	6645.276
32	12538.8	12538.80	7613.75	7613.750	7980.67	7980.677	8057.74	8057.745
33	14725.4	14725.40	8907.33	8907.331	9355.28	9355.280	9447.32	9447.320
34	16883.1	16883.08	10172.54	10172.540	10706.78	10706.780	10814.20	10814.207
35	19011.8	19011.80	11409.10	11409.100	12035.31	12035.307	12158.61	12158.608
36	21111.5	21111.46	12616.69	12616.690	13340.97	13340.970	13480.71	13480.712
37	23182.0	23182.00	13794.95	13794.948	14623.86	14623.863	14780.71	14780.707
38	25223.3	25223.30	14943.47	14943.468	15884.06	15884.060	16058.77	16058.770
39	27235.3	27235.32	16061.80	16061.800	17121.62	17121.619	17315.08	17315.073
40	29218.0	29217.97	17149.44	17149.440	18336.59	18336.581	18549.78	18549.781
41	31171.2	31171.19		18205.818	19528.97	19528.969	19763.05	19763.050
42	33094.9	33094.89		19230.282	20698.79	20698.790	20955.03	20955.032
43	34989.0	34989.01		20222.066	21846.03	21846.031	22125.87	22125.870
44	36853.5	36853.50		21180.265	22970.66	22970.660	23275.70	23275.700
45	38688.3	38688.30		22103.784	24072.62	24072.620	24404.65	24404.650
46	40493.4	40493.36		22991.286		25151.828	25512.84	25512.840
47	42268.6	42268.64		23841.130		26208.167		26600.381
48	44014.1	44014.10		24651.287		27241.483		27667.373
49		45729.69		25419.253		28251.573		28713.905
50		47415.38		26141.938		29238.177		29740.055
51		49071.11		26815.548		30200.966		30745.884
52		50696.80		27435.441		31139.529		31731.438
26		52292.38		27995.970		32053.355		32696.744
27		53857.77		28490.308		32941.816		33641.806
28		55392.67		28910.246		33804.146		34566.606
29		56897.00		29245.980		34639.417		35471.096
30		58370.40		29485.865		35446.512		36355.194
31		59812.52		29616.151		36224.096		37218.784
32		61222.87		29620.695		36970.586		38061.706
33		62600.83				37684.109		38883.756
…		…				…		…
44		75228.30				42398.946		46421.613
45		76865.37				42400.281		46949.966

续表

v	$X^1\Sigma_g^+$		$A^3\Sigma_u^+$		$B'^3\Sigma_u^-$		$a'^1\Sigma_u^-$	
	E_v^{exp}	E_v^{AM}	E_v^{exp}	E_v^{AM}	E_v^{exp}	E_v^{AM}	E_v^{exp}	E_v^{AM}
46		77576.56						47446.909
47		78206.67						47910.655
48		78747.57						48339.214
49		79190.10						48730.366
50		79523.96						49081.653
51		79737.70						49390.352
52		79818.55						49653.460
53								49867.671
54								50029.356
55								50117.537
56								50158.863
D_e^{exp}		79889.767		29685.809		42456.539		50183.4374

注：E_v^{exp} 是实验值，均来自文献[56]；E_v^{AM} 是 AM 计算值。

v	$b'^1\Sigma_u^+$		$B^3\Pi_g$		$a^1\Pi_g$		$c_4'^3\Pi_u^+$	
	E_v^{exp}	E_v^{AM}	E_v^{exp}	E_v^{AM}	E_v^{exp}	E_v^{AM}	E_v^{exp}	E_v^{AM}
27	380.5	380.5	863.16	863.16	843.62	843.62	1093.8	1093.8
28	1131.6	1131.48	2568.14	2568.14	2509.96	2509.96	3248.2	3248.2
29	1874.7	1874.7	4244.46	4244.46	4148.47	4148.478	5358.8	5358.8
30	2610.3	2610.46	5891.92	5891.92	5759.24	5759.238	7430.5	7430.22
31	3338.6	3339	7510.38	7510.38	7342.31	7342.31	9468	9468
32	4059.9	4060.47	9099.74	9099.74	8897.77	8897.77	11477	11477
33	4774.3	4774.93	10659.92	10659.92	10425.7	10425.7	13461.8	13461.8
34	5481.8	5482.44	12190.86	12190.87	11926.19	11926.19	15427.5	15427.5
35	6182.2	6182.84	13692.5	13692.51	13399.34	13399.34	17379.2	17379.2
36	6875.5	6875.97	15164.76	15164.77	14845.25	14845.25		19318.5
37	7561.6	7561.6	16607.54	16607.54	16264.02	16264.03		21235.34
38	8239.1	8239.4	18020.7	18020.69	17655.79	17655.79		23093.53
39	8908.8	8909.01	19404.04	19404.01	19020.66	19020.66		24808.2
40	9569.9	9569.97	20757.31	20757.28	20358.78	20358.78		26213.7
41	10221.8	10221.8	22080.16	22080.14	21670.28	21670.28		27020
42	10864	10864	23372.16	23372.16	22955.31	22955.31		
43	11495.9	11495.84	24632.76	24632.79		24214.02		
44	12116.9	12116.87	25861.32	25861.32		25446.57		

续表

v	$b'^1\Sigma_u^+$		$B^3\Pi_g$		$a^1\Pi_g$		$c_4'^3\Pi_u^+$	
	E_v^{exp}	E_v^{AM}	E_v^{exp}	E_v^{AM}	E_v^{exp}	E_v^{AM}	E_v^{exp}	E_v^{AM}
45	12726.4	12726.4		27056.86		26653.12		
46	13323.8	13323.8		28218.28		27833.81		
47	13908.4	13908.4		29344.23		28988.81		
48	14479.6	14479.57		30433		30118.24		
49	15036.7	15036.68		31482.54		31222.24		
50	15579.1	15579.1		32490.35		32300.89		
51	16106.3	16106.26		33453.43		33354.26		
52	16617.7	16617.6		34368.18		34382.38		
53	17112.7	17112.64		35230.31		35385.21		
27	175909	17590.90		36034.77		36362.66		
28	180520	18052.00		36775.59		37314.56		
29		18495.6		37445.79		38240.64		
30		18921.44		38037.22		39140.51		
31		19329.31		38540.44		40013.66		
32		19719.09		38944.51		40859.43		
33		20090.73		39236.87		41676.98		
34		20444.26		39403.11		42465.25		
35		20779.77		39413.77		43222.99		
36		21097.4				43948.66		
…		…				…		
45		23207.27				48611.06		
46		23366.05				48848.99		
47		23511.09				49009.98		
48		23642.57						
49		23760.55						
50		23864.92						
51		23955.37						
52		24031.36						
53		24092.07						
54		24136.37						
55		24162.76						
56		24169.3						
D_e^{exp}		24184.95		39494.14		49055.621		(未知)

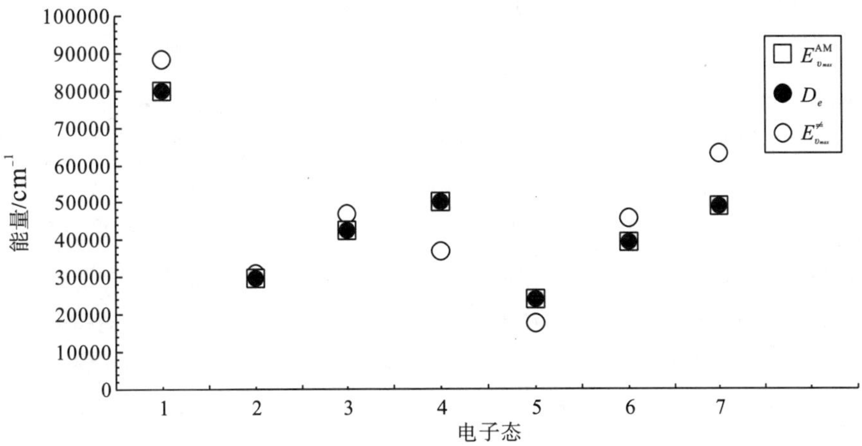

图 6.5　N_2 分子部分电子态 AM 的 $E_{\upsilon_{\max}}^{AM}$ 和文献的 $E_{\upsilon_{\max}}^{\neq}$ 同实验离解能 D_e 的相对比较

1. $X^1\Sigma_g^+$；2. $A^3\Sigma_u^+$；3. $B'^3\Sigma_u^-$；4. $a'^1\Sigma_u^-$；5. $b'^1\Sigma_u^+$；6. $B^3\Pi_g$；7. $a^1\Pi_g$

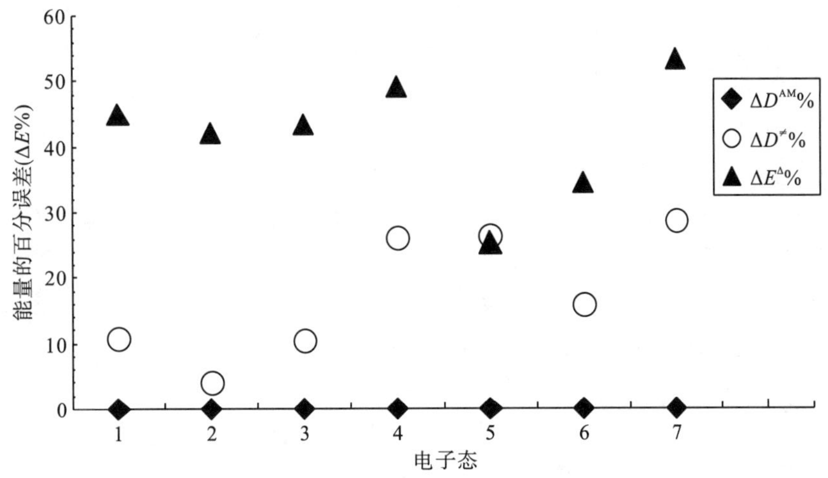

图 6.6　D_e^{AM}、$D_e^{\neq}$ 和 $E_{\upsilon_{\max}}^{\Delta}$ 分别同实验值 D_e 之间的百分误差

1. $X^1\Sigma_g^+$；2. $A^3\Sigma_u^+$；3. $B'^3\Sigma_u^-$；4. $a'^1\Sigma_u^-$；5. $b'^1\Sigma_u^+$；6. $B^3\Pi_g$；7. $a^1\Pi_g$

注：$\Delta D^{AM}\% = \dfrac{|D_e - D_e^{AM}|}{D_e} \times 100$，$D^{\neq}\% = \dfrac{|D_e - D_e^{\neq}|}{D_e} \times 100$，$\Delta E^{\Delta}\% = \dfrac{|D_e - E_{\upsilon_{\max}}^{\Delta}|}{D_e} \times 100$。

6.4　本章小结

本部分针对文献上已发表的大多数双原子分子电子态的振动光谱常数以及目前已知的几种解析振动模型都不能产生接近分子离解极限的精确振动能级的情况，应用我们建立的代数方法(AM)对部分双原子分子体系，包括同核体系和异核体系、金属分子和非金属分子，以及同位素分子体系的完全振动能谱进行了研究；分别应用代数能量方法(AEM)和建立在 AM 完全振动能谱基础之上的计算精确分子离解能新解析表达式[式(5.3-14)]，研究和计算了这些分子部分电子态的正确离解能 D_e 。研究结果表明：

(1)对于大多数双原子分子的电子态而言，其完全振动光谱特别是高振动激发能级还非常缺乏，并且由于处于高振动激发态的分子运动太快且常不稳定，要从实验上获得这些体系的高振动激发能级往往很困难。而用现代量子理论和目前已知的几种解析振动物理模型要完全得到这些重要信息也是很困难的。应用 AM 方法可由较少的已知精确实验能级得到完全可靠的所有高振动激发态的能级，即由部分已知能级可以得到可靠的振动完全能谱，圆满地解决了这一难题。AM 方法是研究双原子分子振动能级结构行之有效的方法。

(2)对于大多数双原子分子的电子态，往往很难直接用现代实验技术或精确的量子理论方法获得体系精确的全部高激发态振动能级和分子离解能 D_e ，而且从理论上推导分子离解能的精确解析表达式也很困难[57]。用建立在 AM 方法基础上的代数能量方法(AEM)和计算精确分子离解能的新解析公式[式(5.3-14)]所获得的分子离解能与实验值符合得非常好，其精确度不仅远优于用其他振动能级代入新解析式所得到的结果，而且也是不少量子理论计算的离解能精度所难以比拟的。

综上所述，AM 方法能从少数精确的实验能级获得精确的分子振动光谱常数集合和正确的完全振动能谱{ E_υ }，它紧紧抓住精确的、有限的实验振动能级子集合[E_υ]这个重要基础，不使用任何数学近似或物理模型，利用经微扰理论证明的振动能级 E_υ 与各阶非谐性振动信息(振动光谱常数)之间的客观物理函数关系及其代数表达式，用标准的数学方法严格地求解该振动能级的代数方程，获得了这些分子各电子态的一组精确的振动光谱常数集合，从而成功地获得了这些电子态的完全振动能谱{ E_υ }。这些 AM 振动能谱{ E_υ }不仅重复了相应电子态的已知实验能级子集合[E_υ]中的每个能量，而且正确地产生了实验未曾获得的所有高振动激发态的能级，从而为一切需要分子高振动激发态和能级的科学研究提供了正确的物理数据基础。

在 AM 完全振动能谱{ E_υ }的基础上，我们建立了获得分子正确离解能 D_e 的代数能量法(AEM)，正因为建立了 AM 方法，获得了 AM 完全振动能谱{ E_υ }，我们才在这种能量思路的指导下，基于 LeRoy 和 Bernstein 的工作[58]，建立了使用精确振动能级求分子离解能 D_e 的新公式[式(5.3-14)]。通过分别应用(AEM)方法和新公式[式(5.3-14)]对上述双原子分子体系部分电子态的分子离解能计算的满意结果说明，AM 方法对研究双原子分子的振动能级结构、AEM 方法对研究分子离解能是非常有效的，AM 方法和新建立的离解能解析式[式(5.3-14)]相结合的理论方法，为用现代实验技术难以精确测量或实验代价太高的一部分双原子分子体系在理论上提供了获得精确分子振动完全能谱和分子离解能的物理新方法。

参 考 文 献

[1] Sangfeit E, Kurtz H A, Elande N, et al. Excited states via the AGP polarization propagator. 1. Appliccation to Li_2[J]. J. Chem. Phys., 1984, 81:3976.

[2] Barakat B, Bacis R, Carrot F, et al. Extensive analysis of the $X^1\Sigma^+_g$ ground state of $^7Li_2$ by laser-induced fluorescence Fourier transform spectrometry[J]. J. Verges, Chem. Phys. 1986, 102:215.

[3] Lazarov G, Lyyra A M, Li L. Perturbation facilitated optical-optical double resonance study of the $2^3S_g^+$state[J]. J. Mol. Spectrosc., 2001, 205：73.

[4] Poteau R, Spiegelmann F. Calculation of the electronic spectrum of Li_2 using effective core pseudopotentials and l -dependent core polarization potentials[J]. J. Mol. Spectrosc., 1995, 171:299.

[5] Yiannopoulou A, Urbanski K, Lyyra A M, et al. Perturbation facilitated optical–optical double resonance spectroscopy of the 2 $^3\Sigma^+_g$, 3 $^3\Sigma^+_g$, and 4 $^3\Sigma^+_g$ Rydberg states of $^7Li_2$[J]. J. Chem. Phys., 1995, 102:3024.

[6] Xie X, Field R W. Perturbation facilitated optical-optical double resonance spectroscopy of the $^6Li_2 3^3\Sigma_g^+$, $2^3\Pi_g$, $1^3\Delta_g$, $b^3\Pi_u$, and $a^3\Sigma_u^+$states[J]. J. Mol. Spectrosc., 1986, 117:228.

[7] Linton C, Murphy T L, Martin F, et al J. Verges, Fourier transform spectroscopy of the 1 $^3\Sigma^+_g$–a $^3\Sigma^+_u$ transition of the $^6Li_2$ molecule[J]. J. Chem. Phys., 1989, 91:6036.

[8] Linton C, Martin F, Ross A J, et al. The high lying vibrational levels and the dissociation energy of the $a^3S_u^+$ state of $^7Li_2$ [J]. J. Mol. Spectrosc., 1999, 196:20.

[9] Miller D A, Gold L P, Tripodi P D. A pulsed optical–optical double resonance study of the 1 $^1\Pi_g$ state of $^7Li_2$[J]. J. Chem. Phys., 1990, 92:5822.

[10] Russier I, Yiannopoulou A, Crozet P, et al. The $2^3\Pi_g$–$b^3\Pi_u$and $1^3\Delta_g$–$b^3\Pi_u$transitions in$^7Li_2$: analysis of the$b^3\Pi_u$state for$v$= 0–27[J]. J. Mol. Spectrosc., 1997, 184:129.

[11] Kaldor U. Li_2 ground and excited states by the open-shell coupled-cluster method[J]. Chem. Phys., 1990, 140:1.

[12] Chen D S, LI L, Wang XT, et al. Pulsed pfoodr spectroscopy of triplet rydberg states of $^7Li_2$ [J]. J. Mol. Spectrosc, 1993, 161:7.

[13] Linton C, Martin F, Bacis R, et al. Examination of the structure, a doubling, and perturbations in the $1^1\Pi_g$ state of Li_2 [J]. J. Mol. Spectrosc., 1990, 142:340.

[14] Wang X, Yianbing J, Qi J, et al. Precise molecular constants for the $^6Li_2$ $A^1\Sigma_u^+ - X^1\Sigma_g^+$ system by sub-doppler polarization spectroscopy[J]. J. Mol. Spectrosc., 1998, 191:295.

[15] Babaky O, Hussein K. The ground state $X^1\Sigma^+_g$ of Na_2 [J]. J. Phys., 1989, 67:912.

[16] Jones K M, Maleki S, Bize S, et al. Direct measurement of the ground-state dissociation energy of Na_2[J]. Phys. Rev. A, 1996, 54:R1006.

[17] Tsai C C, Bahans J T, Stwalley W C. Optical-optical double resonance spectroscopy of the $6^1\Sigma^+_g$ shelf state of Na_2 using an ultrasensitive ionization detector[J]. J. Mol. Spectrosc., 1994, 167:429.

[18] Liu Y, Li J, Chen D, et al. Molecular constants and rydberg–Klein –Rees (RKR) potential curve for the Na_2 $1^3\Sigma_g^+$ state[J]. J. Chem. Phys. 1999, 111:3494.

[19] Whang T J, Tsai C C, Stwalley W C, et al. spectroscopic Study of the Na_2 $2^3\Sigma^+_g$ state by cw perturbation-facilitated opptical-optical double-resonance spectroscopy[J]. J. Mol. Spectrosc., 1993, 160:411.

[20] Whang T J, Stwalley W C, Li L, et al. The Na_2 $4^3\Sigma^+_g$ State[J]. J. Mol. Spectrosc., 1993, 157: 544.

[21] Li L, Lyyra A M, Stwalley W C. Absolute vibrational numbering and molecular constants of the Na_2 $1^3\Delta_g$ state[J]. J. Mol. Spectrosc., 1989, 134:113.

[22] Gerber G, Möller R. Optical-optical double-resonance spectroscopy of high vibrational levels of the Na_2 A $^1\Sigma_u^+$ state in a molecular beam[J]. Chem. Phys. Lett., 1985, 113:546.

[23] Whang J, Wang W T, Lyyra A M., et al. J. Mol. Spectrosc., 1991, 145:112.

[24] Xie X, R. Field W, Li L, J. Mol. Spectrosc., 1989, 134:119.

[25] Magnier S, Millié P. Potential curves for the ground and excited states of the Na_2 molecule up to the (3*s*+5*p*) dissociation limit: Results of two different effective potential calculations[J]. J. Chem. Phys., 1993, 98:7113.

[26] Liu Y, Chen H, Li J, et al. The RKR potential function of the Na2 43Пg state determined[J]. J. Mol. Spectrosc., 1998, 192:32.

[27] Whang T J, Lyyra A M, Stwalley W C, The Na_2 $2^3\Delta_g$ state: CW perturbation-facilitated optical-optical double resonance spectroscopy[J]. J. Mol.Spectrosc., 1991, 149:505.

[28] Li J, Liu Y, Gao H, et al. Pulsed perturbation facilitated OODR spectroscopy of the 4, 7, 10 $^3\Delta_g$ rydberg states of Na_2[J].J. Mol. Spectrosc., 1996, 175:13.

[29] Amiot C, Vergès J, Fellows C E. The long - range potential of the K_2 X $^1\Sigma^+_g$ ground electronic state up to 15 Å[J]. J. Chem. Phys., 1995, 103:3350.

[30] Amiot C. The $X^1\Sigma_g^+$ electronic state of K_2[J]. J. Mol. Spectrosc., 1991, 147:370.

[31] Zhao G, Zemke W T, Kim J T, et al. New measurements of the a^3 Σ^+_u state of K_2 and improved analysis of long - range dispersion and exchange interactions between two K atoms[J]. J. Chem. Phys., 1996, 105:7976.

[32] Li L, Lyyra A M, Luh W T, et al. Observation of the $^{39}K_2$ a $^3\Sigma^+_u$ state by perturbation facilitated optical–optical double resonance resolved fluorescence spectroscopy[J]. J. Chem. Phys., 1990, 93: 8452.

[33] Amiot C, Crozet P, Vergès J. Laser-induced fluorescence of the Rb_2 molecule the X $^1\Sigma_g^+$ electronic state up to v = 72[J]. Chem. Phys. Lett., 1985, 121:390.

[34] Seto J Y, LeRoy R J, Vergès J C. Amiot, direct potential fit analysis of the X 1Σ+gX 1Σg+state of Rb2:Rb2: Nothing else will do [J]. J. Chem. Phys., 2000, 113: 3067.

[35] Gerber G, Möller R, Schneider H. Laser induced bound–bound and bound–continuum emission of the Sr_2 A $^1\Sigma^+_u$–X $^1\Sigma^+_g$ system[J]. J. Chem. Phys., 1984, 81:1538.

[36] Amiot C. The Rb_2 $1^1\Pi_g$ electronic state by laser-induced fluorescence infrared Fourier transform spectroscopy[J]. Molecular Physics., 1986, 58: 667.

[37] Camacho J J, Pardo A, Polo A M, et al. Analysis and transition probabilities for the $Na_2$$B^1\Pi_u$→$X^1\Sigma^+_g$system using as excitation the 4727-Å Ar^+laser line[J]. J. Mol. Spectrosc.,1998, 191:248.

[38] Bauschlicher jr C W, Langhoff S R. Theoretical D_0 for NH($X\,^3\Sigma^-$) [J]. Chem. Phys. Lett., 1987, 135. 67.

[39] Omellas F R, Roberto-Neto O, Borin A C, et al. On the low-lying electronic states of the molecular BeN [J]. J. Chem. Phys., 1991, 95:9086.

[40] Kasahara S, Fujiwara C, Okada N, et al. Doppler-free optical–optical double resonance polarization spectroscopy of the $^{39}K^{85}Rb1^1\Pi$ and $2^1\Pi$ states[J]. J. Chem. Phys., 1999,111:8857.

[41] Coxon J A, Hajigeorgiou P G. Born-Oppenheimer breakdown in the ground state of carbon monoxide - A direct reduction of spectroscopic line positions to analytical radial Hamiltonian operators[J]. Can. J. Phys., 1992, 70:40.

[42] 朱正和,俞华根.分子结构与分子势能函数[M]. 北京：科学出版社，1997.

[43] Luh W T，Stwalley W C. The $X^1\Sigma^+$，$A^1\Pi$，and $B^1\Sigma^+$ potential energy curves and spectroscopy of BH [J]. J. Mol. Spectrosc.，1983，102：212.

[44] Breford E J，Engelke F. The $a\ ^3\Sigma^+$ state of NaK. High resolution spectroscopy using laser - induced fluorescence (LIF) [J]. J. Chem. Phys.，1979，71:1994.

[45] Clevenger J O，Tellinghuisen J. The $B(1/2\ ^2P_{3/2})\rightarrow X(1/2\ ^2\Sigma^+)$ transition in XeBr[J]. J. Chem. Phys，1995，103：9611.

[46] Viswanathan K S，Tellinghuisen J. The B(2Σ+) → X(2Σ+) transition (4050–4500 Å) in Hgl[J]. J. Mol. Spectrosc.，1983，98:185.

[47] Orth F B，Stwalley W C. New spectroscopic analyses of the $A^1\Sigma^+$-$X^1\Sigma^+$ bands of ^{7}LiH[J]. J. Mol. Spectrosc.，1979，76:17.

[48] Coxon J A，Wickramaaratchi M A. The $A^3\Pi(1)\rightarrow X^1\Sigma^+$ emission spectrum of ICl in the near infrared：Rotational analysis of bands in the v' = 0，1，2，3，4，progressions and molecular constants for the $X^1\Sigma^+$ and $A^3\Pi(1)$ states by merging with absorption data[J]. J. Mol. Spectrosc.，1980，79:380.

[49] Ligare M，Wu Z，Bhaskar N D，et al. Laser-induced fluorescence of CsH ($A^1\Sigma^+ \rightarrow X^1\Sigma^+$) To levels near the dissociation limit of $X^1\Sigma^+$ [J]. J. Chem. Phys.，1982，76:3480.

[50] Yang S C. The avoided crossing region of the CsH $X^1\Sigma^+$ potential energy curve[J]. J. Chem. Phys.，1982，77:2884.

[51] Alekseev V A，Setser D W. J. Tellinghuisen，J.The $A(^3\Pi_1)$ State of ClF[J].Mol. Spectrosc.，1999. 195:162.

[52] Huber K P，Herzberg G. Molecular Spectra and Molecular Structure (IV)，Constants of Diatomic Molecules[M]. Van Nostrand，New Yok，1979.

[53] Coxon J A，Hajigeorgiou P G. Born-Oppenheimer breakdown in the ground state of carbon monoxide - a direct reduction of spectroscopic line positions to analytical radial Hamiltonian operators[J]. Can. J. Phys.，1992，70:40.

[54] Ferber R，Pazyuk E A，Stolyarov A V，et al. The $c^3\Sigma^+$，$b^3\Pi$，and $a^3\Sigma^+$ states of NaK revisited[J]. J. Chem. Phys.，2000，112:5740.

[55] Weinstock E M，Preston A. A laser fluorescence study of the IBr $B'\ 0^+$-$X^1\Sigma^+$ system[J]. J. Mol. Spectrosc，1978，70:188.

[56] Lofthus A，Krupenie P H. The spectrum of molecular nitrogen[J]. J. Phys. Chem. Ref. Data，1977，6:113.

[57] Shilin H，Weiguo S. Studies on dissociation energies of diatomic molecules using vibrational spectroscopic constants[J]. Science in China G，2003，46(3):321.

[58] LeRoy R J，Bernstein R B. Dissociation energy and long-range potential of diatomic molecules from vibrational spacings of higher levels[J]. J. Chem. Phys.，1970，52:3869.

第7章 双原子分子振–转能级、离解能和热力学函数关系的研究

7.1 研究意义

现代物理学科的发展及其规律不仅支配着微观世界，而且也支配着宏观世界。事实上，宏观物体是由大量微观粒子(原子、分子等)构成的，宏观现象就是大量微观粒子行为和性质的一种集体表现。单从宏观的表面现象出发来研究宏观物理现象的变化规律，只能揭示物体表现在宏观现象中的某些运动特点，难以深刻地了解到事物的本质。近代科学技术所研究的很多对象都包含了一定数量甚至大量的微观个体。随着近代光谱，特别是高分辨率的激光吸收光谱技术的发展，以一些化学性质比较活泼的气体双原子分子为工作介质的二聚物，对于分子光谱、碰撞物理和大气物理等领域的研究都有很重要的应用。在绝大多数涉及双原子分子的化学反应和物理碰撞过程中，双原子分子会处于较高或很高的振动激发态，有的甚至还会发生离解，当分子位于渐进区和离解区附近时，它们的一些微观物理性质(高振动激发态波函数的正确性、振动能级和分子离解能的精确度)和体系的宏观物质性质(温度、压力、热容量、化学势等)有着不可分割的密切联系，而且这种联系往往影响着化学反应和诸如分子预离解、光离化、分子冷碰撞动力学等许多物理碰撞过程的研究质量，而且也关系着宏观物质的整体物理效应和动态性质。所以基于揭示这些气体双原子分子的物理和化学性质、减少因实验技术的客观条件所产生的制约或极高代价的研究目的，从理论上开展对一些气体双原子分子的高激发态振动行为和相关的物理性质的研究一直是原子分子物理重要的基本任务之一。因此，研究分子的某些精确物理量，例如研究分子振动能级和分子离解能的精确数值不单纯对分子反应动力学、分子结构、分子散射和分子间相互作用微观领域很重要，而且对研究物质宏观热力学性质也很有重要，其研究的重要意义在于：

(1)为化学反应、大气物理、航天物理等高科技领域方面的研究和应用提供重要的基本物理数据[1, 2]。现代高速飞行体(卫星、导弹和飞机)在空间飞行过程中与环境相互作用产生很高的温度，由此而产生的原子分子的能量激发、离解、电离以及其他化学反应等，这些过程所导致的宏观现象实际上是与其微观机制相联系的，实质上就是要以双原子分子理论为基础开展高温气体热力学性质、输运性质、辐射性质、高压气体的计算与研究，通过微观计算给出有关的宏观量，进而把这些宏观量用到解决实际工程问题中去，而完成这方面的工作，作为近期和长期的目标，都需要发展热力学函数的理论和精确的计算方法。

(2)对开展高温气体热力学、分子动力学和输运性质参数计算等领域的很多问题有着极为重要的定量影响。发动机燃烧生成多种成分的气体，当要了解发动机内部燃烧气体的温度、压力、组分、气体流动速度、燃料消耗及推力等情况时，需要计算气体的热力学性质及气体的输运性质[3，4]，而完成这方面的计算都涉及高激发振动能级的计算与体系热力学性质的研究。

(3)对等离子体物理、表面物理和空气动力学等领域有重要的研究价值和应用前景。高空稀薄区域气体的物理现象研究对航天技术的发展有着重要意义。在高空气层中，高速飞行体(如人造卫星)在等离子体中运动所产生的物理现象将对飞行的阻力、飞行轨道、电磁波的传播有很大影响，因此要求运用统计力学和量子统计学理论提出一系列处理等离子体波和带电粒子运动的方法，而这些方法都涉及流体动力学量、气体分子热力学性质和输运系数的精确计算。

因此，开展双原子分子高激发振动能级及其宏观热力学性质的理论研究不仅具有理论意义，而且还具有重要的应用前景。

7.2　研究进展

多年来，许多光谱学家、理论物理学家和化学家在一些气体双原子分子方面进行了大量的理论研究和实验工作，归纳起来，理论研究方法主要有多组态自洽场理论(MCSCF)[5]，Hartee-Fock 赝势和组态相关理论(HFCI)[6]，开壳层耦合-团族理论(OSCC)和赝势中心极化势理论(CPP)[7]，等等。1984 年 Dabrowski 利用 ab initio 方法对 H_2- $X^1\Sigma_g^+$ 振动能谱进行了精确的研究，但难以得出精确的离解能数据[8]；1987 年 Slanger 和 Cosby 利用 ab initio 方法和组态相关理论(HFCI)对 O_2-$A^3\Sigma_u^+$，$O_2-C^1\Sigma_u^-$ 的振动能级和光谱数据进行了计算[9]，其结果有些和实验符合得比较好，但有些电子态并没有得到高阶振动能级数据，甚至没有精确的离解能 D_e，1998 年 Jimeno 等采用国际上先进的量化计算软件 MOLPRO，利用 ab initio、MCSCF 方法得出了 CO 基态的振动能级和光谱数据[10]，为全面了解该分子的光谱性质和精细的能级结构奠定了良好的研究基础。另外，O_2、CO 作为重要的星际分子、化工材料及可燃性气体，人们对它们进行了大量的实验研究[9，11]，获得了一些气体双原子分子电子态的许多有关物理行为和一些重要的物理、化学性质。尽管如此，上述大部分结果只是得到了低阶振动能级，而无论是气体分子相互作用势的理论研究或者是气体分子热力学性质的研究，都需要获得分子高振动激发态的振动能级和分子电子态的离解能数据，而要确定分子全部高振动激发态的精确振动能级和离解能 D_e，在理论上仅仅靠量子力学 ab initio 方法是难以做到的，在实验上往往也很困难。因此有必要从理论上对它们的完全振动能谱特别是接近离解极限区域附近的物理行为作深入地探讨。有关双原子分子高振动激发态振动能级方面的研究，已经有一些报道[12-19]。

为了解决现代工程技术所提出的新课题，早在 1966 年以前我国就提出要以原子分子理论为基础开展高温气体热力学性质、输运性质、辐射性质、高压气体，以及高压固体性质的计算研究，组织了一批力量开展了有实际意义的理论研究和计算，如：①多种成分气体的热力学性质及气体的输运性质的研究；②在热平衡状态下气体组分的热力学函数的计算；③在非平衡反应条件下，研究和计算气体分子涉及弛豫过程(有离解、原子交换、复合等过程)生成物的生成速率常数；④在气体极度稀薄的条件下，热流和阻力对卫星寿命和温度控制起着重要作用的固体表面与粒子相互作用的热力学函数的准确计算和研究等等。

体系的热力学函数是由分子的平动、电子、转动、振动和核自旋配分函数所定义的，配分函数的计算，特别是振动、电子部分需要严格的量子化学计算结果，尽管随着计算方法、计算程序和计算机的高速发展，对一般常见分子、离子及自由基进行精确计算成为可能，但是也比较复杂，特别对于能量密度和温度很高的等离子体[20](即使低温等离子体温度也在 2000~10000K)，其内部发生着很复杂的物理和化学反应过程，与一般的化学反应相比具有非平衡、非稳定性、非稳态和非线性特征，对于这些过程的分析必须考虑反应物、中间体和产物在激发态的能量密度和复杂的温度分布，对于这样一个十分复杂的多组分体系，要进行精确处理极为困难，在目前的条件下无法完成。对于双原子分子体系，分子中的电子配分函数的情况也很复杂，过去，有效的量子力学从头计算和 Rydberg-Klein-Rees(RKR) 分子内势能通常是不可靠的(尤其是激发分子)，其结果不可能决定激发分子的振-转模型的精度[21]，近年来，研究分子内势能的计算和实验方法已经有了很大的改进，许多势能在核相互作用距离的相对宽度范围内能够作一些精确地计算，以致人们可以对许多分子气体的热力学性质进行细致的、严密的统计力学分析，有一些关这方面的分析[22, 23]，这些研究较好地描述了双原子分子体系在温度不太高并且做小振动的热力学性质，对于一般稳健、大振动和高激发态振转能级的分子体系，精确求解配分函数必须考虑双原子分子转动的非刚性、振动的非谐性以及转动和振动之间的相互作用，然而非刚性分子的振动一般说来相当复杂，考虑到这些复杂性，就要求从光谱理论和光谱实验的角度，获得可靠的振转光谱数据，特别是与高阶相关联的可靠的光谱数据以及分子体系完全振转能谱或离解能的精确数据。

然而，大多数分子电子态的高阶振转光谱数据和相对应的能级或是不知道或者精确度较差，尤其是很多分子的电子激发态，实验光谱测量不容易甚至很难测得分子渐进区和离解区域的高振动态的能级差。由实验拟合光谱方法所产生的振动光谱常数往往是低阶的常数(ω_e，$\omega_e\chi_e$，$\omega_e y_e$，$\omega_e z_e$)较精确，而高阶常数($\omega_e t_e$，$\omega_e s_e$，$\omega_e r_e$，…)的误差则较大，甚至往往缺乏三阶以上的振动常数。所以，实验拟合光谱方法难以给出这些分子电子态的高振动能谱的正确数据，而这些正确的能级数据对热力学函数、化学反应动力学和涉及分子离解的很多化学和物理研究都极为重要。由此，很有必要以统计热力学的基本理论为出发点，将原子分子的微观性质和由这些原子分子组成的宏观物质性质结合起来，推引出体系的宏观性质及其规律，建立各种热力学函数和热力学方程，揭示微观状态所包含的随机事件的全部信息，以获得在真实条件下解决各种相关问题所需的重要数据。

7.3　研究体系(气体或固体)宏观热力学性质的基本思路

分子的高激发振动态研究是一个很重要的课题，人们对低振动态的研究已经有大半个世纪了，人们习惯上使用古老的 Dunham 振动能级公式和已知的有限实验数据进行数值拟合以求得部分正确的振动能级。该方法的主要缺点是很难得到描述高振动激发态正确的高阶非谐性振动光谱常数($\omega_e t_e$，$\omega_e s_e$，$\omega_e r_e$，…)及相应的高激发振动能级的正确数值。而且，Dunham 振动能级公式中的部分展开系数没有明确的物理意义。孙卫国等 [1] 用量子力学理论证明并完善了 Herzberg 的振动能级与振动光谱常数之间的正确量子表达式(其每一项都有物理意义)，该表达式充分利用现代实验技术获得的一些分子电子态的部分实验振动能级的基础数据，创建了由实验振动能级子集合[E_υ]求解精确振动光谱常数集合与振动能谱完全集合{E_υ}的代数方法(AM)，从而弥补了一大批双原子分子(含气体双原子分子)缺乏正确的高振动量子能级的缺憾，并为研究许多重要的化学反应和物理过程(包括研究实际气体热力学性质)提供了正确的完全振动能谱{E_υ}。在这个思想基础的指导下，特提出以下研究思路：

(1) 针对采用分子刚性模型还不能得出精确的双原子分子配分函数和力学函数的局限性，结合双原子分子非刚性、非谐性模型下的振-转配分函数表达式，利用孙卫国等的 AM 和 AEM 方法获得的双原子分子精确的光谱常数、振动能级和离解能数据，建立双原子分子配分函数和实际分子气体热力学函数的物理新公式，为热力学函数的精确研究及其应用提供良好的物理新方法。

(2) 根据统计力学原理和化学热力学方法，研究双原子分子气体热力学函数计算方法。在热平衡状态下对热力学函数的计算，关键问题是求解配分函数，一旦求得系统的配分函数，则体系的全部热力学性质将可完全确定。而若要精确计算原子和分子统计配分函数问题，则必须考虑转动的非刚性、振动的非谐性以及分子间的相互作用势，精确计算原子和分子的电子结构和振转能级。

(3) 研究部分双原子分子(例如 N_2、CO、LiH 等)电子态正确的完全振动能谱{E_υ}和分子离解能 D_e，获得精确研究气体分子配分函数所需要的可靠数据基础。拟设计不同的计算步骤和从同一已知的实验能级子集合中选择输入不同的能级组合，以进一步检验 AM 方法的稳定性和收敛性，从而确保所获高振动能级的正确性。

(4) 由正确的代数方法 AM 振动能谱{E_υ}和分子离解能(D_e)数据，研究部分双原子分子(例如 N_2、CO、LiH 等)体系的精确的配分函数和由该函数表征的热力学函数。获取具有正确物理意义且能正确描述气体分子宏观性质的新解析热力学函数，以及获得研究这些函数的物理新方法。

由于各种统计方法求体系热力学函数的问题，都归结于求配分函数问题，而配分函数能否精确求解又取决于所研究体系分子间的相互作用势能和分子的振转能量，因此采取的研究方案是：

(1)从量子力学的基本原理出发→推求：① 双原子分子振-转能量新公式；② 振-转光谱常数与振动力常数、展开系数的函数关系式。

(2)当考虑双原子分子处在高激发态时→其转动常数可忽略(一般在 10^{-8}～10^{-10}cm)→振动能量新公式。

(3)利用已知的、精确有限的低阶振动能级(现代实验技术和方法获得)→运用 AM(代数方法)方法(用推出的振动能量新公式严格求解代数方程)→振动光谱常数→完全振动能谱(含高激发态特别是接近离解极限区域附近的高阶振动能级)。

(4)运用 AEM(代数能量方法)→正确分子离解能。

(5)由统计热力学理论→利用 AM 完全振动能谱和 AEM 离解能数据→分子的配分函数→热力学函数。

具体实施过程可由图 7.1 来说明。

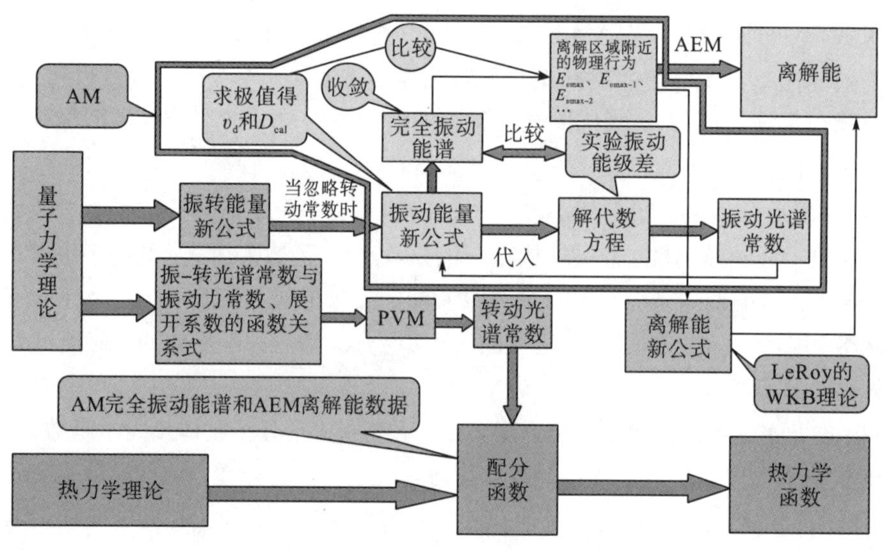

图 7.1 实施过程

该方案从量子力学的基本原理出发，推导出计算双原子实际气体分子的振转能量，再结合统计物理理论，研究双原子气体分子配分函数和热力学函数所具备的物理性质，获得表征双原子分子实际气体全部性质的热力学函数理论模型，在此基础上，推导出双原子分子气体的基本热力学函数关系式，由此精确计算所研究体系的热力学函数，然后将计算结果与实际气体的实验值进行比较，以检验理论方法的正确性。

7.4 系综理论和热力学

对于任何已达到平衡的体系，如果能计算出在测量时间内各时刻体系处于各不同微观状态时的相应的热力学量，然后对时间取平均，便可得到体系的宏观热力学性质，然而，由于实际的热力学体系包含的粒子数巨大，粒子间还存在着复杂的相互作用，因而要做这样的计算无论从量子力学还是经典力学出发，都是不可能的。为了解决这一困难，20 世纪初，吉布斯建立了系综方法，使统计力学计算体系的热力学性质成为可能。系综理论的基本思想是假设体系在各微观态相应的能量为 E_1、E_2、…、E_i，…，对于每一个这样的微观态，赋予一个和研究体系相同体积 V、粒子数 N、温度 T 和环境的体系，这些体系分别具有微观态的能量 E_1、E_2、…、E_i，在一段足够长的时间内，体系的所有可及微观态都已出现，并出现多次，相应于各微观态的代表体系系数设为 n_1、n_2、…、n_i、…，此 N 个（$N=\sum_i n_i$）全同粒子的集合，便构成一个系综。

根据热力学体系所处的环境不同，可将体系划分为孤立体系(N、V、E 恒定)、等温的封闭体系(N、V、T 恒定)、等温的敞开体系(μ、N、T 恒定)，相应的代表系综称为微正则系综、正则系综和巨正则系综。对于正则系综体系，假设各微观态出现的概率为 p_i，则能量的系综平均值为[24]

$$\bar{E}=\sum_i p_i E_i \tag{7.4-1}$$

式中，$\bar{E}$ 表示该体系的宏观能量，

$$p_i=\frac{\mathrm{e}^{-\beta E_i}}{Q} \tag{7.4-2}$$

式中，

$$Q=\sum_{\upsilon}\sum_J (2J+1)\mathrm{e}^{-\varepsilon_{\upsilon,J}/KT} \tag{7.4-3}$$

为体系的正则配分函数，或为体系中的微观状态总数，β 是一个和温度 T 有关的量，其值为 $\beta=\dfrac{1}{KT}$，K 为玻尔兹曼常数。维持体系粒子数 N 恒定，对(7.4-3)式微分得

$$\mathrm{d}\bar{E}=\mathrm{d}\Big(\sum_i p_i E_i\Big)=\sum_i E_i\,\mathrm{d}p_i+\sum_i p_i\,\mathrm{d}E_i \tag{7.4-4}$$

由式(7.4-2)有 $E_i=\dfrac{-1}{\beta}(\ln p_i+\ln Q)$，代入式(7.4-4)中得

$$\mathrm{d}\bar{E}=\frac{-1}{\beta}\sum_i(\ln p_i+\ln Q)\,\mathrm{d}p_i+\sum_i p_i\left(\frac{\partial E_i}{\partial V}\right)_N\mathrm{d}V \tag{7.4-5}$$

令体系处于第 i 个量子态时的压力为 $P_i=-\left(\dfrac{\partial E_i}{\partial V}\right)_N$，于是式(7.4-5)中第二项可化为

$$\sum_i p_i\left(\frac{\partial E_i}{\partial V}\right)_N\mathrm{d}V=-\sum_i p_i P_i\,\mathrm{d}V=-\bar{P}\,\mathrm{d}V \tag{7.4-6}$$

式中，$\bar{P}$ 是压力的系综平均。又考虑到

$$\sum_i p_i=1,\quad \mathrm{d}\Big(\sum_i p_i\Big)=\sum_i \mathrm{d}p_i=0 \tag{7.4-7}$$

所以

$$\begin{aligned}\mathrm{d}(\sum_i p_i \ln p_i) &= \sum_i \mathrm{d}(p_i \ln p_i) \\ &= \sum_i (\ln p_i \,\mathrm{d}\, p_i + \mathrm{d}\, p_i) \\ &= \sum_i \ln p_i \,\mathrm{d}\, p_i\end{aligned} \tag{7.4-8}$$

$$\sum_i \ln Q \,\mathrm{d}\, p_i = \ln Q \sum_i \mathrm{d}\, p_i = 0 \tag{7.4-9}$$

将式(7.4-7)、式(7.4-8)、式(7.4-9)代入式(7.4-5)，得

$$\mathrm{d}\,\bar{E} = \frac{-1}{\beta}\mathrm{d}(\sum_i p_i \ln p_i) - \bar{P}\,\mathrm{d}V \tag{7.4-10}$$

对于组成恒定，只做体积功的封闭体系，其热力学关系式为

$$\mathrm{d}E = T\,\mathrm{d}S - P\,\mathrm{d}V \tag{7.4-11}$$

比较式(7.4-10)和式(7.4-11)两式，S 是状态函数，有全微分，而 $\sum_i p_i \ln p_i$ 亦有全微分，故必为状态函数，因此，可合理地定义统计力学的熵函数为

$$S = -k\sum_i p_i \ln p_i \tag{7.4-12}$$

式中，k 为玻尔兹曼常数，负号的引入是因为概率 $p_i \leqslant 1$，为使 $S \geqslant 0$，故必须加一负号。将式(7.4-2)代入式(7.4-12)得

$$\begin{aligned}S &= -k\sum_i p_i \ln \frac{\mathrm{e}^{-\beta E_i}}{Q} = -k\sum_i p_i(-\beta E_i - \ln Q) \\ &= k(\beta \sum_i p_i E_i + \sum_i p_i \ln Q) = \frac{\bar{E}}{T} + k\ln Q\end{aligned} \tag{7.4-13}$$

对比热力学关系式 $F=E-TS$ 和 $S=\frac{E}{T}-\frac{F}{T}$，可得亥姆霍兹自由能函数的统计力学表达式：

$$F(N,V,T) = -kT\ln Q(N,V,T) \tag{7.4-14}$$

式中，F 是以 N、V、T 为变量的特征函数，配分函数 Q 是微观量的函数，而功函 F 是宏观量，此微观量和宏观量就通过这一公式建立了联系。

从式(7.4-15)出发，利用热力学关系式 $\mathrm{d}F = -S\,\mathrm{d}t - P\,\mathrm{d}V + \sum_i \mu_i \,\mathrm{d}N_i$，可以导出其余热力学量(熵 S、压强 P、内能 E、化学势 μ_i、吉函 G 等)的统计力学表达式：

$$S = -\left(\frac{\partial F}{\partial T}\right)_{V,T} = -\frac{\partial}{\partial T}(-kT\ln Q) = k\ln Q + kT\left(\frac{\partial \ln Q}{\partial T}\right)_{V,N} \tag{7.4-15}$$

$$P = -\left(\frac{\partial F}{\partial V}\right)_{T,N} = -\frac{\partial}{\partial V}(-kT\ln Q) = kT\left(\frac{\partial \ln Q}{\partial V}\right)_{T,N} \tag{7.4-16}$$

$$E = F + TS = -kT\ln Q + kT\ln Q + kT^2\left(\frac{\partial \ln Q}{\partial T}\right)_{V,N} = kT^2\left(\frac{\partial \ln Q}{\partial T}\right)_{V,N} \tag{7.4-17}$$

$$\mu_i = \left(\frac{\partial F}{\partial N}\right)_{T,V,N_j \neq N_i} = -kT\left(\frac{\partial \ln Q}{\partial N_i}\right)_{T,V,N_j \neq N_i}$$

对单组分体系

$$\mu_i = \left(\frac{\partial F}{\partial N}\right)_{T,V} = -kT\left(\frac{\partial \ln Q}{\partial N}\right)_{T,V} \tag{7.4-18}$$

$$G = N\mu \tag{7.4-19}$$

其他热力学量，如 H、C_V、C_P 均可一一导出。从上述各式可以看出，体系热力学函数，它们都是体系配分函数的函数，只要能精确地得到配分函数，便可利用上述各式计算体系的热力学函数。

对于孤立体系，需要用微正则系综理论来加以描述。为了从组成宏观体系的分子、原子等的微观属性来计算孤立体系的热力学性质，可以把正则系综的一小部分看做微正则系综，换句话说，正则系综可以看作是包含有很多能量 E 的不同的微正则系综的集合。在微正则系综中，若体系能级 E 的简并度为 Ω(Ω 代表 N、V、E 恒定的孤立体系总的微观量子力学状态数)，按照孤立体系微观量子力学状态等概率的假设，孤立体系每个可及量子态出现的概率为

$$p_i = \frac{1}{\Omega(N,V,E)} \tag{7.4-20}$$

将上式代入式(7.4-12)得

$$S(N,V,E) = -k\sum_i p_i \ln p_i = -k\sum_i \frac{1}{\Omega}\ln\frac{1}{\Omega} \tag{7.4-21}$$

式(7.4-21)是对体系所有的量子态求和，因体系的可及量子态共有 Ω 个，故加和共有 Ω 项，每项都是 $\frac{1}{\Omega}\ln\frac{1}{\Omega}$，所以

$$S(N,V,E) = -k\sum_i \frac{1}{\Omega}\ln\frac{1}{\Omega} = -k\Omega\frac{1}{\Omega}\ln\frac{1}{\Omega} = k\ln\Omega(N,V,E) \tag{7.4-22}$$

式(7.4-22)就是著名的玻尔兹曼关系式，这一关系式将孤立体系的宏观性质——熵和微观性质——量子态数目联系起来，从而使得可能从组成宏观体系的原子、分子等微观属性来计算孤立体系的热力学性质。

7.5　理想气体热力学函数的统计表达式

当气体的分子数密度足够低，以至分子间的相互作用可忽略不计，势能近似为零时，气体可作理想气体处理，理想气体的统计力学模型是独立离域子体系，该体系的正则配分函数的表达式为[24]

$$\Xi = \frac{Q^N}{N!} \tag{7.5-1}$$

式中，

$$Q = \sum_{i(S)} \mathrm{e}^{-E_i/kT} = \sum_{i(E)} g_i\, \mathrm{e}^{-E_i/kT} \tag{7.5-2}$$

是分子的配分函数，$i(S)$ 表示对状态求和，$i(E)$ 表示对能级求和，g_i 是第 i 个能级的简并度。将式(7.5-2)代入热力学函数的正则关系式(7.4-14)~式(7.4-19)，分别得到

$$F = -kT\ln\Xi = -kT\ln\frac{q^N}{N!} \tag{7.5-3}$$

$$S = k\ln\Xi + kT\left(\frac{\partial\ln\Xi}{\partial T}\right)_{N,V} = k\ln\frac{Q^N}{N!} + kT\left(\frac{\partial\ln\frac{Q^N}{N!}}{\partial T}\right)_{N,V} \tag{7.5-4}$$

$$= k\ln\frac{Q^N}{N!} + NkT\left(\frac{\partial\ln Q}{\partial T}\right)_{N,V}$$

$$P = kT\left(\frac{\partial\ln\Xi}{\partial V}\right)_{N,T} = kT\left(\frac{\partial\ln\frac{Q^N}{N!}}{\partial V}\right)_{N,T} = NkT\left(\frac{\partial\ln Q}{\partial V}\right)_{T,N} \tag{7.5-5}$$

$$E = kT^2\left(\frac{\partial\ln\Xi}{\partial T}\right)_{N,V} = NkT^2\left(\frac{\partial\ln Q}{\partial T}\right)_{N,V} \tag{7.5-6}$$

$$\mu = -kT\left(\frac{\partial\ln\Xi}{\partial N}\right)_{T,V} = -kT\left(\frac{\partial\ln\frac{Q^N}{N!}}{\partial N}\right)_{T,V} = -kT\ln\frac{Q}{N} \tag{7.5-7}$$

$$G = N\mu = -NkT\ln\frac{Q}{N} \tag{7.5-8}$$

$$H = E + NkT = NkT^2\left(\frac{\partial\ln Q}{\partial T}\right)_{N,V} + NkT \tag{7.5-9}$$

$$C_V = \left(\frac{\partial E}{\partial T}\right)_V,\quad C_P = C_V + Nk \tag{7.5-10}$$

从式(7.5-3)~式(7.5-9)可见，独立离域子体系各热力学函数均为分子配分函数的函数，只要能求出分子配分函数的具体表达式，便可由这组公式算出理想气体体系的各热力学函数值。

由于分子的各种运动间存在着复杂的相互作用，故分子配分函数的计算是个复杂的问题。如果分子各种形式的运动间的相互作用可忽略不计，则分子的各种运动自由度可视为互相独立，分子的配分函数可分解为各种运动自由度配分函数的乘积：$Q = q_t q_r q_\upsilon q_e q_{ns}$，脚标 t、r、υ、e、ns 分别表示平动、转动、振动、电子运动和核自旋。将分子的转动、振动、电子运动、核自旋合起来，称为分子的内部运动，则 Q 化为

$$Q = q_t q_{\text{int}} \tag{7.5-11}$$

式中，内部运动配分函数 q_{int} 为

$$q_{\text{int}} = q_r q_\upsilon q_e q_{ns} \tag{7.5-12}$$

将式(7.5-11)代入式(7.5-3)~式(7.5-9)中，以功函 F 和熵 S 为例，可得

$$F = -kT\ln\frac{Q^N}{N!} = -kT\ln\frac{q_t^N q_{\text{int}}^N}{N!} = -kT[\ln(q_t^N q_{\text{int}}^N) - \ln(N!)]$$

$$= -kT[\ln q_t^N + \ln q_{\text{int}}^N - \ln N!] = -kT\ln q_t^N - kT\ln\frac{q_{\text{int}}^N}{N!} \tag{7.5-13}$$

$$= F_t + F_{\text{int}}$$

$$
\begin{aligned}
S &= k\ln\frac{q_t^N}{N!}+NkT\left(\frac{\partial \ln Q}{\partial T}\right)_{N,V} = k\ln\frac{q_t^N q_{\text{int}}^N}{N!}+NkT\left(\frac{\partial \ln q_t q_{\text{int}}}{\partial T}\right)_{N,V} \\
&= \left[k\ln\frac{q_t^N}{N!}+NkT\left(\frac{\partial \ln q_t}{\partial T}\right)_{N,V}\right]+\left[k\ln q_{\text{int}}^N+NkT\frac{\mathrm{d}\ln q_{\text{int}}}{\mathrm{d}T}\right] \\
&= S_t+S_{\text{int}}
\end{aligned}
\tag{7.5-14}
$$

容易证明其余热力学函数也有类似的表达式。式(7.5-13)和式(7.5-14)说明，体系的热力学函数可以表示为各种运动贡献之和。

7.6　双原子分子高激发振动能级及其宏观热力学性质的研究方法

7.6.1　引言

众多分子组成宏观热力学系统，振动是分子的内禀运动，分子的内部振动对系统的宏观热力学性质都会产生贡献，例如，对实际气体的热力学态函数和可观测热物理量如热容量等产生直接影响。因此，双原子分子振动对宏观系统热力学性质的贡献一直都是人们研究的重要课题，目前已有一些有意义的研究成果[25, 26]。在采用统计方法求解热力学性质时，如何处理双原子分子的振动能量是一个重要但又是不容易正确处理的问题，例如，把双原子分子的内部振动视为简谐振动，然后借用经典理论的能量均分定理，获得形式简单的解析表示，但是，由于分子振动并不是简谐振动，其能量也不是连续变化的，所以它与实际情况不相符合，更不能说明热容量等重要物理性质在不同温度范围的显著变化规律。后来，人们采用量子力学的简谐振动能级求和，得到了热力学性质的解析形式[27]，但是，把不是简谐振动的实际情况简化为简谐振动仍然是不合理的，这就说明，要正确求解双原子分子振动能级，应以物理性质良好的势能函数为基础，例如，较好的解析势能函数有 Morse 函数[28]、(Murrell- Sorbie) MS 势[29] 及 ECM(energy-consistent-method)势[30, 31]等。1932 年，Dunham[32]提出了包含高阶修正、形式简单的双原子分子振动能级解析公式，但由于高阶振动系数不好确定和振动量子数没有限定，至今未见有用 Dunham 振动能级研究宏观热力学性质的工作报道。1953 年，Herzberg 提出了采用相关振动光谱数据直接确定包含多阶修正、按振动量子数作级数展开的双原子分子振动能级公式[33]，至今仍然是被广泛采用的振动能级的重要公式。对于具有一套完整的振动光谱常数的稳定双原子分子电子态，其表达式中的光谱展开项越多，得到的能级往往就越精确，但完全振动光谱常数的获得会随着阶次升高变得越来越困难，技术上限制了 Herzberg 能级公式的精确度，且由于展开项数多、项数取舍不确定和解析公式本身的复杂性，也未见有用 Herzberg 振动能级研究宏观热力学性质的报道。不仅如此，在统计热力学的配分函数中对振动能级求和时，不论是简单的谐振子模型，还是包含各级高阶非谐振修正的 Herzberg 能级公式，都没有限定振动量子数的取值，通常情况下都是简单的无穷项求和[2]，而事实上若使用无限量的振动能级，将导致振动能级高于离解能的悖论。可见，完全振动能谱(振动能级的完全集合)的准确性和有限性对研究宏观热力学性质至关重要。直接采用区别于双原子分子振动能级现有解析形式的数值振动能级应该是具有新意的途径，量子力学从头计算可以直接得到振动能级的数值解，但这种方法得到的振动能级，随着振动量子数增大而与实验的差异也增大，对高振动量子态已没有多少意义，还常常不能给出高振动能级和最大振动量子数[34]。也有不少象 RKR 数据[35-37]这样的实验数据，但这类数据常常难以给出高振动能级，同样不能给出最高振动量子数。

研究分子振动能级和分子离解能的精确数值不仅分子反应动力学、分子结构、分子散射和分子间相互作用微观领域很重要，而且对研究物质宏观热力学性质也很重要。根据统计力学原理和化学热力学方法，双原子分子离解能定义为温度在标准温度时的焓 ΔH_0，而焓 ΔH_0 和体系配分函数 Q 之间有十分明确的解析表达式:[38]

$$\Delta H_0 = \Delta H_T + RT^2 \frac{\partial \ln\left(Q_2 / Q_1^2\right)}{\partial T} \tag{7.6-1}$$

式中，Q_1、Q_2 分别是体系中原子和分子的配分函数。配分函数 Q 在统计热力学中是一个非常重要的物理量，这不仅是由于它可决定粒子在能级上的分布情况，而且体系所有的热力学性质都可以用它表示。从原则上讲，体系的宏观热力学性质(即热力学函数)是体系中粒子配分函数 Q 的函数，只要能获得粒子配分函数 Q 的表达式，便可得到体系的热力学函数。另一方面，双原子分子的配分函数可分解为各种运动自由度配分函数的乘积：$Q = q_t q_r q_\upsilon q_e q_{ns}$，脚标 t、r、υ、e、ns 分别表示平动、转动、振动、电子运动和核自旋。体系的热力学函数可以表示为各种运动贡献之和，其中最重要的贡献是分子的振-转配分函数[式(7.4-3)]。它的精确度直接关系到体系的热力学函数的精确度，而要精确计算分子的振-转配分函数，需要分子的精确振转能级。因此，研究体系的宏观热力学性质归结于求热力学量 Q 值的问题，即最终归结于求振转能量和离解能的精确数值问题。

双原子分子的运动除平动、电子运动、核自旋外，还有原子核绕分子质心的转动及沿核连线的振动。在各种运动自由度互相独立的近似条件下，双原子分子理想气体体系的热力学函数是分子的平动和内部运动贡献之和，如式(7.5-13)、式(7.5-14)所示。其中，内部运动包括电子运动、核的振动和转动贡献。通常条件下，由于核始终处于基态不变化，故变化前后核自旋对体系热力学性质的贡献不变，而在热力学计算中，主要考虑热力学函数在变化前后的差值，这样核自旋贡献刚好抵消，故用统计方法计算热力学函数时可不考虑核自旋贡献。

7.6.2 双原子分子平动配分函数

从量子力学可知，三维平动子的能量本征值为[24]

$$E_t = \frac{h^2}{8m^2}\left(\frac{n_x^2}{a^2} + \frac{n_y^2}{b^2} + \frac{n_z^2}{c^2}\right) \tag{7.6-2}$$

平动量子数 n_x、n_y、n_z=1，2，3，…。在箱边长 $a \neq b \neq c$ 时，能级是非简并的，故

$$\begin{aligned} q_t &= \sum_i \mathrm{e}^{-E_t/kT} = \sum_{n_x,n_y,n_z} \mathrm{e}^{-\frac{h^2}{8mkT}(\frac{n_x^2}{a^2}+\frac{n_y^2}{b^2}+\frac{n_z^2}{c^2})} \\ &= (\sum_{n_x} \mathrm{e}^{-h^2n_x^2/8ma^2kT})(\sum_{n_y} \mathrm{e}^{-h^2n_y^2/8mb^2kT})(\sum_{n_z} \mathrm{e}^{-h^2n_z^2/8mc^2kT}) \end{aligned} \tag{7.6-3}$$

考察式(7.6-3)指数中量 $\frac{h^2}{8ma^2kT}$ 的数量级，取质量最轻的氢原子为例，通过计算，$\frac{h^2}{8ma^2kT} = 7.94\times10^{-17} \ll 1$。这表明，在对式(7.6-3)求和时，相邻两项间的差别极小，加和项数值可看作连续变化，于是求和可用积分代替，得到：

$$\begin{aligned} q &= \int_0^\infty \mathrm{e}^{-h^2n_x^2/8ma^2KT}\,\mathrm{d}n_x \int_0^\infty \mathrm{e}^{-h^2n_y^2/8mb^2KT}\,\mathrm{d}n_y \int_0^\infty \mathrm{e}^{-h^2n_z^2/8mc^2KT}\,\mathrm{d}n_z \\ &= \left(\frac{2\pi mKT}{h^2}\right)^{\frac{1}{2}} a \cdot \left(\frac{2\pi mKT}{h^2}\right)^{\frac{1}{2}} b \cdot \left(\frac{2\pi mKT}{h^2}\right)^{\frac{1}{2}} c \\ &= \left(\frac{2\pi mKT}{h^2}\right)^{\frac{3}{2}} V \end{aligned} \tag{7.6-4}$$

7.6.3 双原子分子电子运动配分函数

根据式(6.25)，电子运动配分函数为 $q_e = \sum_i g_{e,i}\,\mathrm{e}^{-\frac{E_{e,i}}{kT}}$，将能量标度零点取在电子运动的基态能级上，则有[24]

$$q_e = \sum_i g_{e,i}\,\mathrm{e}^{-\frac{(E_{e,i}-E_{e,0})}{kT}} = g_{e,0} + g_{e,1}\,\mathrm{e}^{-\frac{\Delta E_{e,1}}{kT}} + \cdots \tag{7.6-5}$$

式中，$g_{e,0}$，$g_{e,1}$ 分别为双原子分子电子运动基态及第一激发态能级的简并度。绝大多数双原子分子基态光谱项为 $^1\Sigma$，为单重态，$g_{e,0}$=1，并且基态与第一激发态间的能差较大，故一般实验温度条件下，电子处于基态不激发，于是 $q_e = g_{e,0}$=1，电子运动对热力学函数无贡献。

仅少数几种双原子分子电子基态光谱项不是 $^1\Sigma$，如 O_2^{16}、S_2^{32}，其基态项为 $^3\Sigma_g^-$，电子基态是三重态；MgCl、MgF、HgCl、HgI 的基态项是 $^2\Sigma^+$，电子基态是二重态，这些双原子分子的电子运动对热力学函数有贡献。

对个别较为特殊的双原子分子，必须考虑其激发电子态对热力学函数的贡献，如 NO

分子[24]，其光谱项是 $^2\Pi_{1/2}$ 和 $^2\Pi_{3/2}$，其中 $^2\Pi_{1/2}$ 是基态项，$^2\Pi_{3/2}$ 是第一激发态支项，两者能差仅为 $\tilde{\nu}=121\text{cm}^{-1}$，电子特征温度 $\theta_e = hc\tilde{\nu}/k = 174(\text{K})$，电子配分函数为[24]

$$q_e = g_{e,0} + g_{e,1}\,\mathrm{e}^{-\Delta E_{e,1}/kT} = 2 + 2\,\mathrm{e}^{-174/T} \tag{7.6-6}$$

7.6.4 双原子分子振动配分函数

当把分子视为刚性振子时，作为近似处理，双原子分子的振动可看作是一维简谐振动，一维谐振子能量本征值为[24, 39]

$$E_\upsilon = (\upsilon + \frac{1}{2})h\nu \qquad (\upsilon = 0, 1, 2, \cdots) \tag{7.6-7}$$

式中，υ 是振动量子数；ν 是谐性振动常数。一维简谐振动能级是非简并的，$g_\upsilon = 1$。若将能量标度取在振动基态能级上，于是振动能级的相对能量为[24, 39]

$$E_\upsilon = (\upsilon + \frac{1}{2})h\nu - \frac{1}{2}h\nu = \upsilon h\nu$$

由此可写出振动配分函数为

$$q_\upsilon = \sum_{\upsilon=0} \mathrm{e}^{-\upsilon h\nu/kT} = 1 + \mathrm{e}^{-h\nu/kT} + \mathrm{e}^{-2h\nu/kT} + \cdots = \frac{1}{1-\mathrm{e}^{-h\nu/kT}} \tag{7.6-8}$$

令 $\theta_\upsilon = \dfrac{h\upsilon}{k}$，则上式化为

$$q_\upsilon = (1 - \mathrm{e}^{-\theta_\upsilon/T})^{-1} \tag{7.6-9}$$

7.6.5 双原子分子转动配分函数

当把分子视为二维刚性转子时，作为近似处理，量子力学给出二维刚性转子能量表达式为[24, 39]

$$E_r = \frac{h^2}{8\pi^2 I}J(J+1) \qquad (J = 0,\ 1,\ 2,\ \cdots) \tag{7.6-10}$$

式中，J 是转动量子数；I 是转动惯量 $I = \mu r_e^2$；μ 和 r_e 分别为分子的约化质量及平衡核间距，转动能级简并度 $g_r=2J+1$。于是双原子分子做刚性处理时的转动配分函数为

$$q_r = \sum_r g_r\,\mathrm{e}^{-E_r/kT} = \sum_r (2J+1)\mathrm{e}^{-h^2 J(J+1)/8\pi^2 IkT} \tag{7.6-11}$$

令 $\theta_r = \frac{h^2}{8\pi^2 Ik}$，则 q_r 化为

$$q_r = \sum_{J=0}^{\infty}(2J+1)\mathrm{e}^{-J(J+1)\theta_r/T} \tag{7.6-12}$$

当 $T >> \theta_r$ 时，转动自由度充分激发，相邻转动能级差 $\Delta E_r << kT$，转动能量可看作是连续变化的，于是可用积分代替式(7.6-12)的求和，得到

$$q_r = \int_0^{\infty}(2J+1)\mathrm{e}^{-\theta_r J(J+1)/T}\mathrm{d}J = \int_0^{\infty}\mathrm{e}^{-\theta_r J(J+1)/T}\mathrm{d}[J(J+1)] = \frac{T}{\theta_r} = \frac{8\pi^2 IkT}{h^2} \tag{7.6-13}$$

当 $T > \theta_r$，但又不是 $T >> \theta_r$ 时，此时用(7.6-13)式计算 q_r 不够准确，可用 Mulholland 公式[24]

$$q_r = \frac{T}{\theta_r}\left[1+\frac{1}{3}\left(\frac{\theta_r}{T}\right)+\frac{1}{15}\left(\frac{\theta_r}{T}\right)^2+\frac{1}{315}\left(\frac{\theta_r}{T}\right)^3+\cdots\right] \tag{7.6-14}$$

来计算转动配分函数。

需要指出的是，转动配分函数表达式(7.6-13)和式(7.6-14)只适用于异核双原子分子，对于同核双原子分子，还需考虑两个核全同产生的交换对称性带来的复杂性。在考虑了这个因素后，可写出同核双原子分子的转动配分函数[24]

$$q_r = \frac{T}{2\theta_r} \tag{7.6-15}$$

引入对称数 σ 可将异核、同核双原子分子的转动配分函数合并为一个表达式：

$$q_r = \frac{T}{\sigma\theta_r} \tag{7.6-16}$$

对异核分子 σ=1，对同核分子 σ=2，公式适用于 $T >> \theta_r$ 的情况。

7.6.6　双原子分子配分函数和热力学函数精确计算公式的研究

结合双原子分子各种运动配分函数，可写出双原子分子的全配分函数为(未考虑核自旋)：

$$Q = \left(\frac{2\pi mkT}{H^2}\right)^{\frac{3}{2}}V\frac{T}{\sigma\theta_r}(1-\mathrm{e}^{-\theta_\upsilon/T})g_{e,0} \tag{7.6-17}$$

将上式代入式(7.5-3)~式(7.5-9)中，便可计算双原子分子理想气体的各热力学函数。然而，按照这样的计算方法，由于所使用的分子模型较简单，只能用于估算工作。

对于做较精确的计算，必须考虑双原子分子转动的非刚性，振动的非谐性以及转动和振动之间的相互作用，考虑到振-转相互作用这些复杂性，式(7.6-17)不再适用，而需要从光谱理论的角度去讨论 Q。因为分子的全配分函数可写为 $Q = q_t q_{r,\upsilon} q_e q_{ns}$，式中，$q_t = \left(\frac{2\pi mkT}{h^2}\right)^{\frac{3}{2}}V$ 为平动配分函数，$q_{r,\upsilon}$ 为振-转配分函数，由前面讨论可知，电子的配分函数 q_e 和核自旋配分函数 q_{ns} 均可视为 1。对于异核双原子分子，$q_{r,\upsilon}$ 的表达式为[24]

$$q_{r,\upsilon} = \sum_{\upsilon}\sum_{J}(2J+1)\mathrm{e}^{-E_{\upsilon,J}/kT} \tag{7.6-18}$$

对于同核双原子分子的核自旋-振-转配分函数表达式[24]可由下面的式子决定，其中核质量数为奇数的同核双原子分子：

$$q_{r,\upsilon,ns} = \sum_{\upsilon}\left[\frac{1}{2}g_n(g_n+1)\sum_{J=1,3,5,\cdots}(2J+1)\mathrm{e}^{-E_{\upsilon,J}/kT} + \frac{1}{2}g_n(g_n-1)\sum_{J=0,2,4,\cdots}(2J+1)\mathrm{e}^{-E_{\upsilon,J}/kT}\right] \tag{7.6-19}$$

核质量数为偶数的同核双原子分子：

$$q_{r,\upsilon,ns}=\sum_{\upsilon}[\frac{1}{2}g_n(g_n+1)\sum_{J=0,2,4,\cdots}(2J+1)\mathrm{e}^{-E_{\upsilon,J}/kT}+\frac{1}{2}g_n(g_n-1)\sum_{J=1,3,5,\cdots}(2J+1)\mathrm{e}^{-E_{\upsilon,J}/kT}] \tag{7.6-20}$$

式中，g_n 为核自旋基态简并度。若引入对称数σ，可将异核、同核双原子分子振-转配分函数写成一个统一的表达式：

$$q_{r,\upsilon}=\frac{1}{\sigma}\sum_{\upsilon}\sum_{J}(2J+1)\mathrm{e}^{-E_{\upsilon,J}/kT}=\frac{1}{\sigma}\sum_{\upsilon=0}^{\upsilon_{\max}}\left[\mathrm{e}^{-E_{\upsilon}/kT}\sum_{J=0}^{J_{\max}}(2J+1)\mathrm{e}^{-E_J/kT}\right] \tag{7.6-21}$$

所以，分子的全配分函数为

$$\begin{aligned}Q&=\frac{1}{\sigma}\left(\frac{2\pi mkT}{k^2}\right)^{3/2}V\sum_{\upsilon}\sum_{J}(2J+1)\mathrm{e}^{-E_{\upsilon,J}/kT}\\&=\frac{1}{\sigma}\left(\frac{2\pi mkT}{k^2}\right)^{3/2}V\sum_{\upsilon=0}^{\upsilon_{\max}}\left[\mathrm{e}^{-E_{\upsilon}/kT}\sum_{J=0}^{J_{\max}}(2J+1)\mathrm{e}^{-E_J/kT}\right]\end{aligned} \tag{7.6-22}$$

从式(7.6-22)可以看出，配分函数的精确计算主要取决于分子的振-转配分函数的精确度，即最终取决于分子的振-转能量的精确度。出于这样的考虑，可将孙卫国等研究[1]得到的双原子分子振转能量表达式[即式(5.1-25)]

$$\begin{aligned}E_{\upsilon J}&=\omega_0+(\omega_e+\omega_{e0})\left(\upsilon+\frac{1}{2}\right)-\omega_e x_e\left(\upsilon+\frac{1}{2}\right)^2+\omega_e y_e\left(\upsilon+\frac{1}{2}\right)^3+\omega_e z_e\left(\upsilon+\frac{1}{2}\right)^4\\&\quad+\omega_e t_e\left(\upsilon+\frac{1}{2}\right)^5+\omega_e s_e\left(\upsilon+\frac{1}{2}\right)^6+\omega_e r_e\left(\upsilon+\frac{1}{2}\right)^7+\cdots+\{J(J+1)\}\\&\quad\cdot\left[B_e-\alpha_e\left(\upsilon+\frac{1}{2}\right)+\gamma_e\left(\upsilon+\frac{1}{2}\right)^2-\sum_{i=3}^{7}\eta_{ei}\left(\upsilon+\frac{1}{2}\right)^i\right]-\{J(J+1)\}^2\\&\quad\cdot\left[\tilde{D}_e+\beta_e\left(\upsilon+\frac{1}{2}\right)-\sum_{k=2}^{7}\delta_{ek}\left(\upsilon+\frac{1}{2}\right)^k\right]+\cdots\end{aligned} \tag{7.6-23}$$

用于式(7.6-22)中计算分子的全配分函数 Q。式(7.6-23)中的各光谱常数均以波数(cm^{-1})为单位，其中各振动光谱常数和振动完全能谱可用 AM 方法精确计算，各转动光谱常数可由 PVM 方法[1]精确求得。因此，可以预言，如果将式(7.6-23)用于式(7.6-22)中去计算分子的配分函数，将可以获得精确度较高的结果。式(7.6-22)中，E_υ 和 E_J 表达式可由式(7.6-23)得到：

$$\begin{aligned}E_{\upsilon}&=\omega_0+(\omega_e+\omega_{e0})\left(\upsilon+\frac{1}{2}\right)-\omega_e x_e\left(\upsilon+\frac{1}{2}\right)^2+\omega_e y_e\left(\upsilon+\frac{1}{2}\right)^3+\omega_e z_e\left(\upsilon+\frac{1}{2}\right)^4\\&\quad+\omega_e t_e\left(\upsilon+\frac{1}{2}\right)^5+\omega_e s_e\left(\upsilon+\frac{1}{2}\right)^6+\omega_e r_e\left(\upsilon+\frac{1}{2}\right)^7+\cdots\end{aligned} \tag{7.6-24}$$

$$\begin{aligned}E_J&=J(J+1)\left[B_e-\alpha_e\left(\upsilon+\frac{1}{2}\right)+\gamma_e\left(\upsilon+\frac{1}{2}\right)^2-\sum_{i=3}^{7}\eta_{ei}\left(\upsilon+\frac{1}{2}\right)^i\right]\\&\quad-J^2(J+1)^2\cdot\left[\tilde{D}_e+\beta_e\left(\upsilon+\frac{1}{2}\right)-\sum_{k=2}^{7}\delta_{ek}\left(\upsilon+\frac{1}{2}\right)^k\right]+\cdots\end{aligned} \tag{7.6-25}$$

由于高阶振动常数和转动常数γ_e、η_e、δ_e数值很小，当转动能级不是很高时，可将它们忽略，再将能量零点取在无转动的振动基态能级上，式(7.6-24)和式(7.6-25)可简化为

$$
\begin{aligned}
E_\upsilon = {} & \omega_0 + (\omega_e + \omega_{e0})\upsilon - \omega_e x_e(\upsilon^2 + \upsilon) + \omega_e y_e\left(\upsilon^3 + \frac{3}{2}\upsilon^2 + \frac{3}{2}\upsilon\right) \\
& + \omega_e z_e\left(\upsilon^4 + 2\upsilon^3 + \frac{3}{2}\upsilon^2 + \frac{3}{8}\upsilon\right) + \omega_e t_e\left(\upsilon^5 + \frac{5}{2}\upsilon^4 + \frac{5}{2}\upsilon^3 + \frac{9}{8}\upsilon^2 + \frac{1}{4}\upsilon\right) \\
& + \omega_e s_e\left(\upsilon^6 + 3\upsilon^5 + \frac{15}{4}\upsilon^4 + \frac{19}{8}\upsilon^3 + \frac{25}{16}\upsilon^2 + \frac{1}{8}\upsilon\right) + \omega_e r_e\left(\upsilon^7 + \frac{7}{2}\upsilon^6 + \frac{21}{4}\upsilon^5 \right. \\
& \left. + \frac{17}{2}\upsilon^4 + \frac{11}{4}\upsilon^3 + \frac{29}{32}\upsilon^2 + \frac{5}{64}\upsilon\right)
\end{aligned} \tag{7.6-26}
$$

和

$$E_J = \{J(J+1)\}[B_e - \alpha_e(\upsilon + \frac{1}{2})] - \{J(J+1)\}^2.[\tilde{D}_e + \beta_e(\upsilon + \frac{1}{2})] \tag{7.6-27}$$

令

$$B_\upsilon = B_e - \alpha_e(\upsilon + \frac{1}{2}), \qquad D_\upsilon = \tilde{D}_e + \beta_e(\upsilon + \frac{1}{2})$$

则式(7.6-27)可简化为

$$E_J = B_\upsilon J(J+1) - D_\upsilon[J(J+1)]^2 \tag{7.6-28}$$

采用直接加和法计算配分函数及热力学函数可以得到精确度高的结果。实际计算时，可将转动求和部分用 Euler-Maclaurin 公式做渐近展开，这样就仅需对振动能级做直接加和运算。按这样的方法计算双原子分子配分函数及热力学函数，计算工作量比直接加和法小得多，但所得结果精确度和直和法基本一致[24]。

在式(7.6-21)中，振动处于任一能级时的转动配分函数为

$$q_r(\upsilon) = \sum_{J=0}^{J_{\max}} (2J+1)\mathrm{e}^{-E_J/kT} \tag{7.6-29}$$

将式(7.6-28)代入上式中得

$$q_r(\upsilon) = \sum_{J=0}^{J_{\max}} (2J+1)\mathrm{e}^{-B_\upsilon J(J+1)/kT}\mathrm{e}^{D_\upsilon[J(J+1)]^2/kT} \tag{7.6-30}$$

将式(7.6-30)中的第二个指数函数展开成级数，得到：

$$
\begin{aligned}
q_r(\upsilon) = {} & \sum_{J=0}^{J_{\max}} (2J+1)\mathrm{e}^{-B_\upsilon J(J+1)/kT}[1 + \frac{D_\upsilon}{kT}J^2(J+1)^2 \\
& + \frac{1}{2}(\frac{D_\upsilon}{kT})^2 J^4(J+1)^4 + \cdots]
\end{aligned} \tag{7.6-31}
$$

将式(7.6-31)展开，然后各项都用 Euler-Maclaurin 公式做渐近展开，最后得到：

$$q_r(\upsilon) = \frac{kT}{B_\upsilon} + \frac{1}{3} + \frac{1}{315}(\frac{1}{kT})(21B_\upsilon + 8D_\upsilon) + 2(\frac{D_\upsilon}{B_\upsilon})(\frac{kT}{B_\upsilon})^2 + 12(\frac{D_\upsilon}{B_\upsilon})^2(\frac{kT}{B_\upsilon})^3 + \cdots \tag{7.6-32}$$

利用式(7.6-29)，式(7.6-21)将化为

$$q_{r,\upsilon} = \frac{1}{\sigma}\sum_{\upsilon=0}^{\upsilon_{\max}} \mathrm{e}^{-E_\upsilon/kT} q_r(\upsilon) \tag{7.6-33}$$

对每个确定的振动能级，$q_r(\upsilon)$ 用式(7.6-29)计算，将式(7.6-30)对振动能级做直接加和，便可精确计算双原子分子的振-转配分函数。因此，将式(7.6-4)代入式(7.5-12)中(不考虑电子运动和核自旋对热力学函数贡献)，精确计算双原子分子的全配分函数可表示为

$$Q=\frac{1}{\sigma}\left(\frac{2\pi mkT}{k^2}\right)^{3/2}V\sum_{\upsilon}\mathrm{e}^{-E_{\upsilon,J}/kT}q_r(\upsilon) \tag{7.6-34}$$

于是可得计算热力学函数的精确表达式:

$$F=kT\ln Q=-kT\ln\left[\left(\frac{2\pi mkT}{k^2}\right)^{3/2}V\frac{1}{\sigma}\sum_{\upsilon}\mathrm{e}^{-E_{\upsilon,J}/kT}q_r(\upsilon)\right] \tag{7.6-35}$$

$$\begin{aligned}S=kT\ln Q+kT\left(\frac{\partial\ln Q}{\partial T}\right)_{N,V}&=-kT\ln\left[\left(\frac{2\pi mkT}{k^2}\right)^{3/2}V\frac{1}{\sigma}\sum_{\upsilon}\mathrm{e}^{-E_{\upsilon}/kT}q_r(\upsilon)\right]\\&+kT\left\{\partial\ln\left[\left(\frac{2\pi mkT}{k^2}\right)^{3/2}V\frac{1}{\sigma}\sum_{\upsilon}\mathrm{e}^{-E_{\upsilon}/kT}q_r(\upsilon)\right]\Big/\partial T\right\}_{N,V}\end{aligned} \tag{7.6-36}$$

$$P=kT\left(\frac{\partial\ln Q}{\partial T}\right)_{N,V}=kT\left\{\partial\ln\left[\left(\frac{2\pi mkT}{k^2}\right)^{3/2}V\frac{1}{\sigma}\sum_{\upsilon}\mathrm{e}^{-E_{\upsilon}/kT}q_r(\upsilon)\right]\Big/\partial V\right\}_{N,T} \tag{7.6-37}$$

$$E=kT^2\left(\frac{\partial\ln Q}{\partial T}\right)_{N,V}=kT^2\left\{\partial\ln\left[\left(\frac{2\pi mkT}{k^2}\right)^{3/2}V\frac{1}{\sigma}\sum_{\upsilon}\mathrm{e}^{-E_{\upsilon}/kT}q_r(\upsilon)\right]\Big/\partial T\right\}_{N,V} \tag{7.6-38}$$

$$\mu=-kT\left(\frac{\partial\ln Q}{\partial T}\right)_{T,V}=-kT\left\{\partial\ln\left[\left(\frac{2\pi mkT}{k^2}\right)^{3/2}V\frac{1}{\sigma}\sum_{\upsilon}\mathrm{e}^{-E_{\upsilon}/kT}q_r(\upsilon)\right]\Big/\partial T\right\}_{T,V} \tag{7.6-39}$$

$$G=N\mu=-NkT\left\{\partial\ln\left[\left(\frac{2\pi mkT}{k^2}\right)^{3/2}V\frac{1}{\sigma}\sum_{\upsilon}\mathrm{e}^{-E_{\upsilon}/kT}q_r(\upsilon)\right]\Big/\partial T\right\}_{T,V} \tag{7.6-40}$$

$$\begin{aligned}H&=E+NkT=kT^2\left(\frac{\partial\ln Q}{\partial T}\right)_{N,V}+NkT\\&=kT^2\left\{\partial\ln\left[\left(\frac{2\pi mkT}{k^2}\right)^{3/2}V\frac{1}{\sigma}\sum_{\upsilon}\mathrm{e}^{-E_{\upsilon}/kT}q_r(\upsilon)\right]\Big/\partial T\right\}_{N,V}+NkT\end{aligned} \tag{7.6-41}$$

7.6.7 双原子分子配分函数和离解能 D_0 的关系式研究

由定义式(7.6-1)[38]，有下关系

$$\mathrm{d}[\ln(Q_2/Q_1)]=\frac{\Delta H_0-\Delta H_T}{RT^2}\mathrm{d}T \tag{7.6-42}$$

$$\ln(Q_2/Q_1^2)=\int_{273}^{T}\frac{\Delta H_0-\Delta H_T}{R\xi^2}\mathrm{d}\xi=\frac{\Delta H_T-\Delta H_0}{RT}-\frac{\Delta H_T-\Delta H_0}{273R} \tag{7.6-43}$$

所以有

$$\frac{Q_2}{Q_1^2}=\mathrm{e}^{\frac{\Delta H_T-\Delta H_0}{RT}}\cdot\mathrm{e}^{-(\frac{\Delta H_T-\Delta H_0}{273R})} \tag{7.6-44}$$

根据文献[38]，式(7.6-44)中，ΔH_T 是温度为 T 时的焓变，ΔH_0 为离解能 D_0，R 为摩尔气体常数，Q_1、Q_2 分别是体系中原子和分子的配分函数。因为原子的配分函数 Q_1 在不

考虑电子和核自旋运动对热力学函数的贡献时，它实际上就是原子的平动配分函数，即:

$$Q_1=\left(\frac{2\pi mkT}{h^2}\right)^{3/2}V \tag{7.6-45}$$

所以，将上式代入(7.6-43)式可得：

$$Q_2=\left(\frac{2\pi mkT}{h^2}V\right)^2\cdot \mathrm{e}^{\frac{\Delta H_T-D_0}{RT}}\cdot \mathrm{e}^{-(\frac{\Delta H_T-D_0}{273R})} \tag{7.6-46}$$

从式(7.6-46)可知，只要知道分子离解能D_0的精确值(用 AEM 方法获得)和温度为 T 时的焓变ΔH_T(实验值)，原则上可以精确计算分子的配分函数Q_2之值，进而可以精确计算双原子分子热力学函数。

7.7　新方法对部分双原子分子体系的应用

7.7.1　N_2和 CO 气体热力学性质的研究

根据配分函数分解定理，分子的全配分函数可以写为[24, 40]

$$Q=q_t q_r q_\upsilon q_e q_{ns} \tag{7.7-1}$$

其中，

$$q_t=\left(\frac{2\pi mkT}{h^2}\right)^{3/2}V \tag{7.7-2}$$

是平动配分函数，由于绝大多数双原子分子的基态光谱项是单重态，在常温下又是不激发的，所以电子的配分函数q_e对总配分函数无贡献，可视为 1；关于核自旋配分函数q_{ns}，因为一般物理化学变化中，核始终处于基态，对变化前后的贡献刚好抵消，亦可视为 1；对于双原子分子的振-转配分函数$q_{r,v}$的表达式可写为[40]

$$q_{r,\upsilon}=\frac{1}{\sigma}\sum_{\upsilon}\sum_{J}(2J+1)\mathrm{e}^{-E_{\upsilon,J}/kT} \tag{7.7-3}$$

式中，σ为对称数，对于异核双原子分子$\sigma=1$；对于同核双原子分子$\sigma=2$。所以分子的全配分函数为

$$\begin{aligned}Q&=\left(\frac{2\pi mkT}{h^2}\right)^{\frac{3}{2}}V\frac{1}{\sigma}\sum_{\upsilon}\sum_{J}(2J+1)\mathrm{e}^{-E_{\upsilon,J}/kT}\\&=\frac{1}{\sigma}\left(\frac{2\pi mkT}{h^2}\right)^{\frac{3}{2}}V\sum_{\upsilon=0}^{\upsilon_{\max}}\left[\mathrm{e}^{-E_\upsilon/kT}\sum_{J=0}^{J_{\max}}(2J+1)\mathrm{e}^{-E_J/kT}\right]\end{aligned} \tag{7.7-4}$$

从式(7.7-4)可以看出，配分函数的精确度计算主要取决于分子的振-转配分函数的精确度，即最终取决于分子的振-转能量$E_{\upsilon,J}$的精确度。在此运用孙卫国等的研究成果[式(7.6-23)][1]，该式中各振动光谱常数可用 AM 方法[1]精确计算，各转动光谱常数可由 PVM 方法[1]精确求得，由此可以应用式(7.6-24)和式(7.6-25)分别求得E_υ和E_J的值。根

据热力学理论，不难得出如下热力学函数公式：

相对焓：

$$\Delta H = H_m(T) - H_m(0K) = NkT^2\left(\frac{\partial \ln Q}{\partial T}\right)_V + NkT \tag{7.7-5}$$

熵：

$$S_m(T) = Nk\left(\ln\frac{q_e}{N}\right) + NkT\left(\frac{\partial \ln Q}{\partial T}\right)_V \tag{7.7-6}$$

标准摩尔 Gibbs 自由能函数，亦称 Giaugue 函数：

$$\frac{G_m(T) - H_m(0\text{K})}{T} = \frac{H_m(T) - H_m(0\text{K})}{T} + S_m(T) \tag{7.7-7}$$

不妨选取一个大气压下 1 mol 气体作为研究对象，此时实际气体状态方程为 $P\tilde{V} = ZRT$，Z 为压缩系数，不难求得，再将式(7.6-34)代入式(7.7-5)~式(7.7-7)，分别得到：

$$H_m^{\ominus}(T) - H_m^{\ominus}(0\text{K}) = RT^2\left[\frac{3}{2T} + \frac{V}{q\sigma}\left(\frac{2\pi mkT}{h^2}\right)^{\frac{3}{2}}\sum_{\upsilon}\mathrm{e}^{\frac{-E_\upsilon}{kT}}\left(\frac{E_\upsilon}{kT^2}q_r(\upsilon) + \frac{\partial q_r(\upsilon)}{\partial T}\right)\right] + RT \tag{7.7-8}$$

$$S_m^{\ominus}(T) = Nk\left(\ln\frac{q_e}{N}\right) + RT\left[\frac{3}{2T} + \frac{V}{q\sigma}\left(\frac{2\pi mkT}{h^2}\right)^{\frac{3}{2}}\sum_{\upsilon}\mathrm{e}^{\frac{-E_\upsilon}{kT}}\left(\frac{E_\upsilon}{kT^2}q_r(\upsilon) + \frac{\partial q_r(\upsilon)}{\partial T}\right)\right] \tag{7.7-9}$$

$$-\frac{G_m^{\ominus}(T) - H_m^{\ominus}(0\text{K})}{T} = -\frac{H_m^{\ominus}(T) - H_m^{\ominus}(0\text{K})}{T} + S_m^{\ominus}(T) \tag{7.7-10}$$

式中，R 为气体普适常量，m 为一个分子的质量。用 AM 和 PVM 方法精确计算的振-转光谱常数[2, 41]，根据式(7.7-8)、式(7.7-9)和式(7.7-10)，在 200~3000K 内求出了 CO 的各热力学量(表 7.1)，同理，在 200~3000K 内求得 N_2 的各热力学量如表 7.2 所示。

表 7.1 200~3000K 范围内 CO 的热力学函数

T/K	$S_m(T)$ / (J • K^{-1} • mol^{-1})		ΔH/(cal • m^{-1})		Giaugue 函数/(cal •mol^{-1} •K^{-1})		q
	计算值	文献[42]	计算值	文献[43]	计算值	文献[43]	计算值
200	185.906		1389.921		37.483		9.37E+31
298.15	197.5321	197.7	2072.99	2072.63	40.2585	40.35	3.79E+32
300	197.7124		2085.877		40.3015		3.87E+32
400	206.1173		2784.27	2783.8	42.3026	42.393	1.06E+33
500	212.708		3490.386		43.8577		2.32E+33
600	218.0942		4209.811	4209.5	45.1333	45.222	4.40E+33
700	222.94		4945.856		46.2184		7.60E+33
800	227.1489		5699.388	5699.8	47.1657	47.254	1.22E+34
900	230.9441		6469.675		48.0084		1.87E+34
1000	234.4064		7255.211	7256.5	48.7693	48.86	2.74E+34
1500	248.2832		11353.27	11358.8	51.7723	51.864	1.24E+35

续表

T/K	$S_m(T)/(J \cdot K^{-1} \cdot mol^{-1})$		$\Delta H/(cal \cdot m^{-1})$		Giaugue 函数/$(cal \cdot mol^{-1} \cdot K^{-1})$		q
	计算值	文献[42]	计算值	文献[43]	计算值	文献[43]	计算值
2000	258.5595		15624.94	15636	53.9847	54.078	3.78E+35
3000	273.444		24406.28	24434	57.2193	57.314	1.93E+36

表 7.2　200~3000K 范围内 N_2 的热力学函数表

T/K	$S_m(T)/(J \cdot K^{-1} \cdot mol^{-1})$		$\Delta H/(cal \cdot m^{-1})$		Giaugue 函数/$(cal \cdot mol^{-1} \cdot K^{-1})$		q
	计算值	文献[42]	计算值	文献[43]	计算值	文献[43]	计算值
200	179.8741		1389.403		36.0439		4.54E+31
298.15	191.4979	191.6	2072.336	2072.27	38.8185	38.817	1.83E+32
300	191.6781		2085.213		38.8615		1.87E+32
400	200.0697		2782.455	2782.4	40.8617	40.861	5.13E+32
500	206.6278		3485.032		42.4152		1.12E+33
600	212.0652		4198.01	4198.00	43.6881	43.688	2.13E+33
700	216.7539		4925.183		44.7695		3.66E+33
800	220.9046		5668.287	5668.6	45.7121	45.711	5.89E+33
900	224.6448		6427.405		46.5498		8.98E+33
1000	228.0573		7201.631	7202.5	47.3054	47.306	1.31E+34
1500	241.7637		11249.98	11253.6	50.2829	50.284	5.87E+34
2000	251.9546		15486.49	15499	52.4754	52.478	1.77E+35
3000	266.7642		24224.55	24245	55.6833	55.687	8.90E+35

依照两表中的数据，从两种气体的熵值来看，在 298.15K 时，计算值与文献值符合的很好，相对误差是很小的，这说明配分函数式[式(7.6-34)]是比较精确的。随着温度的升高，配分函数值在增大，这恰恰说明了温度越高，分子所处的可能状态越多；两种气体的熵值不断地增大，说明状态越来越混乱。

从相对焓来看，在低温（200~1000K）区，计算值均能很好地与文献值符合，而在高温(T>1000K)区，与文献值相比虽然相对误差不大，但绝对误差已趋于明显，稍微偏小，由于在计算配分函数时，忽略了电子的激发所带来的影响，所以可以推断误差是由此产生的，说明在低温(T<1000)时电子激发带来的影响较小，然而在高温(T>1000K)时，必须考虑到电子的激发态。

然而从相对自由能来看，在 200~3000K，计算值与文献值均能符合的很好，说明电子的激发对相对自由能的贡献很小，可以忽略不计，相对自由能随温度的升高均有所增大，可以推测，其贡献应该仅来自分子的平动、振动和转动。

以上研究结果可以看到，配分函数式(7.6-34)具有很强的普遍适用性，不仅仅适用以上两种气体，对基态光谱项为$^1\Sigma$的双原子分子，均能给出相当理想的结果。可以预测，对于处于高温的双原子气体，如果考虑到电子激发态的贡献，亦将会获得满意的结果。以上研究结果也给出了一种研究气体热力学性质的数学理论方法，即只要能用 AM 和 PVM 方法得出某双原子分子的精确完全振-转能谱常数，利用式(7.6-34)就能求出其精确的配分函数及精确的各热力学函数，进而研究其热力学特性。

7.7.2 固态氢化锂(LiH)分子内部运动热力学性质的研究

固态氢化锂(LiH)是电子结构最简单的离子晶体，该体系是由大量 LiH 分子组成的，分子的内部运动包括振动、转动、电子运动及核运动，因此，分子的内部运动对体系的宏观热力学性质都会产生贡献，平衡态唯象热力学的理论表明，热力学特性函数包括了平衡性质的全部信息。在统计力学中，配分函数起着特性函数的作用，一切热力学函数都可由配分函数求算。根据配分函数的分解定理，LiH 分子内部运动配分函数 q_{int} 为式(7.5-12)，即：

$$q_{\text{int}} = q_r q_\upsilon q_e q_{ns} \tag{7.7-11}$$

其中，q_e 为电子配分函数；q_{ns} 为核配分函数；q_υ 为振动配分函数；q_r 为转动配分函数。由于绝大多数双原子分子的基态光谱项是单重态，并且基态与第一激发态间的能差较大，在一般温度下，电子处于基态，故电子配分函数 q_e 对分子内部运动配分函数无贡献，可视为 1。实际上，核能级间距非常之大，其数量级至少是 $T = 10^{10}$ K时的 kT 值，这就是说，在通常温度下，核处在基态，则 q_{ns} 可表示为

$$q_{ns} = (2S_H + 1)(2S_{Li} + 1) \tag{7.7-12}$$

式中，S_H 和 S_{Li} 分别为 H 原子和 Li 原子的核自旋量子数，值分别为 0.5 和 1.5。双原子分子转动和振动并非独立的，必须考虑其耦合，振-转配分函数为(7.7-3)式，即：

$$q_{r,\upsilon} = \frac{1}{\sigma}\sum_{\upsilon}\sum_{J}(2J+1)\mathrm{e}^{-E_{\upsilon,J}/kT} = \frac{1}{\sigma}\sum_{\upsilon}[\mathrm{e}^{-E_\upsilon/kT}\sum_{J}(2J+1)\mathrm{e}^{-E_J/kT}] \tag{7.7-13}$$

式中，σ 为对称数；LiH 为异核双原子分子，σ 为 1；υ、J 分别为振动和转动量子数；E_υ、E_J 分别为双原子分子振动和转动能量，它们的表达式分别为式(7.6-24)和式(7.6-25)。其中，LiH 分子的最大振动量子数 $\upsilon_{\max}$，振动光谱常数 ω_0、ω_e、ω_{e0}、$\omega_e x_e$、$\omega_e y_e$、$\omega_e z_e$、$\omega_e t_e$、$\omega_e s_e$、$\omega_e r_e$ 和转动光谱常数 B_e、α_e、γ_e、η_{ei}、$\tilde{D}_e$、β_e、δ_{ek} 是由孙卫国等[1]提出的代数方法(AM 方法)和势能变分法(PVM 方法)计算的，结果列于表 7.3 中[45]。

表 7.3 LiH 分子的振动光谱常数(cm^{-1})、转动光谱常数(cm^{-1})和最大振动量子数 $\upsilon_{\max}$

振动光谱常数/ cm^{-1}		转动光谱常数/ cm^{-1}		最大振动量子数	
ω_0	8.43057×10^{-1}	B_e	7.59624×10^{-2}	$\upsilon_{\max}$	23
ω_e	−0.2851	α_e	5.59624×10^{-2}		
ω_{e0}	1405.804	γ_e	-1.48594×10^{-2}		
$\omega_e x_e$	23.12843	η_{e3}	-7.23689×10^{-4}		
$\omega_e y_e$	1.421457×10^{-1}	$\tilde{D}_e$	8.6312×10^{-4}		
$\omega_e z_e$	5.358175×10^{-3}	β_e	1.31802×10^{-4}		

续表

振动光谱常数/ cm^{-1}		转动光谱常数/ cm^{-1}		最大振动量子数
$\omega_e t_e$	-9.3879×10^{-4}	δ_{e2}	9.65645×10^{-6}	
$\omega_e s_e$	4.862184×10^{-5}			
$\omega_e r_e$	-1.244754×10^{-6}			

由于高阶振动常数和转动常数很小，当转动能级不是很高时，可以将它们忽略，再将能量零点取在无转动的振动基态能级上，则分子的振动和转动能量分别就是式(7.6-26)和式(7.6-27)。实际计算时，可以将转动求和部分 $q_r(\upsilon)$ 用 Euler-Maclaurin 公式做渐进展开为

$$\begin{aligned}q_r(\upsilon)&=\sum_J(2J+1)\,\mathrm{e}^{-E_J/kT}=\sum_J(2J+1)\mathrm{e}^{-B_\upsilon J(J+1)}\mathrm{e}^{D_\upsilon[J(J+1)]^2/kT}\\&=\frac{kT}{B_\upsilon}+\frac{1}{3}+\frac{1}{315}\left(\frac{1}{kT}\right)(21B_\upsilon+8D_\upsilon)+2\frac{D_\upsilon}{B_\upsilon}\left(\frac{kT}{B_\upsilon}\right)^2+12\left(\frac{D_\upsilon}{B_\upsilon}\right)^2\left(\frac{kT}{B_\upsilon}\right)^2+\cdots\end{aligned}\tag{7.7-14}$$

结合式(7.7-13)、式(7.6-26)和式(7.7-14)得到双原子分子的振-转配分函数为

$$q_{r,\upsilon}=\frac{1}{\delta}\sum_\upsilon \mathrm{e}^{-E_\upsilon/kT}q_r(\upsilon)\tag{7.7-15}$$

结合式(7.7-11)、式(7.7-12)和式(7.7-15)得到 LiH 分子内部运动的配分函数：

$$q_{in}=\frac{1}{\delta}(2S_H+1)(2S_{Li}+1)\sum_\upsilon \mathrm{e}^{-E_\upsilon/kT}q_\upsilon(\upsilon)\tag{7.7-16}$$

最后，由统计物理方法就可以得到 LiH 分子内部运动对体系热力学性质的贡献：

$$C_\upsilon(in)=2NkT\frac{\partial\ln q_{in}}{\partial T}+NkT^2\frac{\partial^2\ln q_{in}}{\partial T^2}\tag{7.7-17}$$

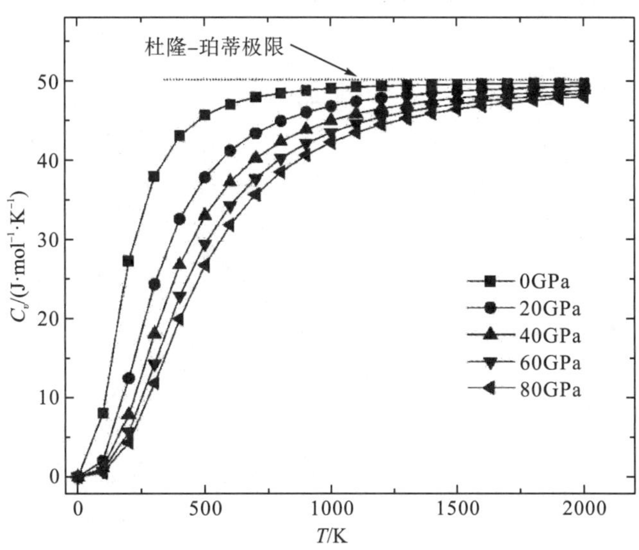

图 7.1　LiH 的热容 C_υ 随温度 T 的变化关系

图 7.1 展示了 LiH 的热容 C_{υ} 随温度 T 的变化关系[45]：①一定压强下的热容随着温度的增加而增加，且温度较低时（T<800K），由于非谐效应的影响，热容随温度的增加较快；②随着温度的升高热容增加越来越慢；③当温度一定时，热熔随着压强的增加而减小，说明增大压强就等于降低温度。然而，随着温度和压强的不断升高，材料的热容几乎不发生变化，其热容 $C_{\upsilon}=49.65\text{J. mol}^{-1}.\ \text{K}^{-1}$，接近杜隆-珀蒂(Dulong-Petite)极限值，即 $6N_A\text{K}$ ($\approx 49.90\text{J. mol}^{-1}.\ \text{K}^{-1}$)。

下面讨论分子内部运动对体系热力学性质的影响。黎波和任维义[45]利用 LiH 分子的振动光谱常数和转动光谱常数，考虑分子振动和转动的耦合，得到 LiH 分子更加精确的振≠转配分函数，加上核配分函数、电子配分函数构成分子内部运动配分函数 q_{in}，其随温度的变化关系如图 7.2 所示[45]，分子内部运动配分函数随温度按指数规律增加，温度越高增加得越快，据的能量状态越大，对体系热力学性质的影响也越大。由 LiH 分子内部运动配分函数，根据统计热力学理论计算得到了 LiH 分子内部运动对体系热力学性质的贡献，如图 7.3 所示[45]，C_{υ} 为 0GPa 时体系的热容量，C_{υ}^{in} 为分子内部运动对体系的贡献，$C_{\upsilon}-C_{\upsilon}^{\text{in}}$ 为体系势能对热熔的贡献，分子内部运动与压强无关，因此，用分子内部运动对热熔的贡献 C_{υ}^{in} 与 0GPa 时体系的热熔值进行比较，可分析分子内部运动对体系热力学性质的影响，如图 7.3 所示。从图 7.3 中可以就看出，0~100K 时分子内部运动对热熔的影响增加得较快，且占主要地位，体系势能对热熔几乎无贡献；100~600K 内，分子内部运动对体系热熔的贡献缓慢增加，体系势能对热熔的贡献迅速增加，占主要作用；600~2000K 时，体系热熔接近 Dulong-Petite 极限值，分子内部运动对体系热熔的贡献呈线性增加，较为缓慢，势能对体系热熔的贡献缓慢减小，可能是由于温度升高，电子和核跃迁到激发态，对热熔的贡献不能忽略，而本书忽略了电子和核激发态对热熔的贡献所致。

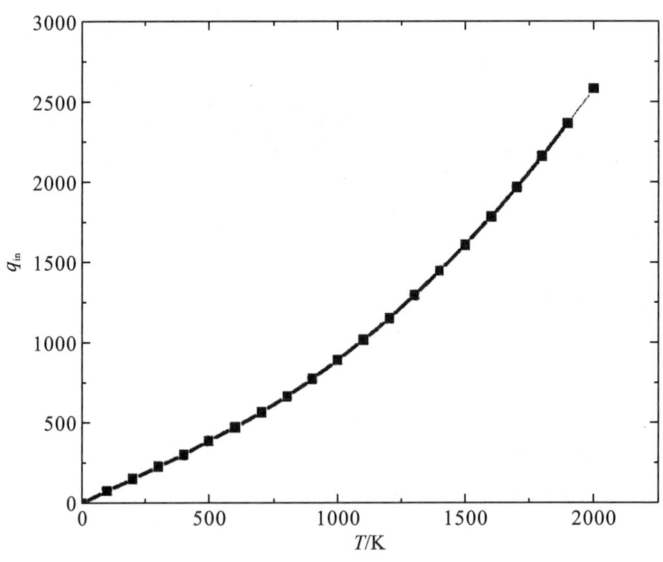

图 7.2　LiH 分子内部运动配分函数 q_{in} 随温度 T 的变化关系

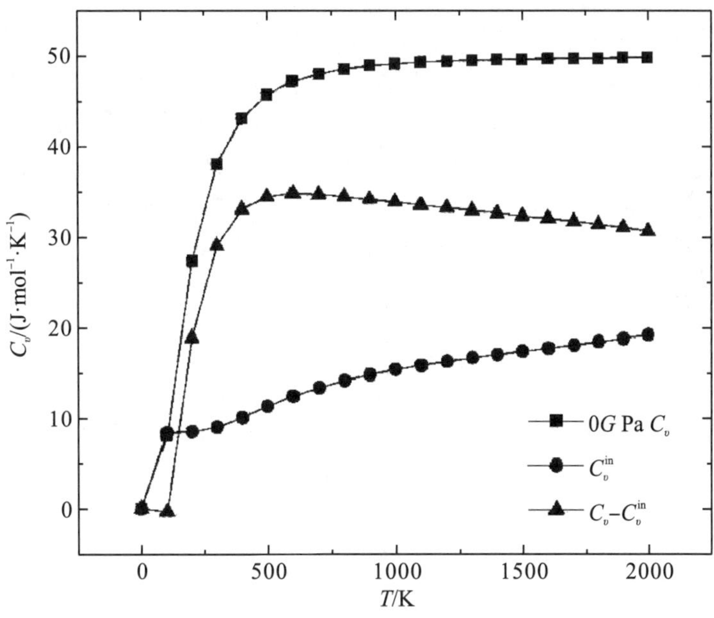

图 7.3　LiH 分子内部运动对体系热力学性质的影响

C_v 为 LiH 在零压下的热熔；C_v^{in} 和 $C_v-C_v^{in}$ 分别为 LiH 分子内部运动及势能对体系热熔的贡献

7.7.3　氮分子(N_2)振动对氮气系统热力学性质影响的研究

氮分子是介于简单分子与复杂分子之间的非球对称小分子，一直是理论和实验研究的典型分子原型[46]。过去，人们对氮分子电子基态的振动能级结构的研究结果是不完备的，高阶振动光谱数据、振动能级特别是高振动能级都很缺乏，1977 年，Lofthus 和 Krupeniege[34]研究了 N_2 基态的光谱数据和振动能级，结果只给到 $\upsilon=21$ 的振动能级为 44014.1 cm^{-1}，仅是离解能的 55%，尚缺乏大量的高振动能级，也没有给出最大振动量子数；1980 年，Ermler 和 Mclean[47]采用组态相关理论(CI)研究了 N_2 电子基态的振动光谱数据和振动能级，也没有给出更多的高阶振动光谱数据和高阶振动能级；2005 年，任维义等 [2]采用研究双原子分子振动能级的代数方法(AM)得到了众多分子精确的高阶振动光谱数据、完全振动能谱、最高振动量子数和离解能，给出了 N_2 分子电子基态的全部 53 个振动能级，远比 Lofthus 和 Krupeniege 的研究给出的能级多，同时还给出了其他文献未曾给出的最高振动量子数 $\upsilon_{max}=52$，这个振动能级完全集合和最高振动量子数成为研究氮分子内部振动运动对氮气系统热力学性质影响的关键基础。

从前面讨论的内容可知，量子统计系综理论的核心内容和重要基础是统计系综的配分函数，对氮气系统而言，分子内部振动包含众多高阶修正的非简谐振动，能级的表达不是解析的而是数值的，振动能级的真实情况是有限个而不是无限个，当振动量子数大于最大振动量子数时，对应的振动能级实际上不存在，在计算配分函数时不应对这些实际上不存在的振动能级求和，所以，在求解配分函数时，虽然统计原理和方法没有发生改变，但不应该对无限能级求和，而只应对有限能级求和，这导致了配分函数没有解析解，从而增加了计算的难度，计算过程和结果都不同于无限振动能级的情况。采用正则量子系综，体系的配分函数为式(7.5-2)，对于常见的双原子分子组成的宏观系统，一般温度下，可认为只有分子的电子基态的振动才对振动热力学性质有实际贡献，常见的做法是采用简单谐振子(SHO)模型来描述振动运动，并对无限个振动能级进行求和，等同于认为$\upsilon_{\max}\to\infty$，得到配分函数的解析形式[27]为

$$Q_{\mathrm{SHO}}^{\mathrm{cal}}(T)=\frac{\mathrm{e}^{-\hbar\omega_e/2kT}}{1-\mathrm{e}^{-\hbar\omega_e/kT}} \tag{7.7-18}$$

这个解析形式导致相关的热力学量也有解析形式。统计系统中的摩尔内能为[27]

$$U=N_A kT^2\frac{\partial}{\partial T}\ln Q(T) \tag{7.7-19}$$

谐振子振动摩尔内能的解析形式为

$$U_{\mathrm{SHO}}^{\mathrm{cal}}(T)=N_A\left(\frac{1}{2}\hbar\omega_e+\frac{\hbar\omega_e}{\mathrm{e}^{-\hbar\omega_e/kT}-1}\right) \tag{7.7-20}$$

式中，N_A为阿伏伽德罗常数。统计系统的摩尔熵为

$$S=N_A k\left[\frac{\partial}{\partial T}(T\ln Q)\right] \tag{7.7-21}$$

谐振子振动摩尔熵的解析形式为

$$S_{\mathrm{SHO}}^{\mathrm{cal}}=N_A k\left[\frac{\hbar\omega_e}{kT(\mathrm{e}^{-\hbar\omega_e/kT}-1)}-\ln(1-\mathrm{e}^{-\hbar\omega_e/kT})\right] \tag{7.7-22}$$

摩尔振动热容量[27]

$$C_m^{\upsilon}=N_A k\frac{\partial}{\partial T}\left[T^2\frac{\partial}{\partial T}\ln Q(T)\right] \tag{7.7-23}$$

如果采用简单谐振子模型并对无限项振动能级进行求和，振动热容量有解析形式

$$C_m^{\upsilon}=N_A k\left(\frac{\hbar\omega_e}{kT}\right)^2\frac{\mathrm{e}^{-\hbar\omega_e/kT}}{(\mathrm{e}^{-\hbar\omega_e/kT}-1)^2} \tag{7.7-24}$$

实际上不应采用谐振子振动模型，$\upsilon_{\max}$也不是无穷大的，但真实双核电子体系的振动能级一般有几十项甚至上百项，使得计算热力学量时难以有解析解，且计算繁琐复杂，更困难的是，在AM方法之前，人们很难获得大多数双核体系电子态正确的完全振动能谱。基于这样的指导思想，我们可以利用在第五章介绍的代数方法(AM方法)，精确求得氮分子电子态精确的完全振动能谱和最高振动量子数，然后根据式(7.5-2)求得氮分子的配分函数，由此可求得不同温度范围内氮分子振动对系统的内能、熵和热容量的贡献。

现采用AM方法求得的分子电子基态的振动能级完全集合和$\upsilon_{\max}$的实际取值，可求得分子振动对统计体系的内能、熵和可观测的热容量等宏观热力学性质的贡献，这时，统计原理没有变化，但热力学量的具体表现形式不同于无穷项求和的形式。例如，对于常见的双原子分子组成的宏观系统，式(7.7-23)中的摩尔振动热容量可表达为[27]

$$C_{\mathrm{AM}}^{\mathrm{cal}}=\frac{N_A}{kT^2}(<E_\upsilon^2>-<E_\upsilon>^2) \tag{7.7-25}$$

式中，振动能量平均值$<E_\upsilon>$和振动能量平方的平均值$<E_\upsilon^2>$是基本的统计量，它们分别由下面的公式决定[27]：

$$<E_\upsilon>=\frac{\sum_{\upsilon=0}^{\upsilon_{\max}} g_\upsilon E_\upsilon \mathrm{e}^{-E_\upsilon/kT}}{\sum_{\upsilon=0}^{\upsilon_{\max}} g_\upsilon \mathrm{e}^{-E_\upsilon/kT}} \tag{7.7-26}$$

$$<E_\upsilon^2>=\frac{\sum_{\upsilon=0}^{\upsilon_{\max}} g_\upsilon E_\upsilon^2 \mathrm{e}^{-E_\upsilon/kT}}{\sum_{\upsilon=0}^{\upsilon_{\max}} g_\upsilon \mathrm{e}^{-E_\upsilon/kT}} \tag{7.7-27}$$

振动对统计系统摩尔内能的贡献为[27]

$$U_{AM}^{cal}=N_A<E_\upsilon> \tag{7.7-28}$$

振动对统计系统摩尔熵的贡献为[27]

$$S_{AM}^{cal}=-N_A k\sum_{\upsilon=0}^{\upsilon_{\max}} p_\upsilon \ln p_\upsilon \tag{7.7-29}$$

其中，$p_\upsilon=e^{-E_\upsilon/kT}/Q(T)$，是每个振动量子态出现的几率。

为了验证理论研究结果的正确性，2012 年，刘国跃、孙卫国[46]选择适合理想气体处理的温度条件(温度范围是 1000~2400K)，使用简单谐振子(SHO)和真实的非谐振有限 AM 能级计算的热力学结果列于表 7.4 中[46]。需要说明的是：采用真实的非谐振有限个 AM 振动能级[2]时，氮分子的振动热容$C_{\upsilon,\mathrm{AM}}^{\mathrm{cal}}$、内能$U_{\mathrm{AM}}^{\mathrm{cal}}$和熵$S_{\mathrm{AM}}^{\mathrm{cal}}$依据式(7.7-25)、式(7.7-28)和式(7.7-29)计算得到；采用简单谐振子振动能级时，氮分子的内能$U_{\mathrm{SHO}}^{\mathrm{cal}}$、熵$S_{\mathrm{SHO}}^{\mathrm{cal}}$和振动热容$C_{\upsilon,\mathrm{SHO}}^{\mathrm{cal}}$依据式(7.7-20)、式(7.7-22)和式(7.7-24)计算得到。波尔兹曼常数K=1.380062×10^{-23}J • K^{-1}，普适气体常数R=8.31441J • K^{-1} • mol^{-1}。

比较表 7.4 中的各个对应物理量可见，相同温度下，双原子分子的实际振动内能(AM)比简单谐振子(SHO)模型预言的大，这是由于谐振子模型的抛物线势能和无限能级求和所致，比实际能级多出的虚高 SHO 能级是不应参加统计求和的，这导致简单谐振子模型预计的熵$S_{\mathrm{SHO}}^{\mathrm{cal}}$明显高于实际振动熵$S_{\mathrm{AM}}^{\mathrm{cal}}$，同时还由于虚高能级太多，增加了激发的混乱度。

表 7.4 用简单谐振子能级和真实的非谐振 AM 有限振动能级计算的内能和熵

T/K	$U_{\mathrm{AM}}^{\mathrm{cal}}$/(K • J • mol^{-1})	$U_{\mathrm{SHO}}^{\mathrm{cal}}$/(K • J • mol^{-1})	$S_{\mathrm{AM}}^{\mathrm{cal}}$/(J • mol^{-1} • K^{-1})	$S_{\mathrm{SHO}}^{\mathrm{cal}}$/(J • mol^{-1} • K^{-1})
1000	15.076	8.115	1.205	13.537
1100	15.456	9.329	1.673	14.312
1200	15.887	10.145	2.047	15.022
1300	16.362	10.964	2.427	15.678
1400	16.875	11.784	2.807	16.286
1500	17.422	12.606	3.185	16.853

续表

T/K	U_{AM}^{cal}/(K·J·mol^{-1})	U_{SHO}^{cal}/(K·J·mol^{-1})	S_{AM}^{cal}/(J·mol^{-1}·K^{-1})	S_{SHO}^{cal}/(J·mol^{-1}·K^{-1})
1600	17.999	13.429	3.557	17.384
1700	18.602	14.253	3.922	17.883
1800	19.227	15.078	4.280	18.355
1900	19.872	15.904	4.628	18.801
2000	20.535	16.730	4.968	19.225
2100	21.219	17.556	5.299	19.628
2200	21.907	18.384	5.622	20.013
2300	22.612	19.211	5.93505	20.381
2400	23.328	20.039	6.240	20.733

内能和熵都是重要的热力学量，但实验中常常测量的是热容，为了对上述结果有一个客观的分析判断，刘国跃、孙卫国将 AM 振动热容量 $C_{\upsilon,AM}^{cal}$ 和简单谐振模型无限能级振动热容量 $C_{\upsilon,SHO}^{cal}$ 与实验测量数据 C_{υ}^{exp} 进行了比较[46]，计算了相对百分误差 δ_{AM} 和 δ_{SHO}，相关结果如表 7.5 所示[46]，其中的实验数据来自参考文献[48]，并按照理想气体行为将定压摩尔热容量换算成了定容摩尔热容量(已减去了刚性转子模型的转动热容量)，再得到振动热容量的实验值。从表 7.5 中的数据可以看出，在 1000～2400 K 的温度范围内，谐振子模型无限能级导致的粗糙和无限能级求和的确偏离了实际情况，因此，谐振子模型无限能级导致的振动热容量在该温度范围内是不可信的，相应的内能和熵的结果也值得怀疑，而实际有限振动能级 AM 导致的振动热容量 $C_{\upsilon,AM}^{cal}$ 却很接近实验数据，在 1300 K 时最高相对误差为 5.01%，而且在所研究的温度区域内变化不大，表明在该温度范围内有限振动能级 AM 导致的振动热容量 $C_{\upsilon,AM}^{cal}$ 是较为可靠的，相应的内能和熵的表现也应该是可靠的。此外，实验定容热容量还包含了分子非刚性转动和分子振动-转动相互作用对热容的贡献，而此处的理论值 $C_{\upsilon,AM}^{cal}$ 则没有包含此部分贡献。

表 7.5　不同振动热容量的比较

T/K	$C_{\upsilon,AM}^{cal}$/(J·mol^{-1}·K^{-1})	$C_{\upsilon,SHO}^{cal}$/(J·mol^{-1}·K^{-1})	C_{υ}^{exp}/(J·mol^{-1}·K^{-1})	δ_{AM}/%	δ_{SHO}/%
1000	3.440	8.115	3.344	2.87	142.67
1100	4.060	8.149	3.890	4.37	109.49
1200	4.532	8.176	4.320	4.91	89.26
1300	4.946	8.196	4.710	5.01	74.01
1400	5.308	8.212	5.080	4.49	61.65
1500	5.623	8.225	5.420	3.75	51.75
1600	5.899	8.236	5.750	2.59	43.23
1700	6.141	8.245	6.050	1.50	36.28
1800	6.353	8.252	6.320	0.52	30.57
1900	6.540	8.259	6.580	-0.61	25.52

续表

T / K	$C_{\upsilon,\mathrm{AM}}^{\mathrm{cal}}$ / (J·mol^{-1}·K^{-1})	$C_{\upsilon,\mathrm{SHO}}^{\mathrm{cal}}$ / (J·mol^{-1}·K^{-1})	$C_{\upsilon}^{\mathrm{exp}}$ / (J·mol^{-1}·K^{-1})	δ_{AM} / %	δ_{SHO} / %
2000	6.710	8.264	6.810	-1.47	21.35
2100	6.858	8.269	7.020	-2.31	17.79
2200	6.990	8.273	7.210	-3.05	14.73
2300	7.108	8.276	7.390	-3.82	11.99
2400	7.214	8.280	7.540	-4.32	9.81

振动热容量 $C_{\upsilon,\mathrm{SHO}}^{\mathrm{cal}}$ 与实验数据相差很大，1000 K 时的相对误差高达 142.67%，虽然随着温度升高相对误差随之降低，但到 2000 K 时相对误差仍高达 21.35%，将以上分析通过百分误差来比较，两者的差异更加直观明显，如图 7. 4 所示[46]。从图中可见，势能函数的

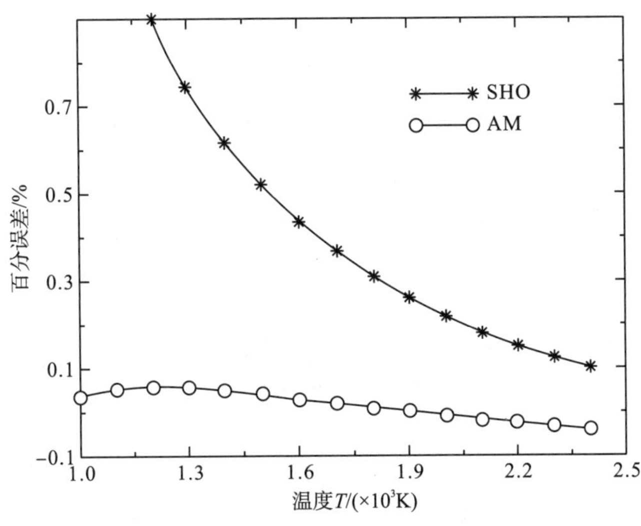

图 7.4　两种热容量的百分误差比较

综上所述，双原子分子的势能函数采用简单谐振模型(SHO)与无限振动能级和实际情况都极不相符，物理性质良好的势能函数导致的有限非谐振能级集合才是实际情况的客观表现，最高振动量子数和正确的振动能级完全集合是求解双原子分子振动对宏观系统热力学性质贡献的基础和关键，产生的结果不再是解析解而是数值解，且结果与实验数据吻合得更好。该方法可用于研究氢气、氧气、一氧化碳、氯化氢气体和双原子分子离子等各种双核体系的分子振动对其热力学性质的影响，原则上该方法也可以用于研究三原子分子气体的热力学性质，但因为三原子分子体系振动能级的严格解析表达式过于复杂，因此需要首先正确解析完全振动能谱，才能继续进行类似的研究工作。

参 考 文 献

[1] Weiguo S, Shilin H, Hao F, et al. Studies on the vibrational and rovibrational energies and vibrational force constants of diatomic molecular states using algebraic and variational methods[J]. J. Mol. Spectrosc., 2002, 215: 93.

[2] Ren W Y, Sun W G, Hou S L, et al. Accurate studies on the full vibrational energy spectra and molecular dissociation energies for some electronic states of N_2molecule[J]. Science in China Ser. G, 2005, 48 (4) : 399.

[3] Pan S L, Zumofen G, Dressler K.Vibrational relaxation in the $A\ ^3\Sigma^+_u$ state of N_2 in rare gas matrices[J]. J. Chem. Phys., 1987, 87 (6) : 3482.

[4] Kuszner D, Schwentner N. Evidence for predissociation of N_2 $a\ ^1\Pi_g(v\geqslant 7)$ by direct coupling to the A' $^5\Sigma^+_g$ state[J]. J. Chem. Phys., 1994, 101(11) : 9271.

[5] Le A, Adamowicz L. First-order correlation orbitals for the MCSCF zeroth-order wave Function[J]. Chemical Physics Letters, 1991, 183(6) : 483.

[6] Ermler W C, Clark J P. Ab initio calculations involving or potential energy curves and transition moments of $1\Sigma^+_g$ and $1\Sigma^+_u$ [J]. J. Chem. Phys., 1987, 86(1) : 56.

[7] Stephen R, Langho F F, Charles W, et al. Accurate ab initio calculations for the ground states of N_2, O_2 and F_2[J]. Chemical Physics Letters, 1987, 135(6) : 543.

[8] Dabrowski I. The lyman and werner bands of H_2[J]. Can. J. Phys., 1984, 62(12):1639.

[9] Slanger T G, Cosby P C. O_2 spectroscopy below 5.1 eV[J]. J. Chem. Phys., 1988, 92(2) : 94.

[10] Jimeno P,Voronin A J C,Varandas A I.Ab initio MRCI calculation and modeling of the A' Π potential energg curre of CO [J]. J. Mol. Spectrosc.,1998,192(1):86-90.

[11] Coxon J A, Hajigeorgiou P G. Born-Oppenheimer breakdown in the ground state of carbon monoxide - a direct reduction of spectroscopic line positions to analytical radial Hamiltonian operators[J]. Can. J. Phys, 1992, 70: 40.

[12] 王文可，谭劲，任维义，等. 部分气体双原子分子的完全振动能谱和离解能的精确研究[J].原子分子物理学报，2006，22(4):714.

[13] 舒纯军，孙卫国，任维义，等. 用代数能量方法研究氢化物双原子分子的完全振动能谱和离解能[J]. 原子分子物理学报，2005，22(2):204.

[14] 刘一丁，孙卫国，任维义. 双原子分子离子 XY^+部分电子态完全振动能谱的精确研究[J]. 原子分子物理学报，2005，22(4)：634.

[15] Magnier S, Milliè P. Potential curves for the ground and numerous highly excited electronic states of K_2 and NaK[J]. Phys. Rev.(A), 1996, 54(1) : 204.

[16] Urbanski K, Antonova S, Lyyra A M., et al. The $G^1\Pi_g$ state of $^7Li_2$ revisited: Observation and analysis of high vibrational levels[J]. J. Chem. Phys., 1998, 109: 912.

[17] Linton C, Martin F, Ross A J, et al. The high-lying vibrational levels and dissociation energy of the $a^3\Sigma^+_u$ state of $^7Li_2$[J]. J. Mol. Spectrosc., 1999, 196: 20.

[18] Pichler M, Chen H M, Wang H, et al. Photoassociation of ultracold K atoms: observation of high lying levels of the $1_g-1^1\Pi_g$ molecular state of K_2[J]. J. Chem. Phys., 2003, 118: 7837.

[19] Magnier S，Aubert-Frècon M，Allouche A R. Theoretical determination of highly excited states of K_2 correlated adiabatically above K(4p)+K(4p) [J]. J. Chem. Phys.，2004，121：1771.

[20] Glushko V P. Thermodynamic Properties of Individual Substances [M]. Nauka Moscow，1978.

[21] Gordillo-Vázquez F J, Kunc J A Statistical–mechanical calculations of thermal properties of diatomic gases[J]. J. Appl. Phys.，1998，84 (9)：4693.

[22] Liu Y，Shakib F，Vinokur M. A comparison of internal energy calculation methods for diatomic molecules[J]. Phys. Fluids. A，1990，2:1884.

[23] Jie K，Buxing H. A Study of the hydroformlation of propane in supercritical CO_2[J]. J. Am. Chem. Soc.，2001，123:3661.

[24] 刘光恒，戴树珊. 化学应用统计力学[M]. 北京：科学出版社，2001.

[25] Ambaye H，Manson J R. Calaulations of accommodation coefficients for diatomic molecular gases[J]. Phys. Rev. E.，2006，73：031202.

[26] Pavitra T，Uttam K N. Thermodynamic properties of platinum diatomics[J]. Platinum. Met. Rev.，2009，53：123.

[27] Pathria R K. Statistical Mechanics[M]. 2nd ed. London：Pergamon Press，1977.

[28] Morse P M. Diatomic molecules according to the wave mechanics. II. Vibrational levels[J]. Phys. Rev.，1929，34：57.

[29] Murrell J N，Sorbie K S. New analytic form for the potential energy curves of stable diatomic states [J]. J. Chem. Soc.，Faraday Trans. Ⅱ，1974，70：1552.

[30] Sun W. G. The energy-consistent method for the potential energy curves and vibrational eigenfunctions of stable diatomic states [J]. Mol. Phys.，1997，92:105.

[31] Sun W G，Feng H. An energy-consistent method for potential energy curves of diatomic mole-cules [J]. J. Phys. B.，1999，32：5109.

[32] Dunham J L. The energy levels of a rotating vibrator[J]. Phys. Rev.，1932，41:721.

[33] Herzberg G. Molecular Spectra and Molecular Structure（Ⅰ），Spectra of Diatomic Molecules [M]. New York：Van Nostrand，1953.

[34] Lofthus A，Krupenie P H. The spectrum of molecular nitrogen[J]. J. Phys. Chem. Ref. Data，1977，6:113.

[35] Redberg R. The ro-vibrational energy levels of diatomic olecules[J]. Z. Phys.，1931，73：376.

[36] Klein O. Zur Berechnung von potentialkurven für zweiatomige moleküle mit hilfe von spektraltermen[J]. Z. Phys.，1932，76:226.

[37] Rees A L G. The institute of physics web site you tried to reach is currently unavailable[J].Proc. Phys. Soc.，1947，59：998.

[38] Haslett T L，Moskovrts M，Wertzman A L. Dissociation energies of Ti_2 and V_2[J]. J. Mol. Spectrosc.，1989，135:259.

[39] 高执棣，郭国霖.统计热力学导论[M]. 北京：北京大学出版社，2004.

[40] 高洪伯. 统计热力学[M]. 北京：北京师范大学出版社，1986.

[41] 任维义. 双原子分子振动能谱和离解能的精确研究[D]. 成都：四川大学，2004.

[42] 李梦龙. 化学数据速查手册[M]. 北京:化学工业出版社，2004.

[43] 屈松生. 化学热力学问题 300 例[M]. 北京:人民教育出版社，1981.

[44] 候世林. 双原子分子振动能谱和离解能的理论研究[D]. 成都：四川大学，2003.

[45] 黎波，任维义. LiH 的热力学性质及分子内部运动对体系热力学性质的影响[J]. 原子与分子物理学报，2014，31(5):795.

[46] 刘国跃，孙卫国. 双原子分子振动对热力学性质的影响[J]. 中国科学:化学，2012，42(8):1196.

[47] Ermler W C，Mclean A D. The effects of basis set quality and configuration mixing in ab initio calculations of the ionization potentials of the nitrogen molecule[J]. J. Chem. Phys.，1980，73：2297.

[48] Fan Q C，Sun W G. Studies on the full vibrational spectra and molecular dissociation energies for some diatomic electronic states[J]. Spectrochimica Acta Part A，2009，72：298.